westermann

Diercke
Spezial

Deutschland in Europa

Autorinnen und Autoren:
Ursula Brinkmann-Brock
Thilo Girndt
Frank Morgeneyer
Rainer Starke
Gerhard Wagner
Silke Weiß

unter Mitwirkung
der Verlagsredaktion

Zusatzaufgaben

Ⓩ Die Aufgaben festigen das vorhandene Wissen und können zusätzlich zu den anderen Aufgaben bearbeitet werden.

Titelbild: Wind- und Solarpark sowie Biomassekraftwerk bei Bad Schwalbach im Hintertaunus

westermann GRUPPE

Druck A[1] / Jahr 2022
Alle Drucke der Serie A sind im Unterricht parallel verwendbar.

Redaktion: Thilo Girndt
Druck und Bindung: Westermann Druck GmbH, Georg-Westermann-Allee 66, 38104 Braunschweig

ISBN 978-3-14-**115669**-0

Inhaltsverzeichnis

Deutschland hat in den letzten Jahrzehnten einen tiefgreifenden wirtschaftlichen, gesellschaftlichen und räumlichen Wandel erfahren, der durch die Globalisierung und durch europäische/internationale Verflechtungen beeinflusst wird. Der vorliegende Themenband stellt Raumstrukturen und Raumprozesse in Deutschland in den Mittelpunkt und zeigt an Raumbeispielen vergleichbare Entwicklungen in den europäischen Nachbarländern[1].

Zur Gliederung des Buches

- Das erste Kapitel „Naturraum und Bevölkerung“ gibt eine kurze Einführung in die betrachteten Räume, die naturräumliche Gliederung und das Klima. Im zweiten Teil bilden der demografische Wandel und Migrationsformen den Schwerpunkt.
- Das zweite Kapitel „Industrie und Energie“ thematisiert zunächst verschiedene Aspekte des strukturellen Wandels im sekundären Sektor sowie der deutschen Außenwirtschaft. Ein zweiter Teil widmet sich dem Thema Energiewende und den fossilen und erneuerbaren Energien.
- Im dritten Kapitel „Landwirtschaft und Umwelt“ werden der Strukturwandel im Agrarbereich und die damit verbundenen ökologischen Probleme dargestellt sowie die Möglichkeiten einer zukünftigen Landwirtschaft diskutiert.
- Das vierte Kapitel „Dienstleistungen und Wissen“ zeigt die Tertiärisierung der Wirtschaft an ausgewählten Branchen und Raumbeispielen des klassischen Dienstleistungssektors und der Wissensökonomie.
- Im fünften Kapitel „Stadt und Raumplanung“ stehen im ersten Teil stadtgeographische Fragestellungen und die Stadtentwicklung im 20. und 21. Jahrhundert im Mittelpunkt. Den Abschluss des Buches bilden Seiten zur Raumplanung und Raumordnung auf verschiedenen räumlichen Ebenen.

Als Querschnittsthema ziehen sich der Klimawandel und seine Folgen durch den gesamten Band.

[1] Zu Europa gehören – in Abstimmung mit den anderen Bänden der Reihe – alle EU-Mitgliedsstaaten sowie Albanien, Andorra, Bosnien und Herzegowina, Island, Liechtenstein, Mazedonien, Moldawien, Montenegro, Norwegen, San Marino, Schweiz und Serbien sowie das Vereinigte Königreich (vgl. Kapitel 1.2).

Zur Konzeption des Buches – so können Sie mit diesem Buch arbeiten:

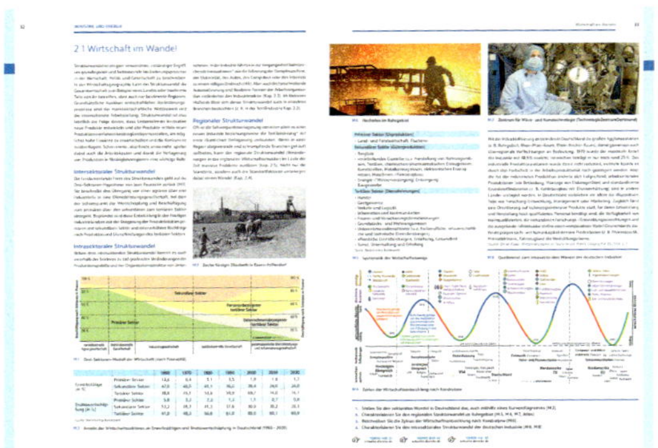

Einstiegsdoppelseite

Jedes Hauptkapitel beginnt mit einer Auftaktseite mit einem großformatigen Foto, das Sie visuell in das Thema einführt. Danach folgt eine Einstiegsdoppelseite (ab Kapitel 2). Sie leitet in das Thema des Kapitels ein und umreißt die verschiedenen Facetten des Kapitels. Der einleitende Text und bestimmte Materialien haben außerdem die Funktion, einige Inhalte aus den vorangegangenen Jahrgangsstufen zu wiederholen.

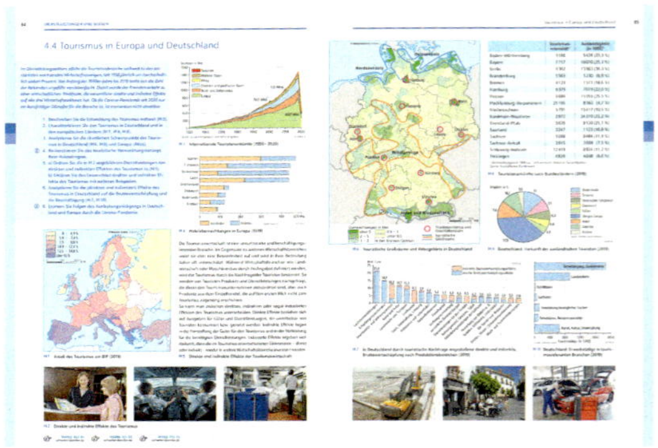

Themendoppelseite

Auf den sich anschließenden Themendoppelseiten stehen die Aufgaben im Mittelpunkt, die Sie durch die Auswertung einer Vielzahl von Materialien selbstständig bearbeiten sollen. Eröffnet wird jede Seite durch eine kurze Einleitung in die Thematik. In der Regel werden die Operatoren verwendet, die auch in den Klausuren zum Einsatz kommen. Wenn Sie schneller fertig sind, können Sie mit Zusatzaufgaben das Thema weiter vertiefen. Webcodes führen zum Internetangebot schueler.diercke.de bzw. den Atlasseiten.

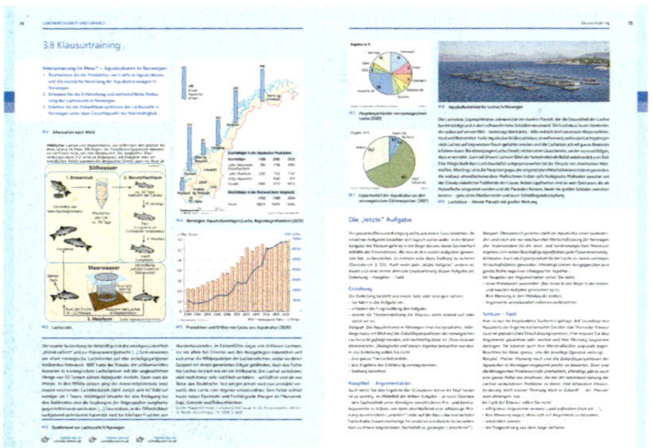

Klausurtraining / Methodentraining / Übungsklausur

Meist am Ende jedes Kapitels können Sie sich mithilfe eines Klausurtrainings auf die Klausuren in der Oberstufe vorbereiten. In den ersten drei Kapiteln bekommen Sie konkrete Tipps, was sie bei der Klausurbearbeitung beachten müssen. Im vierten Kapitel wird die Übungsklausur durch ein Methodentraining ergänzt. Das fünfte Kapitel enthält eine Übungsklausur, mit der Sie das Gelernte noch einmal selbstständig anwenden können.

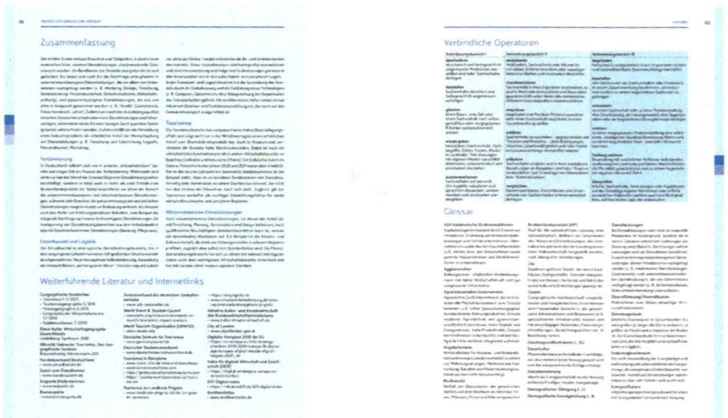

Zusammenfassung / Literatur / Internetlinks

Auf der jeweils letzten Kapitelseite finden Sie eine Zusammenfassung des Kapitels. Hinweise auf Literatur und Internetlinks helfen Ihnen, die Themen weiter zu vertiefen.

Glossar

Im Text mit * gekennzeichnete Fachbegriffe werden im Glossar im Anhang des Buches erklärt. Hier gibt es auch eine Liste mit den Operatoren, die Hinweise für die Aufgabenbearbeitung geben.

1 NATURRAUM UND BEVÖLKERUNG

Klettern auf der Narrenkappe in der Sächsischen Schweiz

1.1 Deutschland: Kartografische Einsichten

Thematische Karten bieten vielfältige Einsichten: In welchen Regionen Deutschlands findet eine grenzüberschreitende Zusammenarbeit statt? Wie schnell ist aus abgelegenen Regionen die nächste Autobahn erreichbar? Wie steht es in Deutschland mit der schnellen Breitbandversorgung? Wie unterscheiden sich in den einzelnen Bundesländern die landwirtschaftlichen Betriebsgrößen? Wie verteilen sich in Deutschland die einzelnen Gemeindetypen? Wie soll der Strom von der Nord- und Ostseeküste nach Bayern kommen? Wie ändern sich in Deutschland durch den Klimawandel die sommerlichen Niederschläge? Wo gibt es in Deutschland noch „klassische" Industrien und Dienstleistungen? In welchen Landkreisen und Städten leben die meisten Singles?

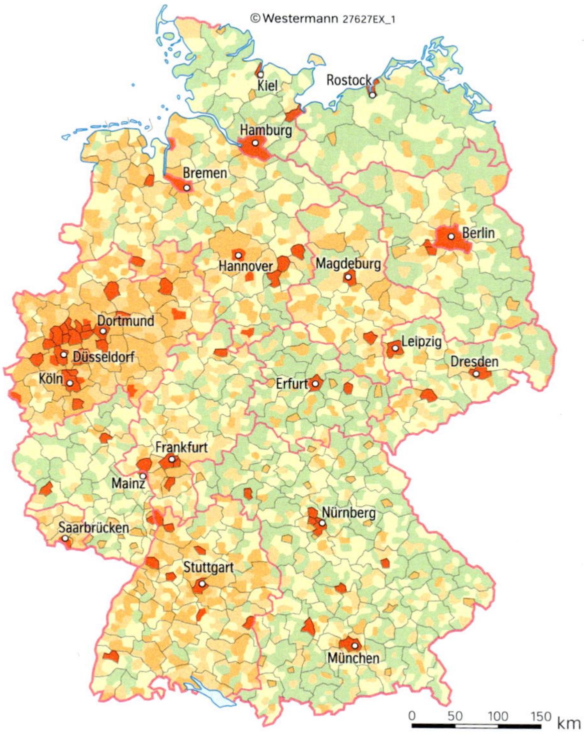

Stadt- und Gemeindetyp
- Großstadt
- Mittelstadt
- große Kleinstadt
- kleine Kleinstadt
- Landgemeinde

Quelle: BBSR Bonn

M2 Stadt- und Gemeindetypen

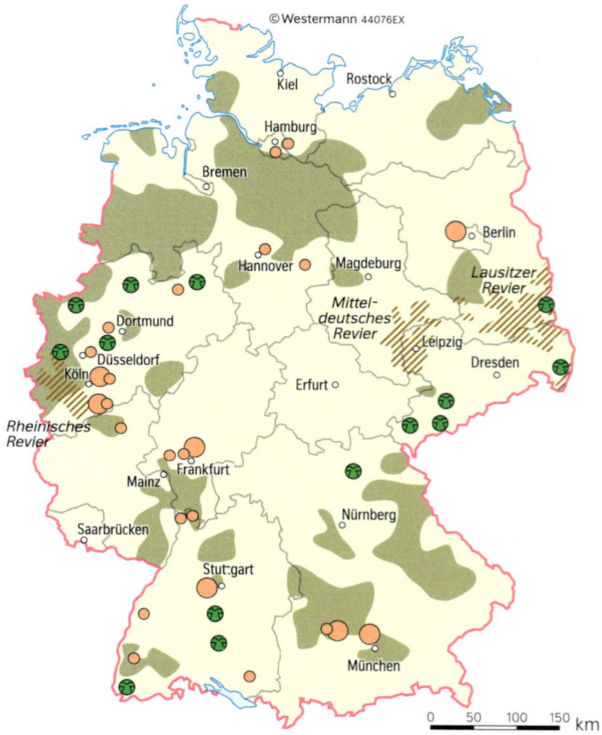

- Kartoffelanbau
- Braunkohleabbau
- Textilindustrie
- Bucherlage

M4 Standorte von ausgewählten Wirtschaftsbereichen

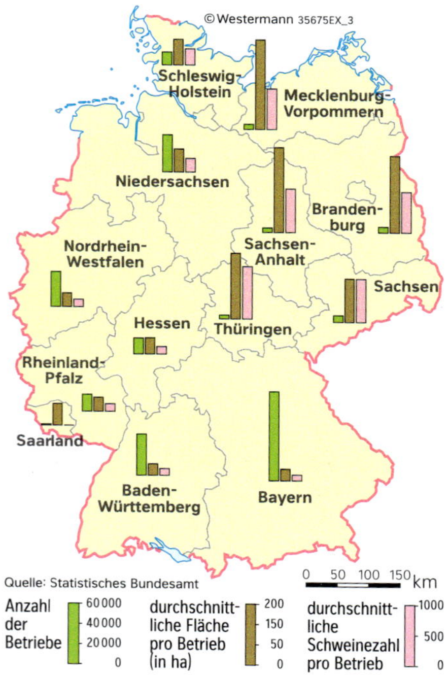

M1 Strukturdaten zur Landwirtschaft (2020)

M3 Klimaprognose: Sommerniederschläge

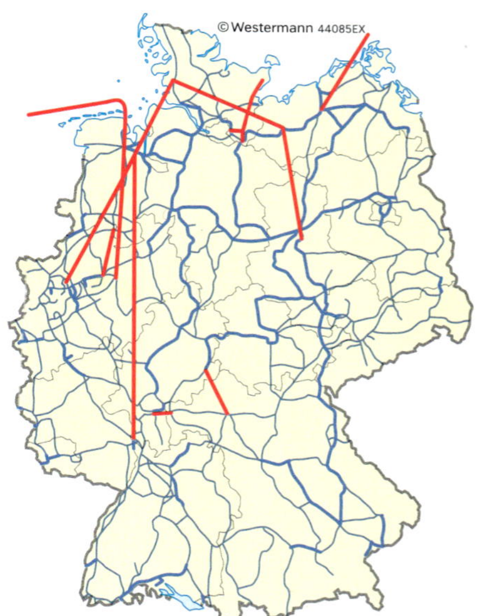

Quelle: Bundesnetzagentur
- bestehende Stromtrassen
- Netzverstärkung bestehender Trassen
- Neubau einer Trasse

M5 Ausbau des Stromnetzes (2021 – 2035)

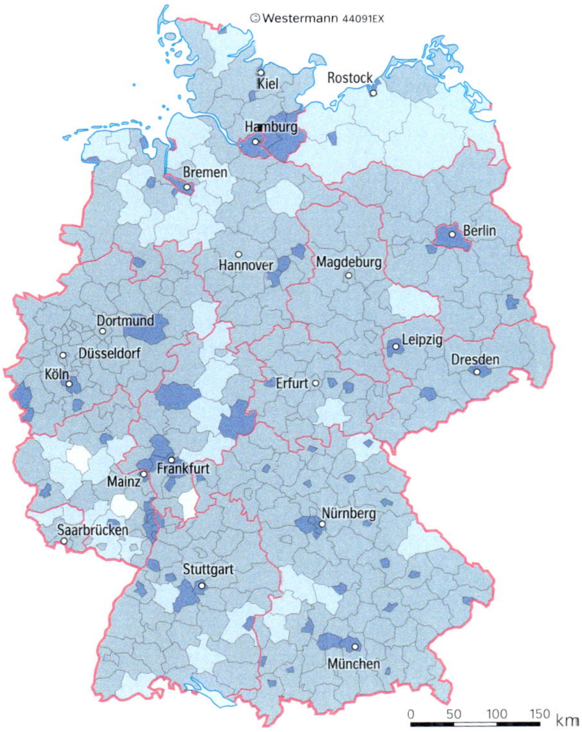

private Breitbandverfügbarkeit (Festnetz, in % der Haushalte)
>95–100%
>75–95%
>50–75%
0–50%
Quelle: MIG, BMDV
Internet: netzda-mig.de/breitbandatlas

M6 **Verfügbarkeit von Breitband (100 Mbit/sec, Stand 2021)**

Pkw-Minuten
<8
8–<16
16–<24
24–<32
≧32
Autobahn
Quelle: BBSR Bonn

M8 **Erreichbarkeit der nächsten Bundesautobahn-Anschlussstelle**

Index je Haushalt (Landesdurchschnitt = 100)
<80
80–<88
88–<96
96–<104
104–<112
112–<120
≧120
Quelle: GfK

M7 **Einpersonenhaushalte (2020)**

M9 **Grenzüberschreitende Zusammenarbeit: Euregios**

1. Erklären Sie den Unterschied zwischen physischen, topografischen und thematischen Karten (Internet).
2. Ordnen Sie die Karten (M1 – M9) den fünf Kapiteln des Buches und innerhalb der Kapitel den Unterkapiteln zu.
3. Erstellen Sie ein Schema (Nord – Süd, Ost – West, Stadt – Land) mit den wichtigsten Kartenaussagen.

1.2 Europa: Kontinent und Staatengemeinschaft

„Europa erstreckt sich von San Francisco bis Wladiwostok."
Carl Friedrich von Weizsäcker, deutscher Physiker, Philosoph (1992)

„Europa ist kein Ort , sondern eine Idee."
Bernhard-Henri Lévy, französischer Journalist (1995)

„Unser Ziel ist es, dass Europa einmal ein großes, gemeinsames Haus für die Europäer wird, ein Haus der Freiheit."
Konrad Adenauer, erster Bundeskanzler 1949 bis 1963

„Seit Langem wird versucht, Europa geographisch zu definieren. Vergeblich! Auch Mischungen aus Geographie, Kultur und Wirtschaft brachten völlig verschiedene Ergebnisse."
Hans-Dietrich Schultz, deutscher Geograph (2014)

Was ist Europa?

Eine eindeutige geographische oder geologische Abgrenzung Europas ist nicht möglich. Während die Grenzen im Norden, Westen und Süden durch das Europäische Nordmeer, den Atlantik und das Mittelmeer klar umrissen sind, ist im Osten nach Asien die Grenzziehung eine „gesellschaftliche Übereinkunft". Das Uralgebirge und der Uralfluss werden heute gemeinhin als Ostgrenze angesehen, was Teile Russlands und Kasachstans zu Europa gehören lassen. Umstritten ist die Grenze vor allem zwischen Schwarzem Meer und Kaspischem Meer sowie in der Ägäis, womit die Zugehörigkeit von Aserbaidschan, Georgien und Armenien beziehungsweise Zypern und der Türkei zu Europa unklar ist.

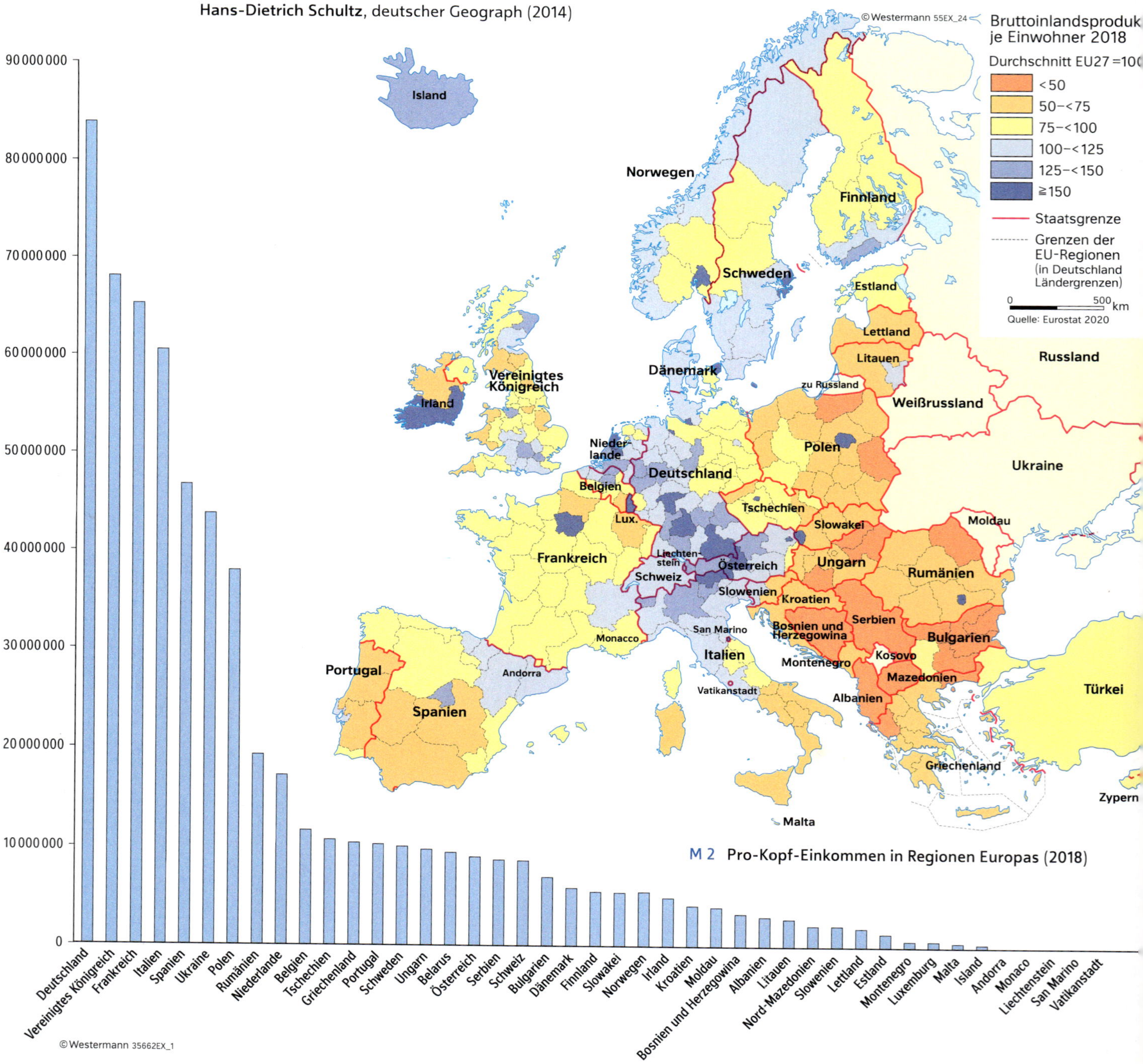

M 2 Pro-Kopf-Einkommen in Regionen Europas (2018)

M 1 Einwohnerzahlen der europäischen Staaten (2020)

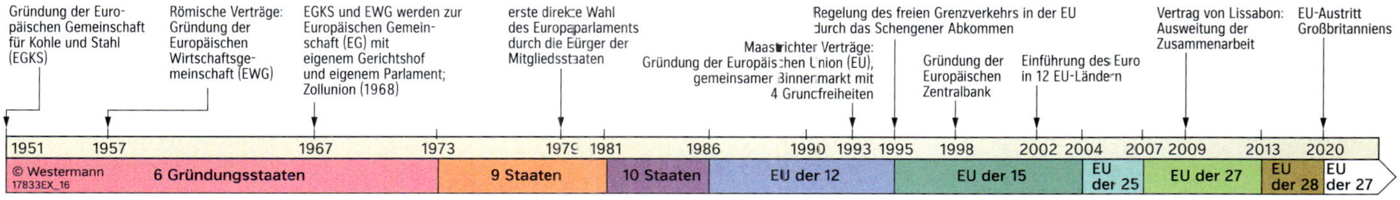

M3 Entwicklung der Europäischen Union

Zuständigkeit	Politikbereich
EU ausschließlich zuständig	Zollunion, Wettbewerbsregeln, EU-Währungspolitik, gemeinsame Handelspolitik
EU und Mitgliedsstaaten (geteilte Zuständigkeit nach dem Subsidiaritätsprinzip[1])	Binnenmarkt, Sozialpolitik, Landwirtschaft, Umwelt, Verbraucherschutz, Verkehr, Energie, Sicherheit (Schengen), Entwicklungszusammenarbeit
Koordinierung und Unterstützung der Mitgliedsstaaten durch EU	Wirtschaftspolitik, Beschäftigungspolitik, Sport, Bildung, Jugend, Gesundheitsschutz, Industrie
EU im Auftrag der Mitgliedsstaaten	GASP: Gemeinsame Außen- und Sicherheitspolitik (einschließlich Verteidigung)

[1]Die EU soll sich nur um Dinge kümmern, die sie besser regeln kann als die Mitgliedsländer.

M4 Zuständigkeiten für Politikbereiche in der EU

M7 Die vier Grundfreiheiten in der EU

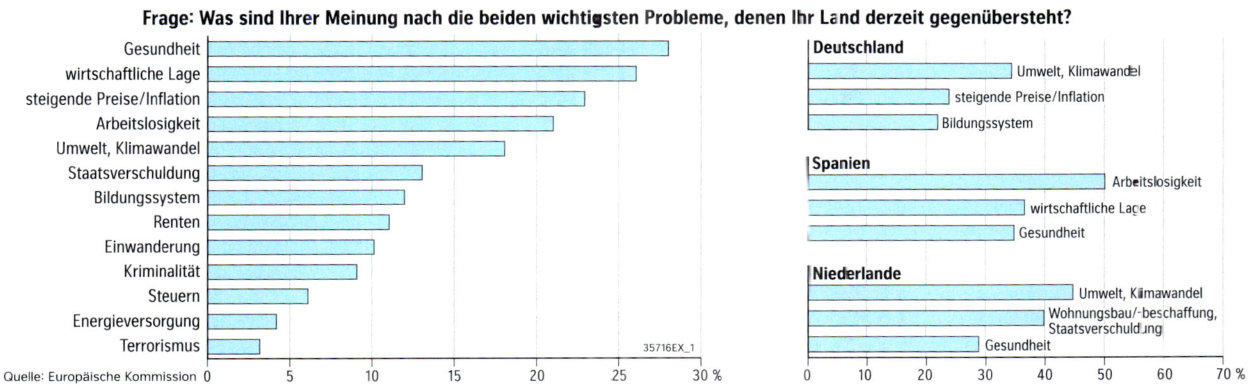

M5 Umfrage in Europa (2021; Ergebnisse aller Länder der EU links, ausgewählte Staaten rechts)

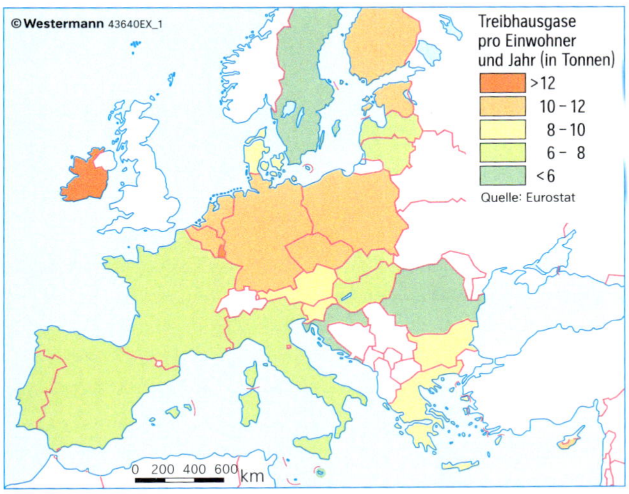

M6 EU: Anteil der Treibhausgase* pro Einwohner und Jahr (2019)

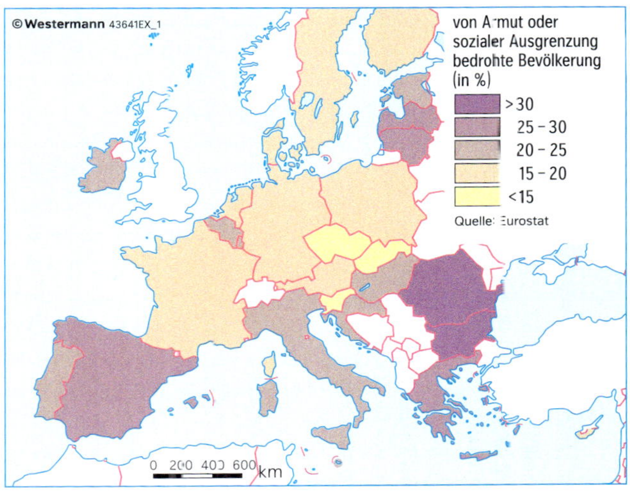

M8 EU: Anteil der Armen und sozial Ausgegrenzten (2019)

1. Erläutern Sie die Eingangszitate zu Europa.
2. Erörtern Sie die Zugehörigkeit Russlands, Kasachstans, Aserbaidschans und der Türkei zu Europa.
3. Vergleichen Sie die Daten zu den Ländern der EU (M1, M2, M6, M8).
4. Vergleichen Sie die Umfrageergebnisse in Deutschland mit denen in Spanien, den Niederlanden und der „Gesamt-EU" (M5).

100800-084-03 schueler.diercke.de
100800-084-04 schueler.diercke.de
100800-086-01 schueler.diercke.de
100800-098-01 schueler.diercke.de
100800-101-05 schueler.diercke.de

1.3 Die erdgeschichtliche Entwicklung Niedersachsens

Die Oberfläche der Erde wurde über Jahrmillionen von verschiedenen Prozessen immer wieder umgestaltet: Aufsteigen von Material aus dem Erdinneren, Auffaltungen der Oberfläche zu Gebirgen, Abtragen dieser durch verschiedene Erosions- und Verwitterungsprozesse*, Bildung von Sediment- und später festen Gesteinsschichten, die später wieder herausgehoben wurden; angetrieben durch tektonische Bewegungen der Erdplatten (Plattentektonik*), beeinflusst durch Klima-, Vegetationsveränderungen und Meeresspiegelschwankungen. Die heutige, vorläufige Erdoberflächengestalt ist das Ergebnis all dieser Prozesse. Dies lässt sich auch in kleineren Raumeinheiten wie etwa Niedersachsen vielgestaltig erkunden. Nicht nur für Geologen ist es interessant, wenn alte Formationen oberflächennah auftreten. In Niedersachsen ist dies vor allem im Süden der Fall, während der Norden in jüngerer Zeit geformt wurde (M2). Wirtschaftlich relevant wurden die Gesteinsformationen, wenn in abbaubarer Tiefe Rohstoffe gefördert werden konnten.*

1. Beschreiben Sie die erdgeschichtliche Entwicklung Niedersachsens (M1, M2, Atlas).
2. Stellen Sie die Entstehung von Salz- und Erdöllagerstätten dar (M5, M6, M8, M11).
3. Erläutern sie die Bedeutung der Salzstöcke für die Erdgas- und Erdölförderung (M6, M9, M10).
4. ⓩ Erläutern Sie die heutige Bedeutung der Salzbergwerke als Kavernen (M5, M10, Internet).
5. Die Rohstoffvorkommen waren Motor der Industrialisierung in Niedersachsen. Nehmen Sie Stellung (M1, M3 – M7, Atlas).

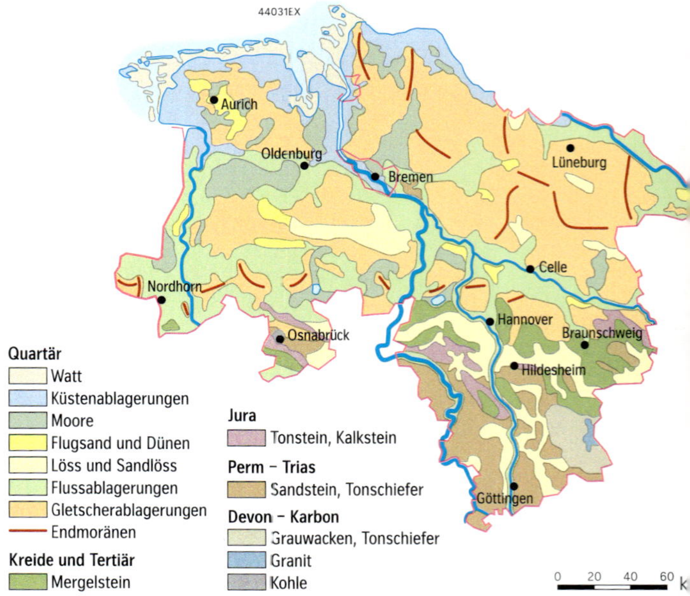

M2 Geologische Übersicht von Niedersachsen

Zeitalter	Beginn vor Mio. Jahren	nutzbarer Rohstoff	Lagerstätten
Devon	419	Kalkstein Blei, Zink	Bad Grund Bad Grund
Karbon	359	Gabbro Steinkohle	Bad Harzburg Osnabrück
Perm	299	Salz Gips Erdgas	diverse (siehe M10) südl. Harzrand, Stadtoldendorf Rotenburg/W., Goldenstedt
Trias	252	Kalkstein Sandstein Erdgas	Südniedersachsen Solling Hengstlage, Siedenburg
Jura	201	Dolomit Ölschiefer Erdöl	Salzhemmendorf Schandelah/Braunschweig Hankensbüttel
Kreide	145	Kalkmergel Eisenerz Erdöl	Hannover, Wunstorf Salzgitter Emsland
Tertiär	66	Basalt Braunkohle	Adelebsen Helmstedt
Quartär	2,6	Kies, Sand Quarzsand Ton	Flusstäler Leer, Ammerland, Wittmund Oldenburg, Bockhorn

M3 **Verbreitung nutzbarer Rohstoffe** (nicht vollständig) **in Niedersachsen nach Erdzeitaltern**

Vielfältige geologische Formationen prägen das Land Niedersachsen. Das Bergland (einschließlich Harz) im Süden des Landes besteht größtenteils aus Festgesteinen des Erdmittelalters und des Erdaltertums. Nach Norden schließt sich die ebene bis flachkuppig-hügelige Landschaft des niedersächsischen Tieflandes an. In diesem Landschaftsraum der Geest überwiegen mächtige eiszeitliche Ablagerungen. Regional landschaftsprägend sind Moore, insbesondere in den küstennahen Regionen Niedersachsens, sowie breite Niederungs- und Flusssysteme.
Im Erdaltertum vor über 250 Mio. Jahren lag Norddeutschand auf der Höhe des heutigen Afrika. Entsprechend herrschte ein tropisches Klima vor. Immer wieder wechselten sich Zeiten der Meeresbedeckung mit Ablagerungen sowie landfeste Perioden mit Abtragung des Festlandes ab. Die ältesten Gesteine Norddeutschlands stammen aus dem Devon und sind im Harz anzutreffen. In diesem Erdzeitalter bildeten sich aus untermeerischen Erzanreicherungen Erzlagerstätten, die den Harzer Bergbau bis in die Nachkriegszeit begründeten. Im Karbon wurden die im Harz abgelagerten Gesteine gefaltet, zerbrochen und geschiefert. Im Untergrund kühlte aufgestiegenes Magma aus. Durch Hebung und Abtragung der Deckschichten gelangten Tiefengesteine wie der Brocken- und Okergranit sowie der Harzburger Gabbro an die Oberfläche. Ebenfalls im Karbon entstand aus riesigen Sumpfwäldern die Steinkohle bei Ibbenbüren.
Im Perm war Norddeutschland ein flaches Binnenmeer mit hohem Salzgehalt, in dem sich durch Verdunstung das Zechsteinsalz ablagerte (M8). Wo das Salz in den folgenden Erdzeitaltern bis nahe der Erdoberfläche vorstieß, konnte es gefördert werden (M10, M11). In den Zeitaltern des Erdmittelalters (Trias, Jura, Kreide) wurde das Zechsteinsalz von mehreren Tausend Meter mächtigen Sedimenten überdeckt. Versteinerte Meerestiere in den Gesteinsformationen wie die Ammoniten und Belemniten sind Zeugen jener Zeit. Diese Sedimentgesteine stehen in den Bergländern Südniedersachsens wie dem Leine-, Weser- und Osnabrücker Bergland an.
In der Kreidezeit wurden in dem eisenhaltigen Flachmeer Eisenkügelchen, die sich an Aerosolen bildeten, ausgefällt. Die Standortentscheidung des VW-Werkes in Wolfsburg ging auf die Förderung des Eisenerzes bei Peine und Salzgitter bis nach dem 2. Weltkrieg zurück. Im Tertiär bildete sich aus tropischen Sumpfwäldern die Braunkohle bei Helmstedt, die dort bis 2016 im Tagebau gefördert wurde.
Überformt wurden die Schichten des Erdmittelalters in der Norddeutschen Tiefebene (nördlich einer gedachten Linie Osnabrück, Hannover, Braunschweig) während der Erdneuzeit durch die eiszeitlichen Ablagerungen der Elster-, Saale- und Weichsel-Kaltzeiten, in denen die Gletscher aus Skandinavien vordrangen. Zeugen sind die Endmoränen* und die Findlinge, aber auch die Grundmoränen und die Urstromtäler.

M1 **Erdgeschichtliche Entwicklung Norddeutschland**

100800-052-01 schueler.diercke.de
100800-066-01 schueler.diercke.de
100800-088-01 schueler.diercke.de
100800-088-02 schueler.diercke.de
100800-088-03 schueler.diercke.de

M4 **Kalibergwerk* Sigmundshall bei Wunstorf mit Abraumhalde (bis 2018 in Betrieb, letztes geschlossenen Kaliwerk in Niedersachsen)**

Salzlagerstätten entstanden im trocken-heißen Klima im flachen Schelfbereich von Meeren mit eingeschränkter Verbindung zum Ozean und geringer Wasserzufuhr. Nacheinander fielen durch die steigenden Konzentrationen verschiedene Salze aus, auch das Steinsalz (Kochsalz, NaCl). Das Meer trocknete aus und es lagerten sich Sedimente über der Salzschicht an. In Mitteleuropa wiederholte sich der Zyklus mehrmals. An einigen Stellen entstanden 1000 m mächtige Salzschichten, die in 4000 m Tiefe liegen. Das durch hohen Druck plastisch gewordene Salz sammelte sich in Salzkissen und stieg aufgrund seiner relativ niedrigen Dichte in Schwächezonen pilzartig nach oben. So entanden Salzstöcke und -mauern, die in ganz Norddeutschland viele Jahrhunderte ausgebeutet wurden. Heute haben vor allem die künstlich geschaffenen Hohlräume (Kavernen) in den Salzstöcken eine Bedeutung, da dort aufgrund ihrer Undurchlässigkeit Erdöl- und Erdgasreserven, aber auch giftige und radioaktive Stoffe gelagert werden können.

M5 **Bildung von Salzlagerstätten**

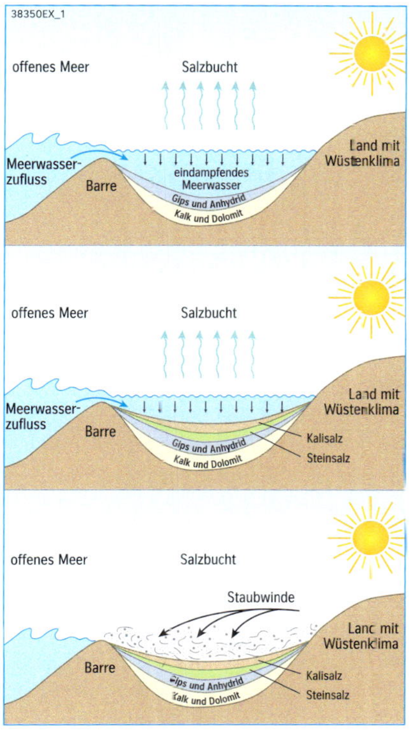

M8 **Salzbildung in der Lagune**

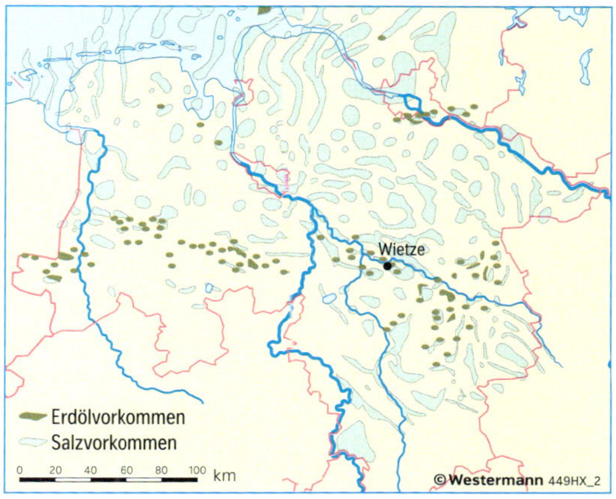

M10 **Salz- und Erdgasvorkommen**

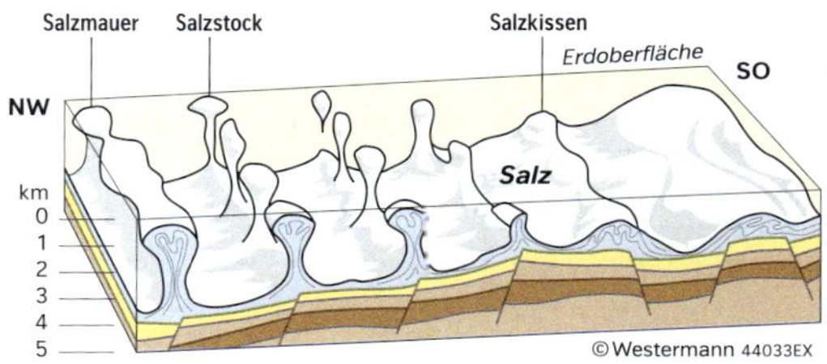

M11 **Entwicklung von Salzkissen, -stöcken und -mauern**

Ausgangsmaterial von Erdöl und Erdgas ist im Meer lebendes Plankton, das von Sedimenten abgedeckt, unter sauerstoffarmen Bedingungen erst von Bakterien abgebaut und später unter hohen Temperaturen und Druck in der Tiefe über lange Zeit zu Kohlenwasserstoffverbindungen im Muttergestein wird. Zu einer Lagerstätte werden diese erst, wenn sie aus dem Muttergestein auswandern, sich in Fallen anreichern und nach oben wandern. Dies geschieht häufig an Flanken von Salzstöcken. Ein Drittel des in Deutschland geförderten Erdöls und fast 95 % des Erdgases stammen aus niedersächsischen Lagerstätten. Die meisten Erdgasvorkommen lagern in Sandsteinen und Karbonaten des Perms und der Trias, Erdöl in den Sandsteinen des Juras und der Kreide.

M6 **Erdöl in Niedersachsen**

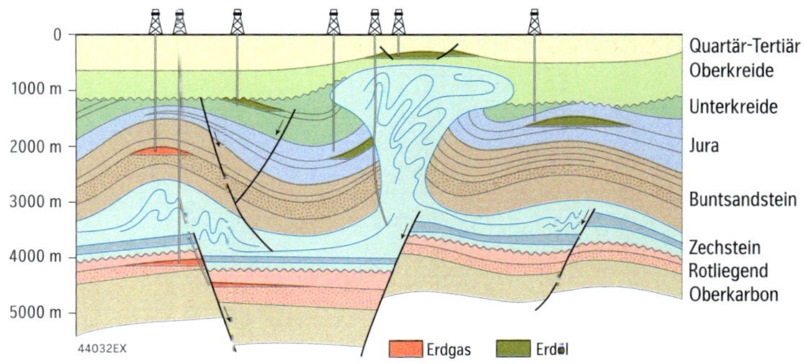

M9 **Erdgas- und -ölfallen in der Umgebung eines Salzstocks (geolog. Schnitt)**

M7 **Ölfeld auf der „Teufelsinsel" in Wietze (um 1905). Die bretterverkleideten Bohr- und Fördertürme (Vierböcke über den Erdölsonden) stehen dicht an dicht.**

1.4 Ökozonale Gliederung: Klima und Vegetation

Zwar liegt Europa hauptsächlich in den Mittelbreiten, doch vom subpolaren Spitzbergen bis zum mediterranen Zypern, vom maritimen Irland bis zum kontinentalen Osteuropa weist das Klima viele Facetten auf.

1. Beschreiben Sie das Klima in Europa (M1, M4, Atlas).
2. Europa gilt klimatisch als begünstigt. Begründen Sie (M1, M3, M4).
3. Erläutern Sie die Auswirkungen der Luftströmungen aus Westen, Süden und Nordosten auf das Wettergeschehen in Deutschland (M2).
4. Bestimmen Sie die ungefähre Verbreitung der Ökozonen* in Europa (M5, Atlas).
5. ⓩ Erstellen Sie in arbeitsteiligen Gruppen jeweils ein Wirkungsgefüge zu den einzelnen Ökozonen (M5).

M3 Apfelanbau in Nordheimsund bei Bergen

(1) Europa ist ein westlicher Ausläufer der euro-asiatischen Landmasse. An seiner Westseite werden Klima und Witterungsablauf überwiegend durch maritime Luftmassen gesteuert, deren Einfluss ostwärts sukzessive abnimmt. Allerdings liegen nur das nördliche und das zentrale Europa in der zyklonalen Westwinddrift, während im südlichen Europa der Wechsel zwischen sommertrockenen und winterfeuchten Jahresabschnitten das subtropische Klima beherrscht.
(2) Der Verlauf des Golfstroms im Westen von Großbritannien und längs der Küste Norwegens bedeutet, dass in Norwegen noch bis zu 64° Nord kommerzieller Obst- und Gemüsebau in den Klimaoasen im Innern der Fjorde betrieben werden kann. Obstbaumkulturen reichen hier bis auf eine Höhe von 110 m bis 120 m. Die enorme positive Temperaturanomalie im Sommer geht auf die geringe Bewölkung, den Windschutz und den größeren Strahlungsreichtum zurück.
Ungeachtet des Golfstroms sind jedoch die Effekte der bedeutenden Nord-Süd-Erstreckung von Europa von 71° Nord am Nordkap bis auf 36° Nord an der Straße von Gibraltar für die Ausbildung von strahlungsklimatischen Jahreszeiten verantwortlich. Die Tageslänge differiert im Sommer zwischen der Mitternachtssonne am Polarkreis und einem 14,5-Stunden-Tag im südlichsten Südeuropa, im Winter zwischen Polarnacht bzw. 9,5 Stunden.
Quelle: Elisabeth Lichtenberger: Europa. Darmstadt: Wissenschaftliche Buchgesellschaft 2005, S. 62

M1 Quellentext zum Klima und Wetter in Europa

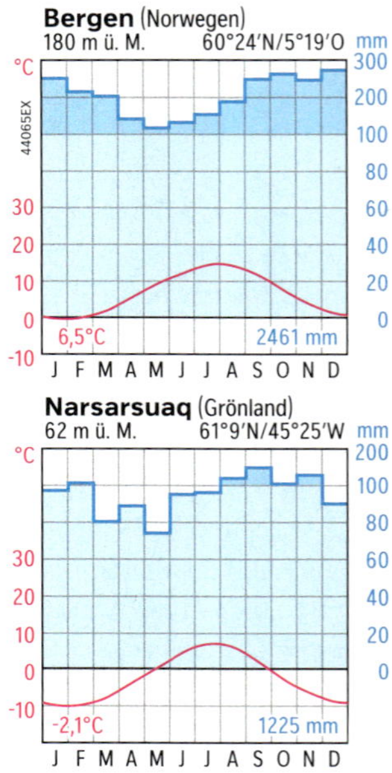

M4 Klimadiagramme

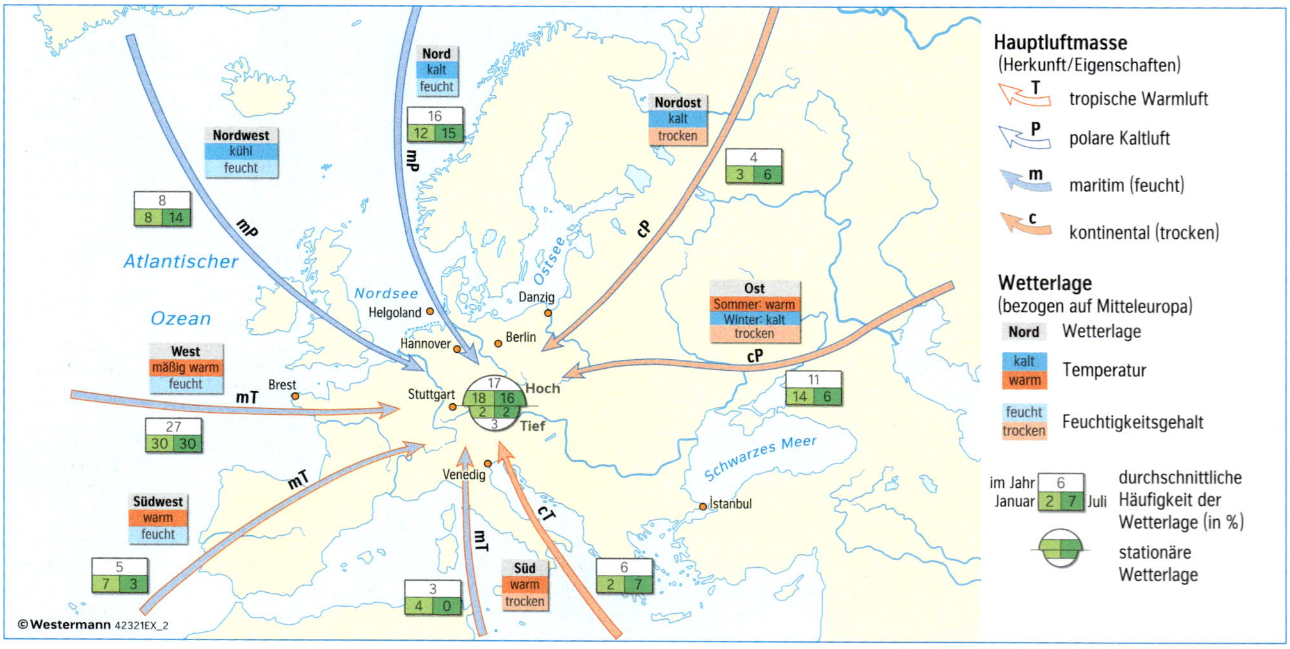

M2 Großwetterlagen und Hauptluftmassen in Deutschland/Mitteleuropa

Klimazonen	Hohe Breiten (Kalte Zone)		Mittelbreiten (Gemäßigte Zone)		Subtropen

Klimadiagramm

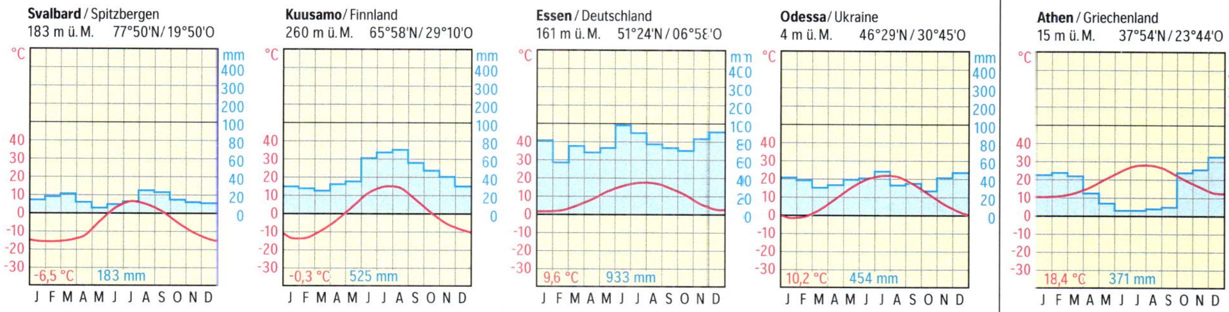

Vegetationszonen	**Eiswüste, Tundra** Eiswüste: vegetationslos Tundra: Gräser, Krautpflanzen, Zwergsträucher	**nördlicher (borealer) Nadelwald (Taiga)** Lärchen, Fichten, Moore	**sommergrüner Laub- und Mischwald**	**Steppe** bis übermannshohes Gras	**Hartlaubgehölze** (mediterrane Vegetation)

Jahreszeiten	ausgeprägte Jahreszeiten				
	über 8 Monate Winter	6 – 8 Monate Winter	milde Winter warme Sommer	kalte Winter heiße Sommer	deutliche Temperaturunterschiede zwischen Sommer und Winter
Jahresdurchschnittstemperatur	unter – 10 °C	– 10 °C bis 0 °C	0 °C bis 12 °C		12 °C bis 24 °C
Niederschlag	weniger als 300 mm	weniger als 600 mm	mehr als 600 mm	weniger als 600 mm (in einigen Regionen jedoch auch bis 900 mm)	400 – 1000 mm, im Sommer trocken, im Winter Niederschlag (Winterregen)
mögliches Wachstum	weniger als 30 Tage	30 – 180 Tage	mehr als 180 Tage	weniger als 180 Tage	mehr als 150 Tage

Bodeneigenschaften

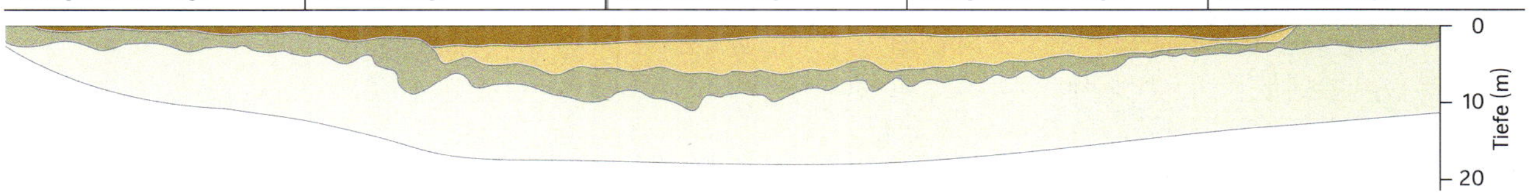

unverwittertes Gestein
Verwitterungstiefe
Mineralneubildung mit 3- oder 4-Schicht-Tonmineralen, Böden mit hoher Kationenaustauschkapazität
Humus

16080EX_30

Verwitterung	intensiv, vorwiegend physikalisch		relativ gering	gering bis intensiv, je nach Wasservorkommen, Anreicherung von Salzen durch aufsteigendes Bodenwasser	stark linienhaft, Flächenabtragung
Begrenzung/ Beeinträchtigung der landwirtschaftlichen Nutzung	Permafrost, geringe pflanzliche Primärproduktion	kurze Vegetationsperiode, eingeschränkte Verfügbarkeit von Nährstoffen	kurze Vegetationsperiode, eingeschränkte Nährstoffverfügbarkeit	kurze Vegetationsperiode, Wassermangel	Wassermangel, eingeschränkte Nährstoffverfügbarkeit
Anbauprodukte, Viehhaltung	Rentiere (Nomadismus)	häufig Forstwirtschaft	(Kältegrenze) Roggen, Kartoffeln, Mais, Weizen, Rinder, Schweine	Weizen, Zuckerrüben, Sonnenblumen, Schafe, Rinder	Wein, Oliven, Obst, Zitrusfrüchte, Reis, Schafe, Ziegen

M5 Ökozonen* in Europa

1.5 Folgen des Klimawandels in Deutschland und Europa

Seit der Industrialisierung greift der Mensch durch Freisetzung von Treibhausgasen, die durch Energieerzeugung, Verkehr, Industrie, Landwirtschaft und Landnutzungsänderungen entstehen, massiv ins Klimageschehen ein. Seit 1880 sind die Temperaturen weltweit um mehr als 1,2 °C gestiegen. Je nachdem, wie effektiv die Anstrengungen sind, die Treibhausgasemissionen zu reduzieren, wird von den Klimawissenschaftlern des UN-Klimarats IPCC eine weitere Temperaturerhöhung um 1,4 bis 4,4 °C bis zum Ende des Jahrhunderts angenommen. Regional werden dabei sehr unterschiedliche Folgen des Klimawandels* erwartet: Verschiebung der Jahreszeiten und Klimazonen, Veränderung der Niederschläge und Zunahme von Starkregenereignissen und Hitzewellen – mit weitreichenden wirtschaftlichen und sozialen Folgen. Auch innerhalb eines Landes wie Deutschland ist mit unterschiedlichen Folgen zu rechnen. Neben dem Bemühen, weitere Treibhausgasemissionen zu beschränken, werden in jedem Fall weitreichende Anpassungsmaßnahmen notwendig sein, um auf die unvermeidbaren Folgen zu reagieren.*

1. Stellen Sie die Entwicklung der Erdoberflächentemperaturen nach den angenommenen Klimaszenarien dar (M1, M2).
2. Erläutern Sie die Folgen der Erderwärmung in Deutschland und mögliche Anpassungsmaßnahmen (M3 – M5, S. 6: M3).
3 Erstellen Sie in Gruppenarbeit Kurzvorträge zu den Folgen des Klimawandels* an Ihrem Schulort für die Bereiche
   a) Landwirtschaft (Ertrag Winterweizen und Mais, Wein),
   b) Gesundheit (heiße Tage),
   c) Wasser (Grundwasserneubildung),
   d) Energie (Potenzial von Fotovoltaik).
   Verwenden Sie dazu www.klimafolgenonline-bildung.de.
4. Erläutern Sie die Klimawandelfolgen* in Europa für die Bereiche Forstwirtschaft und Tourismus (M6).
5. Investitionen in Klimaschutz und Klimafolgenanpassung sind gleich wichtig. Nehmen Sie Stellung.

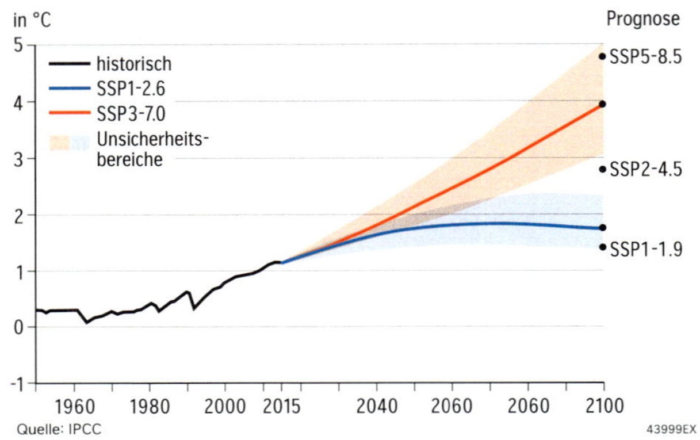

M1 Klimaprojektionen für die globale Erdoberflächentemperatur

Um die globale Erderwärmung und auch den regionalen Klimawandel* und deren Auswirkungen abzuschätzen, werden Klimaszenarien genutzt. Diese werden mithilfe von Klimamodellen* und Annahmen zu zukünftigen Emissionen von Treibhausgasen* erstellt. Die Höhe der Treibhausgasemissionen ist wiederum abhängig von der Entwicklung der Weltwirtschaft und der Weltbevölkerung. Für die Abschätzungen müssen also mögliche Entwicklungen in den Bereichen Bevölkerungswachstum, ökonomische und soziale Entwicklung, Geschwindigkeit bei der Einführung neuer Technologien, Ressourcenverbrauch und Umweltmanagement berücksichtigt werden.
Weltweit ist es eine der Kernaufgaben des UN-Klimarats IPCC, mit derartigen Szenarien den Klimawandel abzuschätzen. 2021 wurde der sechste IPCC-Sachstandsbericht vorgelegt. Hierin werden – abgeleitet aus den Annahmen über die sozioökonomischen Entwicklungen und das Ausmaß von CO_2-Minderungsmaßnahmen – fünf verschiedene „Shared Socioeconomic Pathways (SSPs) verwendet. Das Szenario SSP1-2.6 bildet eine Entwicklung ab, bei der die Erwärmung auf Grund massiver Klimaschutzanstrengungen wahrscheinlich unter 2°C bleiben würde. Hierzu müssen die Treibhausgasemissionen bis 2050 drastisch zurückgehen. Das andere Extrem wird durch das pessimistische Szenario SSP5-8.5 dargestellt, bei dem davon ausgegangen wird, dass nur geringe Maßnahmen zum Klimaschutz unternommen werden. Ausgegangen wird von sehr hohen Treibhausgasemissionen, die sich bis 2100 gegenüber heute verdoppeln. Bei dem Szenario SSP2-4.5 verbleiben die Emissionen bis 2050 auf dem heutigen Stand.

M2 Szenarien der globalen Erderwärmung

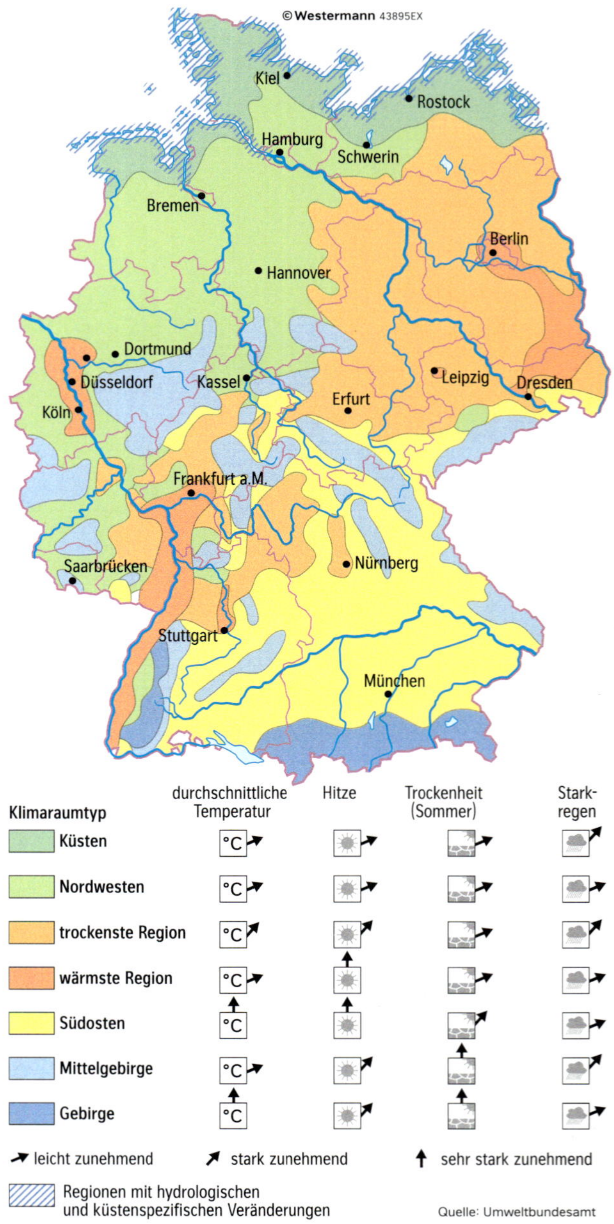

M3 Absehbare Klimawandelfolgen* in Deutschland

100800-060-02 schueler.diercke.de 100800-250-03 schueler.diercke.de

Folgen des Klimawandels		Betroffene Sektoren	Anpassungsmaßnahmen
Erwärmung	• Veränderung der Vegetationsphasen • Veränderung der Biodiversität • Dürre	• Ökologie • Land-/Forstwirtschaft, Fischerei • Wasserversorgung	• Anpassung landwirtschaftlicher Nutzung
Meeresspiegelanstieg	• Überflutungen, Überschwemmungen • erhöhte Sturmflutenfrequenz • Erosion* • Eindringen von Salzwasser	• Wasserversorgung • Landwirtschaft, Fischerei • Gesundheit • Tourismus, Infrastruktur	• Küsten- und Erosionsschutz • Hochwasserschutz gemäß erwarteter Küstenveränderungen
Überschwemmungen an Flüssen	• Überschwemmungen • Erosion	• Wasserversorgung • Landwirtschaft • Gesundheit • Infrastruktur	• Renaturierung von Flusslandschaften • eingeschränkte Nutzung von Auen • technischer Hochwasserschutz • Warnsysteme
Hitzewellen	• Hitze, Dürre • Vegetationsrückgang • verminderte Luftqualität • Waldbrände	• Wasserversorgung • Land-/Forstwirtschaft, Fischerei • Gesundheit • Stromproduktion, Verkehr	• effektives Wassermanagement • Information der Bevölkerung über angepasstes Verhalten • Kühlräume für gefährdete Personen
Starkniederschläge	• Überschwemmungen • Erosion, Hangrutschungen • Schneemassen	• Wasserversorgung • Landwirtschaft • Verkehr, Gesundheit	• Frühwarnsysteme • Einbezug von Hangrutschrisiken in die infrastrukturelle Planung
Stürme	• Waldbruch • Gebäude-, Straßenschäden • Ernteverlust	• Wasserversorgung • Landwirtschaft • Verkehr	• Stabiliät der Infrastruktur • Warnsysteme
Gletscherschmelze	• veränderter Wasserhaushalt • erhöhte Lawinengefahr	• Wasserversorgung • Tourismus, Infrastruktur	• Hangbefestigungen, Lawinensicherung • Wassermanagement

M4 Klimawandelfolgen* in Deutschland, betroffene Sektoren und Beispiele von Anpassungsmaßnahmen

Prinzipiell ist eine Vielzahl von Anpassungsschritten auf verschiedenen Ebenen denkbar. Sie reichen von rein technischen Maßnahmen (z.B. dem Bau von Deichen, Züchten von klimaangepasstem Saatgut) über Verhaltensänderungen (Umstellung der Ernährungsweise oder des Freizeitverhaltens) bis hin zu politischen Optionen (Planungsrecht im Wasserbereich, Frühwarnsysteme). Der IPCC unterscheidet zwischen vorausschauender und reaktiver, privater und öffentlicher, autonomer und geplanter Anpassung. Die meisten dieser Maßnahmen haben vorsorgenden Charakter und setzen eine Risikoanalyse voraus. Häufig werden sie allerdings erst nach Eintritt eines Extremereignisses ergriffen. Dennoch gilt: Je weiter und je ungebremster der Klimawandel fortschreitet, desto mehr werden diese Maßnahmen nicht mehr ausreichen oder die zu ihrer Umsetzung erforderlichen Kosten enorm steigen. [...]

Die Anpassungskosten, die bei einem bestimmten Ausmaß des Klimawandels zu erwarten sind, müssen in Relation zu den dadurch vermiedenen Schadenskosten gestellt werden. So wird geschätzt, dass jeder Euro, der in die Katastrophenvorsorge investiert wird, etwa vier bis sieben Euro an Schadensbewältigung sparen kann. Auch die finanziellen Mittel, die notwendig werden, um den Klimawandel auf ein bestimmtes Maß zu begrenzen, dürfen nicht isoliert betrachtet werden, sondern müssen zu den vermiedenen Schäden ins Verhältnis gesetzt werden.

Quelle: Sven Harmeling et al. Globaler Klimwawandel. Diercke Spezial. Braunschweig: Westermann 2018, S. 50 – 51

M5 Quellentext zu Anpassungsmaßnahmen

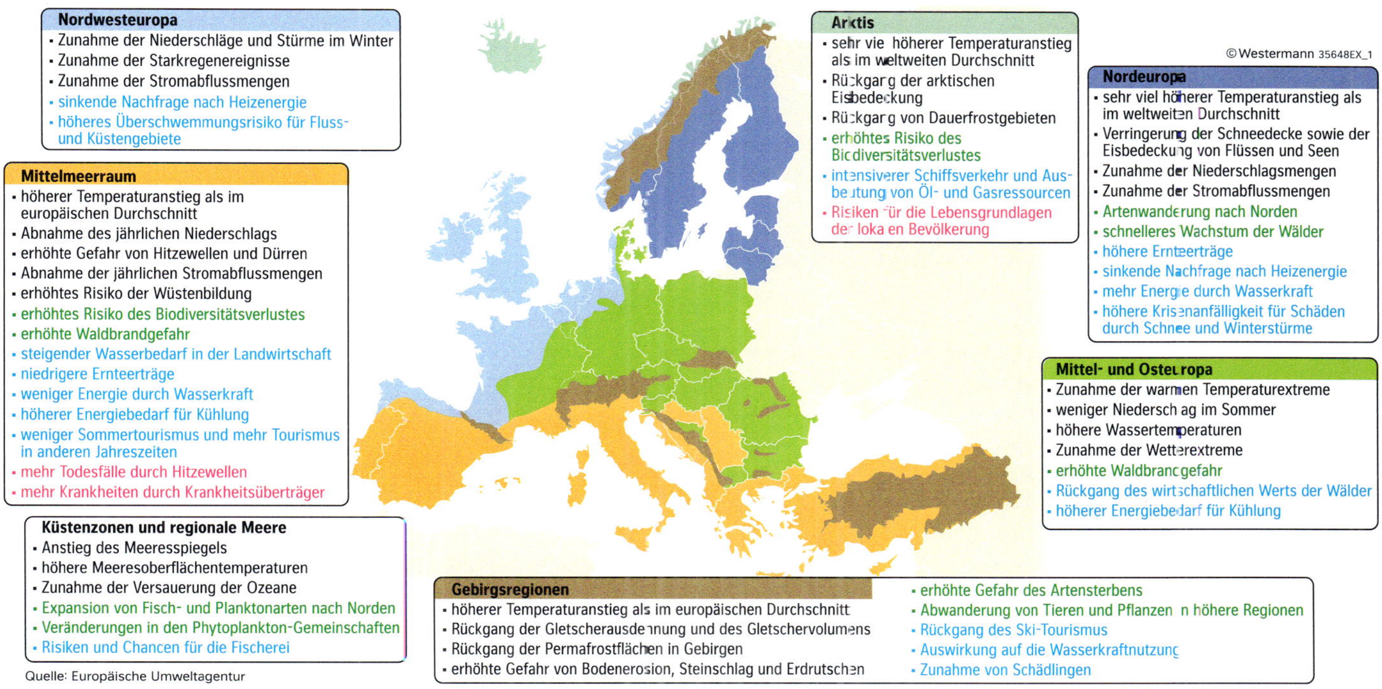

M6 Klimawandelfolgen* in Europa

1.6 Der Meeresspiegelanstieg gefährdet die Nordseeküste

Der Meeresspiegelanstieg ist einer der gravierendsten Folgen des Klimawandels. Forciert wird er hauptsächlich durch zwei Effekte: die Erwärmung des Meerwassers und die damit verbundene thermische Ausdehnung des Wassers und das Abschmelzen der Gletscher und Eisschilde in Grönland und der Antarktis. Der prognostizierte Meeresspiegelanstieg weist zum Teil große regionale Unterschiede auf; für die Nordsee wird ein überdurchschnittlicher Anstieg angenommen. Betroffen sind die überall auf der Welt dicht bevölkerten Küstenregionen mit oft hoher Wirtschaftskraft, zu denen auch die Metropolregion Randstad unseres Nachbarn Niederlande gehört. 25 Prozent der Landfläche der Niederlande liegt unter dem „Normalen Amsterdamer Pegel", ohne Deichschutz wären 65 Prozent von Überflutungen betroffen. Dort, aber auch an der deutschen Nordseeküste müssen die Küstenschutzmaßnahmen verstärkt werden.*

1. Stellen Sie die Auswirkungen der Erderwärmung auf den Meeresspiegel weltweit und an der Nordseeküste dar (M3, M4).
2. a) Küstenschutz ist in Niedersachsen eine Daueraufgabe. Erklären Sie diese Aussage (M1, M2, M10).
   b) Erklären Sie die Verschärfung dieser Aufgabe durch den Meeresspiegelanstieg (M2, M4, M5, M6).
3. a) Erläutern Sie die Risiken, denen die Niederlande durch den Meeresspiegelanstieg ausgesetzt ist (M6, M7, Atlas).
   b) Fassen Sie Maßnahmen des technischen Küstenschutzes in den Niederlanden zusammen (M7, M8).
4. Mit Anpassung oder Rückzug werden neben technischen Maßnahmen zumindest mittel- und langfristig auch andere Strategien des Küstenschutzes diskutiert (M9, M5, M7). Erörtern Sie die Maßnahmen und deren sozioökonomische Folgen.

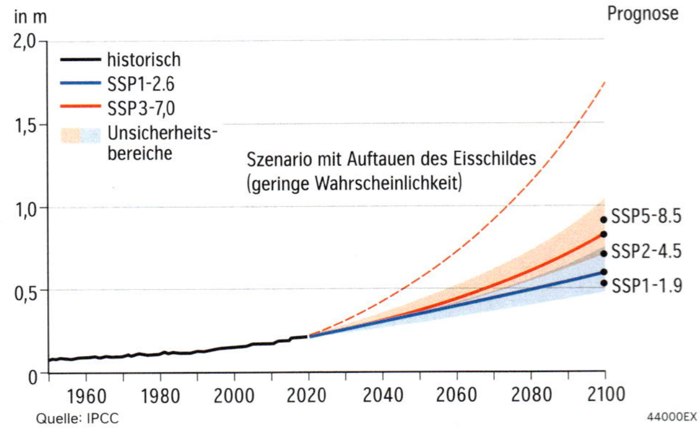

M3 Änderung des mittleren globalen Meeresspiegels

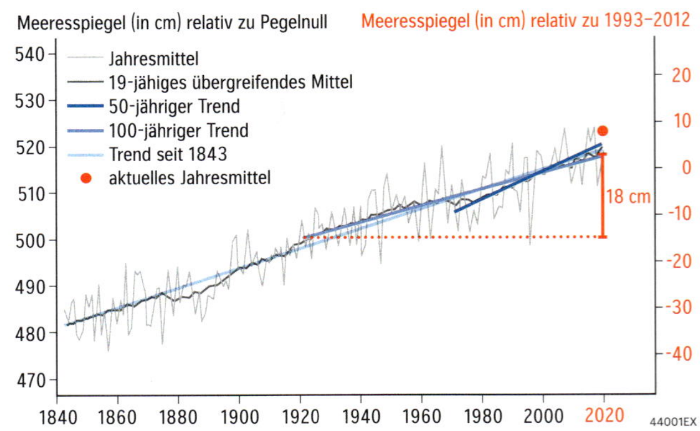

M4 Meeresspiegelanstieg in Cuxhaven seit 1847

M1 Deicherhöhung in der Gemeinde Krummhörn (2020)

„Wegen des steigenden Meeresspiegels und höherer Sturmflutscheitel will Niedersachsen den Küstenschutz ausbauen. Dafür sollen Deiche weiter erhöht werden", sagte Umweltminister Olaf Lies. [...] Deiche sollen künftig bei Bedarf um bis zu einen Meter erhöht werden können. [...] Bislang liegt das Vorsorgemaß beim Deichbau bei 50 Zentimetern. Sollte der Meeresspiegel noch weiter ansteigen, als bislang prognostiziert, soll die Verdopplung auf einen Meter für die nächsten 100 Jahre ausreichend Sicherheit und Reaktionszeit für Anpassungen geben. Die derzeitige Höhe der Deiche an Niedersachsens Küste liegt zwischen acht und zehn Metern. [...] Für den Ausbau und den Unterhalt der Deiche müssten jährlich mindestens 100 Millionen Euro investiert werden."

Quelle: Klimawandel: Niedersachsen will Deiche stärker erhöhen. NDR 29.6.2021

M2 Pressemitteilung zu Deicherhöhungen in Niedersachsen

„Der Nordseeküste steht bis zum Ende des Jahrhunderts eine dramatische Veränderung bevor. Wegen des Meeresspiegelanstiegs bei gleichzeitig absinkendem Land muss die gesamte Küste am Reißbrett neugestaltet werden." [...] Selbst wenn man von einem Meeresspiegelanstieg in der Größenordnung von nur einem Meter ausgeht, werden die Folgen vor allem für die Nordseeküste gravierend sein. Experten wie Karsten Reise sind überzeugt, dass eine Verstärkung und Erhöhung der Deiche nicht ausreichen wird, um die Küstenbewohner vor Sturmfluten zu schützen. Reise nennt folgende Gründe für diese These:
Erstens: Wenn der Meeresspiegel höher steigt, geht vor den Deichen der Wattenmeer-Puffer verloren. Bislang wirkt die flache Küste wie ein Wellenbrecher. Doch dieser Wellenbrecher wird als Folge des Klimawandels verschwinden. Zweitens: Der Meeresspiegel steigt schon seit Längerem, seit Beginn der Pegelaufzeichnungen an der Nordseeküste um zwei bis vier Millimeter pro Jahr. Bei diesem Tempo reichen Seegang und Strömungen aus, um genügend Sand an die Küsten zu schwemmen und das Wattenmeer seit über 8000 Jahren zu erhalten. Das funktioniert nicht mehr bei einem rapiden Meeresspiegelanstieg von einem Zentimeter pro Jahr. „Bei so einer Geschwindigkeit wächst die Küste nicht mehr mit: Sie geht unter." Problematisch sind vor allem die Sturmfluten. Sturmfluten nagen seit jeher an Kliffs, Deichen und Stränden. Sie müssen in Zukunft gar nicht häufiger auftreten. Wenn der Meeresspiegel einen halben Meter ansteigt, dann ist das Ausgangsniveau für eine Sturmflut immer einen halben Meter höher.

Quelle: Gerhard Wagner: Energieversorgung und Klimaschutz in Deutschland. Braunschweig: Westermann 2019, S. 79

M5 Quellentext zu den Folgen des Meeresspiegelanstiegs

100800-032-01 schueler.diercke.de
100800-032-02 schueler.diercke.de
100800-032-03 schueler.diercke.de
100800-033-04 schueler.diercke.de
100800-034-01 schueler.diercke.de

M 6 **Ohne Küstenschutz durch den Klimawandel gefährdete Überflutungsgebiete an der Nordseeküste (bei einem Wasseranstieg von 1 m)**

Unter Normalnull liegt ein Viertel der Landesfläche [der Niederlande]. Etwas mehr als die Hälfte ist [...] von Überflutungen bedroht und ebenfalls etwas mehr als die Hälfte der gut 17 Millionen Einwohner. Die Gefahr kommt von zwei Seiten: vom Meer und von den Flüssen. Über etwa 450 Kilometer erstreckt sich die Küste, und das Land ist geprägt vom Delta aus Rhein, Maas und Schelde. Es ist ein ständiger Kampf. Obwohl das Land Milliarden Euro in den Hochwasserschutz investiert und sich mit Deichen und großen Wehranlagen schützt wie vielleicht kein anderes, drohen das Meer und die Flüsse ganze Regionen zu verschlucken. Der Kampf gegen das Wasser reicht Jahrhunderte zurück – jetzt geht er mit dem Klimawandel in eine neue Phase. [...] 1916 die Flut im Norden, die [...] zu dem Beschluss führte, die Nordseebucht Zuiderzee mit einem Deich abzuschließen. [...] Aus der Zuiderzee wurde das Ijsselmeer. Im Februar 1953 folgte die große Katastrophe im Südwesten des Landes. [...] Daraus sollten die Deltawerke hervorgehen, ein System aus Dämmen, Schleusen und Barrieren. Größter [...] Teil ist das drei Kilometer lange Oosterschelde-Sturmflutwehr zwischen den Inseln Schouwen-Duiveland und Noord-Beveland. [...] Drittens schließlich traten als einschneidendes Doppelereignis [...] 1993 und 1995 die großen Flüsse über die Ufer. Die Häuser von 250 000 Bewohnern wurden vorsorglich evakuiert. Das führte zum Programm „Raum für den Fluss“, in dem Überschwemmungsgebiete ausgeweitet, Deiche verlegt und verstärkt wurden. [...] [Das zukünftige Problem besteht aber nicht nur aus dem steigenden Meeresspiegel.] Denn die Niederlande sacken [zudem] vielerorts ab. Vor allem durch Entwässerung, denn seit Jahrhunderten legen die Bewohner Torflandschaften trocken, um die Landwirtschaft für die wachsende Bevölkerung auszuweiten.

Quelle: Klaus Max Smolka: Holland sinkt. Frankfurter Allgemeine Zeitung 7.8.2021

Der Fortbestand der Niederlande und vieler Küstenregionen an der Nordsee steht auf dem Spiel. Es ist durchaus möglich, dass sich unsere Kinder von Städten wie Den Haag und Delft, Rotterdam und Amsterdamm, Leiden und Haarlem verabschieden müssen. [...] Alle Experten [...] sind der Ansicht, dass die Niederlande einen Anstieg von bis zu zwei Metern verkraften können, vorausgesetzt, wir ergreifen extreme Maßnahmen, gegen die das derzeitige Deltaprogramm wie ein Kinderspiel aussieht. Denn dann würden wir die größten Pumpstationen der Welt bauen und vierundzwanzig Stunden am Tag, sieben Tage in der Woche, das Wasser aus unseren tiefer gelegenen Flüssen in das höher gelegene Meer pumpen. Wir bräuchten dafür fünfundzwanzigmal so viel Sand, um die Küste zu verstärken. Schließlich würde eine Flotte von Baggerschiffen permanent in der Nordsee liegen, um unaufhörlich Sand auf die Küste zu spucken. Und das wäre erst der Anfang. [...] Steigt der Wasserspiegel dann noch weiter, könnten wir die Inseln zu einem großen Ringdeich verbinden, wodurch ein Binnenmeer vor der Küste von Scheveningen entstehen würde. [...] [Doch großtechnische Lösungen helfen irgendwann nicht weiter, wenden andere Experten ein.] Selbst wenn wir die Deiche an der Küste immer höher bauen: Es gibt eine natürliche Grenze, und selbst doppelt so hohe Deichlinien schützen uns am Ende nicht vor dem Wasser. Allein die Erhöhung eines Deichkilometers kostet bis zu vier Millionen Euro. [...] Wir dürfen das Meer nicht nur aussperren, sondern müssen ihm Raum geben. Anpassung an den Klimawandel heiße auch, wieder mit und nicht gegen die Natur zu denken. Salzwiesen zum Beispiel. Sie sind ein uralter Küstenschützer der Nordsee, lange bevor ein Mensch je einen Deich baute.

Quelle: Rutger Bregman: Wenn das Wasser kommt. Hamburg: Rowohlt 2021, S. 15–44

M 7 **Quellentexte zu Folgen des Meeresspiegelanstiegs und Maßnahmen des Küstenschutzes in den Niederlanden**

Zielsetzung: Gewährleistung der Sicherheit der Niederlande, Begrenzung der erwarteten Folgen des Klimawandels

Träger: Kommission aus Vertretern der Regierung, Provinzen, Wasserschaften (-behörden), Kommunen und privater Unternehmen

Finanzierung: jährlich 1 Mrd. EUR

Projekte: Deichverstärkungen, Maßnahmen zur Küstenerhaltung, Überschwemmungsflächen an Flussläufen, Sicherung des Süßwasserbedarfs, Klimaanpassung der Städte, Sicherstellung des Schiffsverkehrs

M 8 **Deltaprogramm des 21. Jahrhunderts**

Verteidigung der bestehenden Küstenlinie, z. B. durch die Erhöhung von Deichen und Sperrwerken, Ausbau von Schöpfwerken (Entwässerung hinter dem Deich), Sandvorspülungen

Anpassung an Extremwetterereignisse, z. B. durch Bauen auf Warften oder andere Formen der baulichen Vorsorge

Rückzug, bei dem gefährdete Küstenregionen lediglich extensiv oder gar nicht mehr genutzt werden, z. B. selbsttätige Anpassung durch teilweise Öffnung der Deiche, Anlage von Flachwasserräumen

M 9 **Handlungsoptionen im Küstenschutz**

M 10 **Neubau in Cuxhaven**

1.7 Räumliche Disparitäten in Deutschland

Rosige Zukunftsaussichten werden in Deutschland nicht nur bestimmten Regionen prognostiziert, sondern ganz allgemein den Städten und vor allem Metropolen. Die peripheren Regionen werden hingegen als Restraum gegenüber den Verdichtungsräumen definiert. Doch immerhin ein Drittel der Deutschen lebt in ländlichen Räumen.*

1. a) Lokalisieren Sie die beiden Kartenausschnitte M3 (Atlas).
   b) Vergleichen Sie die beiden Räume.
2. Benennen Sie jeweils fünf Landkreise mit guten und mit schlechten Zukunftsaussichten (M1).
3. a) Bestimmen Sie die Zukunftschancen Ihres Schulstandortes (www.prognos.com/Zukunftsatlas).
   b) Erläutern Sie Ihr Ergebnis (M2, M5).
4. Gliedern Sie „ländliche Räume" in all ihren Facetten (M6).
5. Analysieren Sie die räumlichen Disparitäten in Niedersachsen (M4, M5, M7 – M9, Atlas, www.landatlas.de).
6. Ordnen Sie die Landkreise Vechta und Helmstedt Ihrer Gliederung „ländlicher Räume" zu (M6, M9, Aufgabe 4).
7. ⓩ Analysieren Sie räumliche Disparitäten in Europa (S. 8: M2).

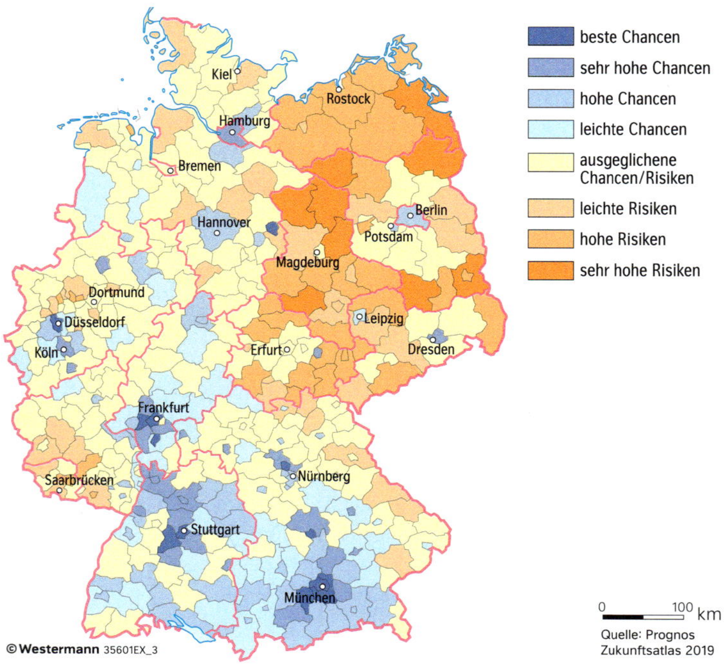

M1 Regionen und ihre Zukunftschancen (2019)

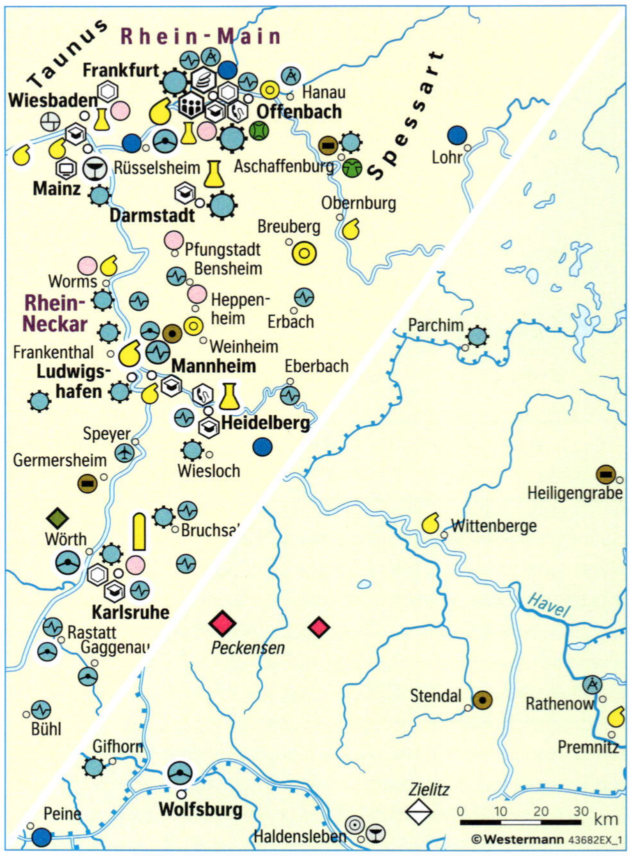

M3 Räume in Deutschland

Unterschiede in der Entwicklung von Staaten beziehungsweise Regionen, die sich entscheidend auf Lebenserwartung, Lebenschancen, Lebensstandard, Lebensqualität und Lebensstil ihrer Bewohner auswirken, werden als räumliche Disparitäten bezeichnet.
Wichtige Ursachen für räumliche Disparitäten sind Ungleichheiten
- in der naturräumlichen Ausstattung (Klima, Böden, Ressourcen),
- in der infrastrukturellen Ausstattung (z. B. Autobahnen, Flughäfen, Güterverteilzentren),
- in der zentralörtlichen Ausstattung (Dienstleistungs- und Versorgungsangebot, Arbeitsplatzangebot, Bildung und Kultur),
- in der wirtschaftlichen Entwicklung (Bedeutung der Wirtschaftssektoren, Branchenstruktur und -vielfalt),
- in den politischen Einfluss- und Durchsetzungsmöglichkeiten (z. B. Wählerpotenzial und damit Zahl der politischen Repräsentanten).

M4 Räumliche Disparitäten

Bereiche	Demografie	Wohlstand & soziale Lage	Arbeitsmarkt	Wettbewerb & Innovation
Stärke	• Fertilitätsrate* • Anteil junger Erwachsener	• Kaufkraft • Kriminalitätsrate • kommunale Schuldenlast • Anteil der in Bedarfsgemeinschaften lebenden Personen	• Arbeitsplatzdichte • Arbeitslosenquote • Anteil Tertiärbeschäftigung • Anteil Hochqualifizierter • Schulabbrecherquote • unbesetzte Ausbildungsstellen	• BIP je Beschäftigtem • Gründungsintensität • FuE-Personal in der Wirtschaft • Investitionsquote der Industrie • Patentintensität • Beschäftigte in den dt. Zukunftsfeldern • Anzahl der Top 500 Unternehmen
Entwicklung	• Bevölkerungsentwicklung • Wanderungssaldo junger Erwachsener	• Veränderung des Anteils der in Bedarfsgemeinschaften lebenden Personen	• Veränderung Arbeitslosenquote • Veränderung Anteil Hochqualifizierter	• Veränderung BIP • Veränderung Gründungsintensität • Veränderung FuE-Personal • Veränderung Gesamtbeschäftigung

Der Index beruht auf insgesamt 28 makro- und sozioökonomischen Indikatoren aus vier Bereichen (plus dem Indikator „Erreichbarkeit Bundesautobahnen), gegliedert in momentane Standortstärke („Ist-Zustand") und Entwicklung. Quelle: prognos

M2 Indikatoren zur Ermittlung des Zukunftsindexes

100800-071-03 schueler.diercke.de 100800-072-01 schueler.diercke.de 100800-081-06 schueler.diercke.de 100800-082-01 schueler.diercke.de

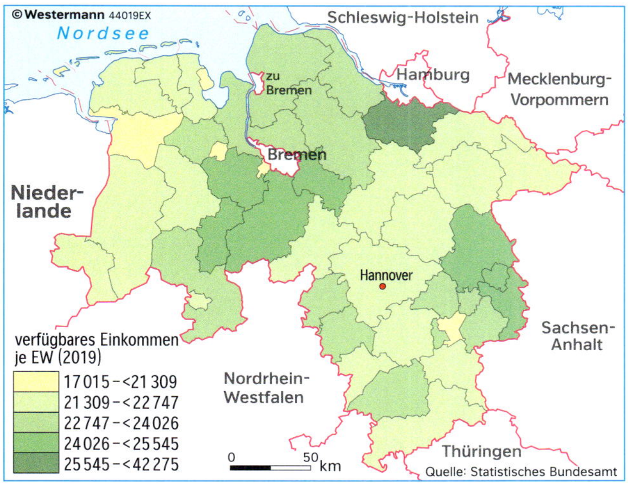

M5 **Niedersachsen: Verfügbares Einkommen pro Ew. (2019)**

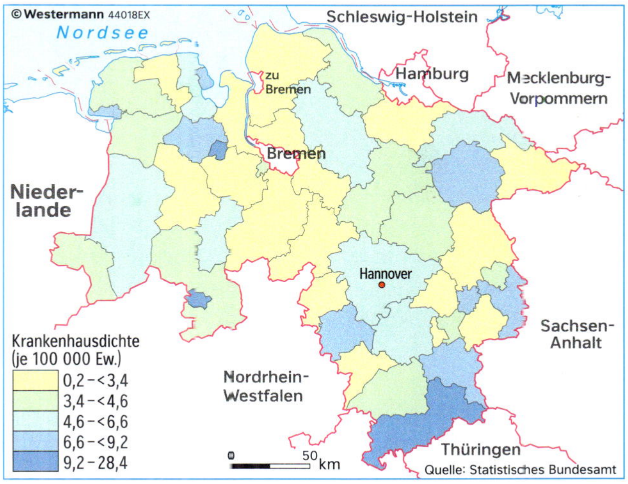

M7 **Niedersachsen: Krankenhausdichte (2019)**

Auch heute stehen strukturstärkere ländliche Räume mit ausgeprägter Produktions- oder Dienstleistungsorientierung und Wachstumstendenzen dünn besiedelten, strukturschwächeren Räumen gegenüber. Andere ländliche Räume eignen sich besonders für die landwirtschaftliche Produktion, wiederum andere weisen große touristische Potenziale auf. Unterschiede ergeben sich auch durch die Lage zu den Agglomerationsräumen. Die Vielfalt ländlicher Räume reicht von Regionen, die noch im Einflussbereich der zunehmenden Stadt-Umland-Verflechtungen liegen, bis zu ländlichen Regionen, die sich durch eine periphere, abgeschiedene Lage auszeichnen und in denen sozioökonomische Aktivitäten rückläufig sind. Zwischen den beiden Extremformen ländlicher Räume sind die Übergänge fließend. Unterschiede gibt es außerdem in der infrastrukturellen Ausstattung oder in der ökologischen Bedeutung. So haben sich verschiedene Typen ländlicher Räume mit spezifischen Stärken und Schwächen herausgebildet. [...]
Bis heute ist allen ländlichen Räumen gemeinsam, dass sie sich immer noch durch eine geringe Bevölkerungsdichte sowie ein Erscheinungsbild auszeichnen, das trotz aller Veränderungen der Kulturlandschaft visuell weiterhin stark durch land- und forstwirtschaftliche Flächen geprägt ist. Die Bevölkerung lebt in den ländlichen Räumen meist in überschaubaren Klein- und Mittelstädten, zu einem größeren Teil auch in Dörfern. Die Erreichbarkeit von Läden oder die Versorgung mit Dienstleistungen vor Ort wird mit abnehmender Siedlungsdichte immer schwieriger. Dies bringt besondere Herausforderungen für ein Leben in ländlichen Räumen mit sich [...], da sich die Angebote der Daseinsvorsorge zunehmend auf Zentrale Orte* konzentrieren. [...]
Mit der Digitalisierung verknüpfen sich neue Hoffnungen für die Entwicklung ländlicher Räume. [...] Neue Informations- und Kommunikationstechnologien können Innovations- und Kreativitätsmöglichkeiten für ländliche Räume eröffnen, da mit ihnen die Vorteile des Landlebens mit den Anforderungen der vernetzten Berufstätigkeit verbunden und ländliche Räume für junge Menschen wieder attraktiver werden können. [...] Niedrige Wohnkosten und günstige Immobilienpreise sowie die Möglichkeit, mit unkonventionellen Ideen leerstehende Immobilien zu nutzen, bieten hier Zukunftschancen. Online-basierte Angebote ermöglichen etwa im Einzelhandel oder bei verschiedenen Dienstleistungen Chancen, die Versorgung der Bevölkerung in ländlichen Räumen zu sichern, gar zu verbessern. [...] Der nur langsam vorankommende Ausbau des Breitbandnetzes auf dem Land ist aktuell allerdings ein noch zu überwindender Standortnachteil.
Quelle: Claus-Christian Wiegandt, Christian Krajewski: Einblicke in ländliche Räume in Deutschland. In Land in Sicht. Bonn: bpb 2020, S. 17–25

M6 **Quellentext zu ländlichen Räumen**

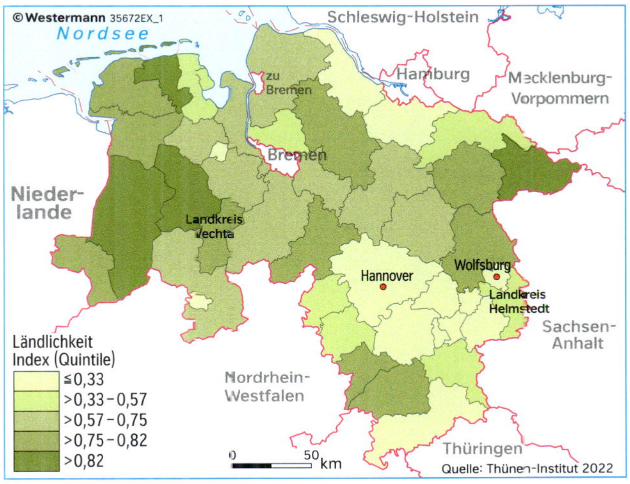

M8 **Niedersachsen: Ländlichkeit (Index aus Siedlungsdichte, Anteil Landwirtschaftsfläche, Anteil Ein- und Zweifamilienhäuser, Bevölkerungspotenzial, Erreichbarkeit)**

	LK Vechta	LK Helmstedt	Stadt Wolfsburg	Niedersachsen
Landwirtschaftsfläche	64,7 %	58,8 %	40,2 %	54,0 %
Bevölkerungsdichte (in Einw./km²)	176	135	605	168
Zuzüge	10167	5439	5910	508745
Fortzüge	5596	4789	5996	474452
Durchschnittsalter (in J.)	41,1	46,1	44,4	44,8
Anteil der unter 18-Jährigen an Gesamtbev.	19,7 %	15,9 %	16,7 %	16,7 %
Anteil der über 65-Jährigen an Gesamtbev.	16,4 %	23,6 %	22,2 %	22,3 %
BIP/Einw. (in Euro)[1]	44559	20769	188453	38391
Anteil Landw. am BIP[1]	4,8 %	2,7 %	0,1 %	1,9 %
Anteil Industrie[2] am BIP[1]	28,1 %	7,9 %	78,9 %	23,5 %
Jährl. Wirtschaftswachstum 2010 – 2019[1]	4,7 %	2,0 %	8,2 %	4,0 %
Schulden/Ew. (in Euro)	452	2928	1486	1645
Pendlersaldo je 100 Ew.	+5,5	-15,4	+53,6	-1,7
Kaufpreis baureifes Bauland (Euro/m²)	151	46	223	102
Gewerbeanmeld. je 100 Ew.	0,86	0,60	0,53	0,69

[1] 2019 [2] Verarbeitendes Gewerbe LK = Landkreis Quelle: Statistisches Bundesamt

M9 **Ausgewählte Daten zum Landkreis Vechta, zum Landkreis Helmstedt, zur Stadt Wolfsburg und zu Niedersachsen (2020)**

1.8 Bevölkerungsentwicklung in Deutschland und Europa

Während weltweit von einem fortgesetzten Wachstum der Bevölkerung zumindest in den nächsten Jahrzehnten ausgegangen wird, stagniert die Zahl der Europäer (ohne Russen) bei 600 Mio. Menschen. Ab 2023 prognostiziert die UN eine stete Bevölkerungsabnahme in Europa. Während Deutschland – betrachtet man nur die natürlichen Bevölkerungsbewegungen (Geburten, Sterbefälle) – schon seit etlichen Jahren schrumpft, lassen sich in anderen europäischen Ländern differenzierte Bevölkerungsentwicklungen beobachten.

1. Erklären Sie die Alterspyramiden von Deutschland der Jahre 1910,1950, 2020 und 2050 (M1). Beziehen Sie bei der Erklärung auch M6, M8 und M11 ein.
2. Erklären Sie die Bevölkerungsentwicklung in Deutschland von 1990 bis 2020 mittels der demografischen Grundgleichung (M4).
3. Vergleichen Sie die gegenwärtigen Bevölkerungsdaten Niedersachsens mit der prognostizierten Entwicklung (M7, M10).
4. Erläutern Sie die Bevölkerungsentwicklung der in M2 ausgewählten EU-Staaten unter Einbeziehung der Fertilitätsrate (M3).
5. a) Bilden Sie vier Gruppen mit unterschiedlichen Merkmalen bezüglich natürlichem Saldo und Wanderungssaldo. Ordnen Sie diesen Gruppen EU-Regionen zu (M5, M9).
   b) Vergleichen Sie vier ausgewählte Regionen.
   ⓩ c) Begründen Sie die Unterschiede (Internet).

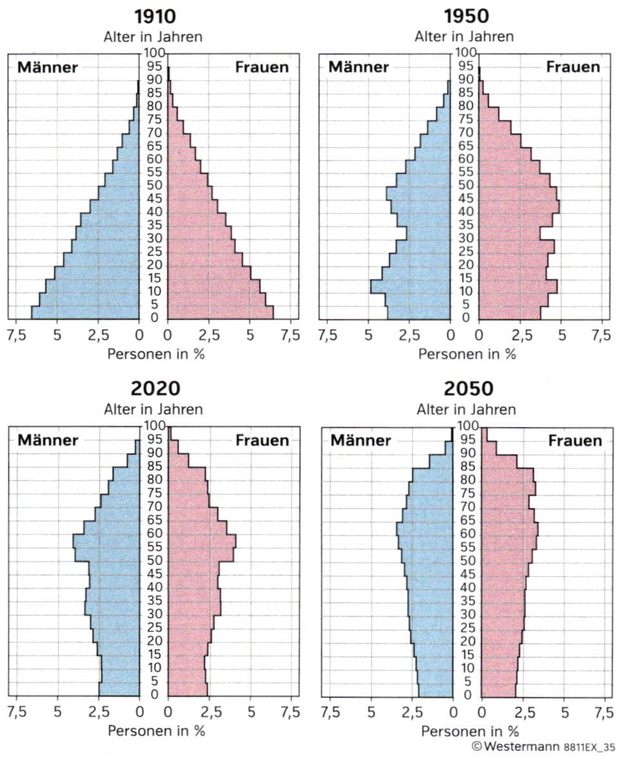

M1 Altersstrukturdiagramme von Deutschland

Demografische Grundgleichung

Die Einwohnerzahl Pt_1 zu einem Zeitpunkt t_1 ergibt sich aus der Einwohnerzahl Pt_0 zu einem früheren Zeitpunkt t_0 aus folgender Gleichung:

$$Pt_1 = Pt_0 + (G - S) + (Z - W)$$

G = Zahl der Geburten, S = Zahl der Sterbefälle, Z = Zahl der Zuzüge, W = Zahl der Wegzüge, (G-S) = natürlicher Saldo, (Z - W) = Wanderungssaldo

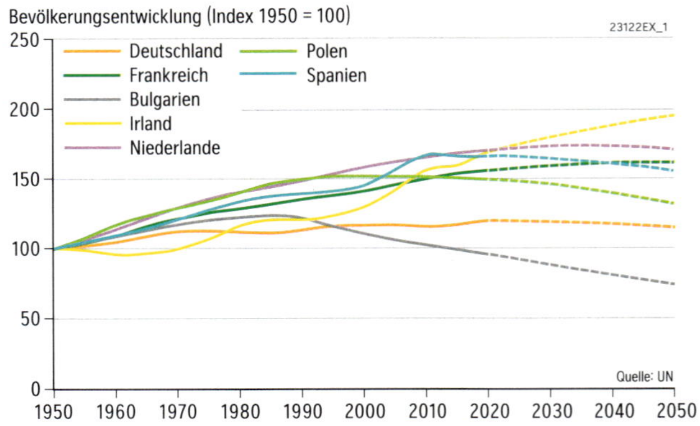

M2 Bevölkerungsentwicklung ausgewählter Länder der EU

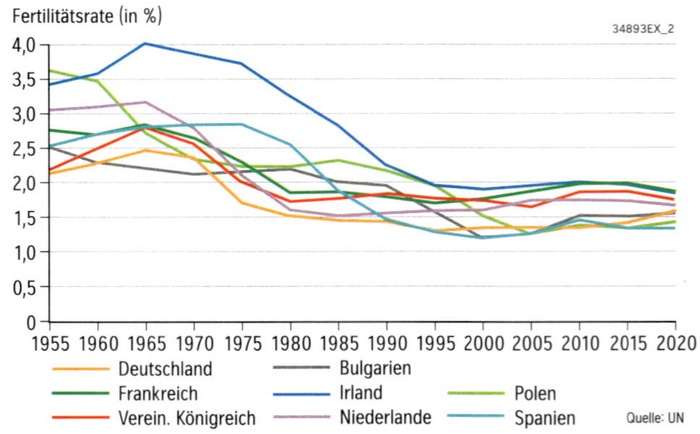

M3 Fertilitätsrate* in ausgewählten Regionen

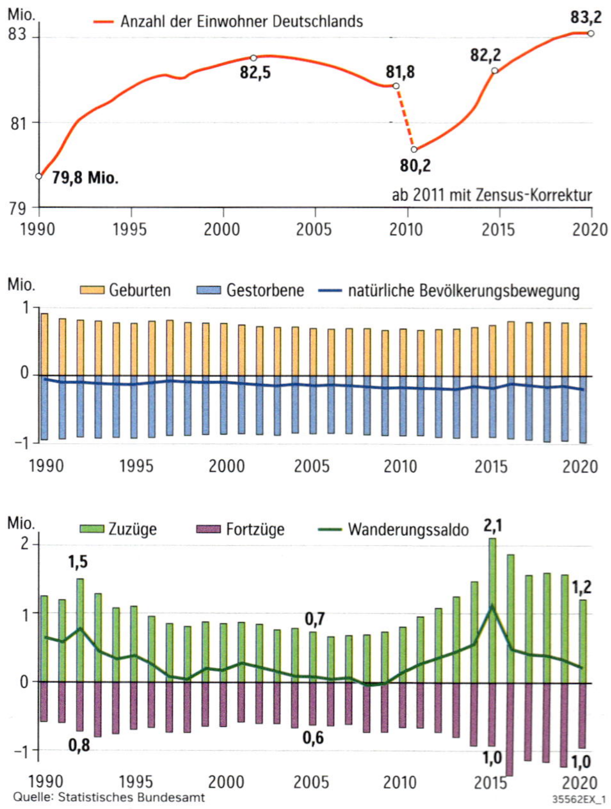

M4 Deutschland: Bevölkerungsentwicklung, natürlicher Saldo und Wanderungssaldo (1990 – 2020)

100800-080-002 schueler.diercke.de
100800-081-05 schueler.diercke.de
100800-81-06 schueler.diercke.de
100800-082-01 schueler.diercke.de
100800-100-04 schueler.diercke.de

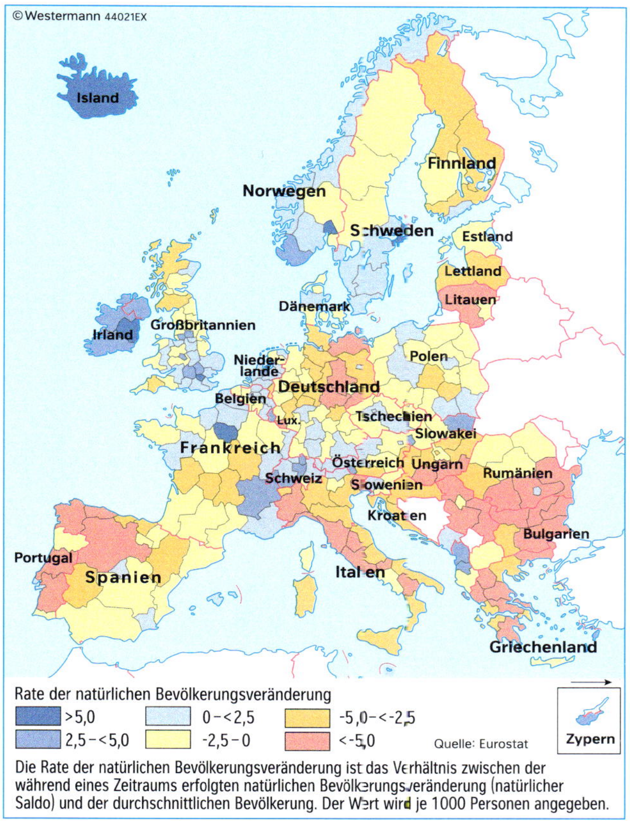

M5 Rate der natürlichen Bevölkerungsveränderung (2019)

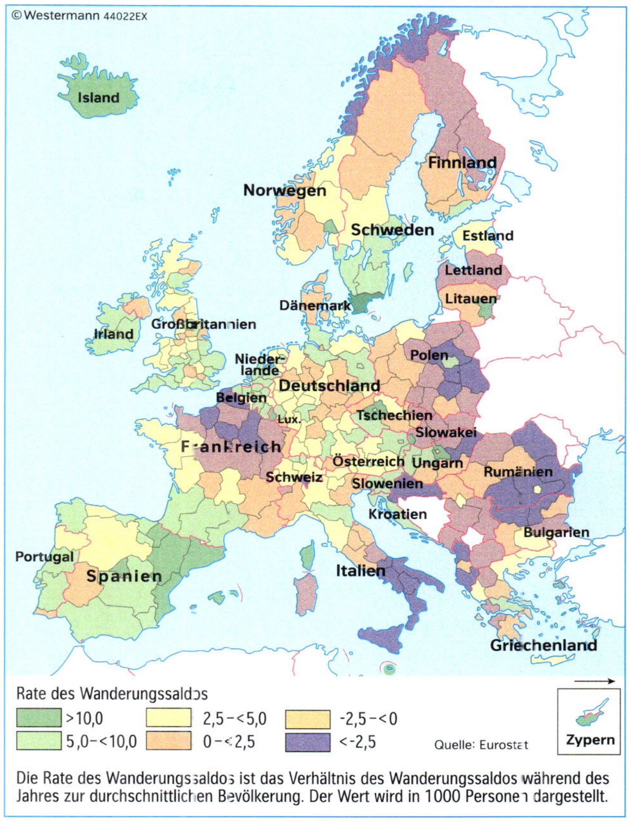

M9 Rate des Wanderungssaldos (2019)

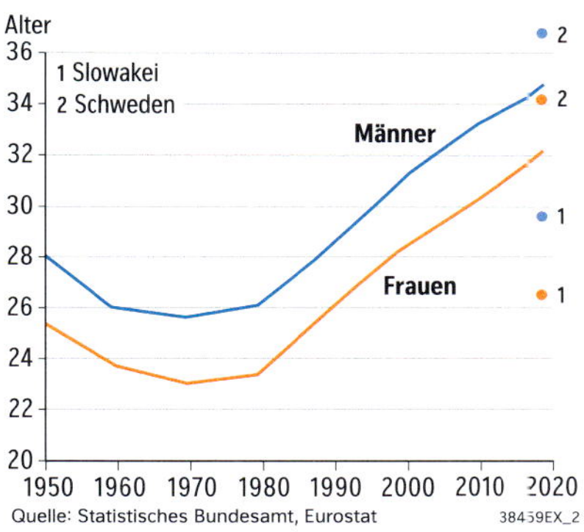

M6 Durchschnittliches Heiratsalter von Männern und Frauen in Deutschland

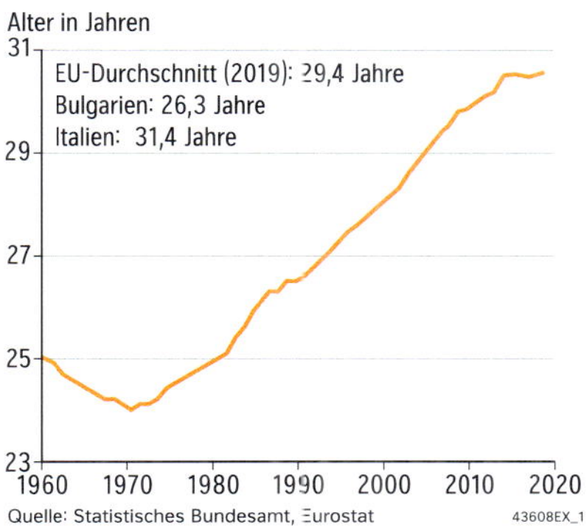

M8 Durchschnittliches Erstgeburtsalter in Deutschland

Eheschließungsjahr	Von 100 Ehen haben				
	0	1	2	3	>3
1910 – 1912	12	17	22	17	32
1951 – 1955	12	25	31	17	14
1970 – 1974	19	29	40	10	2
2000 – 2004	44	26	22	6	2
2020	54	22	25	8[1]	
EU-27 (2020)	56	18	20	6[1]	
Irland (2020)	44	15	24	17[1]	
Belgien (2020)	61	20	17	2[1]	

[1] drei und mehr Kinder
Quelle: Statistisches Bundesamt, Eurostat

M11 Anzahl der Kinder von Ehepaaren in Deutschland und der EU

Im Jahr 2020 stieg die Bevölkerungszahl in Niedersachsen um 9813 oder 0,12 % auf 8003421. Wie das Landesamt für Statistik Niedersachsen (LSN) mitteilt, fiel die Zunahme damit etwas geringer aus als im Jahr 2019 (+11160 Personen). Das Geburtendefizit (-22861 Personen) wurde durch einen Wanderungsgewinn (+34293 Personen) mehr als ausgeglichen. [...] Auf der Ebene der kreisfreien Städte und Landkreise verlief die Bevölkerungsentwicklung 2020 erneut relativ unterschiedlich: Die höchsten Zunahmen der Bevölkerungszahlen wurden für die Landkreise Cloppenburg (+1,14 %), Wittmund (+0,80 %), Peine (+0,77 %), Ammerland (+0,63 %) sowie Osterholz, Harburg und Vechta (jeweils +0,62 %) registriert. Besonders viele Einwohnerinnen und Einwohner haben die Stadt Göttingen (-1,74 %), die kreisfreie Stadt Wilhelmshaven und der Landkreis Goslar (jeweils -1,18 %), die Stadt Hildesheim (-0,63 %) und die kreisfreie Stadt Osnabrück (-0,62%) verloren.

Quelle: Landesamt für Statistik Niedersachsen, Pressemitteilung 09.08.2021

M7 Quellentext zur Bevölkerungsentwicklung in Niedersachsen

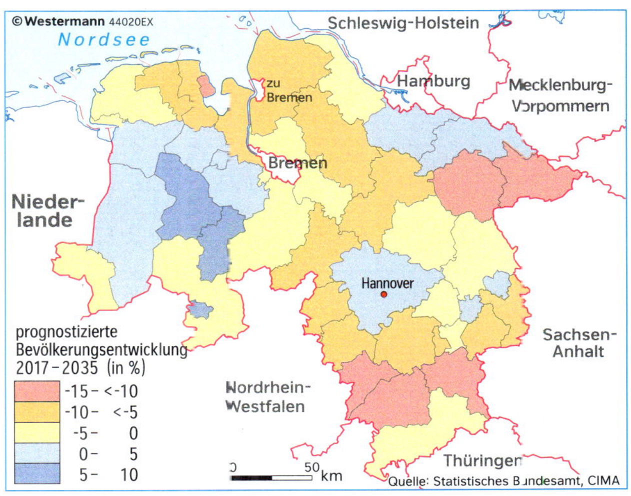

M10 Prognostizierte regionale Bevölkerungsentwicklung in Niedersachsen (2017 – 2035)

1.9 Demografischer Übergang in Deutschland und Europa

Ein japanisches Sprichwort sagt: „Die größte Kulturleistung eines Volkes sind die zufriedenen Alten." Alt und Jung stellen in Deutschland aber immer besorgtere Fragen: Sind die Renten sicher? Leben die Alten zulasten ihrer Enkel? Und kann der Generationenvertrag, der besagt, dass die Erwerbstätigen die ältere und jüngere Bevölkerung absichern, nicht mehr oder nur unter drastischer Kürzung der Sozialleistungen eingehalten werden. Das soziale Sicherungssystem in Deutschland geht auf Otto von Bismarck (1815 – 1898) zurück, fällt also in die Zeit des ersten demografischen Übergangs. Bei rascher Absenkung der Sterberate und gleichzeitig langsam fallender Geburtenrate* stand der Generationenvertrag auf einem soliden Sockel. Scheitert der Vertrag jetzt an den gesellschaftlichen Veränderungen des zweiten demografischen Übergangs? Trägt die junge Generation zukünftig unter Einschränkung auf Einkommen und Lebensqualität die steigenden Lasten für die Versorgung der Älteren mit?*

1. Erklären Sie das Modell des demografischen Übergangs (M3).
2. ⓩ Erstellen Sie jeweils einen Zeitungsbericht über den ersten sowie den zweiten demografischen Übergang (M2).
3. a) Überprüfen Sie das Modell des demografischen Übergangs anhand der Entwicklung der Geburten- und Sterberate (M3, M4).
   b) Vergleichen Sie die demografischen Entwicklungen in Deutschland, England/Wales und Portugal (M4).
4. Erläutern Sie die Karikatur (M1).
5. Nehmen Sie insbesondere unter dem Gesichtspunkt der Generationengerechtigkeit Stellung zu den Aussagen in M6.
6. Erörtern Sie die Entwicklung der Altersstruktur in Deutschland (M5, M7) aus der Sicht einer Kommune.

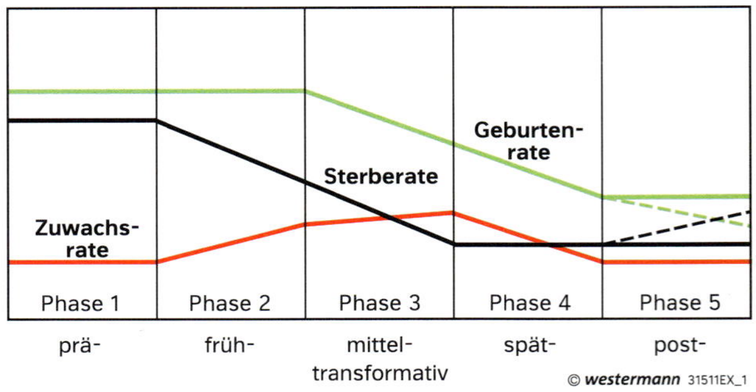

M3 Modell des demografischen Übergangs

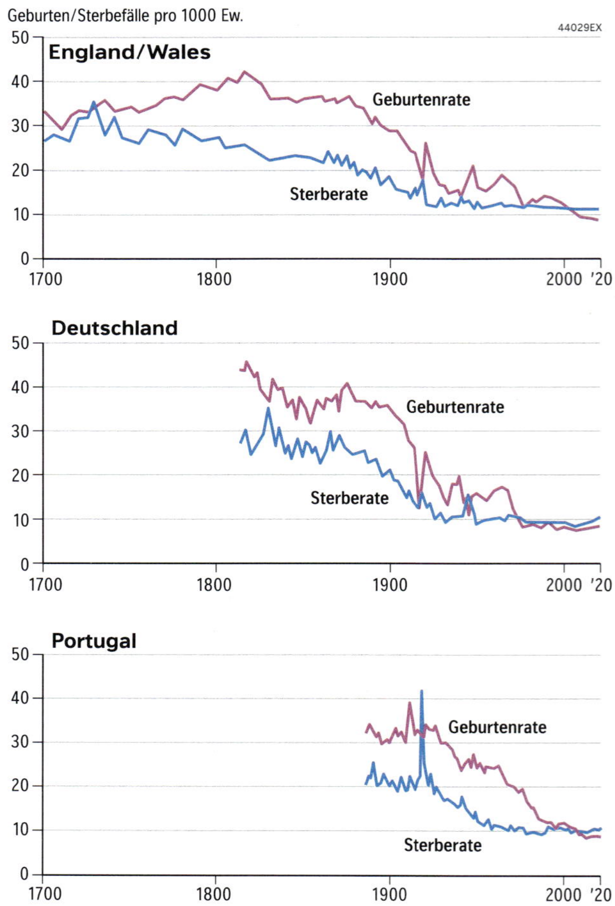

M4 Entwicklung von Geburten- und Sterberate* in England/Wales, Deutschland und Portugal

M1 Karikatur

Erster demografischer Übergang Übergang von hohen zu niedrigen Sterbe- und Geburtenraten	Zweiter demografischer Übergang/demografischer Wandel Bevölkerungsrückgang und -alterung
• Verbesserung der Ernährungssituation: Modernisierung und Intensivierung der Landwirtschaft, expandierender Welthandel • medizinische Fortschritte, weiterer Ausbau der Gesundheitsversorgung, Verbesserung der hygienischen Bedingungen • Verstädterung und Wandel von der agraren zur industriellen Erwerbsstruktur: Hebung des Lebensstandards, rechtliche Änderung wie die allgemeine Schulpflicht, Einführung sozialer Sicherungssysteme (Renten-, Kranken-, Arbeitslosenversicherung), beginnende Emanzipation von Frauen • Kinder verloren nach und nach die Funktion als billige Arbeitskräfte und soziale Absicherung	• Wertewandel zu individualistischen und postmaterialistischen Werten: Selbstverwirklichung, individuelle Autonomie, Säkularisierung (Rückzug der Religion aus dem Leben), Angleichung der Geschlechterrollen • zunehmende ökonomische Autonomie von Frauen • Veränderung der Lebensläufe • Veränderung der Familienstrukturen: steigende Kinderlosigkeit von Paaren, weniger verheiratete Paare, höhere Scheidungsraten, steigendes Erstgeburtsalter • Verfügbarkeit moderner Empfängnisverhütungsmittel • öffentliche Unterstützung der Vereinbarkeit von Familie und Beruf

M2 Ursachen des ersten und zweiten demografischen Übergangs (Auswahl)

100800-080-02 schueler.diercke.de
100800-081-05 schueler.diercke.de
100800-081-06 schueler.diercke.de
100800-100-04 schueler.diercke.de

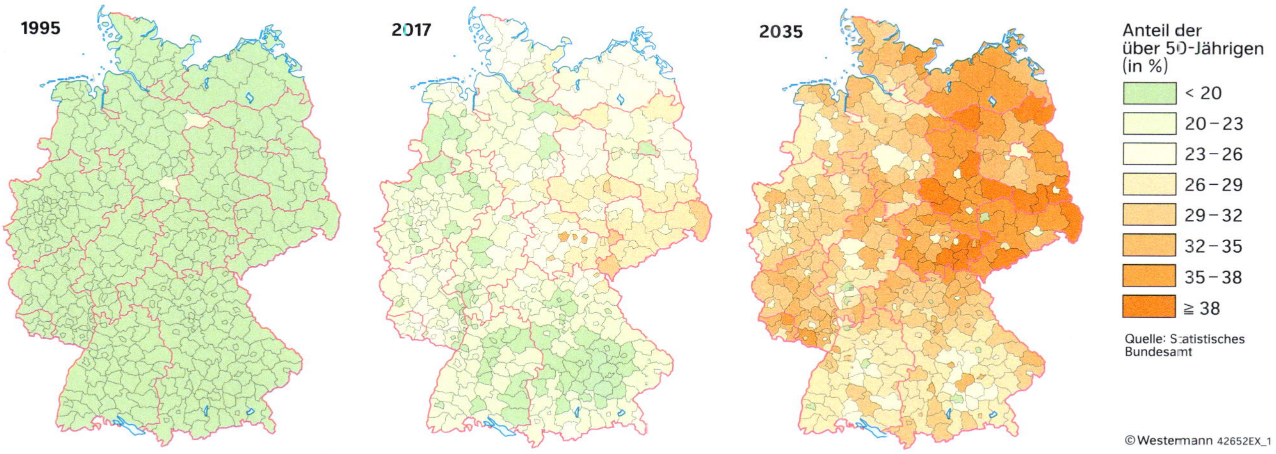

M5 Entwicklung des Anteils der über 50-Jährigen in Deutschland

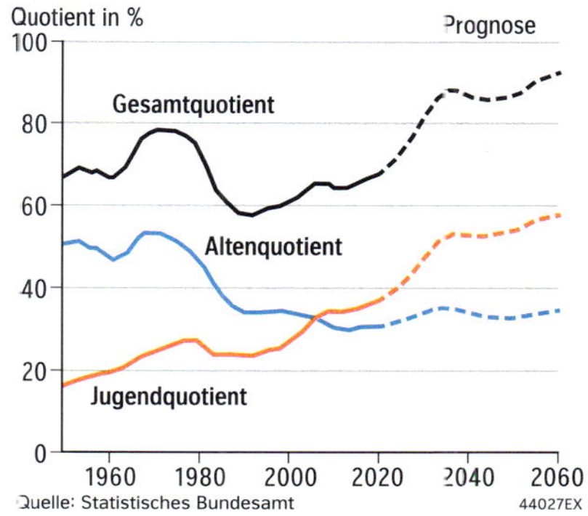

M7 Gesamt-, Jugend- und Altenquotient* in Deutschland

Wie verändert sich eine Gesellschaft, die immer älter wird?

Lehr: Bei dieser Frage müssen Sie immer auch fragen: In welcher Zeit? Wir erleben eine Zeit vielfältigen Wandels. Wir erleben die Digitalisierung und Technisierung. Wir haben einen kulturellen, auch einen familiären Wandel. Wir sind in einer Zeit des Wandels – sicherlich gab es schon immer Wandel, aber nicht so rapide und schnell. Vor diesem Hintergrund muss man den demografischen Wandel sehen. Allein auf die Bevölkerungsentwicklung zu blicken, ist fehl am Platz.

Außerdem hat der demografische Wandel zwei Seiten: Überalterung UND Unterjüngung. Das heißt, wir werden immer älter und wir werden weniger. Aber wir diskutieren allein das Älterwerden. Dass wir bald immer mehr 100-Jährige haben, ist sicherlich eine Herausforderung. Doch diese Herausforderung wird verstärkt, weil wir nicht genügend junge Leute haben, die zum Beispiel für die Rente aufkommen.

Braam: Ich finde, dass aus der Perspektive der Jüngeren zu wenig über den demografischen Wandel gesprochen wird. Rente ist zwar immer wieder ein Thema. Aber es sollte auch darum gehen, wie die jüngere Generation zu ihren Rechten kommt. Zum Beispiel das Recht auf eine gute Ausbildung. Ebenso vermisse ich Zukunftsfragen wie Klima- und Umweltpolitik. Diese Themen rücken zunehmend in den Hintergrund.

Lehr: Ja, diese Themen müssen in den Vordergrund.

Braam: Aber die Diskussion wird anders geführt. Jetzt gibt es eine Rentenkommission, die Vorschläge machen soll. In der Kommission sitzen viele ältere Menschen; das Durchschnittsalter liegt bei 56 Jahren, kein Mitglied ist unter 40. Die Debatte um die Rente wird nicht mit allen Generationen geführt, und das ist schade.

Lehr: Da stimme ich Ihnen zu. Aber wir müssen auch sehen, dass heute immer noch mehr Gelder von den Älteren zu den Jungen als von den Jungen und Mittelalten zu den Alten gehen. Bisher ist die ältere Generation noch stärker die gebende als die nehmende. Aber beim Thema Rente müssen wir vielleicht ein neues Rentenkonzept schaffen, das die Flexibilität der Altersgrenze in den Vordergrund stellt.

Braam: Ja. Wir werden kaum um die Debatte um ein späteres Renteneintrittsalter herumkommen. Wenn wir alle länger leben, müssen wir dann nicht auch mehr Zeit in Arbeit verbringen?

Lehr: Wobei es falsch ist, dass wir und auch die Politik von „Wir müssen länger arbeiten" sprechen. Viele wollen ja länger arbeiten. Vielleicht keine 40-Stunden-Woche; eher weniger Stunden mit mehr Pausen. Aber arbeiten wollen viele. [...] Bei uns ist das völlig unflexibel. Ich bin unbedingt für eine Flexibilisierung der Altersgrenze.

Braam: Zurzeit kommen drei Arbeitnehmer für einen Rentner auf; ab 2030 werden zwei Arbeitnehmer für einen Rentner aufkommen. Das heißt, die Jüngeren müssen mehr abgeben, wenn sie arbeiten, und sie müssen davon ausgehen, später im Alter eine geringe Rente zu erhalten. Das ist eine doppelte Belastung. Und der demografische Wandel bedeutet auch, dass die Wählerschaft älter wird. Die Mehrheit der Wahlberechtigten sind mittlerweile die über 50-Jährigen. In der Rentenfrage wird Politik einseitig für Ältere gemacht und die Jüngeren werden eher benachteiligt. [...]

Was bedeutet [der Begriff Generationengerechtigkeit] für Sie beide?

Lehr: Der Begriff besagt, dass es die nachfolgende Generation nicht schlechter hat als die vorhergehende. Zum Beispiel kann die Generation, die in den 1930er-Jahren geboren ist, sicherlich sagen, dass die nachfolgende Generation – die 1950 und 1960 Geborenen – es besser hatte. Sie hatten ganz andere Voraussetzungen und wurden in eine Zeit des wirtschaftlichen Aufschwungs geboren.

Aber ob es die nachfolgende Generation jeweils besser hat, hängt immer auch von der Zeit ab – und nicht allein von der Bevölkerungsentwicklung und erst recht nicht davon, wie alt eine Bevölkerung im Durchschnitt ist.

Braam: Für mich bedeutet Generationengerechtigkeit eine faire Aufteilung von Ressourcen, Lasten und Pflichten zwischen den Generationen. Frieder Vogelmann, ein bekannter Sozialforscher, beschreibt die Generation Z – also meine Generation der zwischen 1980 und 2000 Geborenen – als erste Generation, der es schlechter gehen wird als ihrer Elterngeneration. Bezogen auf die Jobsuche und den Arbeitsmarkt sowie Vermögen und Kapital.

Lehr: Aber die Bedürfnisse haben sich auch geändert. Meinen Sie nicht?

Braam: Klar. Aber es gibt auch Bedürfnisse, die zeitlos sind. Wie zum Beispiel Sicherheit im Job oder finanzielle Absicherung. Das sind Bedürfnisse, die alle Generationen teilen.

Quelle: Die Jungen im Land der Alten. bpb Dossier. Bonn: bpb 26.9.2018 (Interview: Sonja Ernst)

M6 Gespräch zwischen der Politikwissenschaftlerin Anna Braam (Jg. 1988) und der ehemaligen Bundesfamilienministerin Ursula Lehr (Jg. 1930)

1.10 Binnenwanderung in Deutschland und Europa

Schon immer hat es Binnenwanderungsbewegungen und in der Konsequenz daraus wachsende und schrumpfende Regionen gegeben. Chroniken berichten von wüst gefallenen Orten im Mittelalter, Fußballmannschaften im Ruhrgebiet lasen sich wie ein polnisches Einwohnerverzeichnis. Heute sind es die Jüngeren, besser Ausgebildeten, zunehmend Frauen, die auf der Suche nach Arbeit, einem besseren Verdienst, besseren Freizeitangeboten ihren bisherigen Wohnsitz verlassen. Zurück bleiben die Älteren. Lebensmittelläden und Dorfgaststätten geben auf; der öffentliche Nahverkehr ist in diesen strukturschwachen Gebieten stark ausgedünnt. Ziele sind in der Regel die wirtschaftlich prosperierenden Orte im In- und Ausland. In wirtschaftlichen Notzeiten kommt es dann häufig zu einer Rückwanderung. In den strukturschwächeren Gebieten ist eine dauerhafte Rückkehr und Zuwanderung erforderlich. Die Förderung peripherer Räume (S. 18) ist sowohl eine innerdeutsche als auch eine innereuropäische Aufgabe.

1. Fassen Sie den Text zur Binnenwanderung in Deutschland zusammen (M2).
2. a) Erstellen Sie eine Übersicht strukturstärkerer und -schwächerer Gebiete in Deutschland seit 1855 (M1).
   ⓩ b) Begründen Sie anhand der in M1 angegebenen Phasen die innerdeutschen Bevölkerungswanderungen (Internet).
3. Analysieren Sie die Arbeitsmigration in Deutschland und der EU (M4, M6, M7).
4. Vergleichen Sie die Wanderungsbewegungen in Bulgarien und Irland (M3–M6, S. 20: M3, S. 21: M5).
5. Beurteilen Sie die Binnenwanderung aus der Sicht der Herkunfts- sowie der Zielländer/-regionen (M1, M4, M6).
6. ⓩ Wirtschaftsvertreter propagieren die Notwendigkeit der Zuwanderung in die EU. Nehmen Sie Stellung zu dieser Forderung.

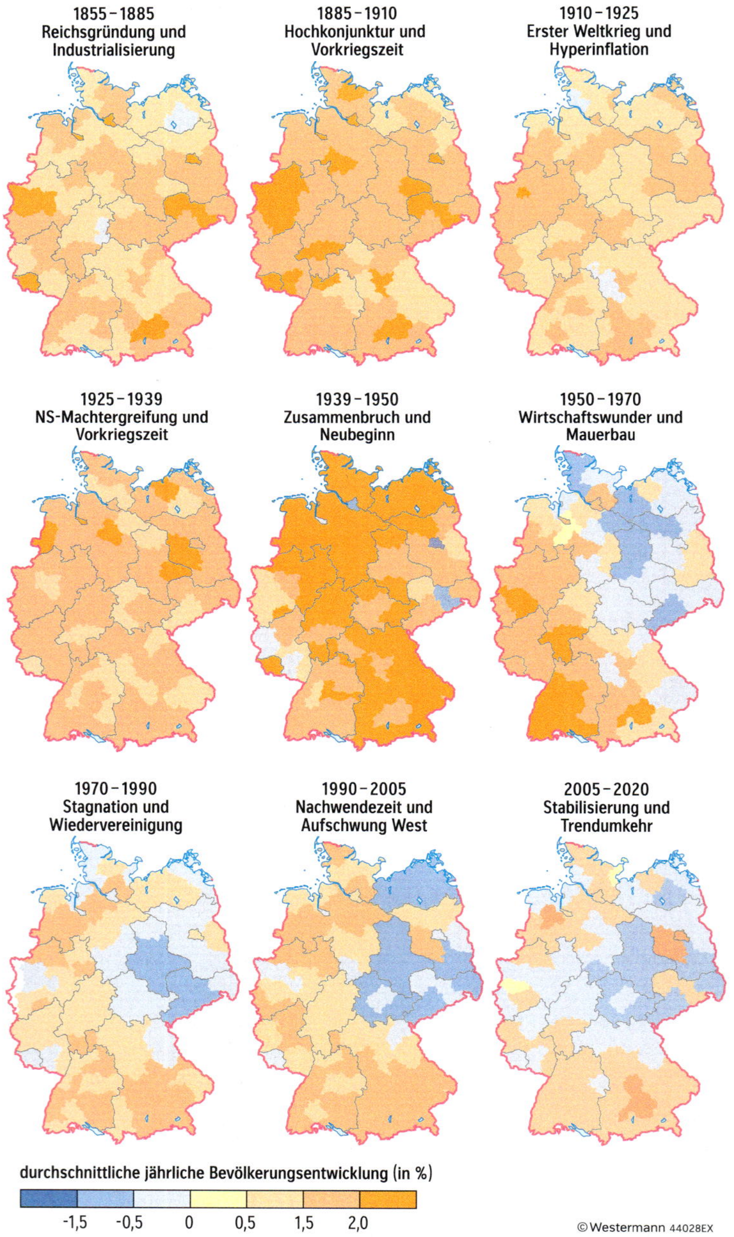

M1 Wachsen und Schrumpfen deutscher Regionen seit 1855

Die regionalen Unterschiede der Bevölkerungsentwicklung sind eng mit der Strukturstärke bzw. -schwäche einer Region verbunden. Viele Gemeinden in strukturschwachen, agglomerationsfernen ländlichen Räumen haben in etwas mehr als einem Vierteljahrhundert bis zu einem Fünftel ihrer Einwohnerschaft verloren. Dies lässt sich in Ostdeutschland neben dem stark negativen natürlichen Bevölkerungssaldo infolge der deutschen Einheit vor allem auf Binnenwanderungen von Ost nach West zurückführen. Seit Mitte der 2000er-Jahre sind aber nicht nur ostdeutsche Regionen von Abwanderung betroffen, sondern zunehmend auch ländlich-periphere Räume in Westdeutschland. Insgesamt ist die Bevölkerungsentwicklung der vergangenen Jahre durch ein zum Teil kleinräumiges Nebeneinander von Wachstum und Schrumpfung gekennzeichnet, wobei Schrumpfung als Zusammenspiel einer demografisch und ökonomisch negativen Entwicklung verstanden wird. Bevölkerungsverluste ländlicher Räume werden durch selektive Abwanderungsprozesse verstärkt. Vor allem junge Arbeitskräfte und Auszubildende (meist die 18- bis unter 30-Jährigen) verlassen ländlich-periphere Regionen, weil es ihnen an Ausbildungsmöglichkeiten oder Perspektiven auf dem Arbeitsmarkt, aber auch an kulturellen Angeboten und Austauschmöglichkeiten mangelt. Urbane Lebensstile lassen sich für diese Bevölkerungsgruppen in solchen ländlichen Räumen kaum realisieren. Ein spezifisches Phänomen ist dabei, dass gerade junge Frauen häufig mobiler sind als junge Männer und es dadurch zu Geschlechterungleichgewichten bei den betroffenen Jahrgängen kommt. Unter dem Stichwort des Braindrains beeinträchtigen diese Abwanderungen die wirtschaftliche und soziale Entwicklung einiger ländlicher, dünn besiedelter Regionen – vor allem in Ostdeutschland, aber mittlerweile ebenfalls in einigen westdeutschen Regionen.
Das regionale Arbeitskräftepotenzial vor Ort wird durch die Abwanderungen gerade dieser Altersgruppen ausgedünnt. Fachkräftemangel ist in diesen Regionen die Folge. In einigen Abwanderungsregionen besteht die Hoffnung, dass Rückkehrwanderungen zur Lösung der strukturellen Probleme beitragen können. Ländliche Regionen könnten hier stärker von Rückkehrenden profitieren als städtische, wobei Männer häufiger als Frauen in ihre Herkunftsregionen zurückwandern.

Quelle: Claus-Christian Wiegandt, Christian Krajewski: Einblicke in ländliche Räume in Deutschland – zwischen Prosperität und Peripherisierung. In: Land in Sicht. Bonn 2020, S. 19

M2 Quellentext zur Binnenwanderung in Deutschland

100800-071-03 schueler.diercke.de
100800-081-05 schueler.diercke.de
100800-100-04 schueler.diercke.de
100800-103-03 schueler.diercke.de

In Irlands Geschichte dominierte seit jeher die Auswanderung. [...] Bis in die 1990er-Jahre bestand die Zuwanderung nach Irland hauptsächlich aus vormals aus Irland ausgewanderten Menschen, die in ihre Heimat zurückkehrten [...]. In den 1970er-Jahren zogen zudem einige niederländische, deutsche und französische Lifestyle-Migranten und -Migrantinnen an Irlands raue, aber schöne Westküste. Ein dringender Bedarf an ausländischen Arbeitskräften bestand aufgrund der stagnierenden Wirtschaft jedoch zunächst nicht. Das wandelte sich Mitte der 1990er-Jahre: So kam es bis 2007 zu einer beispiellosen Periode des Wirtschaftswachstums [...]. Dieser wirtschaftliche Wohlstand zog neue Einwanderer und Einwanderinnen an, und Irland nahm einen größeren Anteil an Einwandernden auf als viele westeuropäische Staaten, die bereits seit mehreren Jahrzehnten Einwanderung erlebt hatten. [...]
Seit Mitte der 1990er-Jahre kommen die meisten Migrantinnen und Migranten entweder auf der Suche nach Asyl oder Arbeit nach Irland. [...] Die Erweiterung der EU im Jahr 2004 garantierte den Bürgerinnen und Bürgern der zehn neuen Mitgliedsstaaten (EU-10) Freizügigkeit. Dies löste den bedeutendsten demografischen Wandel in der modernen Geschichte Irlands aus. Zwischen 2004 und 2007 registrierten sich fast 400 000 Menschen aus den EU-10-Staaten, um in Irland zu arbeiten. [...] Im Gegensatz zu den meisten EU-15-Staaten gewährte Irland neuen EU-Bürgerinnen und -Bürgern vollen und sofortigen Zugang zum Arbeitsmarkt. Migrantinnen und Migranten aus Polen, dem größten Staat, der 2004 der EU beitrat, waren unter den Neuankömmlingen am häufigsten vertreten.

Quelle: Irial Glynn: Migration und Migrationspolitik in Irland. Bonn: bpb 25.11.2020

M3 Quellentext zur Einwanderung nach Irland

In der bulgarischen Hauptstadt macht sich der Bevölkerungschwund bisher nicht bemerkbar, im Gegenteil. Durch Zuzug aus dem Umland und der bulgarischen Provinz ist Sofias Einwohnerzahl stetig gestiegen. [...] Doch im Landesinnern wachsen die menschenleeren Gebiete. Schon im Jahr 2012 gab es in Bulgarien mehr als 180 „Geisterdörfer“. [...] Statistisch verschwindet jeden Monat ein Dorf. [...]
Djerassi [bulgarischer Schriftsteller und Chemiker, Miterfinder der Antibabypille in den USA] empfahl seinen Landsleuten einen Ausweg aus dem Bevölkerungsschwund: Bulgarien solle Migranten aufnehmen, insbesondere aus der Türkei. [...] Doch Djerassis Empfehlung war und ist in Bulgarien nicht populär. Keine Regierung hat sie bisher ernsthaft aufgegriffen. Man hat Angst vor Migranten und will unter sich bleiben beim Aussterben, so scheint es.
Vielleicht ist die Lage aber auch gar nicht so düster, wie die Zahlen auf den ersten Blick nahelegen. Denn es gibt Anzeichen dafür, dass sich der Bevölkerungsschwund in Bulgarien verlangsamt. [...] Insbesondere seit dem jüngsten Regierungswechsel [...] scheinen viele junge Bulgarinnen und Bulgaren Hoffnung zu schöpfen. [...] In den Neunzigerjahren und auch im ersten Jahrzehnt des neuen Jahrtausends [haben] viele junge Menschen ihre Heimat in der festen Erwartung verlassen, abgesehen von Urlaubsreisen nie wieder dorthin zurückzukehren. Heute ist das anders. Ein Studium im Ausland ist weiterhin beliebt, aber eine Rückkehr danach ist zu einer sehr gängigen Option geworden.

Quelle: Michael Martens: Ungestört aussterben. Frankfurter Allgemeine Sonntagszeitung 23.1.2021

M5 Quellentext zur Auswanderung aus Bulgarien

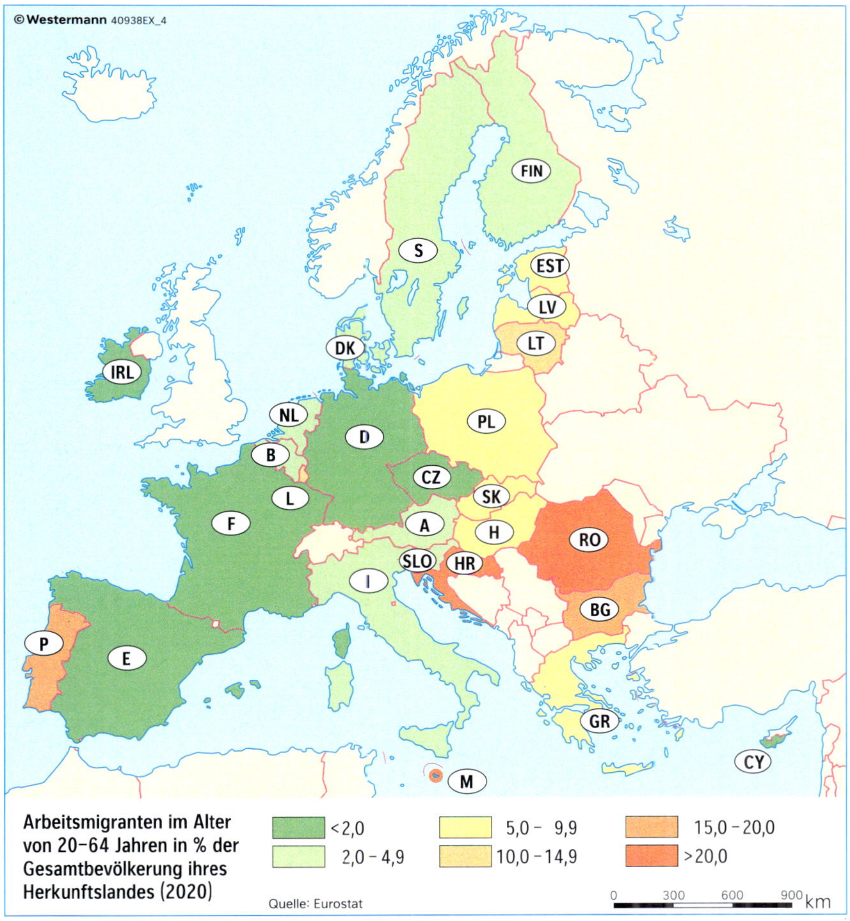

M4 Arbeitsmigration in der EU (Anteil der erwerbstätigen Menschen, die außerhalb ihres Landes in einem anderen EU-Land arbeiten, 2020)

	Erwerbstätige aus anderen EU-Staaten	
	in Mio.	in %
Deutschland	2,46	5,9
Spanien	0,81	4,2
Italien	0,75	3,3
Frankreich	0,58	2,1
Österreich	0,44	10,3
Belgien	0,39	8,1
Niederlande	0,22	2,5
Irland	0,20	9,9
Schweden	0,15	3,1
Luxemburg	0,13	45,3
EU-27 gesamt	6,54	3,3

Quelle: Eurostat

M6 Zielländer für Erwerbstätige (15 – 64 Jahre) aus anderen EU-Ländern (2020)

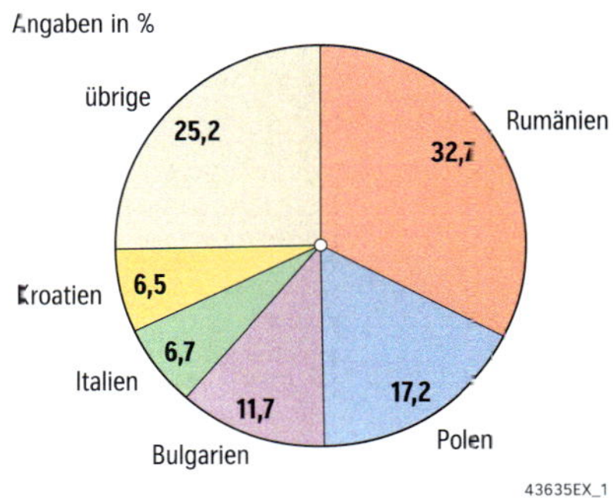

M7 Herkunftsländer der 2020 zugezogenen EU-Bürger in Deutschland

1.11 Flucht in die Europäische Union

Seit einigen Jahren erreichen uns Bilder von mit Flüchtlingen vollgestopften Seelenverkäufern (nicht seetüchtige Boote). Hinzu kommen Nachrichten mit Zahlen von Ertrunkenen und Berichte über kriminelle Schleuserbanden. Meist, aber nicht immer sind Krieg und Verfolgung im Herkunftsland Beweggrund für die riskante Überfahrt über das Mittelmeer. Längst „sichert" die EU intensiv ihre Grenzen, auch die über den Landweg im Osten und Südosten. Trotzdem sehen sich die Ankunftsstaaten mit der Flüchtlingsproblematik von der EU im Stich gelassen. Bei der Auf- und Übernahme von Flüchtlingen hat sich die Solidarität der europäischen Staaten bisher als brüchig erwiesen.*

1. a) Beschreiben Sie die „Flucht in die EU" mit den Bildern (M4).
   ⓩ b) Recherchieren Sie im Internet andere Bilder, die realistisch oder symbolhaft die Situation der Flüchtlinge zeigen.
2. a) Analysieren Sie die Flüchtlingsströme über das Mittelmeer (Anzahl, Routen, Herkunft; M1 – M3, M5).
   ⓩ b) Recherchieren Sie die aktuelle Situation bei der UNHCR (Internet: data2.unhcr.org/en/situations/mediterranean).
   c) Beschreiben Sie weitere Flüchtlingsrouten in die EU (Atlas, Internet).
3. Analysieren Sie die Entwicklung der Asylbewerberzahlen in der EU und die Herkunft der Asylbewerber (M6, M9).
4. Erläutern Sie die EU-Migrationspolitik und die Rolle von Frontex* (M7, M12, Internet).
5. Die Flüchtlingskatastrophen 2020 waren lokal begrenzt und „bedrohten" die EU nur marginal. Nehmen Sie Stellung (M9, M10).

M4 Ankunft von syrischen Bootsflüchtlingen (2015, oben) und Flüchtlingscamp „Moria2.0" auf Lesbos in Griechenland (2020)

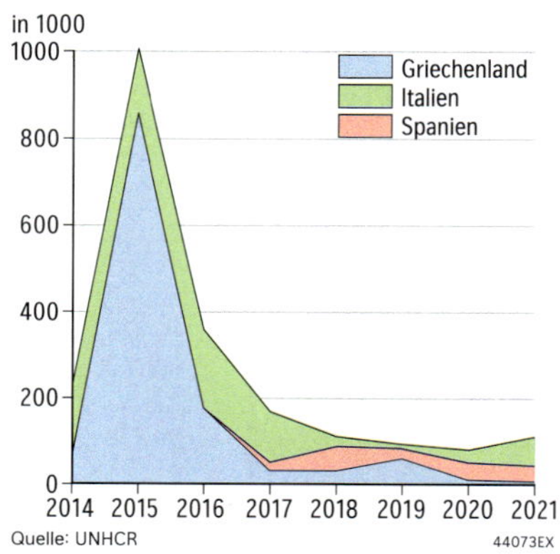

M1 Mittelmeerflüchtlinge (2014 – 2021)

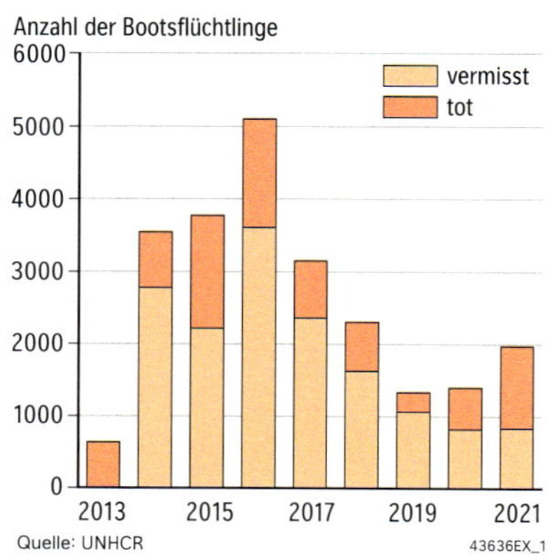

M3 Tote und vermisste Bootsflüchtlinge

Griechenland			
2015/16		2021	
Syrien	56 %	Afghanistan	20 %
Afghanistan	25 %	Somalia	20 %
Irak	11 %	Pakistan	15 %
Pakistan	3 %	Irak	7 %
Italien			
2015/16		2021	
Eritrea	18 %	Tunesien	24 %
Nigeria	18 %	Ägypten	23 %
Gambia	6 %	Bangladesch	12 %
Somalia	6 %	Irak	6 %

Quelle: UNHCR

M5 Herkunft der Bootsflüchtlinge

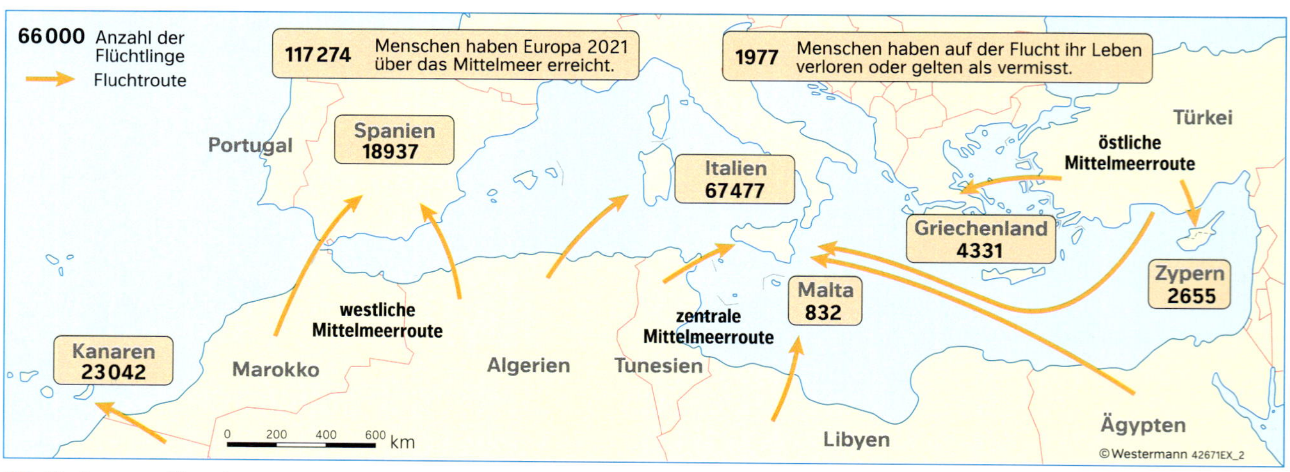

M2 Fluchtrouten über das Mittelmeer und Zahl der Flüchtlinge (2021)

100800-100-03 schueler.diercke.de
100800-100-04 schueler.diercke.de
100800-279-04 schueler.diercke.de

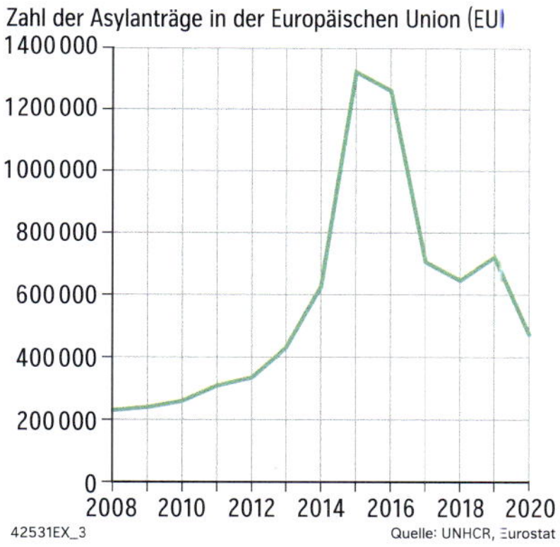

M6 Anzahl der Asylanträge in der Europäischen Union

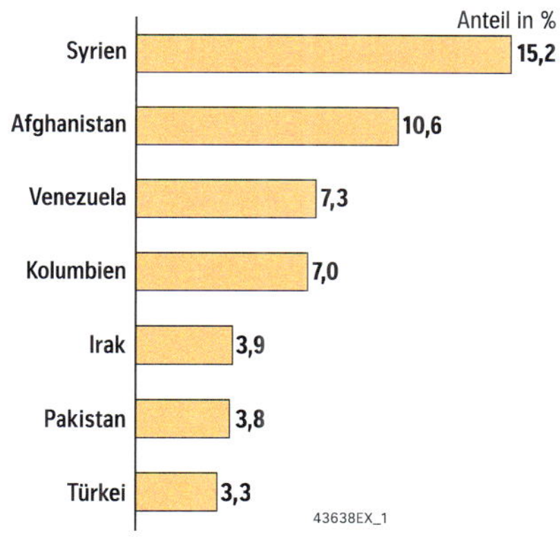

M9 Herkunft der Asylsuchenden in der Europäischen Union (2020)

M11 Grenzbefestigung der spanischen Exklave Melilla zu Marokko

Seit Mitte der 1980er-Jahren strebt die EU einen einheitlichen Migrationsraum an. Notwendig hierzu ist eine gemeinschaftliche Zusammenarbeit bei der Sicherung der Außengrenzen und eine gemeinsame Migrationspolitik der Mitgliedsländer gegenüber Angehörigen von Drittstaaten. Nicht zuletzt durch die hohe Zuwanderung 2015 („Flüchtlingskrise") verfolgen aber zahlreiche EU-Länder in den Bereichen Asyl und Zuwanderung vor allem eigene Interessen. Die Zusammenarbeit der EU-Staaten in der Migrationspolitik hat ihren Ursprung im Schengen-I-Abkommen von 1985, in dem die Benelux-Länder, Deutschland und Frankreich den Wegfall von Personenkontrollen an ihren Binnengrenzen vereinbarten. [...] Im selben Jahr zielte auch das Dubliner Übereinkommen (Dublin I) auf die Harmonisierung der Asylverfahren in der EU. Die neuen Regelungen zum freien Personenverkehr und zu den Migrationen von Drittstaatenangehörigen in die EU gingen 1997 mit dem Vertrag von Amsterdam in europäisches Recht über. Eine gemeinsame Migrations- und Asylpolitik war aber nicht durchsetzbar. Die Mitgliedstaaten lehnten Einschränkungen ihrer Souveränität ab [...]. Was bis heute bleibt, ist ein migrationspolitischer Flickenteppich, der die Sicherung und Kontrolle der Außengrenzen als gemeinsame Position enthält. Der Umsetzung von diesem Ziel diente die Gründung von Frontex* 2004.

Quelle: Paul Gans et al.: Bevölkerungsgeographie. Braunschweig: Westermann 2019, S. 90

M7 Quellentext zur EU-Migrationspolitik

Externalisierung (Außenverlagerung) der Grenzüberwachung

Maßnahmen der EU in Kooperation mit Herkunftsländern potenzieller Zuwanderer und Transitstaaten; Beispiel: Mauretanien

Überwachung beiderseits der Grenze

Kooperation von zuständigen Stellen beiderseits der Grenze; Beispiel: Spanien und Marokko bei Ceuta und Melilla

Überwachung an der Grenze

Kontrollen direkt an der Grenze und Unterstützung der nationalen Grenzüberwachung mit Beamten und Material (z. B. Schiffen)

Gemeinsame Aktivitäten der EU-Staaten

innerhalb der EU zur Kontrolle von Migration und Rückführung von Migranten

M12 Räumliche Dimensionen der Grenzsicherung durch Frontex*

Die fünf größten Herkunftsländer von Flüchtlingen[1]	
Syrien	6,7 Mio.
Venezuela	3,9 Mio.
Afghanistan	2,6 Mio.
Südsudan	2,2 Mio.
Myanmar	1,1 Mio.
weltweit	34,4 Mio.[2]

[1] außerhalb ihres Landes [2] inkl. 5,7 Mio. palästinensische Flüchtlinge

Die fünf größten Aufnahmeländer von Flüchtlingen	
Türkei	3,6 Mio.
Kolumbien	1,8 Mio.
Pakistan	1,4 Mio.
Uganda	1,4 Mio.
Deutschland	1,1 Mio.

Die fünf Länder mit den meisten Binnenmigranten	
Kolumbien	8,3 Mio.
Syrien	6,7 Mio.
D. R. Kongo	5,2 Mio.
Jemen	4,0 Mio.
Somalia	3,0 Mio.
weltweit	48,0 Mio.

Quelle: UNHCR

M8 Flüchtlinge* weltweit (2020)

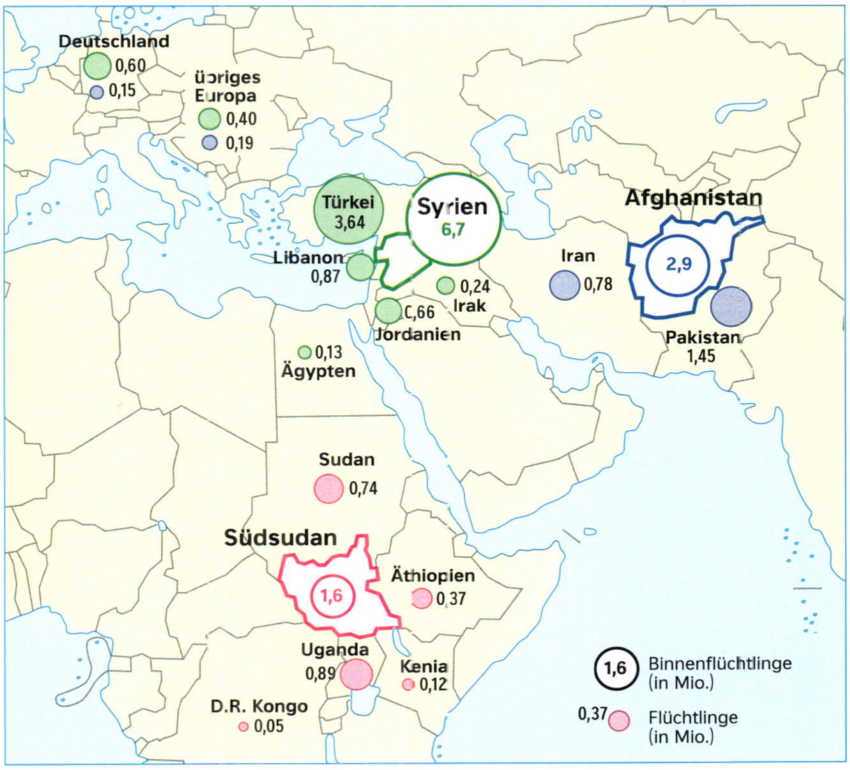

M10 Flüchtlinge aus Syrien, Afghanistan und dem Südsudan (2020)

1.12 Klausurtraining

Bevölkerungsentwicklung in Kleinstädten

1. Beschreiben Sie die Bedeutung von Kleinstädten in Deutschland.
2. Analysieren Sie die Bevölkerungsentwicklung und Altersstruktur von Kleinstädten in zentraler und peripherer Lage.
3. Erörtern Sie die Chancen und Risiken der Altersstruktur von Kleinstädten.

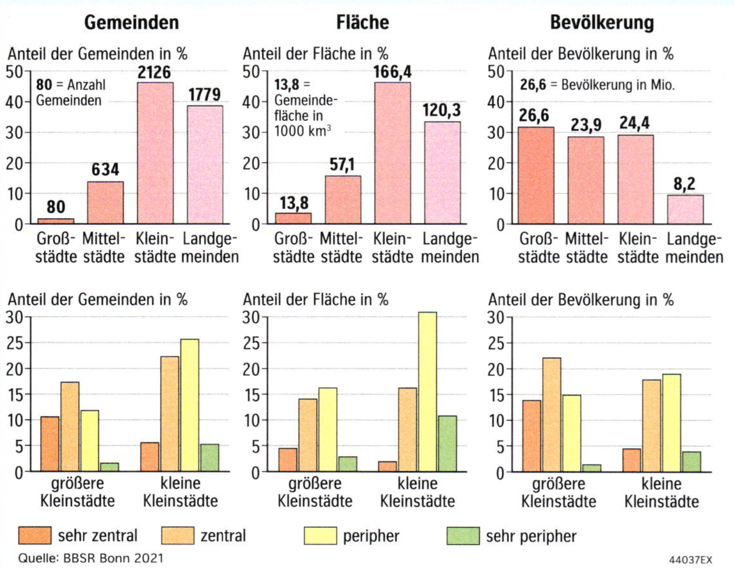

M1 Bedeutung verschiedener Stadttypen in Deutschland (2019)

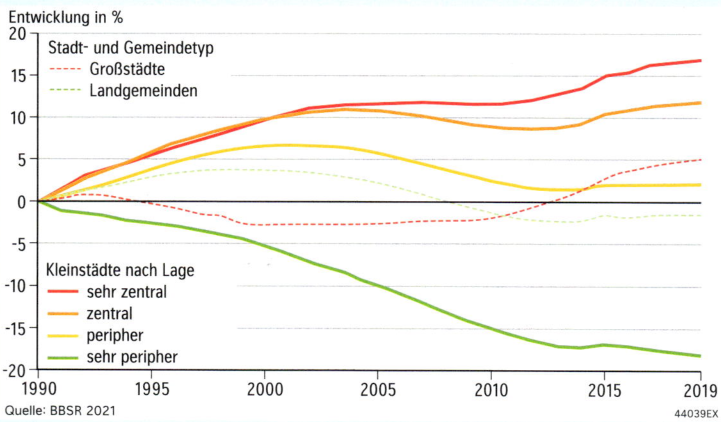

M2 Bevökerungsentwicklung in verschiedenen Stadttypen in Deutschland

M4 Bückeburg (2020: 19 351 Ew.)

Bundesland	Anzahl Kleinstädte Anzahl	Anzahl Kleinstädte Anteil (in %)[1]	Bevölkerung Kleinstädte Abs.	Bevölkerung Kleinstädte Anteil (in %)[2]
BW	303	65,6	4 267 186	38,4
BY	498	31,9	4 521 238	34,4
BB	97	49,0	1 035 002	41,0
HE	244	57,1	2 479 647	39,4
MV	43	37,1	475 492	29,6
NI	238	55,2	291 163	37,0
NW	183	46,2	2 337 835	13,0
RP	102	57,2	1 889 931	46,2
SL	43	82,7	53 291	54,0
SN	137	44,3	1 343 792	33,0
ST	80	65,6	807 072	36,8
SH	76	44,7	1 044 595	36,0
TH	82	42,9	728 153	34,1
D	2126	46,0	24 424 025	29,4

[1] der Gemeinden [2] der Gesamtbevölkerung Quelle: BBSR

M5 Kleinstädte nach Bundesländern (2019)

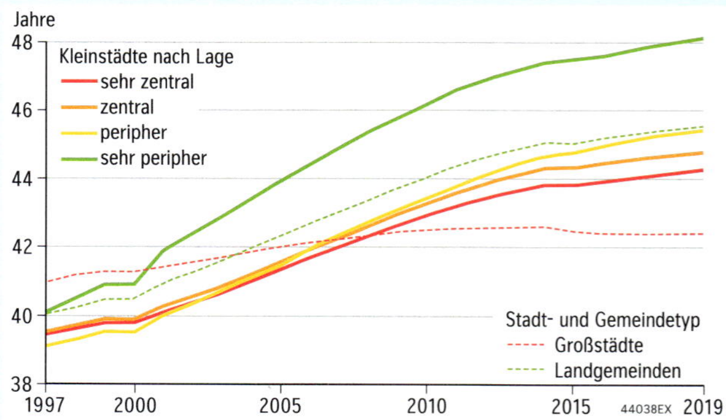

M6 Entwicklung des Durchschnittsalters in verschiedenen Stadttypen in Deutschland

Ländliche Räume bestehen nicht nur aus Dörfern. Immer schon dienten Kleinstädte als ihre Ankerpunkte und regionale Zentren. [...] Neben ihrer wirtschaftlichen Bedeutung als Markt- und Versorgungszentrum sowie ihrer politischen Steuerungsfunktion waren Kleinstädte immer auch Orte des kulturellen Austauschs und des Innovationstransfers in ländliche Räume. [...] Seit 1877 werden Kleinstädte in der amtlichen Statistik in Deutschland als Orte mit 5000 bis 20000 Einwohnerinnen und Einwohnern ausgewiesen, Mittelstädte analog als Gemeinden mit einer Bevölkerungszahl von 20000 bis 100000. [...]

Die Jahrzehnte seit der Wiedervereinigung 1990 waren für den Großteil der Kleinstädte in wirtschaftlich schwachen Regionen mit ausgeprägtem Arbeitsplatzabbau in Industrie und Landwirtschaft, aber auch im öffentlichen Sektor verbunden. Das gilt in besonderem Maße für Ostdeutschland, doch war und ist wirtschaftliche Strukturschwäche, verbunden mit negativen Folgen des demografischen Wandels, auch ein Kennzeichen für Regionen in den alten Ländern, etwa in der Nähe zur vormaligen innerdeutschen Grenze.

Annett Steinführer: Dörfer und Kleinstädte im Wandel. IzpB 343 2/2020, S. 11–15

M3 Quellentext zu Kleinstädten

100800-071-03
schueler.diercke.de

Ausnahmen von diesem allgemeinen Trend [der Bevölkerungsentwicklung von Kleinstädten] bilden die Kleinstädte in strukturstarken ländlichen Regionen Süddeutschlands, die trotz ihrer peripheren Lagen mit dem allgemeinen Bevölkerungswachstum in diesen Regionen mithalten konnten. Dagegen verloren Kleinstädte in einigen zentralen Lagen um Saarbrücken, östlich von Rhein und Ruhr oder südlich von Hannover entgegen dem Trend an Bevölkerung. In Ostdeutschland konzentriert sich mit Ausnahme des Speckgürtels um Berlin das Bevölkerungswachstum ohnehin auf die Großstädte. Was die Bevölkerungsentwicklung der Kleinstädte betrifft, sind also Lage und regionaler Kontext entscheidend.
Kleinstädte mit Bevölkerungszuwachs wachsen vor allem durch den Zuzug von Bevölkerung, der sich sehr gut über das Kohortenwachstum[1] abbilden lässt. In etwa der Hälfte der Kleinstädte – vornehmlich in Kleinstädten in zentralen Lagen – gewinnt die Kohorte der 30- bis 39-Jährigen. Diese Altersgruppe in der Familiengründungsphase ist sehr umworben, da ihre Standortentscheidung vornehmlich langfristig erfolgt und potenziellen Zuwachs an Kindern und Jugendlichen verspricht. Dagegen verkleinert sich überwiegend die Kohorte der 20- bis 29-Jährigen in Kleinstädten durch Wegzug, da Kleinstädte nur selten über oberzentrale Bildungseinrichtungen verfügen. Sie sind jedoch dann Zuzugsorte für die Ausbildungswanderer, wenn sie in der Nachbarschaft von Universitätsstädten (z. B. Dossenheim, Gerbrunn, Unterföhring) liegen oder wenn sie selbst Standort einer Hochschule oder Universität sind (z. B. Mittweida, Clausthal-Zellerfeld, Neubiberg). In außergewöhnlichen Lagen wie an der Nord- und Ostseeküste (z. B. Grömitz, Malente, Kühlungsborn) oder im Alpenvorland (z. B. Isny im Allgäu, Füssen, Oberstaufen) sowie in alten Bäderstädten (z. B. Bad Pyrmont, Bad Lippspringe, Bad Sassendorf) können Kleinstädte auch Zuzugsorte älterer Menschen (Kohorte der 65- bis 74-Jährigen) auf der Suche nach einem attraktiven Altersruhesitz sein. [...]

Unter den jüngeren Abwandernden finden sich oft überproportional junge Frauen. Deshalb verschlechtert sich in von Abwanderung betroffenen Kleinstädten das Verhältnis von Frauen zu Männern im Alter zwischen 20 und 44 Jahren – einer Altersgruppe, die sowohl für die demografische Regeneration als auch als soziales Bindeglied zwischen den Generationen von hoher Bedeutung ist.

Quelle: Antonia Milbert, Lars Porsche: Kleinstädte in Deutschland. Bonn: BBSR 2021, S. 30 – 31

[1] Kohorte: Zusammenfassung von Geburtsjahrgängen, z. B. aus den 10 Jahrgängen der 1980 bis 1989 Geborenen.

M7 **Quellentext zur Bevölkerungsentwicklung in Kleinstädten**

M8 **Wachsende und schrumpfende Kleinstädte in Niedersachsen**

Der Aufbau von Klausuren

Allgemeine Hinweise

Klausuren sind materialgebundene Problemerörterungen mit Raumbezug (Kerncurriculum/Lehrplan Erdkunde für die gymnasiale Oberstufe). In Klausuren sind die drei Anforderungsbereiche bei der Aufgabenstellung mit den Operatoren

- Sachverhalte beschreiben, darstellen, wiedergeben,
- Sachverhalte analysieren, erklären, erläutern,
- Sachverhalte erörtern, beurteilen

zu berücksichtigen. Dies ist in den Bundeseinheitlichen Prüfungsanforderungen (EPA) für das Fach Geographie festgelegt. Der Schwerpunkt der Klausur liegt im Anforderungsbereich II. Sofern Sie in Ihrer Klausur lediglich den Anforderungsbereich I abdecken, darf nur die Note „ausreichend" erteilt werden. Für die Note „gut" und besser muss der Anforderungsbereich III erreicht sein.

Die Klausur

Bei der vorliegenden Klausur sind die Operatoren „Beschreiben Sie ..." (Aufgabe 1), „Analysieren Sie ..." (Aufgabe 2), „Erörtern Sie ..." (Aufgabe 3) den Anforderungsbereichen zugeordnet und sollen Ihnen helfen, die Materialien zu entschlüsseln. Die festgelegten Definitionen der Operatoren (vgl. S. 125) weisen darauf hin, wie die Bearbeitung der Aufgaben zu erfolgen hat. Der Schwierigkeitsgrad nimmt mit den Aufgaben aufsteigend zu. Bei der Auswahl der Materialien werden unterschiedliche Methoden des Faches (statistische Angaben, Bild-, Text- und Kartenauswertung) berücksichtigt. Aufgrund der Materialienfülle ist diese Arbeit eher für die vierstündige Klausur unter Abiturbedingungen bzw. für einen Kurs auf erhöhtem Niveau geeignet.
Im Gegensatz zum Lehrbuch darf der Atlas im Regelfall während der Klausur genutzt werden. Eine gute Kenntnis über den Aufbau des Atlasses und die einzelnen Atlaskarten erspart langes Suchen während der Klausur.

Herangehensweise an Erdkundeklausuren

- Sichten Sie zunächst die vorliegenden Materialien im Hinblick auf die Aufgabenstellungen und ordnen Sie Kernaussagen der Materialien den Aufgaben stichpunkthaft zu.
- Verfassen Sie dann anhand ihrer Stichpunkte einen in sich schlüssigen, stringenten und gedanklich klar strukturierten Text.
- Verfassen Sie zu Ihrer Klausurbearbeitung eine Einleitung, zu den einzelnen Aufgaben eine Überleitung und beenden Sie Ihre Bearbeitung mit einem kurzen Fazit.
- Achten Sie bei der Materialauswertung auf Schlussfolgerungen.,
- Belegen Sie Ihre Aussagen durch Materialbezüge und ggf. Zitate.
- Beachten Sie die Verwendung der Fachsprache.
- Planen Sie eine Korrekturzeit ein (zahlreiche und wiederholte Verstöße gegen die Sprachrichtigkeit können bei der Bewertung zu einem Abzug von bis zu zwei Punkten führen).

Zusammenfassung

Deutschland in Europa

Deutschland liegt seit Beendigung des Ost-West-Gegensatzes und der Wiedervereinigung 1990 im Zentrum Europas. Wenn wir von Europa sprechen, meinen wir in erster Linie die Europäische Union, in der heute 27 Staaten eine enge Zusammenarbeit vereinbart haben. Die gemeinsame Währung (Euro-Einführung in zwölf Ländern) und die Freiheit im Personenverkehr sind für jeden sichtbare Zeichen des über Jahrzehnte andauernden Zusammenwachsens. Doch Europa ist mehr als die Europäische Union; zu Europa gehören geographisch zumindest auch Belarus, die Ukraine und Russland bis zur Kammlinie des Ural. Die Abgrenzung des Kontinents ist erschwert, da Europa geologisch kein eigenständiger Kontinent, sondern Teil der Eurasischen Platte ist.
In Europa sind Gesteinsformationen von der Erdfrühzeit bis zur Erdneuzeit aufzufinden. Der Abbau der in den Gesteinen eingelagerten Metalle geht bis in das Mittelalter zurück und bildete mit weiteren Bodenschätzen – wie etwa Salz, Kohle und Erdöl in Niedersachsen – die Grundlage für die erste industrielle Revolution.

Europa: Ökozonale Gliederung und Klimawandel

Überwiegend liegt Europa in der gemäßigten Zone, nach Norden schließt sich die subpolare und nach Süden die subtropische Zone an. Entsprechend herrschen die sommergrünen Laub- und Mischwälder vor, nach Norden schließen sich der boreale Nadelwald und die Tundra, nach Süden die mediterranen Hartlaubgehölze an. Als Folge des Klimawandels werden sich die Ökozonen nach Norden verschieben. Im Süden Europas ist mit größerer Trockenheit und Dürre zu rechnen, auch in Mitteleuropa werden abnehmende Niederschläge die Landwirtschaft beeinträchtigen, während in Nordeuropa mit einer weit überdurchschnittlichen Temperaturerhöhung zu rechnen ist. Fraglich ist, ob selbst bei massiven Klimaschutzanstrengungen die globale Erwärmung bei einer Zunahme von 2°C bis 2050 beschränkt werden kann. Zusätzlich werden gewaltige Klimawandelanpassungsmaßnahmen notwendig werden, um den Klimawandelfolgen zu begegnen. Dazu gehört zum Beispiel der Küstenschutz an der Nordseeküste durch den Meeresspiegelanstieg, der durch das Abschmelzen der Gletscher und die Meereserwärmung verursacht wird.

Bevölkerungsentwicklung und -struktur

Mit einer Einwohnerzahl von 83 Millionen ist Deutschland das bevölkerungsreichste Land Europas. Seine stagnierende und zuletzt sogar positive Bevölkerungsentwicklung ist allein auf Wanderungsgewinne zurückzuführen. Die natürliche Bevölkerungsbewegung (Geburtenrate - Sterberate) ist seit geraumer Zeit negativ und die Fertilitätsrate unter dem Erhaltungsniveau. Verantwortlich für diesen zweiten demografischen Übergang ist ein gesellschaftlicher Wandel (z. B. Veränderung der Familienstrukturen). Der Bevölkerungsrückgang ist mit einer Überalterung verbunden, die unter anderem eine Gefahr für die sozialen Sicherungssysteme darstellt (Generationenvertrag). Die meisten europäischen Länder sind inzwischen mit ähnlichen Entwicklungen konfrontiert.

Disparitäten und Migration in Deutschland und Europa

Räumliche Ungleichheiten mit unterschiedlicher Ausstattung und wirtschaftlichen Möglichkeiten gibt es in Deutschland schon lange, etwa zwischen Nord und Süd oder Ost und West. Grundsätzlich bestehen zwischen städtischen und ländlichen Regionen räumliche Disparitäten, wenn auch zumindest in Deutschland Kleinstädte und Dörfer aufholen und wieder attraktiver werden.
Die Unattraktivität und Perspektivlosigkeit peripherer Räume ist jedoch weiterhin die Ursache von ausgeprägten Binnenwanderungsbewegungen in allen EU-Ländern. Über die Grenzen hinweg ist in der EU infolge der Freizügigkeit eine ausgeprägte Arbeitsmigration zu beobachten. Zudem nehmen die EU-Länder Kriegsflüchtlinge aus den benachbarten Konfliktregionen der letzten Jahre auf, zugleich haben sie aber auch ihre Außengrenzen zunehmend abgeschottet.

Weiterführende Literatur und Internetlinks

Statistische Daten und Online-Atlanten zu Deutschland und Europa

Eurostat
- http://ec.europa.eu/eurostat/de

Statistisches Bundesamt
- www-genesis.destatis.de
- www.regionalstatistik.de
- regionalatlas.statistikportal.de

Landesamt für Statistik Niedersachsen
- www.statistik.niedersachsen.de

Geographie allgemein

Hartmut Leser (Hrsg.): Diercke Wörterbuch Geographie
Braunschweig: Westermann 2011

Rainer Glawion et al.: Physische Geographie
Braunschweig: Westermann 2019

Rita Schneider-Sliwa et al.: Humangeographie
Braunschweig: Westermann 2019

Naturraum und Klimawandel

Geographische Rundschau
- Geographie Deutschlands 7–8/2012
- Klimawandel und Gesundheit in Europa 3/2021
- Klimafolgenforschung 12/2019

Martin Wolf: Klimakunde. Diercke Spezial
Braunschweig: Westermann 2013

Sven Harmeling: Globaler Klimawandel. Diercke Spezial
Braunschweig: Westermann 2017

Deutscher Wetterdienst
- www.dwd.de

Umweltbundesamt
- www.umweltbundesamt.de/themen/klima-energie

Klimawandel Bildungsserver Hamburg
- bildungsserver.hamburg.de/klimawandel

Koordinierungsstelle IPCC
- www.de-ipcc.de
- www.klimanavigator.eu

www.regionaler-klimaatlas.de
- www.klimafakten.de

Bevölkerung

Geographische Rundschau
- Ländliche Räume in Deutschland 5/2021
- Migration und Integration 3/2017
- Arbeitsmarkt und demografischer Wandel 1/2016
- Regionen im Schrumpfungsprozess 9/2015
- Bevölkerungsgeographie 4/2015

Paul Gans et al.: Bevölkerungsgeographie Diercke Spezial
Braunschweig: Westermann 2019

Berlin-Institut für Bevölkerung und Entwicklung
- www.berlin-institut.org
Online-Demografie, Berichte zu allen Bevölkerungsthemen

Deutsche Stiftung Weltbevölkerung
- www.dsw.org

Bundesinstitut für Bevölkerungsforschung
- www.bib.bund.de

Demografischer Wandel in Deutschland
- www.bpb.de/politik/innenpolitik/demografischer-wandel

Grundlagen Dossier Migration (bpb)
- www.bpb.de/gesellschaft/migration/dossier-migration

Flüchtlingshilfswerk der Vereinten Nationen (UNHCR)
- www.unhcr.de

Migration & Bevölkerung
- www.migration-info.de

Länderprofile Migration (bpb)
- www.bpb.de/themen/migration-integration/laenderprofile

2 INDUSTRIE UND ENERGIE

Produktion des Elektroautos ID.3 bei VW in Zwickau

2.1 Wirtschaft im Wandel

Strukturwandel ist ein gern verwendeter, vieldeutiger Begriff, um grundlegende und fortdauernde Veränderungsprozesse in der Wirtschaft, Politik und Gesellschaft zu beschreiben. In der Wirtschaftsgeographie kann ein Strukturwandel die Gesamtwirtschaft zum Beispiel eines Landes oder bestimmte Teile von ihr betreffen, aber auch nur bestimmte Regionen. Grundsätzliche Auslöser wirtschaftlicher Veränderungsprozesse sind der marktwirtschaftliche Wettbewerb und die internationale Arbeitsteilung. Strukturwandel ist also letztlich die Folge davon, dass Unternehmen innovative neue Produkte entwickeln und alte Produkte mittels neuer Produktionsverfahren kostengünstiger herstellen, um möglichst hohe Gewinne zu erwirtschaften und die Konkurrenz zu überflügeln. Schon immer, aber heute umso mehr, spielen dabei auch die Arbeitskosten und damit die Verlagerung von Produktion in Niedriglohnregionen eine wichtige Rolle.

Intersektoraler Strukturwandel

Die fundamentalste Form des Strukturwandels geht auf die Drei-Sektoren-Hypothese von Jean Fourastié zurück (M1). Sie beschreibt den Übergang von einer agraren über eine industrielle in eine Dienstleistungsgesellschaft, bei dem der Schwerpunkt der Wertschöpfung und Beschäftigung vom primären über den sekundären zum tertiären Sektor übergeht. Begründet wird diese Entwicklung in den heutigen Industrieländern mit der Steigerung der Produktivität im primären und sekundären Sektor und einer erhöhten Nachfrage nach Produkten und Dienstleistungen des tertiären Sektors.

Intrasektoraler Strukturwandel

Neben dem intersektoralen Strukturwandel kommt es auch innerhalb der Sektoren zu tiefgreifenden Veränderungen der Produktionspalette und der Organisationsstruktur von Unternehmen. In der Industrie führten in der Vergangenheit bahnbrechende Innovationen* wie die Erfindung der Dampfmaschine, der Elektrizität, des Autos, des Computers oder des Internets zu einem völligen Umbruch (M6). Aber auch die fortschreitende Automatisierung und flexiblere Formen der Arbeitsorganisation veränderten den Industriesektor (Kap. 2.3). Im kleineren Maßstab lässt sich dieser Strukturwandel auch in einzelnen Branchen beobachten (z. B. in der Textilindustrie Kap. 2.2).

Regionaler Strukturwandel

Oft ist die Schwerpunktverlagerung von einer alten zu einer neuen Industrie beziehungsweise die Tertiärisierung* mit einer räumlichen Verlagerung verbunden. Wenn in einer Region stagnierende und schrumpfende Branchen gehäuft auftreten, kann der regionale Strukturwandel (Veränderungen in der regionalen Wirtschaftsstruktur) im Laufe der Zeit massive Probleme auslösen (Kap. 2.5). Nicht nur die Standorte, sondern auch die Standortfaktoren unterliegen dabei einem Wandel (Kap. 2.4).

M3 Zeche Königin Elisabeth in Essen-Frillendorf

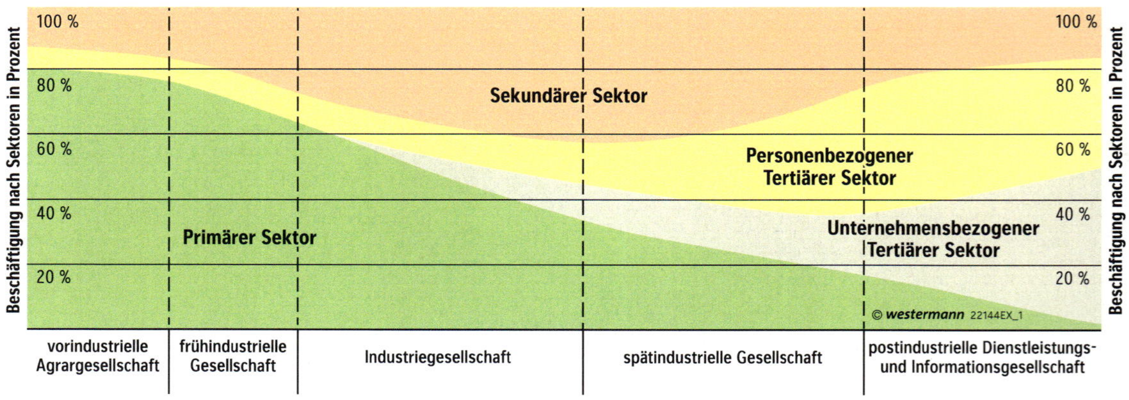

M1 Drei-Sektoren-Modell der Wirtschaft (nach Fourastié)

		1960	1970	1980	1990	2000	2010	2020
Erwerbstätige (in %)	Primärer Sektor	13,6	8,4	5,1	3,5	1,9	1,6	1,3
	Sekundärer Sektor	47,6	46,5	41,1	36,6	28,4	24,6	24,0
	Tertiärer Sektor	38,8	45,1	53,8	59,9	69,7	74,0	74,7
Bruttowertschöpfung (in %)	Primärer Sektor	5,8	3,3	2,2	1,3	1,1	0,7	0,8
	Sekundärer Sektor	53,2	48,3	41,3	37,6	30,9	30,2	29,3
	Tertiärer Sektor	41,0	48,3	56,6	61,0	68,0	69,1	69,9

Quelle: Statistisches Bundesamt

M2 Anteile der Wirtschaftssektoren an Erwerbstätigen und Bruttowertschöpfung in Deutschland (1960 – 2020)

M4 Hochofen im Ruhrgebiet

Primärer Sektor (Urproduktion)

- Land- und Forstwirtschaft, Fischerei

Sekundärer Sektor (Güterproduktion)

- Bergbau
- verarbeitendes Gewerbe (u. a. Herstellung von Nahrungsmitteln, Textilien, chemischen/pharmazeutischen Erzeugnissen, Kunststoffen, Metallerzeugnissen, elektronischen Erzeugnissen; Maschinen-/Fahrzeugbau)
- Energie-/Wasserversorgung; Entsorgung
- Baugewerbe

Tertiärer Sektor (Dienstleistungen)

- Handel
- Gastgewerbe
- Verkehr und Logistik
- Information und Kommunikation
- Finanz- und Versicherungsdienstleistungen
- Grundstücks- und Wohnungswesen
- Unternehmensdienstleister (u.a. freiberufliche, wissenschaftliche und technische Dienstleistungen)
- öffentliche Dienstleistungen, Erziehung, Gesundheit
- Kunst, Unterhaltung und Erholung

Quelle: Statistisches Bundesamt

M5 Systematik der Wirtschaftszweige

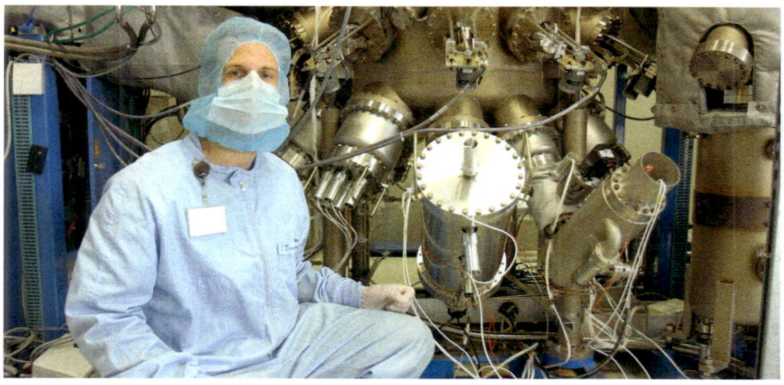

M7 Zentrum für Mikro- und Nanotechnologie (TechnologieZentrumDortmund)

Mit der Industrialisierung entstanden in Deutschland die großen Agglomerationen (z. B. Ruhrgebiet, Rhein-Main-Raum, Rhein-Neckar-Raum); damit gewannen auch überregionale Verflechtungen an Bedeutung. 1970 wurde der maximale Anteil der Industrie mit 48,9 % erreicht; inzwischen beträgt er nur noch rund 25 %. Das industrielle Produktionsvolumen wurde damit nicht reduziert, vielmehr konnte es durch den Fortschritt in der Arbeitsproduktivität noch gesteigert werden. Aber die Art der industriellen Produktion änderte sich tiefgreifend; arbeitsintensive Produktionen (wie Bekleidung, Montage von Elektrogeräten) und standardisierte Grundstoffindustrien (z. B. Kohlebergbau mit Eisenverhüttung) sind in andere Länder verlagert worden. In Deutschland verblieben vor allem die dispositiven Teile wie Forschung/Entwicklung, Management oder Marketing. Zugleich fand eine Orientierung auf technologieintensive Produkte statt, für deren Entwicklung und Herstellung hoch qualifiziertes Personal benötigt wird; die Verfügbarkeit von Hochqualifizierten, die vorhandenen Forschungs-/Entwicklungseinrichtungen und die ausgebaute Infrastruktur stellen einen komparativen Vorteil Deutschlands dar. Heute prägen sach- und humankapitalintensive Produktionen (z. B. Pharmazeutik, Mikroelektronik, Fahrzeugbau) die Verdichtungsräume.

Quelle: Elmar Kulke: Wirtschaftsräume in Deutschland. Praxis Geographie 10/2013, S. 7

M8 Quellentext zum intrasektoralen Wandel der deutschen Industrie

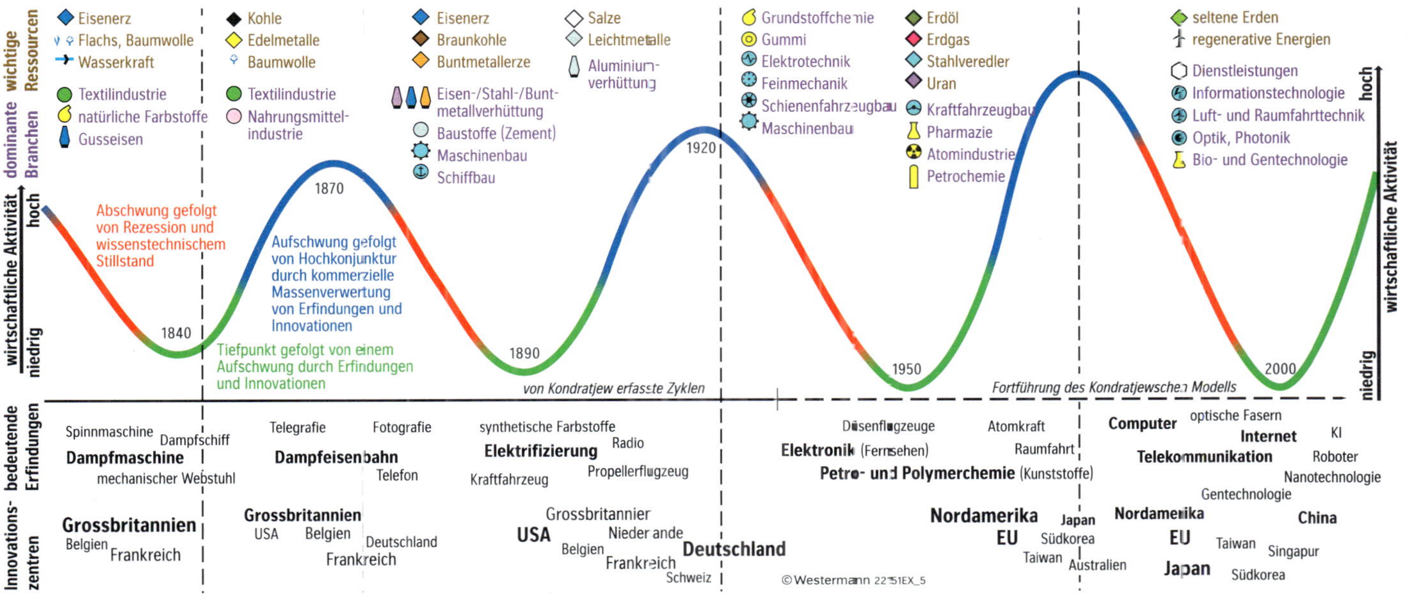

M6 Zyklen der Wirtschaftsentwicklung nach Kondratjew

1. Stellen Sie den sektoralen Wandel in Deutschland dar, auch mithilfe eines Kurvendiagramms (M2).
2. Charakterisieren Sie den regionalen Strukturwandel im Ruhrgebiet (M3, M4, M7, Atlas).
3. Beschreiben Sie die Zyklen der Wirtschaftsentwicklung nach Kondratjew (M6).
4. Charakterisieren Sie den intrasektoralen Strukturwandel der deutschen Industrie (M6, M8).

2.2 Industrie im Wandel: Textilindustrie in Deutschland

Die Erfindung der Spinnmaschine und des mechanischen Webstuhls gehören zu den elementaren Basisinnovationen des ersten Kondratjewzyklus (M6, S.33). Daraus entstand auch in Deutschland eine große Textilindustrie. Heute stammt nur noch ein Bruchteil der in Deutschland verkauften Bekleidung aus deutscher Produktion. Die Industrie hat sich organisatorisch und räumlich stark gewandelt. Das Modell des Produktlebenszyklus versucht zu beschreiben, welche Phasen ein industriell hergestelltes Produkt von seiner Erfindung bis zum Verschwinden aus dem Markt durchläuft.

1. Benennen Sie die Standorte der Textil- und Bekleidungsindustrie in Deutschland und Europa (Atlas, S.6: M4).
2. Fassen Sie die Entwicklung der Textil- und Bekleidungsindustrie in Deutschland zusammen (M2–M4, M9).
3. Erklären Sie das Modell des Produktlebenszyklus (M5).
4. Ordnen Sie den Phasen des Produktlebenszyklus typische Standortfaktoren zu: Zugang zu ungelernten Arbeitskräften bzw. Facharbeitern, Universität, Marktnähe, hochwertige Infrastruktur, niedrige Standortkosten.
5. ⓩ Analysieren Sie die Phasen des Produktlebenszyklus am Beispiel eines Produkts der Textil- und Bekleidungsindustrie: a) T-Shirt b) Funktionsunterwäsche.
6. Erläutern Sie die Veränderung des Produktionskonzepts der Bekleidungsindustrie (M6) im Zuge der Globalisierung (M8, M9).
7. „Der Produktlebenszyklus kann durch neue Produkte, Produktverbesserungen und Kostensenkungen verlängert werden." Beurteilen Sie diese Aussage am Beispiel der deutschen Textil- und Bekleidungsindustrie.
8. ⓩ a) Recherchieren Sie im Internet Slow-Fashion-Projekte mit lokaler Textilproduktion in Deutschland.
   b) Beurteilen Sie die Marktchancen nachhaltiger lokaler Textilproduktion in Deutschland und Europa (M7, M10).
   c) Erörtern Sie die Rückverlagerung der Textilproduktion nach Deutschland unter Nachhaltigkeitskriterien.

Die Textilindustrie fertigt aus pflanzlichen und tierischen Rohstoffen sowie künstlich hergestellten Garnen Textilien, die von der Bekleidungsindustrie weiterverarbeitet werden. Beide Begriffe werden auch für den gesamten Bearbeitungsprozess verwendet:
- Herstellung von Chemiefasern und Garnen (Spinnen, Zwirnen),
- Herstellung von textilen Flächen (Weben, Wirken, Stricken etc.),
- Gestaltung von textilen Flächen (Sticken, Textildruck, Färben etc.),
- Textilveredlung (Bleichen, Textilbeschichtung, Merzerisation etc.),
- Konfektion von Endprodukten wie Bekleidung, Heimtextilien, technischen Textilien (Fahrzeugbau, Bauindustrie).

M1 **Textil- und Bekleidungsindustrie**

M3 Spulmaschinen für Garn 1905 (Berlin) und heute (China)

19. Jahrhundert und 1. Hälfte des 20. Jahrhunderts
- Industrialisierung der Textilindustrie in Großbritannien: Mechanisierung des Web- und Spinnvorgangs, Verdrängung von Leinen und Wolle durch Baumwolle
- Niedergang der handwerklichen Textilindustrie in den deutschen Mittelgebirgen
- Aufbau einer Textilindustrie in Deutschland in Konkurrenz zu Großbritannien (600000 Beschäftigte 1895)
- Bekleidigungsfertigung vor allem in Heimarbeit durch Frauen (Zentrum: Berlin)

Westdeutschland 1950–1960
- Boom, aufgrund steigender Nachfrage Entstehung industrieller Fertigungsstätten der Bekleidungsindustrie (Massenproduktion, Zentrum: Nordrhein-Westfalen)

Westdeutschland 1960–1990
- Schrumpfung, Beschäftigungsabbau in der deutschen Textil- und Bekleidungsindustrie
- Verlagerung der Produktion in Niedriglohnländer (Offshoring*, Outsourcing*)
- Fertigung mittlerer und hoher Qualitäten in kleinen und mittleren Unternehmen

Ostdeutschland 1950–1990
- vier große Kombinate (Massenfertigung)

seit 1990
- Abbau der Beschäftigung in Ostdeutschland in kurzer Zeit
- Konzentration auf hochwertige Textilprodukte und technische Textilien sowie auf übergeordnete Funktionen wie Forschung und Entwicklung, Design und Marketing
- neue Trends wie nachhaltige Mode und Slow Fashion

M4 **Geschichte der Textil- und Bekleidungsindustrie in Deutschland**

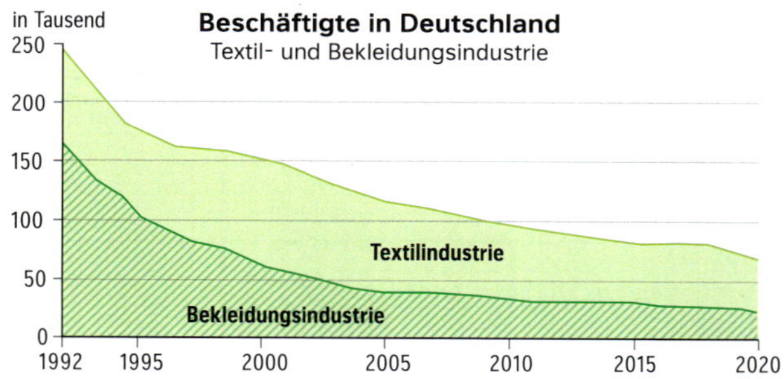

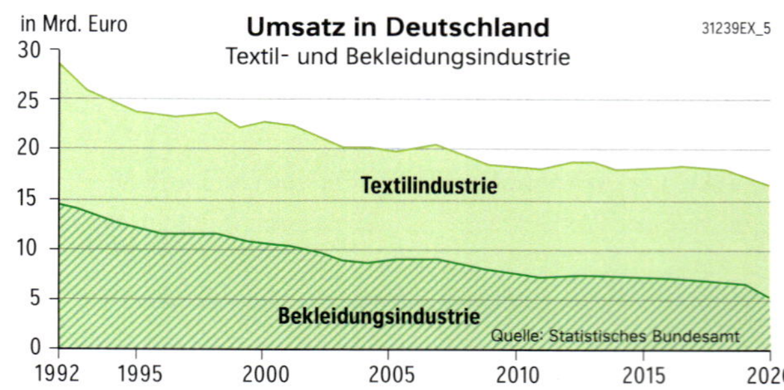

M2 Beschäftigte und Umsätze in der deutschen Textil- und Bekleidungsindustrie (1992–2020)

100800-030-01 schueler.diercke.de
100800-118-01 schueler.diercke.de
100800-130-01 schueler.diercke.de
100800-142-01 schueler.diercke.de

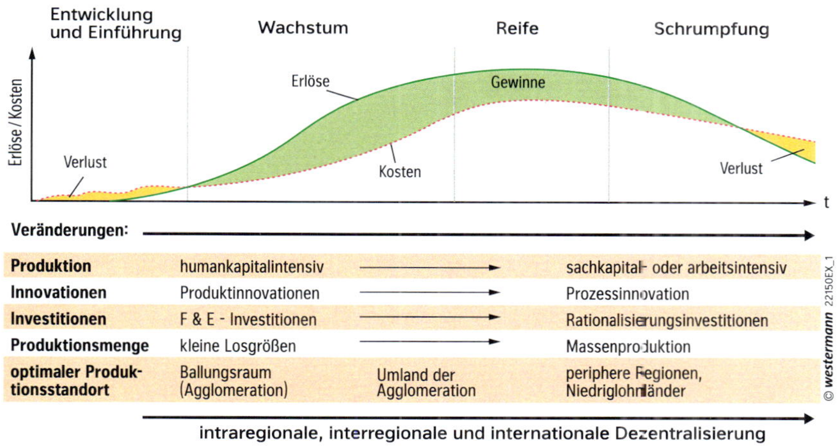

M5 Modell des Produktlebenszyklus

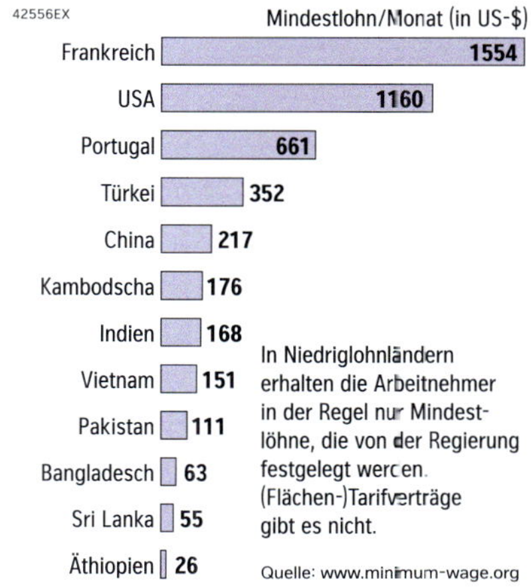

M8 Mindestlöhne in der Bekleidungsindustrie (2019)

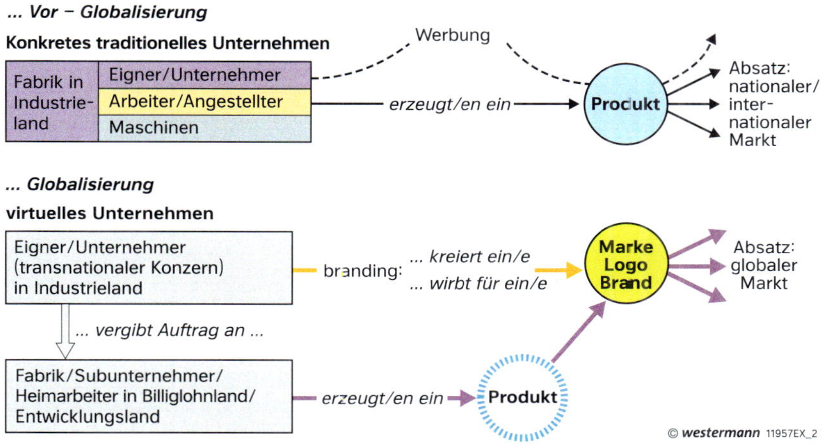

M6 Produktionskonzepte der Bekleidungsindustrie

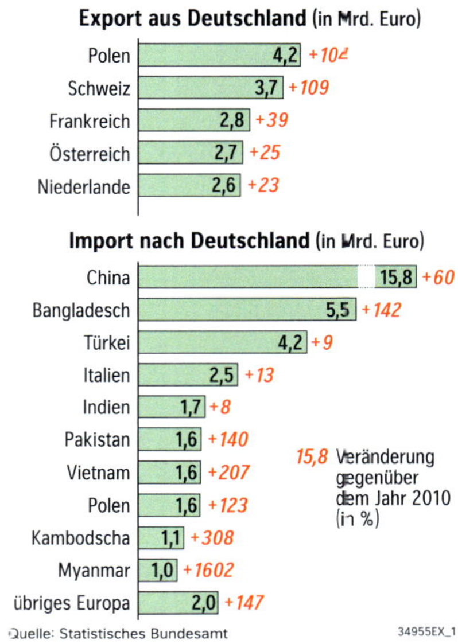

M9 Außenhandel Deutschlands mit Bekleidung/Textilien (2020)

Die lokale Textilproduktion wird vor allem durch die britische Nachhaltigkeitsexpertin Kate Fletcher angetrieben. Sie hat Anfang der 2000er das Slow Fashion Movement ausgerufen [...]. Ihr Ansatz geht dem Drang nach, in einer kleinen lokalen Community zu agieren – quasi als Selbstversorgende – und nur zu produzieren, was möglich ist, unter Berücksichtigung von lokalen Ressourcen wie Material, Arbeitskraft und Know-how. [So] unterstützt lokale Textilproduktion auch das benötigte Umdenken: Welche Mittel stehen mir lokal zur Verfügung? Muss ich neue Rohstoffe beziehen oder kann ich auch neue Kreisläufe schaffen, zum Beispiel durch Nutzung gebrauchter Kleidung? Neben den wenigen, schon lange bestehenden Betrieben gibt es auch neue Firmen, die sich in diesem Nischensegment ansiedeln. [...] Gleichzeitig setzen immer mehr Fair Fashion Brands [Handelsmarken] auf europäische Produktionsorte. Die Kleidung wird also nicht mehr auf einem anderen Kontinent produziert, sondern „nur" drei Länder weiter. Immer öfter fällt die Wahl auf Portugal als Produktionsland. [...] Für eine lokale Textilproduktion, die möglichst nah am Verkaufsland liegt, sprechen die folgenden Argumente:

- Schnelle Reaktionsfähigkeit.
- Waren können schneller nachgefertigt werden.
- Geringere Klimabelastung durch kürzere Lieferketten: Der CO_2-Fußabdruck verringert sich im Vergleich zu einer Produktion auf einem anderen Kontinent. [...]
- Produktion kleiner Stückzahlen ist möglich im Vergleich zu asiatischen Wettbewerbern: Fabriken in Asien sind zum Teil auf Massenlieferungen für große Konzerne [...] fokussiert, deswegen bieten Firmen aus Europa eine willkommene Alternative gerade für kleine Brands, die noch in der Gründungsphase sind.
- Auch in Produktionsstätten in Asien steigen langsam die Produktionskosten, deswegen werden europäische Produktionsländer wieder wettbewerbsfähig.

Quelle: Frederike Bartzsch: Made in Germany: Ist lokale Textilproduktion immer nachhaltiger? Fashion Changers 9.11.2021

M7 Quellentext zur deutschen Textil- und Bekleidungsindustrie

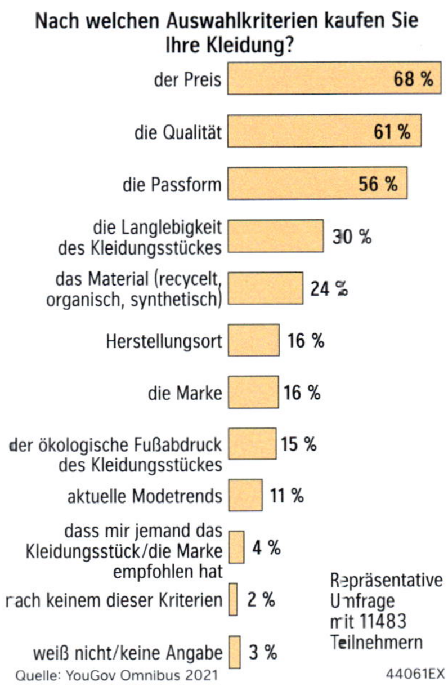

M10 Befragung in Europa zum Kauf von Kleidung (2021)

2.3 Unternehmensorganisation im Wandel: Automobilindustrie

Das Fließbandprinzip in der Automobilproduktion einzuführen und Autos für den Massenmarkt in großer Stückzahl herzustellen, war eine große Innovation. Das nach seinem Erfinder Henry Ford genannte Produktionsprinzip – der Fordismus – geriet in den 1970er-Jahren in die Krise. Es war nicht flexibel genug, um auf die rasch wechselnde Nachfrage zu reagieren. Hierzu musste die Produktions- und Arbeitsorganisation radikal verändert werden. Fließbänder gibt es zwar immer noch, aber es entstanden global agierende Produktionsnetzwerke, die nach postfordistischen Konzepten arbeiten. Doch die Coronakrise hat auch diesem Produktionskonzept Grenzen aufgezeigt. Zudem steht die Branche durch Umstellung auf Elektromobilität und zunehmende Digitalisierung vor einem erneuten Strukturwandel (Kap. 2.10).*

1. Fassen Sie die wirtschaftlichen Verflechtungen im Automobilsektor zusammen (M 7).
2. Beschreiben Sie die räumliche Verflechtung von Standorten der Automobilindustrie am Beispiel Ost-Niedersachsen (Atlas).
3. Nur rund ein Fünftel der Wertschöpfung eines Automobils wird heute vom Automobilhersteller selbst produziert. Erläutern Sie diese Aussage (M 1 – M 3).
4. ⓩ Erörtern Sie die Auswirkungen des Postfordismus.
6. Analysieren Sie die Entwicklung der Pkw-Produktion deutscher Hersteller (M 8).
7. Beurteilen Sie die Rolle der Automobilindustrie als Schlüsselindustrie in Deutschland (M 5, M 6, M 8).
8. Beurteilen Sie die Gefährdung der deutschen Automobilindustrie durch die Behinderung internationaler Lieferketten (M 9).
9. ⓩ Nehmen Sie Stellung zu den Forderungen, die Pkw-Produktion nach Deutschland zurückzuverlagern.

	Fordismus	Postfordismus (Toyotismus)
Produkte	• wenige, standardisierte Produkte • Economies of Scale (Skalenvorteile*)	• zunehmende Produktdifferenzierung, Spezialisierung • Economies of Scope (Flexibilität)
Produktions-organisation	• komplexe, aber starre Einzwecktechnologien; zeitaufwendige, teure Umstellung auf neue Produkte • hohe Fertigungstiefe in einem Betrieb • Produktion am Fließband • funktional und räumlich lockere Beziehungen zu Lieferanten auf regionaler/nationaler Ebene • viele direkte Zulieferer • große Lagerhaltung	• flexible Mehrzwecktechnologien; schnelle, kostengünstige Umstellung auf neue Produkte • geringe Fertigungstiefe durch Konzentration auf Kernkompetenzen • Produktion am Fließband und in Arbeitsgruppen • funktional organisierte Zuliefersysteme (fertig produzierte Module bzw. Baugruppen) auf globaler Ebene • wenige Direktlieferanten, Just-in-time-Anlieferung* • geringe Lagerhaltung
Arbeits-organisation	• Entwicklung der Produkte durch relativ eng qualifizierte Fachkräfte • Fertigung durch angelernte Arbeitskräfte, relativ einfache Arbeiten in vorgegebener Folge • Trennung von Fertigung und Qualitätskontrolle	• Entwicklung in Gruppen • Fertigung durch qualifizierte und flexibel ausgebildete Fachkräfte, oft auch synchrone Ausführung der Arbeitsschritte • Integration von Fertigung und Qualitätskontrolle

M 1 Übersicht Fordismus – Postfordismus

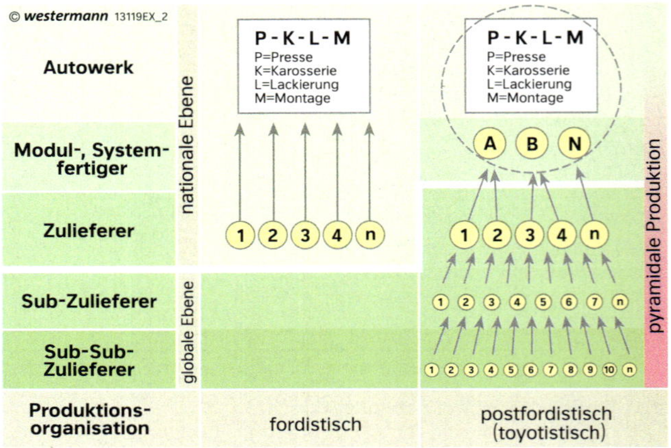

M 2 Produktionskonzepte in der Automobilindustrie

Um flexibel auf Kundenwünsche zu reagieren, verbreiterten die Automobilhersteller die Modellpalette, wobei sie Plattform- und Baukastenstrategien umsetzten: mit einer Ausweitung der Modellvielfalt begannen die Hersteller, die verschiedenen Marktnischen zu erobern. Um trotz der damit verbundenen geringeren Stückzahlen pro Modell Skalenvorteile* erwirtschaften zu können, werden seitdem verschiedene Modelle auf gemeinsamen Plattformen entwickelt bzw. mit gleichen Modulen ausgerüstet. Flexibilität wurde im Weiteren durch computergestützte Produktionstechnologien ermöglicht. Dies war mit der Einführung von Industrierobotern und integrierten, EDV-basierten Produktionstechnologien verbunden, welche die Produktion mit den Entwicklungs- und Konstruktionsabteilungen sowie produktionsvorbereitenden Bereichen verbanden. Zugleich bauten die Hersteller neue, oft elektronikbasierte Leistungen in das Automobil ein, die Auflagen bezüglich der ökologischen Umwelt sowie Sicherheits- und Komfortansprüchen entsprachen, wie Rußpartikelfilter, Airbags und Navigationssysteme. [...]
In der Arbeitsorganisation begannen integrierte Konzepte, die starre Fließbandarbeit abzulösen, wie Gruppenarbeit und Partizipation. [...] Heute sind Mischformen aus Gruppenarbeit und „neofordistischer“ Arbeitsorganisation anzutreffen. Zugleich durchliefen die Markenhersteller Konzentrationsprozesse. Die Hersteller bündelten immer neue Marken unter ihrem Konzerndach, auch auf internationaler Ebene. Zwar konzentrierten sie sich auf ihre Kernfähigkeiten im Sinne der Produktion und des Marketings von Automobilen, erweiterten aber ihr Angebotsspektrum. [...] Auch im Zulieferbereich traten Veränderungen ein. Die „Zulieferpyramide“, die aus hierarchisch geordneten Stufen bestand, wurde mehr und mehr zu einem Zuliefernetzwerk. In diesem erledigen die großen Mega-Supplier wie Bosch, TRW, Valeo, Delphi und Visteon zunehmend Aufgaben, die zuvor von den Markenherstellern ausgeführt wurden. [...] Die Markenhersteller forderten von ihren Zulieferern oftmals räumliche Nähe, um die Transportrisiken der zeitgenauen Anlieferung zu minimieren und bei wissensintensiven Funktionen, wie Entwicklungs- und Konstruktionsaufgaben, Face-to-Face-Probleme rasch zu lösen. So entstanden Zulieferparks, und auch Engineering-Dienstleister ließen sich verstärkt in der Nähe der Markenhersteller nieder. [...] In der Logistik wurden Lagerbestände abgebaut und zeitgenaue Zulieferungen durchgesetzt (just in time). Vorprodukte werden nunmehr von Zulieferern oftmals nicht nur ans Werkstor des Markenherstellers, sondern direkt bis an den Arbeitsplatz geliefert.

Quelle: Martina Fuchs: Automobilindustrie. In: Wirtschaftsgeographie Deutschlands. Heidelberg: Spektrum 2010, S. 173 – 176

M 3 Quelltentext zu Entwicklungen in der Automobilindustrie

M4 Produktion bei VW früher und heute

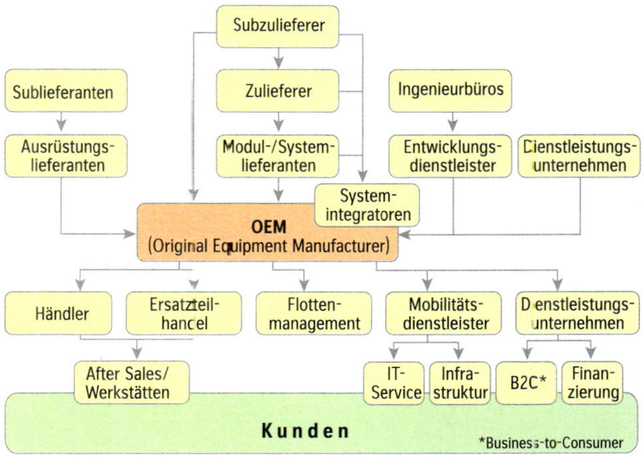

M7 Akteurskonstellation der Unternehmen im Automobilsektor

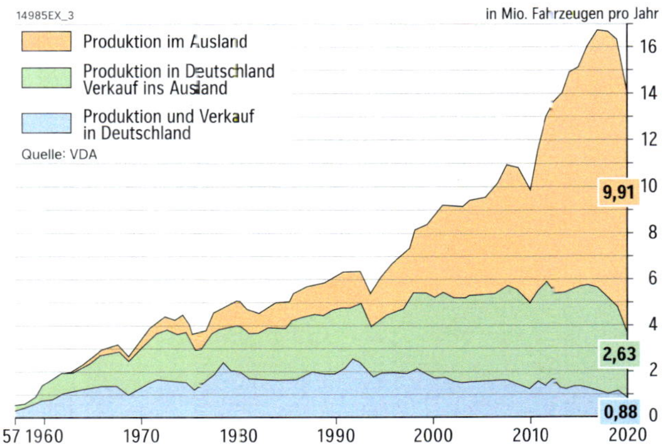

M8 Pkw-Produktion deutscher Hersteller (1957 – 2020)

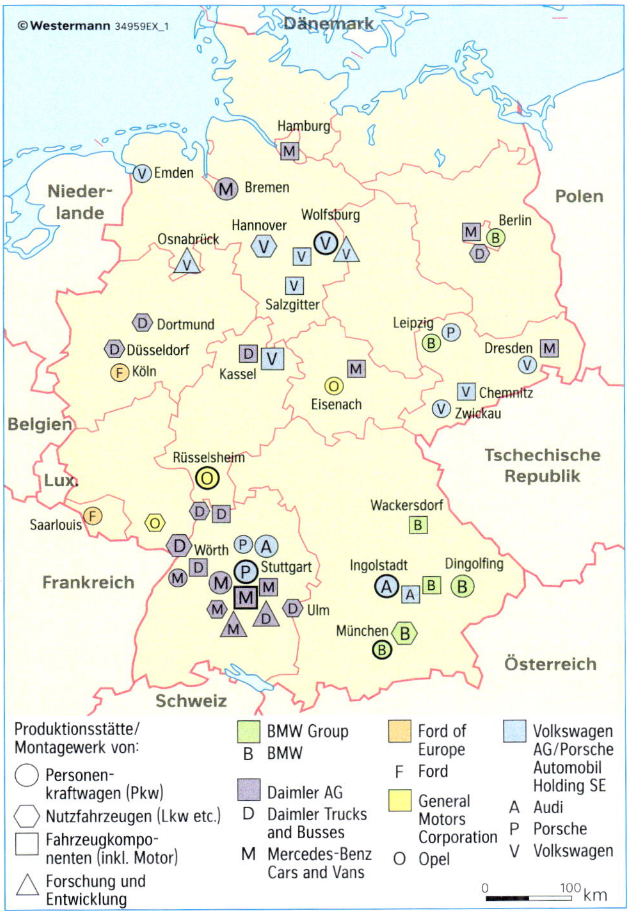

M5 Standorte der deutschen Automobilindustrie (Stand 2021)

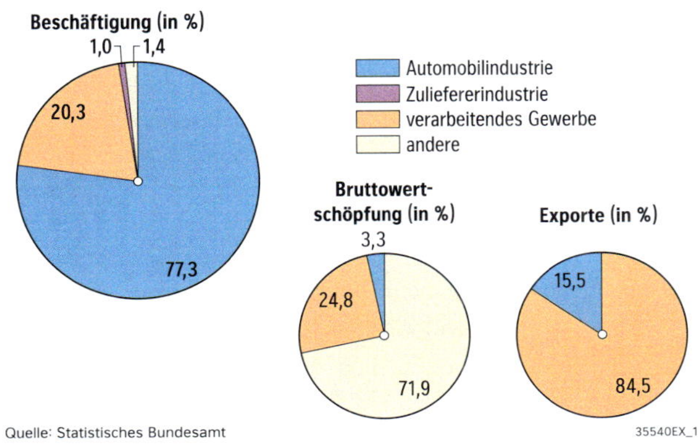

M6 Anteil der deutschen Automobilindustrie an Beschäftigung, Bruttowertschöpfung und Exporten (2020)

Der drohende Zusammenbruch wichtiger internationaler Lieferketten im Zuge der Corona-Krise hat die Diskussion um die Abhängigkeit der deutschen Wirtschaft von ausländischen Anbietern und Produktionsstandorten entfacht. Während in den vergangenen Jahrzehnten das Outsourcing* von Produktionsstufen und das Beziehen von Vorprodukten aus dem Ausland als eine gewinnbringende Strategie angesehen waren, stellt sich aktuell in vielen Bereichen die Frage, inwieweit die damit verbundenen Risiken zu rechtfertigen sind. [...] Besonders abhängig von importierten Vorleistungen sind die Textilindustrie (63,4 Prozent ausländische Wertschöpfung) und die Elektronik (45,2 Prozent) [...], in der Automobilindustrie und dem Maschinenbau sind es 29,0 bzw. 28,2 Prozent.

Die Corona-Krise hat die Fragilität internationaler Lieferketten offenbart. [...] Wertschöpfungsketten wurden internationalisiert, um Größenvorteile zu erreichen. Outsourcing, Offshoring und schlanke Produktionslinien, verbunden mit geringen Lagerbeständen, haben die deutsche Wirtschaft anfällig für Unterbrechungen in den Lieferketten und Versorgungsengpässe gemacht.

Doch bereits vor der Corona-Pandemie mehrten sich die Stimmen, die aus geopolitischen und handelspolitischen Gründen die Abhängigkeit von internationalen Wertschöpfungsketten auf den Prüfstand stellen wollten. Auch die Diskussion um die Nachhaltigkeit des internationalen Handels [...] wurde immer wieder zum Anlass genommen, die Vor- und Nachteile der internationalen Lieferketten deutscher Unternehmen zu erörtern.

Quelle: Galina Kolev, Thomas Obst: Die Abhängigkeit der deutschen Wirtschaft von internationalen Lieferketten. IW-Report 16/2020 23.4.2020, S. 3, 4

M9 Quellentext zur Abhängigkeit von internationalen Lieferketten

2.4 Standortanforderungen und -faktoren im Wandel

Regionen werben heute intensiv um Industrieunternehmen, die sich bei ihnen ansiedeln sollen. Die Argumente, die sie dabei ins Feld führen, sind vielfältig: Nähe zum Flughafen, günstige Bodenpreise, hohe Lebensqualität. Auf der anderen Seite hat sich die Palette an Faktoren, die ein Unternehmen bei der Standortwahl heute berücksichtigt, stark erweitert, wobei bestimmte Branchen ganz unterschiedliche Bedürfnisse haben.

1. a) Nennen Sie die von den Standortwerbungen (M1) herausgestellten Standortfaktoren und die Standortorientierung (M2).
   b) Erstellen Sie eine Standortwerbung für einen Ort, der andere Standortfaktoren herausstellt.
   ⓩ c) Recherchieren Sie die Standortfaktoren, die von Ihrer Heimatstadt/-region betont werden.
2. Ordnen Sie den Standortorientierungen typische Industriebranchen zu (M2).
3. Erläutern Sie den Wandel der Standortfaktoren in der Eisen- und Stahlindustrie (M3 – M5).
4. Erläutern Sie die Unterschiede von harten und weichen Standortfaktoren an den Beispielen Weiterbildungsmöglichkeiten und Klima (M8).
5. a) Beschreiben Sie die Lage der neuen Tesla Gigafactory.
   b) Ordnen Sie den Standort auf Makro-, Meso- und Mikroebene abwägend ein (M6, M7, M9, Atlas).
6. Beurteilen Sie folgende Aussagen:
   a) „Harte Standortfaktoren büßen für die unternehmerische Standortwahl umso mehr an Bedeutung ein, je mehr Regionen sich in vergleichbarer Qualität anbieten."
   b) „In Zeiten des Fachkräftemangels gewinnen weiche Standortfaktoren beim Standortwettbewerb um hoch qualifizierte Arbeitskräfte stetig an Gewicht."

M1 **Standortwerbung für zwei fiktive Orte**

Orientierung	Begründungszusammenhang
Transportkosten-/ Rohstofforientierung	• transportkostenempfindliche Rohstoffe • verderbliche Rohstoffe • Energierohstoffe
Flächenorientierung	• flächenextensive Produktionsprozesse
Arbeitsorientierung	• niedrige Arbeitskosten (unqualifizierte Arbeitskräfte) • hoch qualifizierte Arbeitskräfte
Agglomerationsorientierung	• Nähe zu Forschungseinrichtungen • Nähe zu Zulieferern
Absatzorientierung	• kaufkräftige Märkte
Verkehrslagenorientierung, Erreichbarkeit	• Bindung an spezielle Verkehrsträger
Rechts- und Vorschriftenorientierung	• Sensibilität gegenüber gesetzlichen Vorschriften, Umweltschutz

M2 **Industriebezogene Aspekte der Standortorientierung**

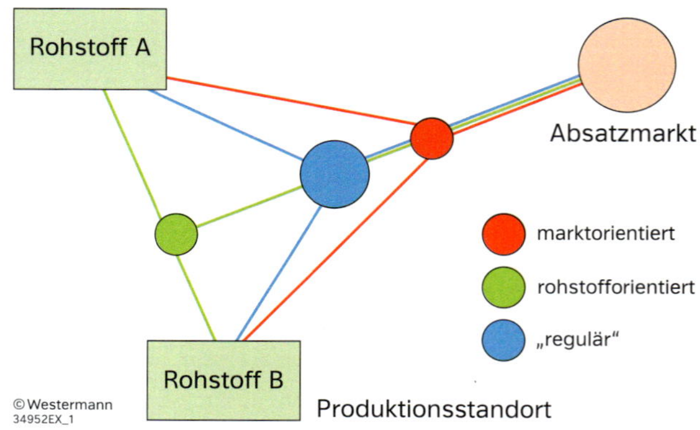

M3 **Standorttheorie nach Weber (1909)**

Als **Standort** wird in der Wirtschaftsgeographie ein Raumpunkt bezeichnet, der für bestimmte Nutzungen, insbesondere für die Produktion von Gütern und Dienstleistungen, ausgewählt wird. Unternehmen haben je nach Branche, Größe etc. unterschiedliche **Standortanforderungen**. Daher berücksichtigen sie bei der **Standortwahl** verschiedene **Standortfaktoren**.
In der Wirtschaftsgeographie werden Standortentscheidungen mithilfe verschiedener Standorttheorien untersucht. Eine der ersten Theorien stammt von Alfred Weber (M3), der die Minimierung der Transportkosten bei der Suche nach dem kostengünstigsten Produktionsort in den Mittelpunkt seiner Überlegungen stellte. Dabei ist das Gewicht der beim Produktionsprozess eingesetzten Rohstoffe und das des Endprodukts von Bedeutung. Werden Rohstoffe eingesetzt, die während der Produktion stark an Gewicht verlieren, so liegt der Produktionsort idealerweise nahe bei den Rohstoffquellen, da beim Transport der Rohstoffe zum Produktionsort die höchsten Transportkosten anfallen. Gehen die Rohstoffe mit ihrem gesamten Gewicht in das Produkt ein, ist es günstiger, direkt am Konsumort zu produzieren.
Dieses Modell setzt voraus, dass Transportkosten nur gewichtsabhängig und Arbeitskosten überall gleich sind. Zudem unterstellt es, dass der Unternehmer bei der Standortentscheidung über alle relevanten Informationen verfügt, sich rational verhält und nur an Gewinnmaximierung interessiert ist. Neuere, komplexere Standorttheorien berücksichtigen, dass solche Annahmen bei heutigen Standortentscheidungen keinesfalls immer zutreffen.

M4 **Standort, Standortwahl, Standortfaktoren, Standorttheorien**

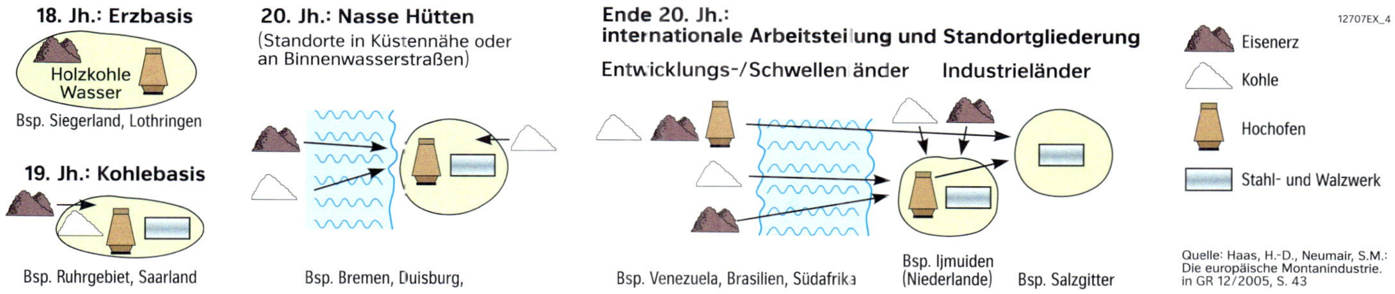

M5 **Standortwandel der Eisen- und Stahlindustrie**

Besonders bei multinationalen Konzernen findet die Standortwahl auf verschiedenen Ebenen statt: Auf der Makroebene geht es darum, das Land mit den günstigsten Bedingungen zu finden. Auf der Mesoebene werden Teilräume des Landes analysiert, um schließlich auf der Mikroebene den passenden Standort innerhalb der passenden Region und schließlich der Stadt ausmachen zu können.

Quelle: Henning Schöpke: Wirtschaftsräume in Deutschland. Braunschweig: Westermann 2008, S. 13

M6 **Zitat zu den Raumebenen bei der Standortwahl**

Das Unternehmen Tesla beabsichtigt, in Brandenburg Elektroautos zu produzieren sowie eine Batteriezellfertigung zu errichten. [...] Seine europäische Automobilfabrik entsteht seit Frühjahr 2020 in der Gemeinde Grünheide (Mark) (Landkreis Oder-Spree) südöstlich von Berlin [...]. Vorgesehen ist eine Produktionskapazität von bis zu 500000 Fahrzeugen (Typ Model Y) [geplant: 12000 Beschäftigte]. In Grünheide (Mark) hat Tesla etwa 300 Hektar erworben. Der Standort war zuvor bereits seit rund 20 Jahren rechtlich für eine Industrieansiedlung gesichert. [...]
Das Industriegebiet Grünheide (Mark) liegt mit dem Güterverkehrszentrum (GVZ) Freienbrink nahe der BAB 10 (östlicher Berliner Ring) und der BAB 12 (Berlin – Frankfurt (Oder) – Polen). Direkt angrenzend verläuft die Eisenbahnhauptstrecke Berlin – Frankfurt (Oder), die weiter nach Polen führt. [...] Der am 31.10.2020 neu eröffnete Flughafen BER „Willy Brandt" (Schönefeld) ist etwa 35 Kilometer entfernt. [...]
Brandenburgs Landesregierung verbindet die Standortentscheidung mit einem klaren Bekenntnis zu Internationalität, Weltoffenheit und Toleranz. Ziel der Beteiligten ist es, eine Einheit von klimaneutraler Energieproduktion (Strom), weitgehend klimaneutraler Pkw-Produktion und CO_2-freier Mobilität zu erreichen.
Grünheide (Mark) hat sich in einem europaweiten Wettbewerb gegen zahlreiche Konkurrenten durchgesetzt. Die Ansiedlung würde zu einem Zeitpunkt erfolgen, zu dem die Elektromobilität in Deutschland insbesondere aus Gründen des Klimaschutzes politisch und gesellschaftlich auf ein weitgehend positives Echo trifft. Der Standort liegt verkehrsgünstig (Straße, Schiene und Flugverkehr) und am Schnittpunkt der transeuropäischen Verkehrsachsen zwischen West- und Osteuropa. Das dichte Netz von Wissenschaftseinrichtungen, Einrichtungen wie das DEKRA-Zentrum zur Erprobung autonomen Fahrens am Lausitzring, die bundesweit führende Rolle Brandenburgs beim Einsatz erneuerbarer Energien oder das Fachkräftepotenzial sind wichtige Standortfaktoren für Brandenburg. [...] Zur Standortentscheidung trug die Nähe zur europäischen Metropole Berlin bei. [...]
In Grünheide (Mark) würde es sich nach den Standorten Nevada, New York und Shanghai um die vierte Fabrik dieser Art handeln (eine weitere befindet sich aktuell in Austin (Texas) im Bau).

Quelle: Staatskanzlei Land Brandenburg: Häufig gestellte Fragen zur Tesla-Ansiedlung. www.brandenburg.de (letzte Aktualisierung: 20. Dezember 2021)

M7 **Quellentext zur Ansiedlung von Tesla in Grünheide**

Harte Standortfaktoren	Weiche Standortfaktoren
wirken unmittelbar auf das Betriebsergebnis und sind messbar.*	wirken nur mittelbar auf das Betriebsergebnis und sind schwierig messbar.**
• Rohstoffversorgung • Angebot an Flächen und Immobilien • Boden/Immobilienpreise • Arbeitskräfte (Verfügbarkeit, Qualität, Lohnniveau) • Zugang zum Kapitalmarkt • Verkehrsinfrastruktur • Nähe zu Forschungseinrichtungen • Energiekosten/-verfügbarkeit • Kommunikationsnetz • Ver- und Entsorgung • Nähe und Volumen des Absatzmarkts • Agglomerationsvorteile (Nähe zu Betrieben der gleichen Branche oder Zulieferern) • Verfügbarkeit von Dienstleistungen (Logistik, Sicherheit) • gesetzliche/tarifliche Rahmenbedingungen • Umweltauflagen • Bürokratie • Steuern, Abgaben, Zölle • staatliche/kommunale Vergünstigungen • politische, ökonomische, soziale Stabilität	**unternehmensbezogen (Einfluss auf den Unternehmenserfolg)** • Image des Standorts • Wirtschaftsklima und Unternehmensfreundlichkeit • Arbeitnehmermentalität **personenbezogen (Einfluss auf Rekrutierungsmöglichkeiten und Arbeitsmotivation von Beschäftigten)** • Wohnqualität (Mieten, Verkehrsanbindung) • Freizeitwert und Naherholungsmöglichkeiten • (Fort-)Bildungsangebot • kulturelles Angebot • Einkaufsmöglichkeiten • medizinische Versorgung • Umweltqualität • Mentalität der Bevölkerung • Klima

* Es ist aber nicht immer leicht, den Aufwand eines harten Standortfaktors in Geldwerten auszudrücken.
** Die Bewertung des weichen Standortfaktors ist abhängig von subjektiven Einschätzungen.

M8 **Harte und weiche Standortfaktoren (Auswahl)**

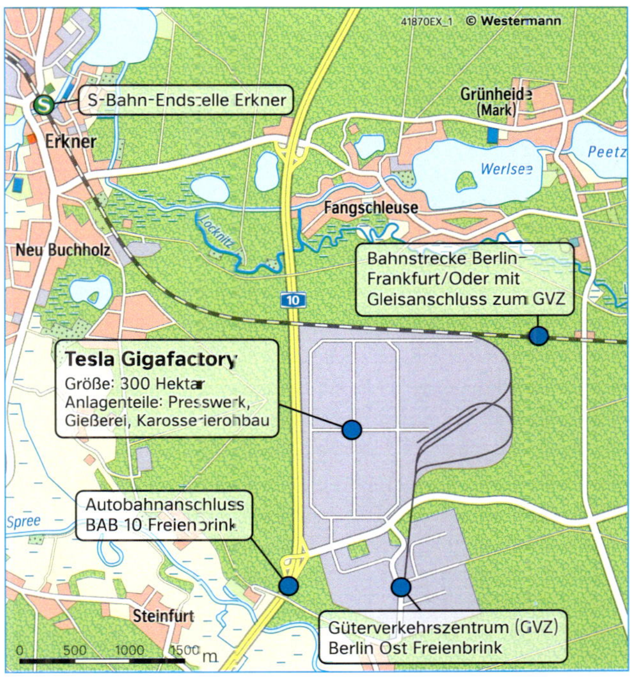

M9 **Standort der neuen Tesla Gigafactory in Grünheide**

2.5 Regionen im Wandel: Manchester und Nordengland

Mitte des 19. Jahrhunderts war Manchester das Zentrum der englischen Textilindustrie und das vielleicht bedeutendste Industriezentrum der Welt. Die Textil- und die Eisen- und Stahlindustrie fanden hier ideale Standortbedingungen vor. Seit dem Niedergang beider Branchen in Manchester und Nordengland zählt die Region wie das Ruhrgebiet zu den Musterbeispielen altindustrialisierter Räume. Seitdem versucht das ehemals monostrukturierte Manchester, den regionalen Strukturwandel voranzutreiben, mit einer Diversifizierung der Industriestruktur und dem Aufbau innovativer Dienstleistungsbranchen.*

1. a) Beschreiben Sie die industrielle Struktur in der Region Nordengland in den 1950er-Jahren (M1, Atlas).
   b) Erläutern Sie die Standortvorteile und industriellen Verflechtungen der Region zu der Zeit (siehe auch S. 35: M5).
2. Analysieren Sie, ob die Kennzeichen altindustrialisierter Räume in der Folgezeit (M3) in der Region nachzuweisen sind.
3. a) Erläutern Sie den Strukturwandel in Nordengland und (Greater) Manchester (M1, M4, M5, M7, M9).
   b) Charakterisieren Sie den Strukturwandel (intersektoral, intrasektoral).
   Ⓩ c) Vergleichen Sie diesen mit dem Strukturwandel im Ruhrgebiet oder Saarland.
4. Ordnen Sie den Entwicklungsstand und die Wirtschaftsstruktur Nordenglands (Region North West England) im britischen und europäischen Vergleich ein (M6, M7, Atlas).
5. Beurteilen Sie, inwieweit (Greater) Manchester den regionalen Strukturwandel erfolgreich abgeschlossen hat (M9).
6. Ⓩ Entwickeln Sie Ideen, welche Standortvorteile Manchester heute nutzen kann (auch Atlas und Internetrecherche).

M2 Manchester um 1850

- frühe Industrialisierung aufgrund von Rohstoffvorkommen
- Monostrukturierung, vor allem industrielle Großbetriebe
- Branchen mit Wettbewerbsnachteilen auf dem Weltmarkt
- fehlende Wachstumsbranchen/Spitzentechnologien
- fehlender Mittelstand mit Flexibilität und unternehmerischer Risikobereitschaft
- hohe Umweltbelastung durch Industrie, Siedlung und Verkehr
- zunehmende Altlastenprobleme
- hoher Flächenverbrauch
- wenige Bildungs- und Kultureinrichtungen
- hohe Subventionsleistungen des Staates zum Erhalt der Altindustrien
- Mängel an der überalterten und qualitativ unzureichenden Siedlungssubstanz und Infrastruktur, Zersiedlung
- Folgen: hohe Arbeitslosenquote, sinkendes Pro-Kopf-Einkommen, große Brachflächen, Abwanderung der Bevölkerung, Imageverlust

M3 Kennzeichen altindustrialisierter Räume

Zu den traditionellen Schlüsselindustrien Nord- und Mittelenglands zählten neben dem Bergbau vor allem die Textil-, die Eisen- und die Stahlindustrie. Den natürlichen Wasserläufen folgend, war die Textilindustrie weit in die nördlichen Pennines vorgedrungen. In den östlichen Teilen dieser Region stützte sie sich mit ihren Woll- und Kammgarnprodukten vor allem auf die heimische Schafhaltung. In ihren westlichen Gebieten um Manchester spezialisierte sie sich hingegen auf die Verarbeitung importierter Baumwolle aus Übersee (Einfuhrhafen Liverpool).
Die mittelenglischen Steinkohlevorkommen und importierte Erze waren die Basis für eine starke Konzentration der Eisen- und Stahlindustrie in Manchester. Die Salzvorkommen östlich von Chester wurden zur Grundlage der chemischen Industrie. Liverpool als wichtigster Hafen wurde Standort des Schiffsbaus und Zentrum der Weiterverarbeitung von Kolonialprodukten wie Tabak, Zucker und Gummi; die Stadt war zugleich Ausgangspunkt eines ausgedehnten, für den Transport von Rohstoffen und Industrieprodukten genutzten Kanalsystems. Ein verzweigtes Eisenbahnnetz verband die Industriegebiete miteinander und mit den übrigen Landesteilen. In den 1950er- und 1960er-Jahren entwickelten sich die industriellen Zentren zu Zielgebieten einer vorwiegend regionalen Bevölkerungswanderung. [...]
Faktoren wie die Verschärfung der Konkurrenz und veraltete Produktionsmethoden führten ab Beginn der 1970er-Jahre – ähnlich wie in den Altindustrieräumen Deutschands – zu einer Absatzkrise in der mittelenglischen Eisen- und Stahlindustrie. Den umfassenden Konzentrations- und Rationalisierungsmaßnahmen der Folgejahre fielen fast alle Verhüttungsstandorte zum Opfer. Auch an den Stahl verarbeitenden Industriestandorten wurden die Kapazitäten reduziert. Veraltete Produktionsanlagen und Produktionsmethoden sowie zu geringe Investitionen ließen die Textilindustrie seit den 1960er-Jahren um nahezu 80 Prozent schrumpfen; erhalten blieben nur einige spezialisierte Standorte.
Durch den Niedergang der Eisen- und Stahlindustrie brach die Nachfrage nach Steinkohle drastisch ein. Viele weniger produktive Bergwerke wurden aufgegeben; die britische Steinkohleförderung sank von 219,5 Mio. Tonnen im Jahre 1950 auf 92,8 Mio. Tonnen 1980 und schließlich auf [1,7 Mio. Tonnen 2020]. [...]
Der Niedergang der alten Schlüsselindustrien hatte in allen Teilen Mittelenglands einen Rückgang der industriellen Produktion und bis Mitte der 1990er-Jahre auch eine rückläufige Gesamtbeschäftigung zur Folge. Seit den späten 1980er-Jahren gelang es jedoch, im Umfeld der alten Ballungsräume Industrien weiterzuentwickeln – wie die chemische Industrie im Raum Liverpool – und neue Unternehmen, insbesondere aus der Metallverarbeitung und des Fahrzeugbaus, aber auch aus den Bereichen Transport, Logistik und Umwelttechnologie anzusiedeln. Wie überall in Großbritannien entstanden im Dienstleistungssektor neue Arbeitsplätze.

Quelle: Diercke Handbuch. Braunschweig: Westermann 2015, S. 203

M1 Quellentext zur Entwicklung des Industriestandortes Nordengland

100800-125-04 schueler.diercke.de 100800-118-01 schueler.diercke.de

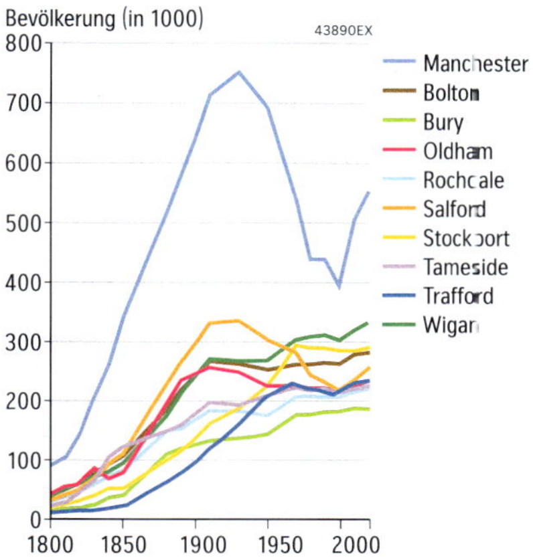

M4 **Bevölkerungsentwicklung in Greater Manchester (1800 – 2020)**

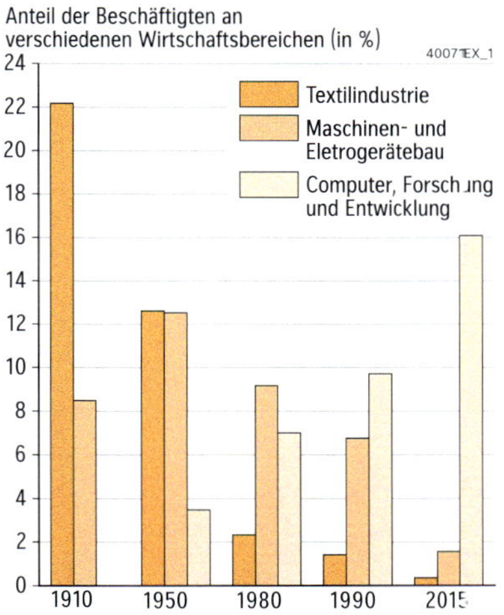

M5 **Entwicklung der Beschäftigung in verschiedenen Wirtschaftsbereichen**

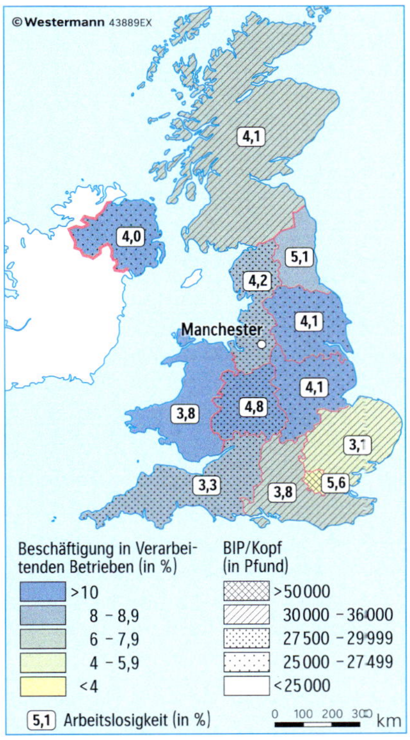

M6 **UK: Beschäftigung, Pro-Kopf-Einkommen und Arbeitslosigkeit (2020)**

	UK	Greater Manchester
Landwirtschaft	0,7 %	0,1 %
Industrie	13,5 %	12,0 %
Bau	6,5 %	6,2 %
Dienstleistungen	79,3 %	81,7 %
Verarbeitendes Gewerbe		
Nahrungsmittel	16,1 %	19,2 %
Textil	3,7 %	9,7 %
Holz, Papier,	6,7 %	9,5 %
Chemie, Pharmazie	7,3 %	14,9 %
Kunststoffe	7,0 %	9,4 %
Metalle	10,3 %	9,7 %
Elektronik, Elektrogeräte	9,6 %	9,2 %
Maschinen	7,9 %	7,7 %
Fahrzeuge	14,7 %	2,9 %
andere	16,7 %	7,8 %
Dienstleistungen		
Handel	13,3 %	14,5 %
Transport	5,1 %	6,1 %
Beherbergungs- und Gaststättengewerbe	3,7 %	3,3 %
Information, Kommunikation	8,8 %	7,0 %
Finanzen, Versicherungen	8,2 %	6,7 %
Immobilien	16,9 %	14,0 %
Wissenschaft	9,8 %	9,6 %
Verwaltung	12,9 %	14,5 %
Erziehung, Gesundheit	16,7 %	19,7 %
andere	4,6 %	4,6 %

Quelle: Office for National Statistics

M7 **Wirtschaftsstruktur im Vereinigten Königreich und in Greater Manchester (Anteil am Bruttoinlandsprodukt, 2019)**

Greater Manchester

Metropolitan County (Stadtregion, seit 1974) in der Region North West England im Vereinigten Königreich (2,8 Mio. Ew.; 1276 km²) bestehend aus Manchester und neun weiteren sogenannten Metropolitan Boroughs.

Greater Manchester ist eine wirtschaftlich sehr vielfältige Stadtregion. [...] Die größten Wirtschaftsbereiche in Bezug auf Beschäftigung und die Anzahl der Unternehmen sind: [Unternehmens-, Finanz- und freiberufliche Dienstleistungen, Groß- und Einzelhandel sowie Gesundheits- und Sozialwesen]. Weitere wichtige Sektoren [...] sind das Baugewerbe, der digitale und kreative Sektor, Gastgewerbe, Tourismus und Sport, das verarbeitende Gewerbe und die Logistik. [...]
Im Jahr 2017 gab es im Großraum Manchester 132 Unternehmensgründungen pro 10 000 Einwohner im erwerbsfähigen Alter, verglichen mit 92 im Vereinigten Königreich. [...] Die Beschäftigungsquote hat sich von einem Tiefstand nach der Rezession von 66,3 % im Jahr 2011 auf 72,8 % im Jahr 2018 erholt, obwohl die Beschäftigungsquote immer noch hinter dem nationalen Durchschnitt zurückbleibt (75,0 %). Greater Manchester hat in den letzten zehn Jahren erhebliche Verbesserungen im Qualifikationsprofil seiner Arbeitskräfte zu verzeichnen. [...] Allerdings bestehen nach wie vor erhebliche Unterschiede zwischen dem Qualifikationsniveau im Großraum Manchester und dem nationalen Durchschnitt, und Teile der Wirtschaft sind nach wie vor in Tätigkeiten mit geringerer Qualifikation, geringerer Produktivität und niedrigeren Löhnen verhaftet.
Die Löhne sind zwischen 2006 und 2016 real um 6,6 % gesunken. [...] Der Brutto-Median-Jahreslohn für Vollzeitbeschäftigte im Großraum Manchester lag 2018 bei 26 800 Pfund, verglichen mit 29 570 Pfund im Vereinigten Königreich insgesamt; und die Lohnlücke zwischen GM und dem nationalen Durchschnitt hat sich im Laufe des Jahrzehnts vergrößert.

Quelle: Greater Manchester Combined Authority: Greater Manchester Independant Prosperity Review. 2019, S. 34 (Übersetzung: Thilo Girndt)

M9 **Quellentext zur Wirtschaft in Greater Manchester**

M8 **Salford Quays Office Buildings in Manchester**

2.6 Vorteil durch Nähe: Cluster

Räumliche Nähe zu ähnlichen Unternehmen, Zulieferern, Dienstleistern und Forschungseinrichtungen ist für Industrieunternehmen ein wesentlicher Standortfaktor. Konzentrationen von Unternehmen, die von solchen Agglomerationsvorteilen profitieren, gibt es nicht erst, seit sie Cluster (Klumpung, Ballung) genannt werden oder die beispiellose Erfolgsgeschichte des kalifornischen Silicon Valley begann. Die deutschen Montanregionen* können genauso als Cluster gelten wie die Messerwarenindustrie in Solingen. Die „künstliche" Schaffung eines Clusters als Instrument von Regionalplanung* und Wirtschaftsförderung wird in den letzten Jahren von Landes- und Kommunalpolitikern intensiv vorangetrieben. Solche Clusterinitiativen gibt es in Deutschland mittlerweile zu Hunderten – mit unterschiedlicher Bedeutung.*

1. Nennen Sie die wesentlichen Voraussetzungen für einen Cluster (M1 – M3).
2. Erläutern Sie die Vorteile eines Clusters für die Unternehmen und die Region/Stadt (M1 – M3).
3. Analysieren Sie die räumlichen und inhaltlichen Schwerpunkte von Clustern in Deutschland (M4).
4. (Z) a) Recherchieren Sie die Geschichte des „Mikroelektronik-Clusters" Dresden und die Ausgangspunkte für die Clusterbildung.
   b) Beschreiben Sie die Unternehmensstruktur des „Mikroelektronik-Clusters" Dresden (M5, M7).
   c) Erläutern Sie die Funktion der Clusterinitiativen/Netzwerkplattform Silicon Saxony (M5).
   d) Begründen Sie, inwieweit die verschiedenen Dimensionen eines (echten) Clusters hier auftreten (M1).
5. Analysieren Sie einen/eine der in M6 genannten Cluster(initiativen) in Niedersachsen bezüglich
   a) seines/ihres Ausgangspunkts und
   b) seiner/ihrer Unternehmens- und Organisationsstruktur.
   c) Überprüfen Sie, ob es sich bei den Clustern um Cluster im engeren Sinne handelt (M1, M3).
6. a) Vergleichen Sie die Begriffe Cluster und Clusterinitiative.
   b) Ein über lange Jahre gewachsener Cluster ist einem von regionalen Wirtschaftspolitikern am Reißbrett geschaffenen Cluster immer überlegen. Nehmen Sie Stellung zu dieser Aussage.
7. (Z) Erörtern Sie die Clusterförderung im Hinblick auf die raumplanerische Forderung nach Abbau von räumlichen Disparitäten.

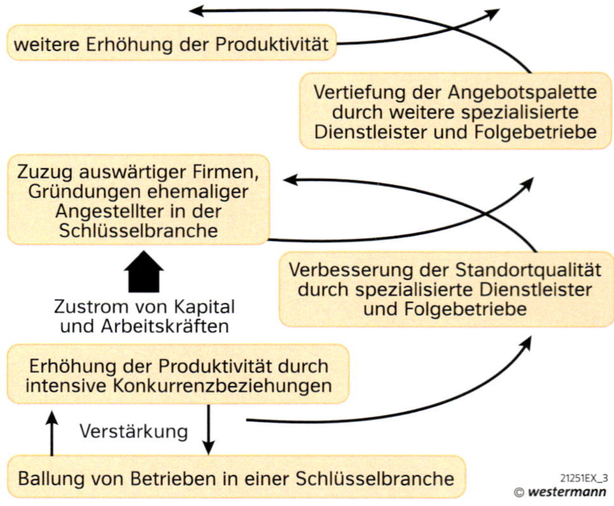

M2 Beispiel einer Wachstumsspirale im Cluster

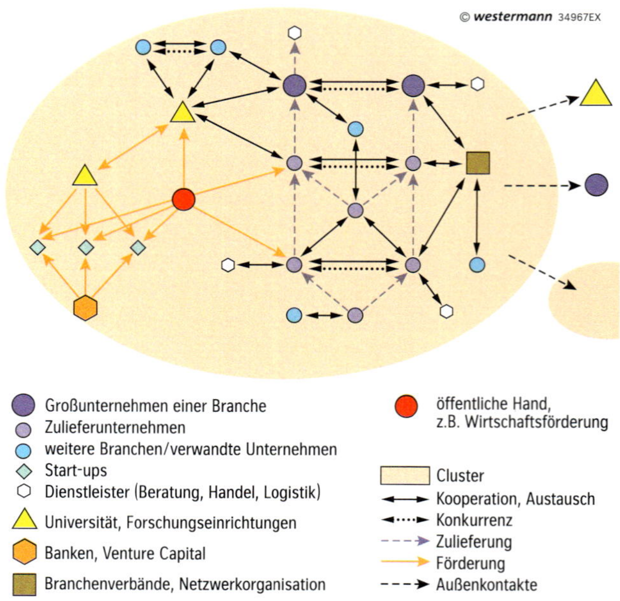

M3 Modell eines Clusters

Dimension		Beispiel	Vorteile
horizontal	mehrere Unternehmen einer Branche, die auf derselben Wertschöpfungsstufe sind	verschiedene Hersteller mit ähnlicher Produktpalette, die kooperieren und/oder im Wettbewerb miteinander stehen	• Kooperation: Erhöhung der Innovationsfähigkeit durch Austausch von Informationen und Wissen, Synergien • Beobachtung der Konkurrenz und Vergleich von Produkten und Produktion • Förderung von eigenen Lern- und Verbesserungsprozessen
vertikal	Unternehmen entlang einer Wertschöpfungskette	Hersteller eines Produkts und Zulieferer von Vorprodukten und Systemkomponenten	• Anziehung von Zulieferern, Dienstleistern und Abnehmern, um Kompetenzvorteile und Mengenvorteile zu nutzen • Anreiz für Unternehmensgründungen (Start-ups*)
institutionell	Existenz öffentlicher und privater Einrichtungen	öffentlich: • Universitäten, Forschungs-, Ausbildungseinrichtungen, Wirtschaftsförderung privat: • Netzwerkorganisationen, Branchenverbände, Kammern, Banken, Venture Capital*	• Forschungszusammenarbeit, Zufluss von Know-how • finanzielle Förderung von Projekten und Start-ups • Schaffung von Normen- und Regelsystemen sowie Werten und Konventionen, die die Grundlage in das Vertrauen in die gegenseitige Leistungsfähigkeit bilden
extern	Beziehungen mit anderen Clustern, Branchen und Einrichtungen außerhalb des Clusters	• Tagungen, Messen, Fachreisen, • Kooperationen, Partnerschaften	• externe Impulse für nötige Innovationen* und Anpassungen

M1 Vier Dimensionen eines Clusters im engeren Sinne

100800-30-01 schueler.diercke.de 100800-125-03 schueler.diercke.de

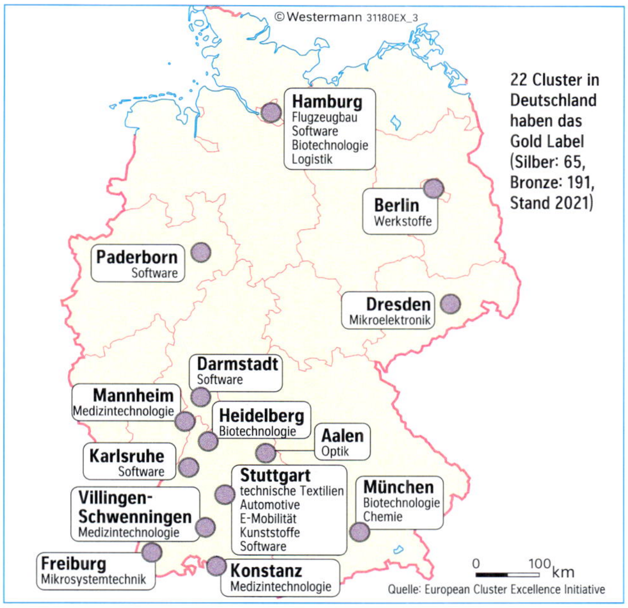

M4 Beispiele für Cluster in Deutschland (ECEI Gold Label)

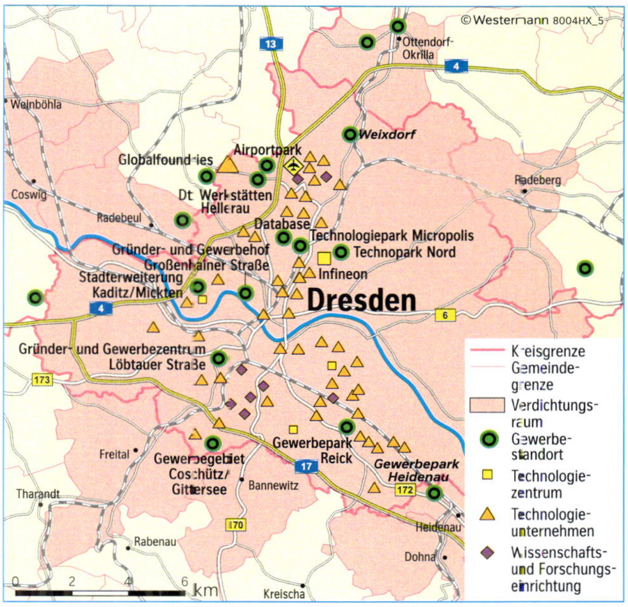

M7 Technologie-Cluster Dresden

Der Silicon Saxony e. V. ist mit über 370 Mitgliedern das größte Hightechnetzwerk Sachsens und eines der größten Mikroelektronik- und IT-Cluster Deutschlands sowie Europas. Als eigenfinanzierter Verein verbindet Silicon Saxony seit seiner Gründung im Jahr 2000 Hersteller, Zulieferer, Dienstleister, Hochschulen/Universitäten, Forschungsinstitute, öffentliche Einrichtungen sowie branchenrelevante Start-ups am Wirtschaftsstandort Sachsen und darüber hinaus. Der thematische Fokus des Clusters liegt auf den technologischen Trends der Gegenwart und Zukunft – z.B. Künstliche Intelligenz, Robotik, Automatisierung, Internet of Things, Sensorik, Energieeffizienz, Neuromorphes bzw. Edge Computing. […]
Übergeordnete Ziele der Netzwerkarbeit sind u. a. der Ausbau sowie die Stärkung des führenden Mikroelektronikstandortes Europas. […] Als öffentlichkeitswirksame Informations-, Kommunikations- und Kooperationsplattform sowie durch die Teilnahme an und die Organisation von Branchenevents fördert der Verein die regionale, nationale und internationale Vernetzung seiner Mitglieder. […] Experten des Netzwerkes stellen zudem in Arbeitskreisen und weiteren Formaten den Know-how-Transfer sowie enge wirtschaftliche Beziehungen zwischen den Mitgliedern sicher und treiben Innovationen voran. […]

Jeder dritte in Europa produzierte Chip trägt den Aufdruck „Made in Saxony". Global Foundries, Infineon und Bosch betreiben in Dresden einige der modernsten und größten Halbleiter-Fabs weltweit. In der Region findet sich eine einzigartige Ballung von Akteuren aus den Bereichen Mikro- und Nanoelektronik, Organische Elektronik, Taktiles Internet / 5G, MEMS / Sensoren und Automatisierungstechnologie. […]
Etwa 2500 sächsische Unternehmen mit insgesamt 70500 Mitarbeiterinnen sind auf allen Stufen der IKT-Wertschöpfungskette aktiv: Sie entwickeln, fertigen und vermarkten integrierte Schaltkreise oder dienen der Chipindustrie als Material- und Equipmentlieferanten, produzieren und vertreiben elektronische Produkte und Systeme auf der Basis integrierter Schaltungen oder entwickeln und vermarkten Software.
Die hauptsächlich kleinen und mittelständischen Unternehmen profitieren vom starken akademischen Umfeld im Freistaat: Vier Universitäten, fünf Fachhochschulen, neun Fraunhofer-, drei Leibniz-, ein Helmholtz- und zwei Max-Planck-Institute sind auf dem Gebiet Mikroelektronik/IKT aktiv – und nicht selten sogar weltweit führend.
Quelle: Silicon Saxony www.silicon-saxony.de

M5 Quellentext über die Clusteriniative Silicon Saxony (Selbstdarstellung)

	ITS Mobility	PhotonicNet	OLEC	Measurement Valley
Ort, Gründungsdatum	Braunschweig 1997	Hannover 2000	Oldenburg 2007	Göttingen 1998
Branche	intelligente Mobilität	optische Technologien	• Energie	• Messtechnik
Forschungsfelder	• automatisiertes und vernetztes Fahren • alternative Antriebe • eCall • Leichtbau	• Photonenquellen und -systeme • optische und feinmechanische Komponenten • Beschichtung, Mikrooptiken • Messtechnik, Sensorik • Life Science	• Elektromobilität • Smart Cities und Smart Regions • Wasserstoffanwendungen • Systemtransformation • Sektorkopplung	• Messtechnik • Digitalisierung, Augmented Reality und Virtual Reality
Mitglieder	Großunternehmen: 15 KMU[1]: 150 Universitäten: 25 AuFe[2]: 5	Großunternehmen: 4 KMU[1]: 26 Universitäten: 8 AuFe[2]: 5	Großunternehmen: 7 KMU[1]: 41 Universitäten: 2 AuFe[2]: 5	Großunternehmen: 4 KMU[1]: 26 Universitäten: 8 AuFe[2]: 5
Internet	https://its-mobility.de/	https://photonicnet.de/	www.energiecluster.de	www.measurement-valley.de

[1] kleine und mittlere Unternehmen [2] außeruniversitäre Forschungseinrichtungen Quelle: Clusterplattform Deutschland

M6 Beispiele für Clusterinitiativen in Niedersachsen

2.7 Deutschland und Europa in der Weltwirtschaft

Zwar hat China bereits seit etlichen Jahren Deutschland den viel zitierten Titel des Exportweltmeisters abgenommen, doch noch immer zählen Produkte „made in Germany“ zu den wichtigsten und meistexportierten Waren auf dem Weltmarkt. Obwohl Deutschland als rohstoffarmes Land auf Importe angewiesen ist, übersteigen die Warenausfuhren die -einfuhren. Der sogenannte Handelsbilanzüberschuss ist seit vielen Jahren hoch (nach China Platz 2 in der Welt). Die deutsche Wirtschaft ist in hohem Maße exportorientiert und damit auch exportabhängig. Fast jeder vierte Arbeitsplatz in Deutschland hängt direkt oder indirekt vom Export ab.*

1. Beschreiben Sie die Bedeutung Deutschlands und Europas in der Weltwirtschaft (M1, M4, M6).
2. Charakterisieren Sie die Struktur der deutschen Außenwirtschaft (M2, M3, M5, M10).
3. a) Vergleichen Sie die Bedeutung des Exports und die Exportausrichtung in den in M10 ausgewählten Ländern.
   b) Erläutern Sie die unterschiedliche Bedeutung des innereuropäischen Handels für die EU-Länder (M8, M10).
4. Analysieren Sie die ausländischen Direktinvestitionen* in Deutschland und von Deutschland (M7).
5. a) Erläutern Sie den Begriff Handelsbilanzüberschuss (M3).
   b) Vergleichen Sie die deutsche Handelsbilanz mit der anderer europäischer Staaten (M9).
   c) Erörtern Sie die Folgen des deutschen Handelsbilanzüberschusses mit europäischen Staaten (M3).
6. Ⓩ Erörtern Sie die Exportorientierung/-abhängigkeit der deutschen Wirtschaft.

Seit dem Beginn der 2000er-Jahre erwirtschaftet Deutschland hohe Exportüberschüsse. Was in Deutschland als arbeitsplatzsichernder Erfolg begrüßt wird, stößt im Rest der Welt zunehmend auf Kritik. Vor allem im europäischen Ausland wird der Vorwurf immer lauter, dass deutsche Exporte heimische Produkte verdrängen und so die Arbeitslosigkeit in den betroffenen Ländern erhöhen. [...] Bei einem Exportüberschuss lebt ein Land unter seinen Verhältnissen, weil nicht alle hergestellten Güter verbraucht werden. Das Land baut dadurch Vermögen gegenüber dem Ausland auf. Zudem erreicht es ein höheres Beschäftigungsniveau, was sich über geringere Ausgaben im Bereich der Arbeitslosigkeit und höhere Steuereinnahmen positiv auf die Staatsfinanzen auswirkt. [...] Für die Exportüberschüsse der deutschen Wirtschaft gibt es im Kern drei Ursachen:

- eine stagnierende Binnennachfrage: Hohe Produktionskapazitäten treffen auf eine gesamtwirtschaftliche Nachfrageschwäche der privaten Sektoren. Die im Inland produzierten Gütermengen werden nicht vollkommen von den Konsumenten und Investoren benötigt und stehen für einen Exportüberschuss bereit.
- eine im internationalen Vergleich günstige Entwicklung der Lohnstückkosten*: Die überschüssigen Güter werden auch vom Ausland nachgefragt, weil diese Güter wegen der Lohnzurückhaltung preislich an Wettbewerbsfähigkeit gewonnen haben.
- die Mitgliedschaft in der Währungsunion: Wegen dieser Mitgliedschaft unterbleibt eine Aufwertung der deutschen Währung, die im Fall eines flexiblen Wechselkurses der heimischen Währung den Exportüberschuss abbauen würde.

Quelle: Thieß Petersen: Deutschlands Exportüberschüsse – Fluch oder Segen? GED Focus Paper. Bertelsmann Stiftung 2015, S. 4 – 5

M3 Quellentext zu deutschen Exportüberschüssen

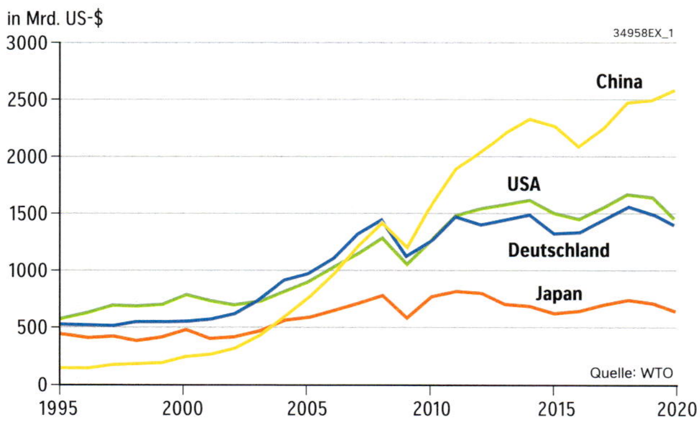

M1 Export von Gütern der wichtigsten Exportländer (1990 – 2020)

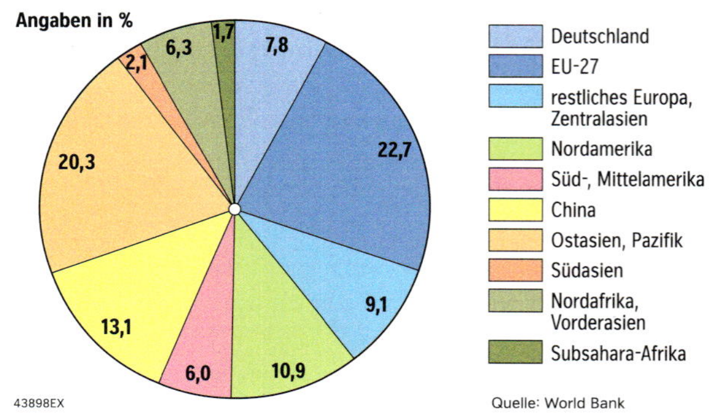

M4 Anteil ausgewählter Länder und Regionen an Weltexporten (2019)

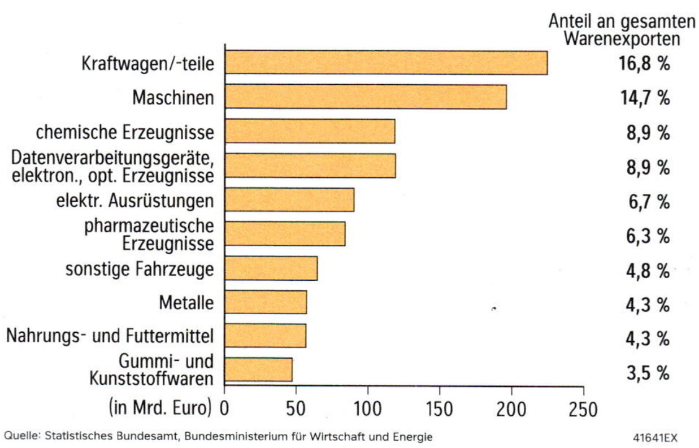

M2 Die wichtigsten Exportprodukte Deutschlands (2019)

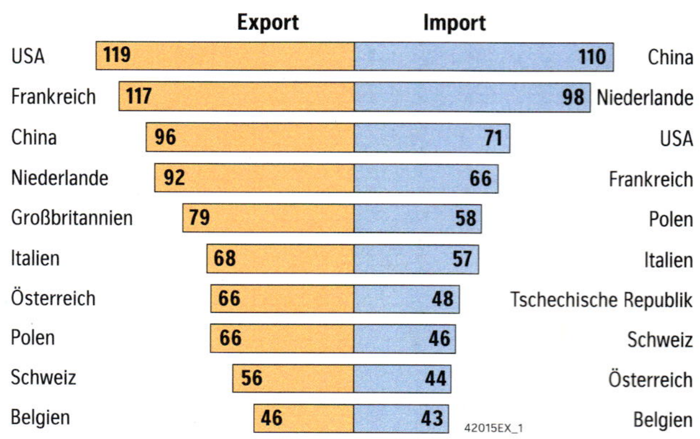

M6 Die wichtigsten Handelspartner Deutschlands (2019)

100800-266-01 schueler.diercke.de
100800-266-02 schueler.diercke.de
100800-268-01 schueler.diercke.de

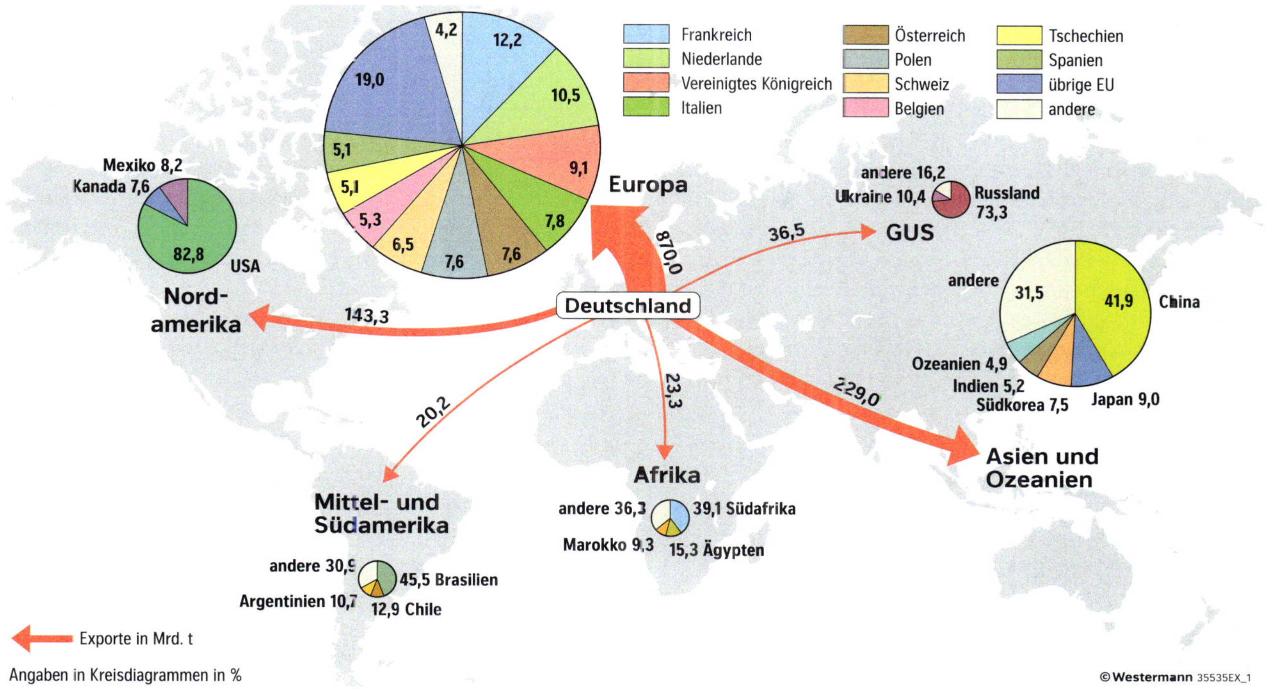

M6 Deutschland: Exporte (2020)

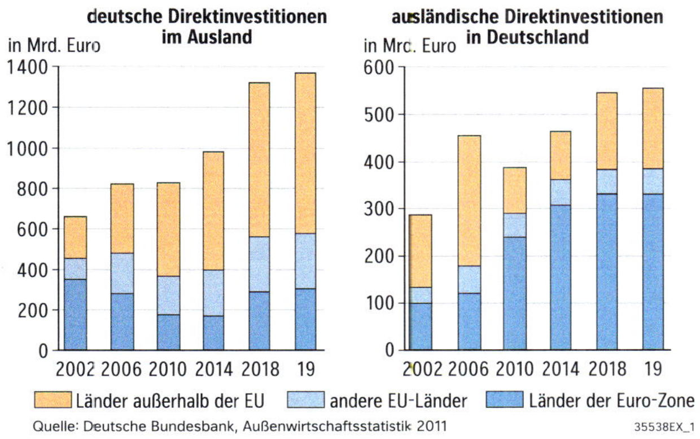

M7 Bestand ausländischer Direktinvestitionen (2002 – 2019)

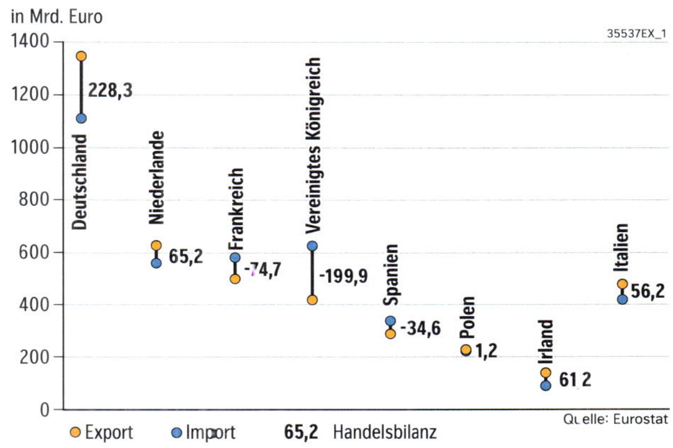

M9 Handelsbilanz* ausgewählter europäischer Länder (2019)

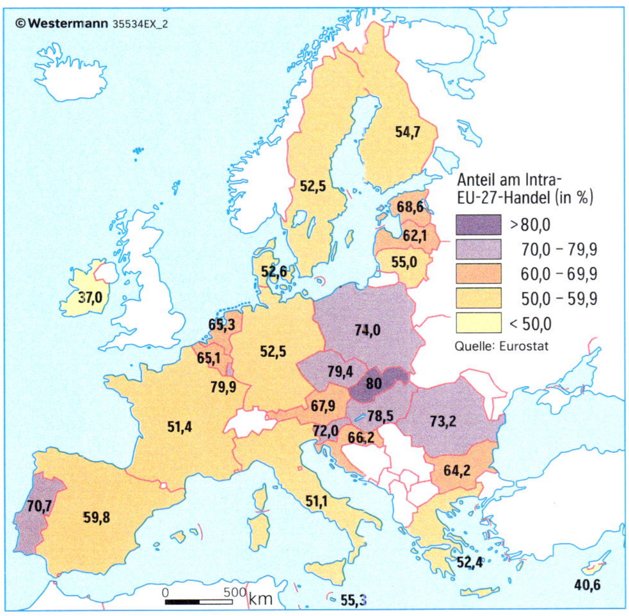

M8 EU-27: Exporte der Länder im EU-Raum (2019)

Land	Exporte (in Mrd. US-$)	Exporte/Einw. (in US-$)	wichtigste Exportprodukte
Deutschland	1439,4	17834	Autos, Maschinen, Chemieprodukte, elektron. Produkte
Niederlande	708,6	41445	Erdgas/-öl, Maschinen, Chemieprodukte, Nahrungsmittel
Frankreich	571,0	8766	Maschinen, Flugzeuge, Kunststoffe, Chemieprodukte
Italien	537,7	8881	Erdöl, Autos, Chemieprodukte, Maschinen, Lebensmittel
Vereinigtes Königreich	459,7	6955	Maschinen, Metalle, Bekleidung, Autos, Nahrungsmittel
Belgien	446,9	38732	Chemieprodukte, Maschinen, Diamanten, Erdöl
Spanien	334,0	7147	Maschinen, Autos, Chemieprodukte, Schiffe, Nahrungsmittel
Schweiz	313,9	36540	Maschinen, Chemieprodukte, Metalle, Uhren
Polen	266,6	7036	Maschinen, Kraftwagenteile, Chemieprodukte
Irland	169,6	34741	Chemieprodukte, Maschinen, Lebensmittel, elektron. Produkte

M10 Top-Export-Länder in Europa (2019, Quelle: WTO)

2.8 Global Player und Hidden Champions

Wenn es um den Erfolg der deutschen Wirtschaft geht, wird oft von der Stärke des deutschen Mittelstands gesprochen. Es gibt in Deutschland auch eine ganze Reihe erfolgreicher Großunternehmen, aber in anderen Staaten wie den USA, Japan und Frankreich spielen diese eine viel dominantere Rolle. In Deutschland gibt es hingegen eine breite Basis an kleinen und mittleren, oft familiengeführten Betrieben. Eine Vielzahl von ihnen ist in ihrem Marktsegment auch weltweit in einer führenden Position. Während Global Player meist die Nähe von Metropolen suchen, sind viele Hidden Champions auch in Kleinstädten und peripheren Regionen zu finden.*

1. a) Fassen Sie Faktoren für die Standortwahl eines deutschen Industrieunternehmens in einem anderen Land zusammen (M1).
   Ⓩ b) Erklären Sie die Bedeutung einzelner Standortfaktoren bei der Herstellung eines Hightechprodukts im Ausland.
2. a) Charakterisieren Sie die räumliche Verteilung der Continental-Niederlassungen (M2).
   b) Erläutern Sie die Entwicklung der weltweiten Beschäftigung und des Umsatzes im Continental-Konzern (M3, M4).
3. Entwickeln Sie Merkmale eines Global Players (M3).
4. Ⓩ Erörtern Sie die Auswirkungen von Standortverlagerungen deutscher Unternehmen ins Ausland für den Wirtschaftsstandort Deutschland.
5. Beschreiben Sie die Merkmale von Hidden Champions (M9).
6. Analysieren Sie die räumliche Verteilung der Hidden Champions in Deutschland und weltweit (M5 – M7).
7. Beurteilen Sie die Bedeutung von Hidden Champions für Kleinstädte (M8, M10).

Continental hat sich in knapp 150 Jahren von einem kleinen Unternehmen für Weichgummiwaren in Hannover zu einem weltumspannenden Konzern gewandelt. Sind Sie ein Global Player?

Ja, wir sind ein „Global Player". Denn als globales Technologieunternehmen beschäftigen wir, nach der Trennung von unserem Antriebsgeschäft im September 2021, mehr als 192 000 Mitarbeiter in 58 Ländern. Unsere regionalen Umsatzanteile sind jeweils beachtlich. Wir entwickeln in den jeweiligen Ländern für die Märkte und die dortigen Kunden mit Fachkräften vor Ort. Das unterscheidet uns von Unternehmen, die international tätig sind und ihren Auslandsumsatz vor allem über Exporte erzielen.

Was bedeutet für Ihr Unternehmen Globalisierung?

Für uns eine Chance, mit unseren Innovationen und Leistungen weltweit zu einer nachhaltigen, individuellen Mobilität beizutragen. Darüber hinaus zu Wohlstand in den Ländern und Märkten, in denen unsere Kunden und wir tätig sind. Denn zum einen sichern sich die Menschen über ihre etwaige Beschäftigung bei Continental ihren Lebensstandard, zum anderen dient Mobilität den Menschen generell dazu, ihren Lebensstandard zu erhöhen.

Welche Beziehung hat Ihr Unternehmen zu Deutschland?

Wir sind ein weltweit tätiges Unternehmen mit deutschen Wurzeln. Hier bezahlen wir jährlich die höchsten Steuern und beschäftigen einen Großteil unserer Mitarbeiter. In den zurückliegenden zehn Jahren haben wir durch Firmenzukäufe über 100 verschiedene Unternehmenskulturen aus aller Welt unter dem Dach von Continental zusammengeführt. In allen Ländern, in denen wir aktiv sind, und besonders auf unserem Heimatmarkt Deutschland gilt: Wir pflegen vertrauensvolle Beziehungen zu unseren Kunden, Mitarbeitern, Lieferanten, den Kommunen und der Gesellschaft. Denn nur so ist Erfolg dauerhaft zu sichern.

M3 Interview mit Birgit Hiller, Leiterin der Continental-Unternehmenskommunikation

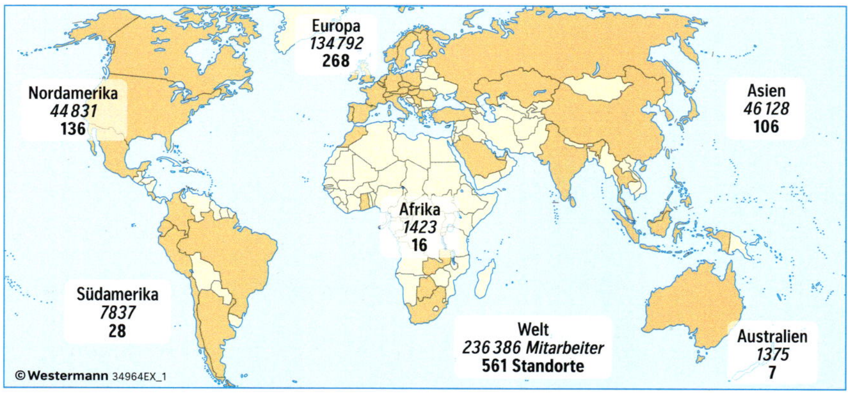

M2 Produktionsstandorte des Continental-Konzerns (2020)

wirtschaftliche Stabilität	politische Stabilität	Infrastruktur	Arbeitsmarkt
• Inflation, Außenwert der Währung • Industriestruktur • natürliche Ressourcen • öffentliche Verschuldung, Devisenreserven • Bankensystem, Kapitalverkehr • allgemeine Wirtschaftsentwicklung	• außen-/innenpolitisches Konfliktpotenzial • Regierungsstärke/-kontinuität • Unterstützung durch Politik • Zuverlässigkeit der Verwaltung • Investitionsbestimmungen	• Straßennetz (Dichte, Qualität, Anschluss) • Eisenbahnnetz • Wasserwegenetz • Flughäfen/Fluglinien • Telekommunikationsnetze • Versorgung (Strom, Gas, Wasser) • Entsorgung	• Anzahl und Know-how der Universitätsabsolventen, Facharbeiter, Angelernten • sprachliche/kulturelle Barrieren • Industrieerfahrung • Motivation, Lernfähigkeit/-bereitschaft • Mobilität, Flexibilität
Zulieferungen		**Imageauswirkungen**	**Personalkosten**
• Anzahl/Verfügbarkeit qualifizierter Lieferanten • Import-/Exportzölle • Just-in-time-Versorgungssicherheit		• Image des Landes im Ausland • Image der Firma im Land	• effektive Arbeitskosten • Arbeitsproduktivität

M1 Makrostandortanalyse (auf Länderebene)

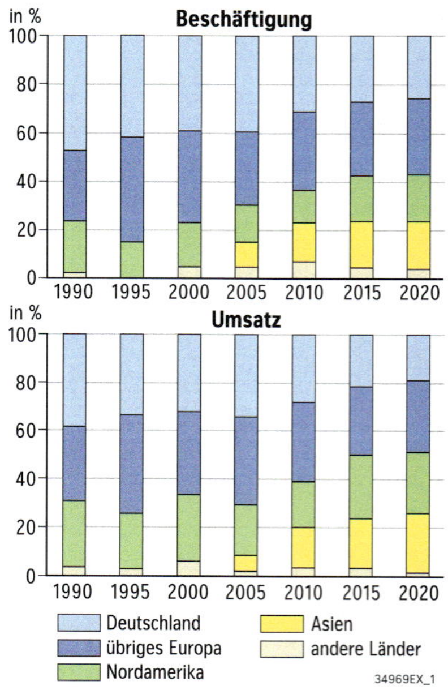

M4 Beschäftigung und Umsatz im Continental-Konzern

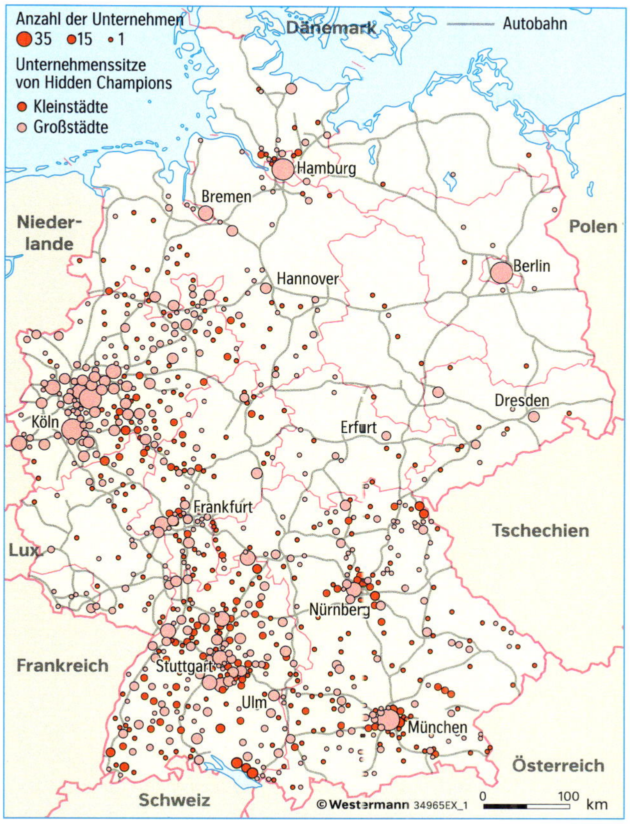

M5 Hidden Champions: Weltmarktführer in Deutschland (2018)

Gut 1300 „Hidden Champions" gibt es laut Professor Hermann Simon in Deutschland, knapp die Hälfte aller Hidden Champions weltweit. Der Ökonom und Unternehmensberater hatte 1990 den Begriff geschaffen, um eine „Speerspitze der deutschen Wirtschaft" zu kennzeichnen: überaus erfolgreiche Unternehmen, zum Großteil sogar Weltmarktführer in einer Nische, die aber einer breiten Öffentlichkeit kaum bekannt sind. Weitere Kennzeichen: Häufig sind Hidden Champions inhabergeführt und haben ihre Zentrale in der Provinz, sind aber stark exportorientiert. [...]

Der Maschinenbauer Wickert aus Landau in der Pfalz ist spezialisiert auf die Fertigung hydraulischer Pressen. Als 2020 die Aufträge aus der Automobil- und Flugzeugindustrie pandemiebedingt zurückgingen, kam der erste Großauftrag aus der Pharmaindustrie: Maschinen für die Produktion von Verschlusstopfen für Impfstoffbehälter herstellen. [...] Inzwischen läuft die Produktion auf Hochtouren. [...]

Das Familienunternehmen Mennekes aus Kirchhundem im Sauerland begleitet seit Jahrzehnten die Elektrifizierung der Industrie mit innovativen Lösungen. Aber den wohl bisher größten Coup der Unternehmensgeschichte landete Mennekes 2014: Da wurde ihre Ladesteckvorrichtung Typ 2 zum Aufladen von Elektro-Autos vom Europäischen Parlament zum Standard in der EU erklärt. Walter Mennekes hatte den ersten Ladestecker bereits 2008 entwickelt. [...] Sohn Christopher macht inzwischen mit der Elektromobilität mehr Umsatz als mit klassischen Industriesteckern.

Der Weltmarktführer mit dem Kunstnamen Symrise aus dem niedersächsischen Holzminden ist ein klassischer Hidden Champion. Man kennt ihn nicht, hat aber tagtäglich mit seinen Produkten zu tun. Denn Symrise liefert weltweit Duft- und Geschmacksstoffe für über 30000 Produkte, zum Großteil auf der Basis von natürlichen Rohstoffen wie Vanille, Zitrus, Blüten und Pflanzenmaterialien. Der Exportanteil liegt bei 90 Prozent.

Quelle: Martin Orth: Ein deutsches Phänomen. www.deutschland.de 11.6.2021

M9 Quellentext zu Hidden Champions

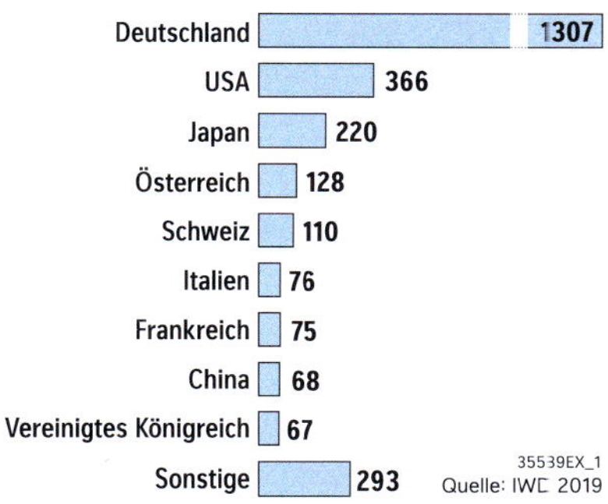

M6 Hidden Champions: weltweit (2016)

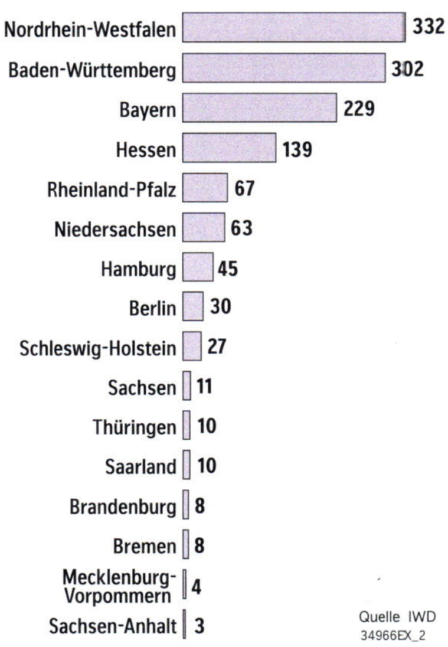

M7 Hidden Champions: Verteilung nach Bundesländern (2016)

Entgegen gängiger Annahmen zur unzureichenden Innovationsfähigkeit ländlicher Räume finden sich in Deutschland überdurchschnittlich viele dieser heimlichen Weltmarktführer außerhalb der Großstadtregionen in der eher ländlich geprägten Peripherie. [...] Simon identifiziert mehrere Qualitäten dieser Standorte für Hidden Champions:

1. Unternehmen schätzen die Ruhe am Standort, die höchste Konzentration und Energie für Kernaufgaben ermöglicht.

2. Die wechselseitige Abhängigkeit und Wertschätzung von Unternehmen und Mitarbeitern führt zu einer gesteigerten Mitarbeiteridentifikation und -motivation sowie zu geringer Fluktuation.

3. Da Hidden Champions ihre Wettbewerbsvorteile weniger über niedrige Kosten und Preise als vielmehr über Know-how, Qualität und Service sichern, sind sie besonders auf qualifizierte Mitarbeiter angewiesen und setzen mit einer überdurchschnittlichen Quote auf eigene Ausbildung

Insgesamt deuten die genannten Aspekte auf die wichtige wirtschaftliche Rolle von Hidden Champions hin – insbesondere für kleinere Gemeinden und periphere ländliche Regionen. [...] Die Orte mit der größten Dichte an Weltmarktführern – gemessen an ihrer Anzahl im Verhältnis zu den Einwohnern – liegen fast ausnahmslos abseits der klassischen Hochtechnologie- und Wissenschaftsstandorte. [...] [Knapp 40 Prozent der Standorte der Hidden Champions befinden sich] in Kleinstädten und Landgemeinden. [...]

Gerade ländliche Räume außerhalb der Großstadtregionen profitieren enorm von diesen Unternehmen. Besonders hervorzuheben sind hier die höhere Gewerbesteuerkraft der Kommunen, die Sitz eines oder mehrerer Hidden Champions sind, der höhere Anteil an jungen Arbeitnehmern in diesen Städten sowie die niedrigere Arbeitslosigkeit. Damit verfügen diese Kommunen zum einen tendenziell über größere finanzielle Spielräume bei der Stadtentwicklung. Zum anderen scheinen sie auch hinsichtlich der demographischen Entwicklung besser für die Zukunft gewappnet zu sein.

Quelle: Thilo Lang, Lukas Vonnahme: Hidden Champions in ländlichen Räumen – zur Bedeutung mittelständischer Unternehmen für Kleinstädte in peripheren Lagen. Bonn: bpb 2020, S. 214 – 226

M8 Quellentext zu Hidden Champions in peripheren Räumen

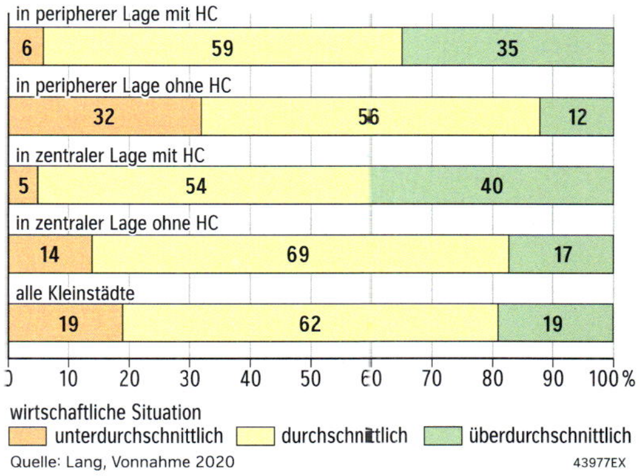

M10 Hidden Champions (HC) in Kleinstädten

2.9 Klimaverträgliche Energieversorgung in Deutschland

Deutschland steht wie andere Industrieländer vor einer großen Herausforderung. Zum einen ist es durch seine Industrie und andere Wirtschaftsbereiche sowie den hohen Mobilitätsgrad seiner Bewohner auf eine ausreichende und sichere Energieversorgung angewiesen. Zum anderen ist die Nutzung fossiler Energieträger – bis heute wichtigste Säule dieser Energieversorgung – aber die Hauptursache für den Ausstoß des Treibhausgases* CO_2 und damit den anthropogenen Klimawandel. Um diesen aufzuhalten oder zumindest abzumildern und den internationalen klimapolitischen Vereinbarungen nachzukommen, haben die Bundesregierungen verschiedene Klimaschutzprogramme aufgelegt. Die Reduktion der Treibhausgasemissionen soll durch den Ersatz fossiler Energieträger durch erneuerbare Energien (Dekarbonisierung) bei gleichzeitigem Verzicht auf Kernenergie erreicht werden.*

1. Stellen Sie die Primär- und Sekundärenergiearten* und deren Nutzung dar (M1).
2. Erläutern Sie die Bedeutung fossiler Energieträger (M2, M4, M5).
3. Erklären Sie die Herausforderungen für die einzelnen Sektoren bei der Dekarbonisierung* (M5, M10).
4. Beschreiben Sie die Entwicklung der Ziele der deutschen Klimaschutzpolitik (M6).
5. Erläutern Sie die notwendigen Maßnahmen zur Einhaltung der aktuellen Klimaschutzziele (M6, M7, M8, M12).
6. Beurteilen Sie die Erfolge der Klimaschutzpolitik der letzten Jahre (M2, M4, M9, M10, M11, M12).
7. (Z) Überprüfen Sie die Umsetzung der Maßnahmen, auch anhand neuer Entwicklungen (Internet).

M3 Windenergieanlagen vor dem Braunkohlekraftwerk Neurath

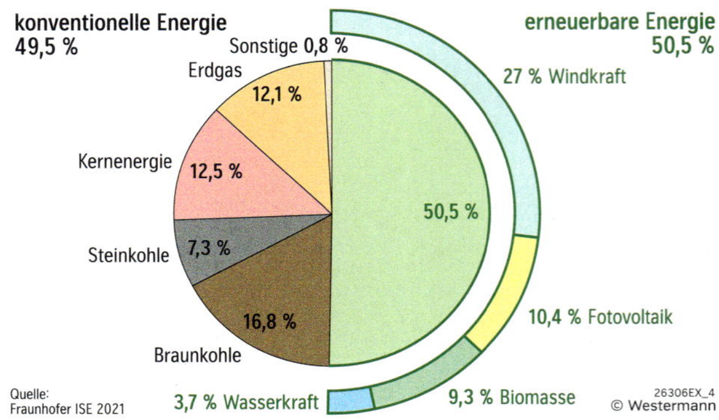

M4 Strommix in Deutschland (2020)

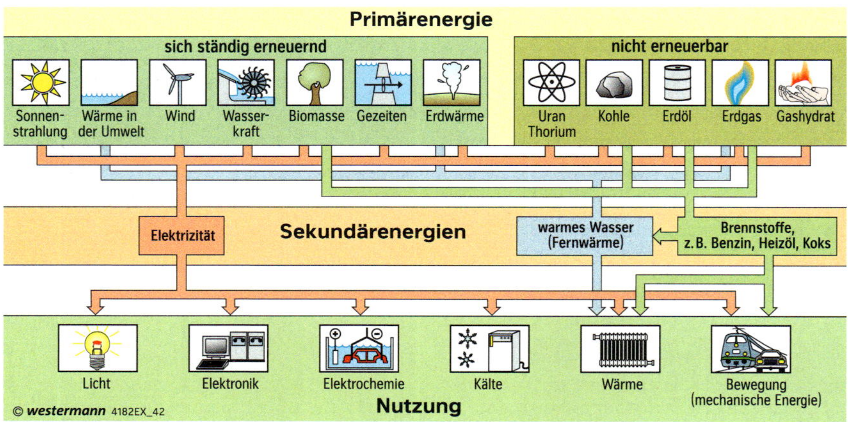

M1 Umwandlung von Primär- in Sekundärenergien und deren Nutzung

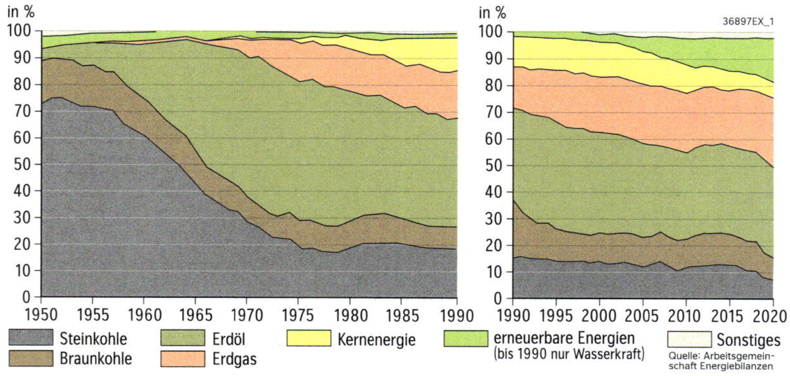

M2 Anteil der Energieträger am Primärenergieverbrauch in Deutschland (bis 1990 ohne DDR)

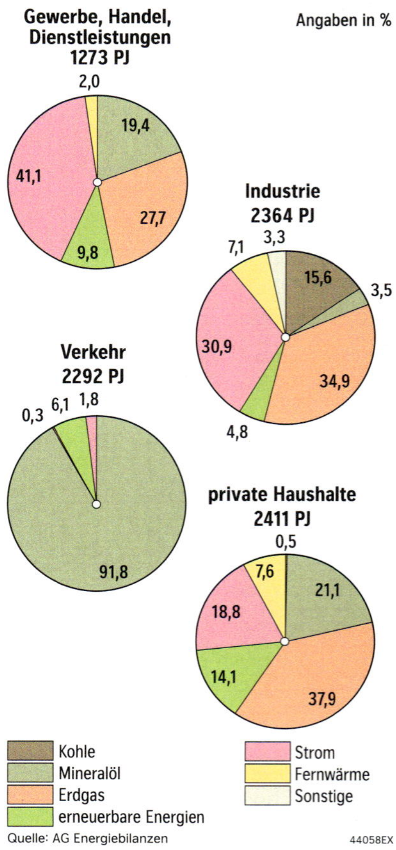

M5 Endenergieverbrauch* der Sektoren nach Energieträgern (2020)

Jahr	Programm	CO_2-Ziel
2000	Nationales Klimaschutzprogramm	bis 2005: -25 %
2005	Nationales Klimaschutzprogramm	bis 2012: -21 %
2007	Integriertes Energie- und Klimaprogramm	bis 2020: -40 %
2014	Aktionsprogramm Klimaschutz 2020	bis 2050: -85 % – -95 %
2016	Klimaschutzplan 2050	bis 2050: -85 % – -95 %
2021	Klimaschutzgesetz	klimaneutral bis 2045

M 6 Klimaschutzprogramme in Deutschland und CO_2-Ziele (gegenüber 1990)

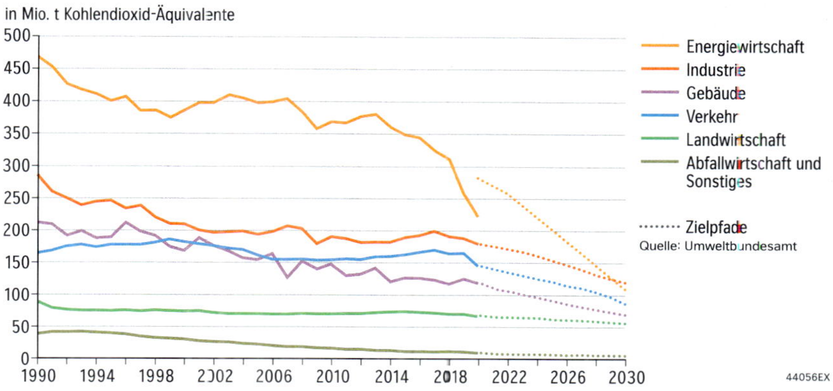

M 10 Entwicklung und Zielpfade der Treibhausgasemissionen in Deutschland

Zielsetzung	2030	2045/2050
Ausstieg aus der Kernenergie	bis 2022	
Ausstieg Kohleverstromung	„idealerweise" 2030	
Treibhausgasemissionen (im Vergleich 1990)	min. -55 % -88 % (2040)	klimaneutral bis 2045
Jahresemissionsmengen für die Sektoren (Zielpfade)	siehe M 10	
Anteil erneuerbarer Energien am Bruttostromverbrauch	min. 65 %	min. 80 %
Ausbau der Onshore-Windenergie		2 % der Landfl.
Ausbau der Offshore-Windenergie	30 GW	70 GW
Ausbau von Fotovoltaik	200 GW	
Senkung des Primärenergieverbrauchs (gegenüber 2008)	-30 %	bis 2050: -50 %
Senkung des Primärenergieverbrauchs im Sektor Gebäude		klimaneutral bis 2045
Senkung des Endenergieverbrauchs im Sektor Verkehr		bis 2050: -50 %
Elektrofahrzeuge	15 Mio.	

M 7 Energiepolitische Ziele der Bundesregierung (Stand 2022)

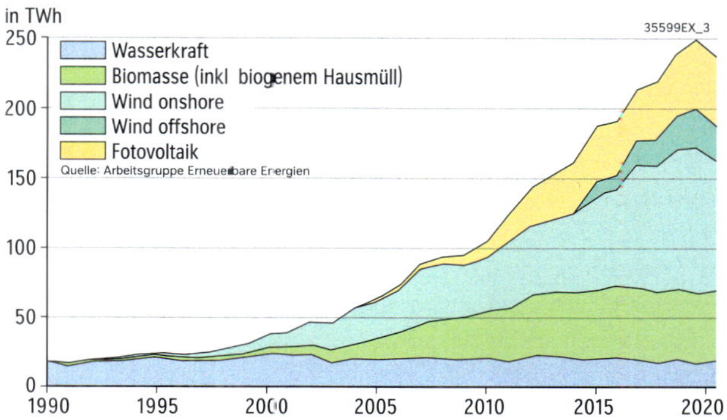

M 11 Stromproduktion aus erneuerbaren Energien in Deutschland

Ausbau der erneuerbaren Energien (ohne Atomkraft)
Reduktion/Verzicht auf fossile Energieträger
Ausbau der Stromnetze und Speicherkapazitäten
Dekarbonisierung der Wärmeversorgung/Ausbau der Wärmenetze
Förderung der Sektorenkopplung*
Ausbau der Wasserstofftechnologie
Dekarbonisierung der industriellen Fertigung und Produktion
Kreislaufwirtschaft, Energie- und Materialeffizienz
Sanierung und Modernisierung des Gebäudebestands, Bau klimaneutraler Gebäude
Emissionsreduktion im Individual-/Güterverkehr

M 8 Handlungsfelder der Klimaschutzpolitik (Auswahl)

Der Anteil erneuerbarer Energien am Bruttostromverbrauch wird im Jahr 2021 spürbar sinken und nach 45,3 Prozent im Jahr 2020 mit etwa 42 Prozent nur noch das Niveau von 2019 erreichen. [...] Während der Gesamtstromverbrauch stieg, wurden witterungsbedingt fünf Prozent weniger Strom aus erneuerbaren Quellen erzeugt als im Vorjahr. Besonders im ersten Quartal 2021 gab es im Vergleich zum Jahr 2020 extrem wenig Wind. Im Jahresvergleich schien auch die Sonne deutlich weniger. Dirk Messner, Präsident des UBA: „Das Ziel der Bundesregierung von 30 Prozent Strom aus erneuerbaren Quellen im Jahr 2030 ist für den Klimaschutz zentral und mit dem bisherigen Ausbautempo nicht zu schaffen. Deshalb hat der Koalitionsvertrag recht: Wir brauchen in den nächsten Jahren schnell wirksame Maßnahmen, um mehr Wind- und Fotovoltaik-Anlagen zu bauen."

Quelle: Umweltbundesamt: Deutlich weniger erneuerbarer Strom im Jahr 2021. 15.12.2021

M 12 Quellentext zur Stromproduktion aus erneuerbaren Energien

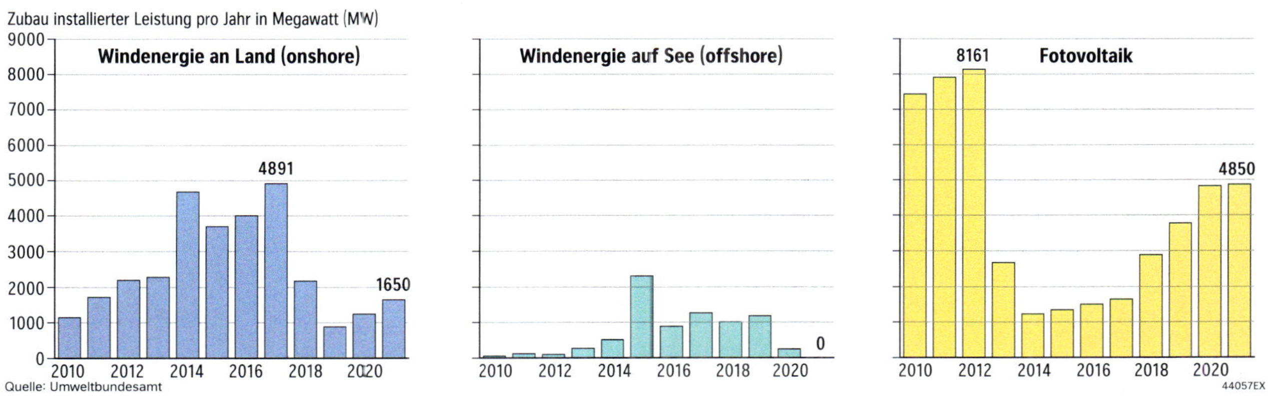

M 9 Entwicklung des jährlichen Zubaus neuer Stromerzeugungskapazitäten bei Windenergie und Fotovoltaikanlagen

2.10 Fossile Energieträger in Deutschlands Energieversorgung

Trotz fortschreitender Hinwendung zu erneuerbaren Energien werden fossile Energieträger nicht nur im Bereich Verkehr und Wärmeproduktion, sondern auch bei der Stromproduktion mittelfristig weiterhin eine Bedeutung haben. Bei gleichzeitig abnehmender Eigenproduktion hat dies in Deutschland eine steigende Abhängigkeit von Importen zur Folge. Dies gilt insbesondere für Erdgas, das bei der Umstellung auf eine kohlenstofffreie Energiewirtschaft eine Übergangstechnologie (flexible Stromproduktion, Übergang zur Wasserstoffwirtschaft, Kap. 2.11) sein soll. Aktuell gelangt Erdgas nur aus wenigen Herkunftsländern per Pipeline nach Deutschland. Infrastruktur und Terminals für Flüssigerdgas (LNG) existieren (noch) nicht.*

1. a) Bestimmen Sie eine Rangliste fossiler Energieträger nach wirtschaftlichen und ökologischen Kriterien (M1).
   Ⓩ b) Beurteilen Sie die Einschätzung von Erdgas als „Übergangstechnologie".
2. Fassen Sie die Produktion fossiler Energieträger in Deutschland zusammen (M2–M6).
3. a) Erläutern Sie den Begriff Importabhängigkeit.
   b) Erörtern Sie sich daraus ableitende Chancen und Risiken im Bereich fossiler Energieträger.
4. Charakterisieren Sie die deutsche Erdgasnutzung und -versorgung (M5, M6, M10, M11, Kap. 2.9).
5. a) Erläutern Sie die Bedeutung Russlands als Erdgaslieferant Deutschlands und Europas (M6, M7, M11, M12).
   b) Die Erdgasimporte haben eine wichtige geostrategische und politische Bedeutung. Nehmen Sie Stellung zu dieser Aussage.
6. Überprüfen Sie die Instrumente zur Sicherung der Gasversorgung (M8, M5, M6, M7, M9, M11).

Energieträger	Heizwert	Preis (2018–2021)[2]	CO_2-Emissionen (in g/kWh)	Wirkungsgrad[4]
◆ Steinkohle	29 719 kJ/kg	50–200 US-$/t	798	32–50 %
◆ Braunkohle	8 347 kJ/kg	(10 US-$/t)[3]	1150	36–50 %
◆ Erdöl	42 622 kJ/kg	130–510 US-$/t	890	35–45 %
◆ Erdgas in GuD[1]	31 736 kJ/m³	0,05–0,80 US-$/m³	447	50–60 %
◆ Erdgas (konv.)	31 736 kJ/m³	0,05–0,80 US-$/m³	819	<40 %
◆ Uran U 308	9x10[10] kJ/kg	20–50 US-$/kg	22	25–40 %

[1] Gas- und Dampf-Kombikraftwerk
[2] Preisschwankungen in der Zeitspanne
[3] kein offizieller Marktpreis
[4] Energieumwandlung im Kraftwerk

diverse Quellen
©Westermann 35545EX_1

M1 Vergleich fossiler Energieträger und Uran

Deutschland verfügt über nur geringe Vorkommen an Bodenschätzen, die von der Wirtschaft genutzt werden können, dies gilt im besonderen Maße für energetische Rohstoffe. Im Jahr 2020 wurden in Deutschland 107,4 Mio. t Braunkohle, 1,9 Mio. t Erdöl und 6,0 Mrd m³ Erdgas produziert.
Bis Ende der 1950er-Jahre war die heimische Steinkohle aus dem Ruhr- und Saarrevier das Rückgrat der Energieversorgung in den alten Bundesländern. Danach war die Förderung wegen zu hoher Produktionskosten stark rückläufig. Seit 2018 wird gar keine Steinkohle mehr in Deutschland gefördert.
Inzwischen wichtigster heimischer fossiler Energieträger ist die Braunkohle, die momentan im Tagebau im Rheinischen Revier, in der Lausitz und im Mitteldeutschen Revier abgebaut wird (Reserven*: 34 Mrd. t). Heute wird die Braunkohle fast ausschließlich in Tagebaunähe in Kraftwerken verstromt.
Die Erdölreserven belaufen sich auf etwa 17,9 Mio. t (Verbrauch 2020: 97,4 Mio. t). Der größte Teil davon lagert im Norddeutschen Becken, vor allem in Schleswig-Holstein und Niedersachsen. Ende 2020 standen 49 Felder in Produktion. Das größte deutsche Feld Mittelplate/Dieksand deckte mit fast 1,1 Mio. t bereits 57 % der Gesamtförderung ab.
Die Förderung von Erdgas im großen Maßstab begann in Deutschland erst in den 1960er-Jahren, bis heute fast ausschließlich in Niedersachsen (73 Erdgasfelder). Die konventionellen Reserven belaufen sich auf etwa 22,3 Mrd. m³ (Verbrauch 2020: 90,8 Mrd m³). Das Fracking* von Erdgas und -öl aus nicht-konventionellen Lagerstätten ist in Deutschland weitgehend verboten.

M4 Heimische Energierohstoffe auf dem Rückzug

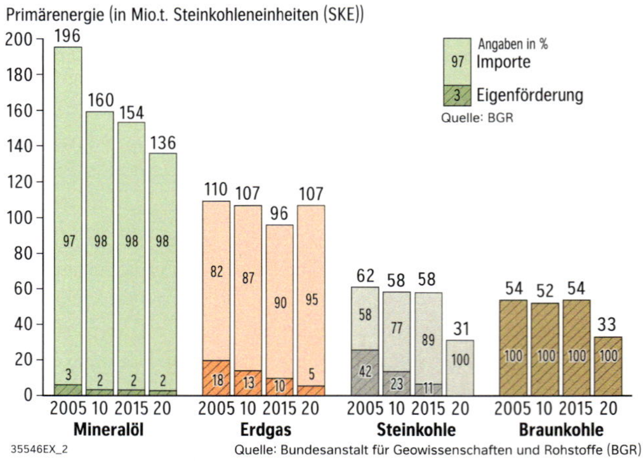

M5 Importabhängigkeit Deutschlands bei einzelnen Primärenergierohstoffen

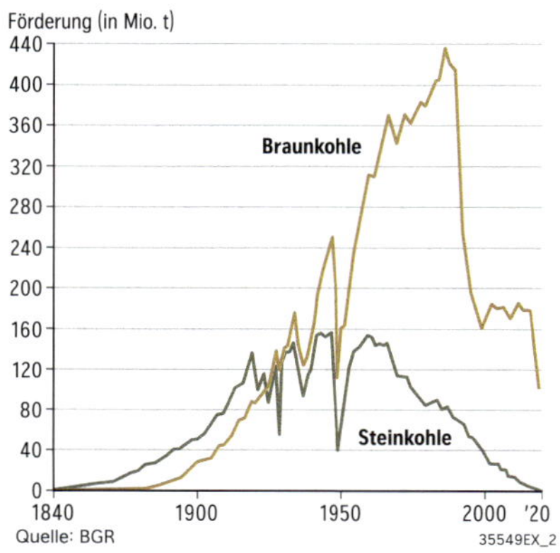

M2 Deutschland: Kohlenförderung

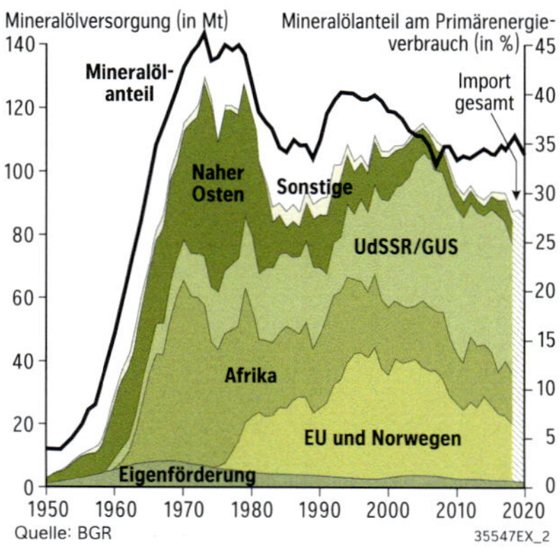

M3 Deutschland: Erdölversorgung

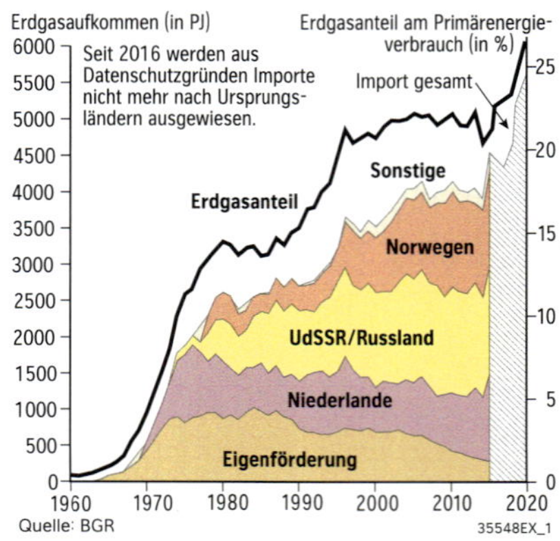

M6 Deutschland: Erdgasversorgung

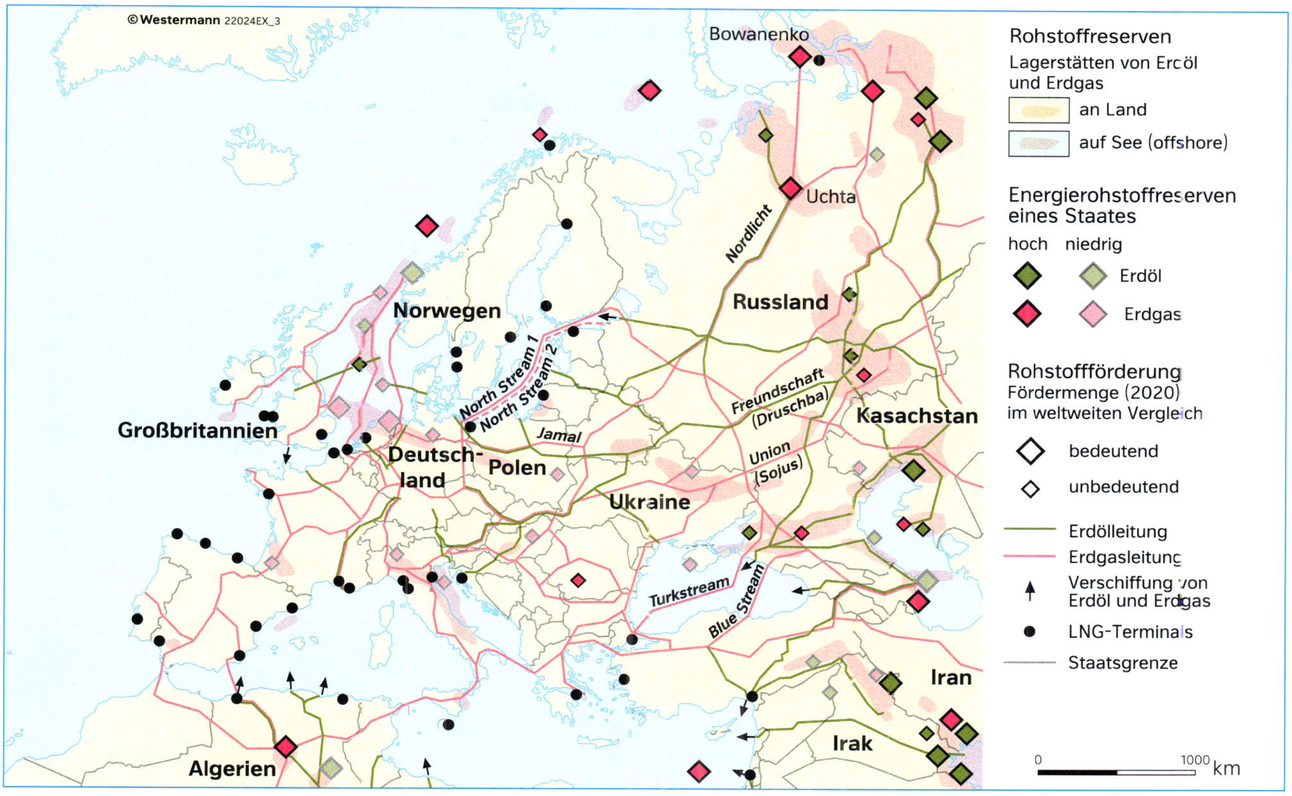

M7 Europa: Energierohstoffe und Transportwege

- Diversifikation* der Bezugsquellen
- Diversifikation der Transportwege/ Importinfrastruktur
- Inlandsförderung
- stabile Beziehungen zu Lieferanten und langfristige Gaslieferverträge
- hohe Verlässlichkeit der Versorgungsinfrastruktur inklusive Untertagesspeicher

M8 Instrumente zur Sicherung der Gasversorgung Deutschlands

Die Gasversorgung in Deutschland erfolgt derzeit ausschließlich durch Pipelinegas. [...] Derzeit existiert keine LNG*-Infrastruktur in Deutschland. Der Zugang zu LNG für den deutschen Markt ist über Regasifizierungsterminals in den benachbarten Staaten Belgien (Zeebrügge), Niederlande (Rotterdam) oder anderen europäischen Staaten möglich. [...] Zusätzlich planen privatwirtschaftliche Investoren den Bau von LNG-Terminals unterschiedlicher Größe an vier deutschen Standorten: Brunsbüttel, Rostock, Stade und Wilhelmshaven. [...]

Die deutschen Gasimportunternehmen haben langfristige Verträge mit Unternehmen in den Lieferländern abgeschlossen. Aufgrund des Preisdrucks für Erdgaslieferungen aus langfristigen Verträgen mit Ölpreisbindung wurden diese Lieferverträge an die Marktentwicklungen angepasst. [...]

Erdgasspeichern kommen aufgrund temperaturbedingter Bedarfsschwankungen eine gewichtige Rolle als Puffer zu. Deutschland verfügt aufgrund günstiger geologischer Gegebenheiten über gute Bedingungen für die Einrichtung von Untertage-Erdgasspeichern. [...] Im EU-Vergleich verfügt Deutschland unverändert über das größte Speichervolumen. [...] Die maximale Speicherkapazität reicht gegenwärtig statistisch gesehen im Durchschnitt für 80 Tage.

Quelle: Bundesministerium für Wirtschaft und Energie Bericht zum Stand und zur Entwicklung der Versorgungssicherheit im Bereich der Versorgung mit Erdgas. Berlin 15.6.2020

M9 Quellentext zur Erdgasversorgung und -speicherung in Deutschland

	Industrie[1]	Haushalte	Gewerbe, Handel, Dienstl.	Stromversorgung	Fernwärme	Verkehr
Erdgasabsatz	36 %	31 %	12 %	14 %	7 %	0,2 %

	Strom	Raumwärme	Warmwasser	Prozesswärme[2]	Verkehr
Endenergieverbrauch (in PJ)	617	1125	225	800	7

[1] inkl. Industriekraftwerke [2] Wärme für technische Verfahren in der Industrie Quelle: BDEW, AG Energiebilanzen

M10 Einsatz von Erdgas nach Sektoren und Verwendung in Deutschland

	Erdgasanteil am EEV	Anteil russisches Erdgas am EEV*
EU-27	21,9 %	40,2 %
Niederlande	37,6 %	36,1 %
Ungarn	32,2 %	100,0 %
Italien	30,9 %	44,9 %
Deutschland	26,9 %	48,4 %
Frankreich	20,6 %	25,1 %
Spanien	19,1 %	8,9 %
Polen	13,1 %	43,8 %
Bulgarien	12,4 %	79,9 %
Finnland	3,0 %	97,2 %

Quelle: Eurostat EEV = Endenergieverbrauch *2019

M11 Bedeutung des (russischen) Erdgases am Endenergieverbrauch ausgewählter europäischer Länder (2020)

	Pipeline	LNG*
Russland	167,7	14,1
Norwegen	106,9	
Niederlande	28,1	
anderes Europa	100,7	
Algerien	21,0	11,8
Aserbaidschan	13,4	
Iran	5,1	
Libyen	4,2	
Katar		17,5
Nigeria		15,6
USA		13,9
andere		11,7

Quelle: Eurostat

M12 Erdgasimporte nach Europa (in Mrd. m³, 2020)

2.11 Klimaneutralität durch grünen Strom und Wasserstoff

Der Begriff Energiewende, der erstmals in den 1980er-Jahren aufkam, meint die Transformation von der konventionellen Strom- und Wärmeerzeugung mittels fossiler Energieträger und Kernenergie hin zu erneuerbaren Energien und mehr Energieeffizienz. Waren früher die Endlichkeit der fossilen Energieträger sowie die Gefahren der Kernenergie die Hauptargumente für eine Energiewende, ist es heute der Klimaschutz. Die Beschlüsse zum Ausbau von Windenergie, Fotovoltaik und Biomasse sowie der Atom- und Kohleausstieg sind Wegmarken dieser Entwicklung in Deutschland. Um Klimaneutralität* und Dekarbonisierung* der Energiewirtschaft zu erreichen, muss diese in den Bereichen Strom, Wärme und Mobilität (Kap. 2.13) umfassend umgebaut werden. Neben dem Ausbau der erneuerbaren Energieträger gehören dazu der Umbau der Kraftwerks- und Netzwerksstruktur, der Aufbau neuer Speichertechnologien und einer Wasserstoffwirtschaft sowie der Einsatz energieeffizienterer Methoden der Wärmeerzeugung und Fortbewegung.*

1. a) Erklären Sie die Aufteilung der erneuerbaren Energiequellen in die drei Gruppen (M2).
   ⓩ b) Stellen Sie die einzelnen erneuerbaren Energiequellen in Kurzreferaten vor (Internet).
2. Erläutern Sie die bevorzugten Standorte der erneuerbaren Energien Sonnenenergie, Geothermie, Windenergie, Wasserkraft und Biomasse in Deutschland (Atlas).
3. a) Erläutern Sie die Notwendigkeit einer Energiewende und die Problemfelder des Umbaus der Energiewirtschaft (M1, M4).
   b) Nennen Sie die aktuellen Lösungsansätze (M5–M9) bzw.
   ⓩ c) entwickeln Sie eigene Lösungsansätze.
4. Begründen Sie die Notwendigkeit der Energiezwischenspeicherung und intelligenter Netze (M7, M8).
5. Erörtern Sie die Möglichkeiten der Wasserstoffwirtschaft.

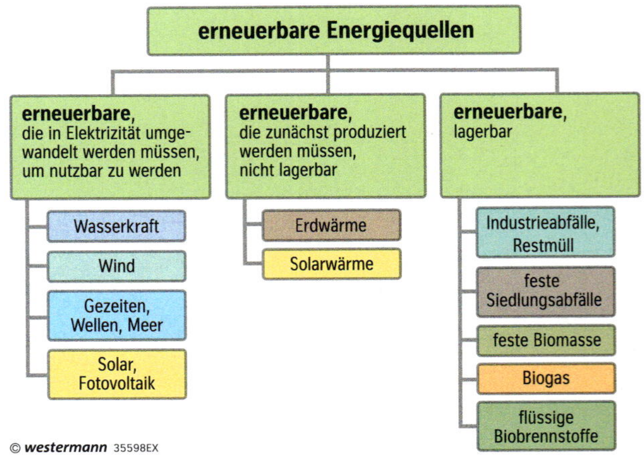

M2 Systematik der erneuerbaren Energieträger

M3 Pumpspeicherkraftwerk Koepchenwerk in Herdecke

Problem	Lösungen
Stromerzeugung • hohe CO_2-Emissionen der fossilen Kohle-, Erdgas- und Erdölkraftwerke • Gefahr von Unfällen und ungelöste Endlagerproblematik in Kernkraftwerken	• Substitution durch erneuerbare Energien
Haushalte • hoher Stromverbrauch	• Stromsparen mittels energieeffizienter Geräte • Einsatz von Fotovoltaik
Gebäude • hohe CO_2-Emissionen durch Heizen und Warmwasserzubereitung mit Erdgas- und Ölheizungen • schlechte Isolation von Mauern und Fenstern	• Einsatz von Solarkollektoren, Biogas/-masse und Wärmepumpen • Einsparen durch Wärmedämmung, Wärmerückgewinnung etc. • Modernisierung, Sanierung
Industrie • hohe CO_2-Emissionen durch Bereitstellung von Prozesswärme (65 % des Endenergieverbrauchs), insbesondere in der Eisen-/Stahlindustrie	• Anschaffung energieeffizienterer Anlagen und Maschinen • Einsatz von grünem Strom und Wasserstoff
Verkehr • hohe CO_2-Emissionen durch Diesel- und Benzinfahrzeuge	• Elektromobilität • Ausbau des ÖPNV, Rad-, Bahnverkehrs • Wasserstoff als alternative Energiequelle

M1 Notwendigkeit der Energiewende

Problemfelder
• Bau ausreichender Kraftwerke mit erneuerbaren Energien, um fossile/Kernkraftwerke zu ersetzen
• Standorte der Anlagen der erneuerbaren Energien in weiter Entfernung zu Großverbrauchern/Orten mit hohem Verbrauch
• Umbau der Kraftwerksstruktur nötig (Integration vieler kleiner Kraftwerke statt Großkraftwerke, Verzicht auf Grundlastkraftwerke*)
• Lösungen für Schwankungen der Produktion von Wind- und Solarkraftanlagen und für Dunkelflauten
• Aufbau komplexer neuer Infrastrukturen (Wasserstoffwirtschaft, Speichertechnologien, Ladestationen für E-Autos)
• ökologische/soziale Folgen der erneuerbaren Energien • allgemein hoher Flächenverbrauch • Beeinträchtigung des Landschaftsbilds (Verspargelung durch Windenergieanlagen, Vermaisung durch Anbau von Energiepflanzen) • Geruchsbelästigung durch Biogasanlagen • Geräuschbelästigung und Gefahr für Vögel durch Windenergieanlagen • Behinderung des Schiffsverkehrs und Beeinträchtigung der marinen Flora und Fauna durch Offshore-Windenergieanlagen • Gefahr von Erdbeben und Geruchsbelästigung durch Geothermie • Landschaftszerstörung durch Wasserkraft (Stauseen)
• hohe Kosten des Umbaus (tatsächlich oder auch nur angenommen)
• Widerstand größerer Bevölkerungskreise (wegen höherer Energiepreise, ökologischer/sozialer Folgen, grundsätzlich)

M4 Problemfelder beim Umbau der Energiewirtschaft

100800-066-01 schueler.diercke.de
100800-068-01 schueler.diercke.de
100800-068-02 schueler.diercke.de
100800-066-03 schueler.diercke.de
100800-068-04 schueler.diercke.de

Wasserstoff ist keine Energiequelle im eigentlichen Sinne, sondern ein Energieträger, mit dessen Hilfe Energie gespeichert und transportiert werden kann. Man kann ihn flüssig oder gasförmig lagern und transportieren und seine Energie kontrolliert wieder freisetzen. Bei dieser Freisetzung entstehen keine Schadstoffe und keine klimaschädigenden Emissionen, sondern nur Wasserdampf. Wenn die zu speichernde Energie zudem mithilfe von erneuerbaren Energiequellen gewonnen wird, ist Wasserstoff eine absolut saubere Energielösung.

Quelle: Gerhard Wagner: Energieversorgung und Klimaschutz in Deutschland. Diercke Spezial. Braunschweig: Westermann 2018. S.96

M5 Quellentext zum Einsatz von Wasserstoff

Wichtigste Herstellungsmöglichkeiten von Wasserstoff

- grüner Wasserstoff: Erzeugung ausschließlich aus erneuerbaren Energien; keine schädlichen Treibhausgasemissionen
- grauer Wasserstoff: Herstellung aus fossilen Energieträgern; Entstehung von CO_2-Emissionen, keine Perspektive für klimaneutrales Energiesystem
- blauer Wasserstoff: Herstellung i. d. R. aus fossilen Energieträgern, Auffangung und unterirdische Speicherung von CO_2, kein tragfähiges und nachhaltiges Energiesystem

Einsatzmöglichkeiten von Wasserstoff

- zentrale Rolle im zukünftigen Energiesystem
- in der energieintensiven Industrie als klimaneutrale Energie, z. B. Eisen- und Stahlindustrie
- alternativer Treibstoff für Schwerlastverkehr
- Ersatz für Kerosin im Luftverkehr
- Grundstoff für Erzeugung chemischer Produkte

M6 Herstellungs- und Einsatzmöglichkeiten von Wasserstoff

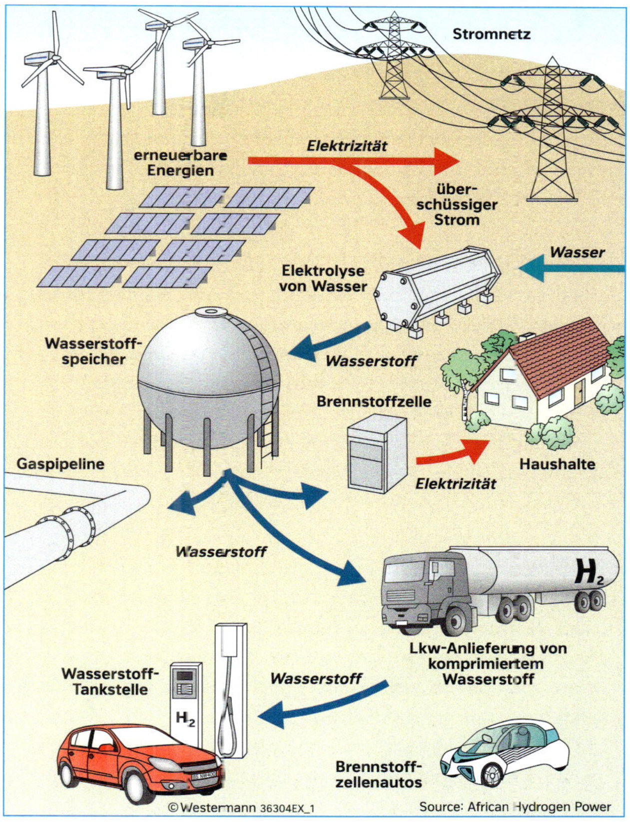

M9 Wasserstoffwirtschaft

Durch die erneuerbaren Energien wird die Kraftwerksstruktur grundlegend verändert, weil es eine riesige Zahl von Windkraft- und Fotovoltaikanlagen gibt, die es zu integrieren gilt. Daneben ist einer Neugestaltung der Stromnetze, eine Verzahnung und stärkere Automatisierung hin zu intelligenten, flexibel steuerbaren Netzen erforderlich, den Smart Grids*. Intelligent deshalb, weil sie innerhalb der Netze einen Informationsaustausch ermöglichen und mit deren Hilfe die Stromerzeugung, der Verbrauch und die Speicherung dynamisch gesteuert werden können. Auch haben sich die Schwerpunkte der Stromerzeugung verändert. Im Unterschied zu früher wird immer mehr Strom an Orten erzeugt, der dort gar nicht gebraucht wird. Deshalb sollen sogenannte Stromautobahnen dafür sorgen, den auf hoher See (Nordsee) und im windreichen Norden und Osten Deutschlands erzeugten Strom in die Ballungsgebiete im Westen und Süden zu transportieren. Stromautobahnen sind Hochspannungs-Gleichstrom-Übertragungen (HGÜ*), eine Technologie, bei der die Übertragungsverluste um 30 bis 50 Prozent geringer sind als bei vergleichbaren Drehstromverbindungen („Schlagader der Energiewende", S. 6: M5).

Um bei Stromschwankungen die Versorgung sicherzustellen, sind verschiedene Speichertechnologien im Gespräch. Schon heute pumpen Pumpspeicherkraftwerke in Zeiten von Stromüberschuss Wasser aus einem tiefer gelegenen in ein höher gelegenes Becken. In Zeiten einer Windkraftflaute kann dann das gespeicherte Wasser vom Oberbecken in Druckrohrleitungen über Turbinen Strom erzeugen und den Ausfall von Windstrom wettmachen (M3). Daneben gibt es weitere Kurz- und Langzeitspeicher die auf elektrochemischem Wege (z. B. Batterien für Fotovoltaikanlagen) funktionieren. Beim Power-to-Gas-Verfahren soll überschüssiger Strom mittels Wasserelektrolyse in Form von Wasserstoff oder Methan gespeichert werden. So ist eine Verknüpfung mit dem Wärme- und Verkehrssektor möglich (M9).

M7 Umgestaltung der Energiewirtschaft

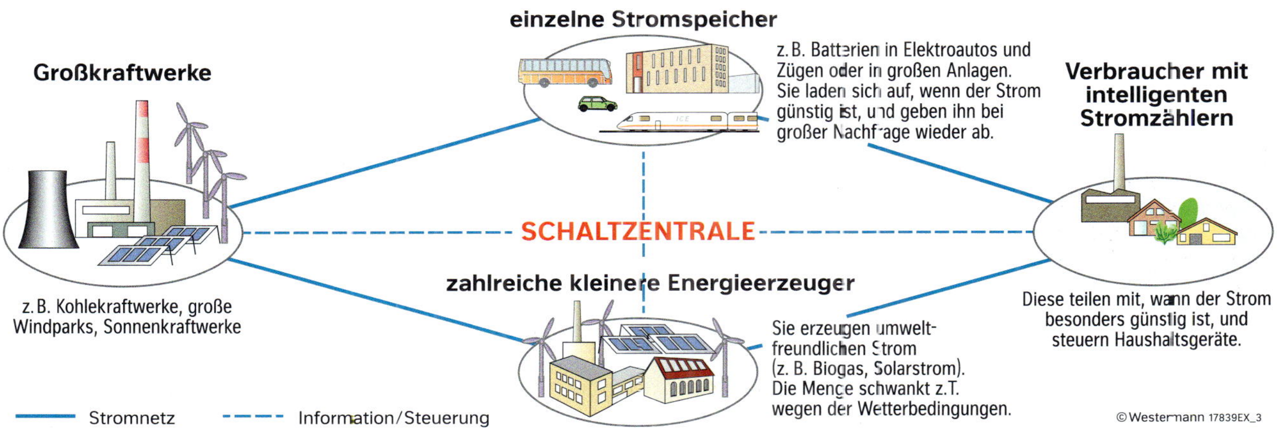

M8 Smart Grid*

2.12 Erneuerbare Energien im europäischen Energieverbund

Auch die Europäische Union hat inzwischen verbindliche Klimaschutzziele formuliert, um ihren internationalen Klimaschutzverpflichtungen nachzukommen. Ein Green Deal gibt Maßnahmen und Strategien zur Verwirklichung von Klimaneutralität* vor. Der Handel mit Strom über nationalstaatliche Grenzen hinweg spielt hierbei eine wichtige Rolle. Die einzelnen Mitgliedsländer haben aufgrund ihrer naturräumlichen Voraussetzungen ganz unterschiedliche Möglichkeiten, erneuerbare Energien zu nutzen.*

1. a) Beschreiben Sie die Nutzung erneuerbarer Energien in Europa (M3, M8).
   b) Vergleichen Sie den Anteil der Energieträger am Strommix in den ausgewählten europäischen Ländern (M1, Atlas).
   c) Deutschland sieht sich oft als Vorreiter bei der Einführung erneuerbarer Energien. Beurteilen Sie diese Einschätzung.
2. Erläutern Sie das Potenzial für erneuerbare Energien an den Beispielen Spanien, Norwegen, Dänemark und Island.
3. „Der Verbund mit unseren europäischen Nachbarn wird für die ausreichende und zuverlässige Energieversorgung Deutschlands in Zukunft ganz besonders wichtig sein." Nehmen Sie Stellung zu dieser Aussage auch vor dem Hintergrund der Energiewende (M2, M4, M5, Atlas).
4. Nicht nur in Frankreich wird die Kernkraft als notwendige Technologie zur Umsetzung der Klimaschutzziele angesehen. Erörtern Sie diese Einstellung (M9).

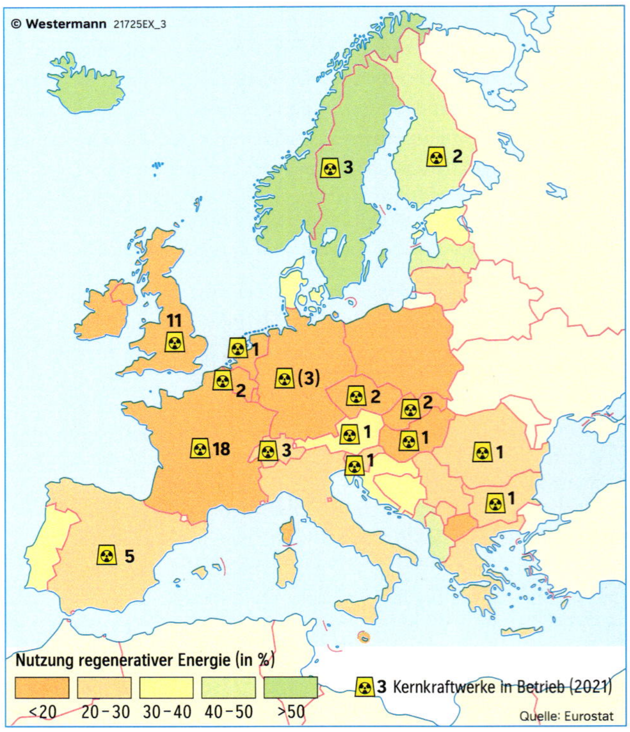

M3 Nutzung erneuerbarer Energien am Endenergieverbrauch (2020) sowie Anzahl der Atomkraftwerke (Stand 2021)

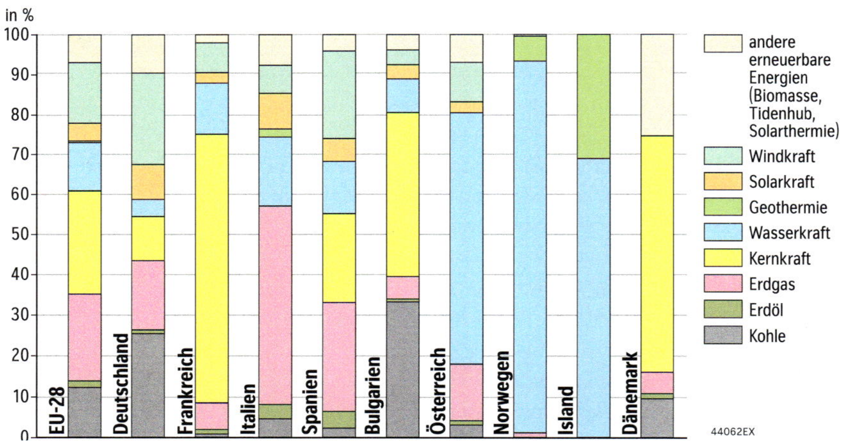

M1 Strommix in ausgewählten europäischen Ländern

	Import	Export	Saldo
Österreich	2,4	20,8	-18,4
Frankreich	8,4	14,9	-6,5
Luxemburg	0,1	4	-3,9
Schweiz	6,6	8,4	-1,8
Niederlande	4,7	6,4	-1,7
Belgien	2,7	3,5	-0,8
Tschechien	5,5	5,7	-0,2
Polen	3,7	1,9	1,8
Schweden	2,3	0,3	2,0
Norwegen	4,5	1,3	3,2
Dänemark	13,2	4,2	9,0
gesamt	54,1	71,4	-17,3

Quelle: Bundesnetzagentur

M4 Stromaustauschsaldo Deutschlands (in TWh, 2021)

Die Integration der europäischen Energieversorgung gilt vor allem für den Stromverbund des Hoch- und Höchstspannungsnetzes. Die Übertragungsnetze ermöglichen über weite Entfernungen einen grenzüberschreitenden Transport von Strom. Über das Verbundnetz UCTE („Union für die Koordinierung des Transports elektrischer Energie") wird Strom auf nationaler und internationaler Ebene übertragen und ausgetauscht. Die wichtigste Aufgabe sowohl der nationalen als auch internationalen Verbundnetze besteht darin, bei Unregelmäßigkeiten in den Netzen der jeweiligen Partner kurzfristig einzuspringen. So ist zum Beispiel beim Ausfall von mehreren Atomkraftwerken in Frankreich Ende 2021 das UCTE-Netz eingesprungen, ohne dass es einen Blackout gegeben hat. Das geschah in Sekundenschnelle.
Nationale Strommärkte profitieren zudem von der Möglichkeit des grenzüberschreitenden Stromhandels, da Unterschiede beim Verbrauch und der Erzeugung besser ausgeglichen werden können: Beispielsweise weht der Wind in Europa nicht immer überall gleich, andere Anlagen können dies aber ausgleichen. Auch treten Nachfragespitzen nicht immer gleichzeitig in Europa auf. Unverzichtbare Voraussetzungen hierfür sind zum einen hinreichend große Kraftwerkskapazitäten und zum anderen die Existenz von Verbundleitungen, die so ausgelegt sind, dass Übertragungsreserven vorliegen. Die für den Handel zur Verfügung stehende Übertragungskapazität und Netzinfrastruktur werden zwischen den Mitgliedstaaten der EU weiter ausgebaut, um die Vorteile des europäischen Stromhandels zu erschließen.
Insgesamt importierte Deutschland in den vergangenen Jahren weniger Strom aus Nachbarländern, als es in andere Länder exportierte. Seit 2002 ist der Stromaustauschsaldo negativ (M4); d. h., die Differenz zwischen Import und Export war seit 2002 immer negativ.

M2 Stromhandel im europäischen Verbundnetz

100800-066-01 schueler.diercke.de 100800-099-03 schueler.diercke.de

Wasserkraft bietet [eine] Form der Energiespeicherung, die in Verbund mit Norwegen bald in Deutschland eine wichtige Funktion einnehmen könnte. Diese indirekte Form der Speicherung beruht darauf, die Stromproduktion herkömmlicher Wasserkraftwerke auf die Stromproduktion erneuerbarer Energien abzustimmen, also ihre Produktion einzuschränken, solange genug Strom aus anderen Quellen verfügbar ist. Norwegens Stromversorgung beruht zum Großteil auf Wasserkraft, wobei in den Stauseen weit mehr Energie „gespeichert“ ist, als das kleine Land benötigt. Das Wasser wird einfach abgelassen, wenn kein Strom benötigt wird. Das Potenzial soll zukünftig ausgenutzt werden. [Seit 2021 ist] Norwegen über ein Hochspannungs-Gleichstromkabel (HGÜ*) mit einem deutschen HGÜ-Kabel – dem Nord-Link – miteinander verbunden [...], um einen Energieaustausch zu ermöglichen. Auf diese Weise lässt sich der Wasservorrat in Norwegen als eine Art indirekter Energiepuffer für Deutschland nutzen. Die Idee ist: Wenn in deutschen Kraftwerken mehr Strom als benötigt erzeugt wird, könnte dieser nach Norwegen fließen und dort den Wasserkraftstrom ersetzen. Umgekehrt, wenn in Deutschland ein erhöhter Strombedarf besteht, lassen die Norweger einfach Wasser ihrer Stauseen ab. Ihre Wasserkraftwerke erzeugen dann mehr Strom als normalerweise und liefern ihn über das unterseeische Kabel nach Deutschland. Vor allem dann, wenn hierzulande Fotovoltaik- und Windanlagen wenig Energie liefern.

Quelle: Gerhard Wagner: Energieversorgung und Klimaschutz in Deutschland. Diercke Spezial. Braunschweig: Westermann 2018. S.99

M5 Quellentext zum Nordlink

M6 Geothermiekraftwerk in Island. Auf der Vulkaninsel herrschen beste Bedingungen für Geothermie (200°C heißes Wasser bereits in ein bis zwei Kilometer Tiefe). Den Stromüberschuss des einwohnerarmen Landes nutzte man zunächst für die Ansiedlung einer energieintensiven Aluminiumindustrie, will Elektrizität aber zukünftig auch exportieren.

M7 Parabolrinnenkraftwerk Andasol bei Granada. Spanien besitzt als einziges EU-Land Kraftwerke, die die Wärme der Sonne als primäre Energiequelle nutzen (Solarthermie; im Gegensatz zur Fotovoltaik, die die Strahlung der Sonne direkt in elektrischen Strom wandelt).

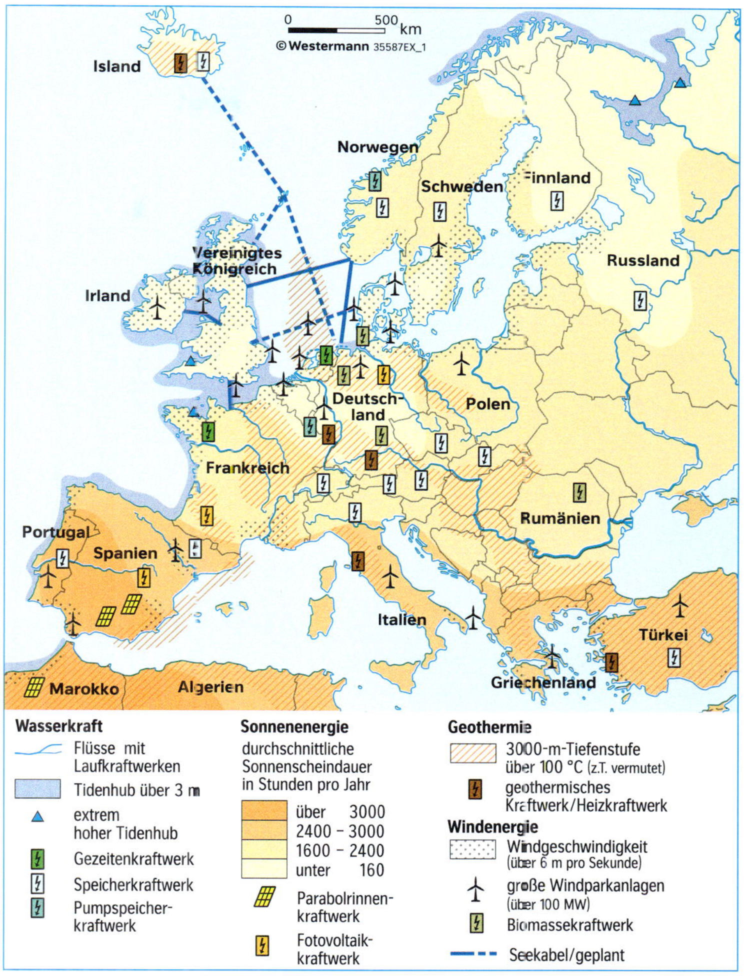

M8 Erneuerbare Energien in Europa

Die Atomenergie gilt eigentlich als Auslaufmodell, bekommt nun in der Debatte über steigende Energiepreise und die Umsetzung der EU-Klimaschutzziele aber wieder neue Aufmerksamkeit. Die EU-Kommission hat jetzt bekannt gegeben, Atomenergie als „grüne“ Art der Energieerzeugung einstufen zu wollen. Falls die EU-Kommission diesen Plan tatsächlich umsetzen würde, käme das einer Empfehlung an die Finanzmärkte gleich, in Atomanlagen zu investieren. Treibende Kraft hinter dem Vorstoß ist Frankreich, das traditionell stark auf Kernkraft setzt. [...] Investitionen in neue Kernkraftwerke sollen nach den Plänen der EU-Kommission dann als grün klassifiziert werden können, wenn die Anlagen neuesten technischen Standards entsprechen. [...] Zugleich müssen die Betreiber einen konkreten Plan für den Betrieb einer Entsorgungsanlage für hoch radioaktive Abfälle ab spätestens 2050 vorlegen. [...]
Auf dem EU-Gipfel argumentierten mehrere Länder damit, dass sie das Erreichen der Klimaschutzziele, im ersten Schritt ein Absenken des CO_2-Ausstoßes bis 2030 um mindestens 55 Prozent im Vergleich zu 1990, nicht ohne Atomenergie bewältigen könnten. Polen etwa, das 70 Prozent seines Stroms mit Kohle produziert, kann nach einem Kohleausstieg nicht so schnell auf erneuerbare Energien umstellen. [...] Auch Tschechien, Bulgarien oder Rumänien wollen vorerst an der Atomkraft festhalten. [...] Die Gegner von „grünem Atomstrom“ sind innerhalb der EU in der Mehrzahl – Widerstand kommt vor allem aus Deutschland und Österreich, aber auch aus Dänemark, Spanien, Portugal, Griechenland und den baltischen Ländern.

Quelle: Kernenergie in der EU. Deutschlandfunk 9.1.2022

M9 Quellentext zum Einsatz von Atomenergie

2.13 Klausurtraining

Erneuter Strukturwandel in der Automobilindustrie

1. Beschreiben Sie die räumliche Struktur der neuen E-Automobilindustrie in Deutschland.
2. Erklären Sie die Veränderungen bei der Herstellung von E-Autos und in der Wertschöpfungskette gegenüber den Fahrzeugen mit Verbrennungsmotor (siehe auch Kap. 2.5).
3. Erläutern Sie die zentralen Punkte des Strukturwandels in der Automobilindustrie.
4. Die deutsche Automobilindustrie steht vor der größten Herausforderung in ihrer Geschichte. Nehmen Sie Stellung.

[Die Robert Bosch GmbH mit 395 000 Mitarbeitern (132 000 in Deutschland) weltweit ist der größte Autozulieferer der Welt. Die Automobilsparte trug 2020 59 Prozent zum Konzernumsatz bei (zehn Fertigungsstandorte in Deutschland). Etwa 80 000 Arbeitsplätze im Unternehmen hängen am Verbrennungsmotor.]
Seit Generationen musste Bosch nicht mehr so um seine dominierende Rolle in der Autoindustrie kämpfen wie heute. Der Konzern ist ein Riese im Geschäft mit Fahrzeugen, die ein Diesel- oder Benzinaggregat unter der Motorhaube haben. Doch die werden zum Auslaufmodell. In der EU dürfen ab 2035 aus Klimaschutzgründen nur noch emissionsfreie Neuwagen verkauft werden. Die Zukunft gehört dem elektrischen Antrieb. Es ist der größte Umbruch in der Geschichte der Autoindustrie [...] und er trifft Bosch mit voller Wucht. [...] Es werden neue Arbeitsplätze geschaffen, aber auch viele alte verschwinden. „Wenn wir in der Automobiltechnik vom Verbrennungsmotor auf den Elektromotor wechseln, dann ist das mit weniger Wertschöpfung verbunden, und das heißt auch: mit weniger Arbeitsplätzen", sagt [Konzernchef Stefan Hartung]. „Wenn wir bei Bosch zehn Leute brauchen, um den Markt mit Dieseltechnologie zu versorgen, dann brauchen wir für dieselbe Aufgabe in der Elektromobilität einen Mitarbeiter."

Quelle: Marcus Theurer: Der Hoffnungsträger. Frankfurter Allgemeine Sonntagszeitung 12.12.2021

M2 Quellentext zum Automobilzulieferer Bosch

Komponente	BEV	HEV/PHEV	FCEV
Verbrennungsmotor	entfällt	modifiziert	entfällt
Starter, Lichtmaschine	entfällt	modifiziert	entfällt
Abgasanlage	entfällt	modifiziert	modifiziert/ entfällt
Kraftstoffversorgung	entfällt	modifiziert	stark modifiziert/ entfällt
Getriebe	modifiziert/ entfällt	modifiziert	modifiziert/ entfällt
Elektromaschine	neu	neu	neu
Batteriesysteme	neu	neu	neu
Leistungselektronik	neu	neu	neu
Brennstoffzellen-System	nicht vorhanden	nicht vorhanden	neu
Wasserstoffdrucktank	nicht vorhanden	nicht vorhanden	neu

BEV= Battery Electric Vehicle, Fahrzeug mit ausschließlich elektrischer Energiequelle und einer Batterie
HEV/PHEV = (Plug-In) Hybrid Vehicle, Fahrzeug mit Verbrennungs- und einem batteriebetriebenen Elektromotor (bei Plug-In: Aufladung am Stromnetz)
FCEV= Fuel Cell Electric Vehicle, Brennstoffzellenfahrzeug (Erzeugung elektrischer Energie aus Wasserstoff)

M1 Veränderungen der Komponenten des Antriebsstrangs bei alternativen Antrieben gegenüber dem Verbrennungsmotor

M3 Standorte der E-Automobilität in Deutschland (Stand 2021)

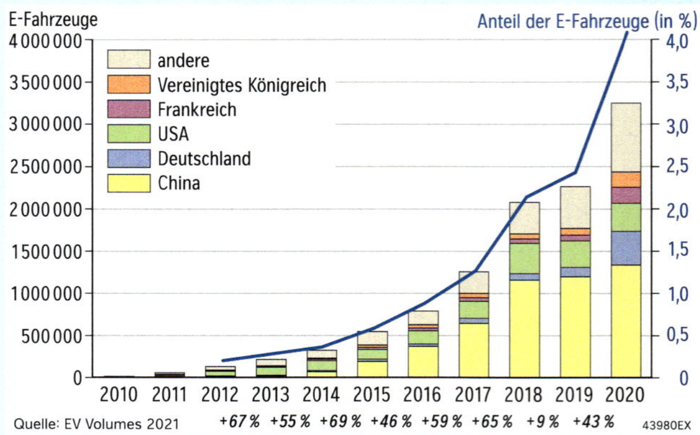

M4 Neuzulassungen von BEV und PHEV weltweit (2010 – 2020)

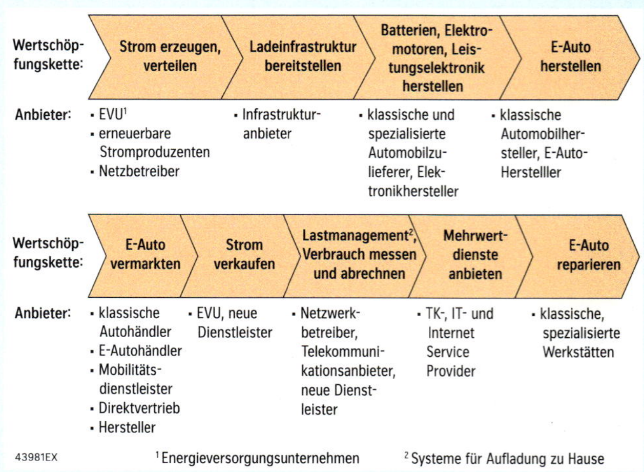

M5 Elektromobile Wertschöpfungskette

Die Automobilindustrie befindet sich in einem tiefgreifenden Wandel. [...] Der Einsatz von erneuerbaren Energien mittels der Elektrifizierung des Fahrzeugantriebs stellt ein zentrales Handlungsfeld zur Dekarbonisierung des Straßenverkehrs dar. Marktbeobachtungen lassen erwarten, dass bis 2030 in allen großen Märkten Produktion und Nutzung elektrischer Fahrzeuge im Massenmaßstab stattfinden und in den kommenden Jahrzehnten dominierend sein werden.
Die Digitalisierung bedeutet für die Fahrzeughersteller und Zulieferer eine umfassende Veränderung der Entwicklungs- und Produktionsprozesse und für die Mitarbeiterschaft einen starken Wandel der notwendigen Qualifikationen. Gleichzeitig sind im Kontext neuer Mobilitätsangebote Veränderungen in der Bedeutung heutiger Marktakteure und ihrer Produkte zu erwarten.
Die globalen Verschiebungen in der Fahrzeugnachfrage bleiben nicht ohne Konsequenzen für die geografische Verteilung der Produktionsstätten und der Hersteller mit unterschiedlichen regionalen Schwerpunkten. Insbesondere die weitere Entwicklung des chinesischen Markts und die dort vorherrschenden Rahmenbedingungen sind für die Automobilindustrie weltweit bedeutsam.
Die Fahrzeughersteller, das automobile Produktionsnetzwerk und die Volkswirtschaft als Ganzes sind betroffen und sehen sich mit unterschiedlichen Facetten des Wandels konfrontiert. Die heimischen Automobilhersteller zeichnen sich zwar durch eine große Innovationsstärke und eine hohe Kompetenz in Produktionsprozessen aus, die Industrialisierung von Elektrofahrzeugen ist jedoch im internationalen Vergleich noch schwach. Die zunehmende Präsenz von neuen Mobilitätsplayern und die Integration digitaler Dienste verschaffen den Herstellern zusätzliche Konkurrenz in neuen Geschäftsfeldern. [...]
Während sich die volkswirtschaftlichen Effekte, mit dem Blick auf Deutschland, gemessen an der Gesamtwirtschaft in Grenzen halten werden, können insbesondere für monostrukturell geprägte Regionen beträchtliche Folgen entstehen. Die starke Verknüpfung der Automobilindustrie mit anderen Branchen kann die Folgen des Strukturwandels dabei sowohl dämpfen als auch verstärken.
Um den Entwicklungen im Bereich der Elektrifizierung als auch im Bereich der Digitalisierung aktiv zu begegnen, sind große und zeitlich gebündelte Investitionen durch Fahrzeughersteller und Zulieferer bei gleichzeitig unsichereren zukünftigen Margen notwendig. Durch die deutliche internationale Ausrichtung ist die deutsche Automobilindustrie zudem verstärkt abhängig von Entwicklungen in wichtigen Absatzländern.
Quelle: Anna Grimm, Claus Doll, Florian Hacker, Lukas Minnich: Nachhaltige Automobilwirtschaft – Strategien für eine erfolgreiche Transformation. Karlsruhe: Fraunhofer ISI 19/2020, S. 3–4

M6 Quellentext zum Strukturwandel in der Automobilindustrie

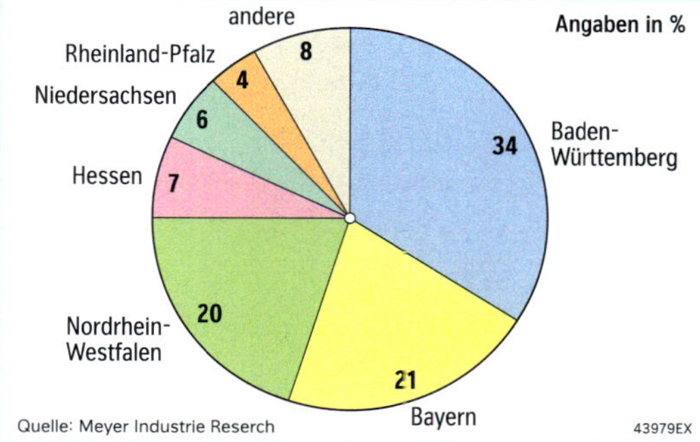

M7 Standorte der wichtigsten Zulieferer der Elektromobilität in Deutschland (2020)

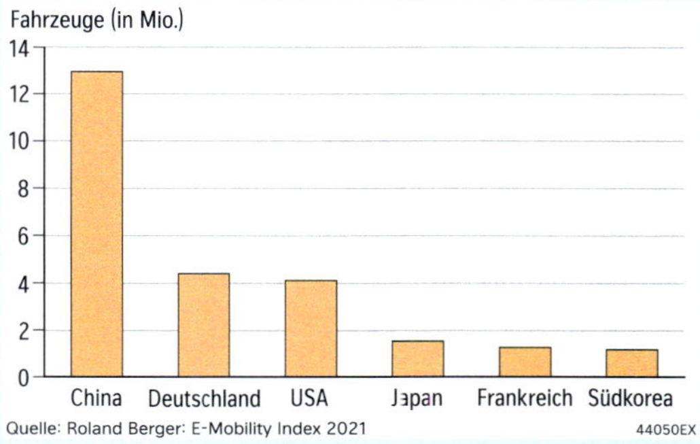

M8 Weltweite BEV-Produktion (2018–2023, geplant)

Die Transformation stellt [...] eine große Herausforderung für die derzeit 130 000 Beschäftigten im Antriebsstrang der Automobilzulieferer dar. Europa und Deutschland müssen Unternehmen im Transformationsprozess und insbesondere bei Qualifizierungsmaßnahmen unterstützen, damit möglichst viele Arbeitnehmer ihren Arbeitsplatz in der Branche behalten. Nur eine sozial gestaltete Transformation kann langfristig erfolgreich sein – damit Deutschland dann das Autoland Europas bleibt.

M9 Zitat von Hildegard Müller, Präsidentin des Verbandes der Automobilindustrie (2021)

Texte kritisch auswerten und mit anderen Materialien verknüpfen

Texte gehören fast immer zu den Materialien einer Klausur, seien es Fachtexte oder Texte aus Zeitungen und Zeitschriften. Sie geben wichtige Basisinformationen und vermitteln Meinungen des Autoren/der Autorin oder von zitierten Experten. Neutrale Informationen und Meinungen auseinanderzuhalten, ist nicht immer ganz einfach.

Sie sollten sich bei der Auswertung eines Textes daher immer fragen:
- Um welche Textsorte handelt es sich (Nachricht, Lexikoneintrag, Artikel einer Fachzeitschrift, Zeitungskommentar, Interview ...)?
- Werden neben Sachaussagen auch Meinungen und Wertungen deutlich?
- Was ist die Position des Autors/der Autorin? Welche Absicht verfolgt der Text?
- Sind die Quellen nachprüfbar/aktuell?
- Ist die Argumentation logisch und ohne Brüche?

Grundbedingung für jede Beschäftigung mit Texten ist genaues Lesen:
- Gewinnen Sie zunächst einen Überblick über die vermittelten Inhalte.
- Klären Sie Ihnen nicht bekannte Termini (am Anfang der Klausur, weil dann Ihr/Ihre Lehrer/-in Ihnen noch helfen kann und will).
- Beginnen Sie nun mit der eigentlichen Textauswertung. Diese muss natürlich immer auch unter Berücksichtigung der Klausuraufgaben und der verwendeten Operatoren erfolgen.

Folgende Aspekte sollten Sie dabei beachten:
1. Schritt: Klärung von Autor und Thema (Autor, Medium, Adressat, Datum der Veröffentlichung, Textsorte, Raum-, Zeitbezug, zentrales Thema?)

2. Schritt: Herausarbeitung zentraler Begriffe und Kernaussagen (Gliederung des Textes, Schlüsselbegriffe, Kernaussagen, sachliche Argumentation, Wertungen/Meinungen)

3. Schritt: Einordnung in einen größeren Zusammenhang und Verknüpfung mit den anderen Materialien

4. Schritt: Bewertung und Fazit des Textes (Ziele, Information, Meinung, Einstufung des Textes im Hinblick auf mein Fachwissen)

Zusammenfassung

Strukturwandel
Wie in anderen Industrieländern haben sich auch in Deutschland die wirtschaftliche Leistung und die Beschäftigung immer mehr vom primären Sektor (Landwirtschaft) über den sekundären Sektor (Industrie) in den tertiären Sektor (Dienstleistungen) verlagert. Dieser intersektorale ist oft begleitet von einem regionalen Strukturwandel. So schrumpften in Wirtschaftsräumen wie dem Ruhrgebiet oder Nordengland Branchen, die sie zuvor stark geprägt hatten (Montanindustrie). Mit großem Aufwand wird versucht, hier moderne Dienstleistungs- und Hightechbranchen anzusiedeln.
Dabei ist zu beobachten, dass bei der Standortentscheidung von Unternehmen heute neben harten immer stärker auch weiche Standortfaktoren eine wichtige Rolle spielen. Insbesondere durch bahnbrechende technische Innovationen, neue Formen der Unternehmens-, Produktions- und Arbeitsorganisation, aber auch durch die zunehmende Globalisierung (Neuerungen bei Verkehr und Kommunikation) kam es innerhalb des Industriesektors zu tiefgreifenden Veränderungen (intrasektoraler Strukturwandel). Heute ist vor allem in der Automobilindustrie mit der Umstellung auf die Elektroautos solch eine Entwicklung zu beobachten.

Global Player, Hidden Champions und Cluster
Eine weitere Folge der Globalisierung ist die Verlagerung der Produktion auch vieler deutscher Unternehmen ins Ausland. Die Gründe hierfür sind günstige Arbeitskosten, aber auch die Nähe zu wichtigen Absatzmärkten. Diese Entwicklung ist nicht nur bei großen Konzernen (Global Playern), sondern auch bei mittelständigen Unternehmen (Hidden Champions) zu beobachten, die in Deutschlands Exportwirtschaft eine besondere Rolle spielen.
Innerhalb bestimmter Wirtschaftszweige kommt es vermehrt zu einer räumlichen Konzentration miteinander verbundener Unternehmen, Zulieferer, Dienstleister und Institutionen (Universitäten, Forschungseinrichtungen, Behörden, Banken, Branchenverbänden etc.). Von solchen Clustern erhoffen sich die Unternehmen eine weitere Erhöhung ihrer Produktivität und Konkurrenzfähigkeit.

Energiewende
Deutschlands Primärenergieversorgung beruhte lange Zeit auf fossilen Energieträgern: Kohle (Stromgewinnung), Erdöl (Mobilität) und Erdgas (Heizen). Um die selbst gesteckten und international vereinbarten Klimaschutzziele zu erreichen und bei gleichzeitiger Abkehr von der Nutzung der Atomenergie wurde eine radikale Energiewende beschlossen: Schließung aller Kernkraftwerke und mittelfristig auch Ausstieg aus den konventionellen Kohle- und Gaskraftwerken. Dafür muss die Versorgung mit erneuerbarer Energie stark ausgebaut werden. Ihr Anteil an der Stromversorgung ist bereits erheblich, aber auch die anderen Sektoren wie Gebäude, Verkehr und Industrie müssen umgestellt werden, um eine spürbare Verminderung der Treibhausgasemissionen zu erreichen und wie geplant spätestens 2045 klimaneutral zu sein.

Fossile Energieträger und erneuerbare Energien
Bei den fossilen Energieträgern (außer Braunkohle) ist Deutschland aufgrund geringer Förderung bei allerdings auch nur geringen Vorkommen abhängig von Importen. Ein Problem ist dies vor allem beim Erdgas, das noch verheizt wird und bei der Elektrizitätsgewinnung als Übergangstechnologie dienen soll. Deutschland bezieht Erdgas von wenigen Ländern per Pipeline.
Auch die Umstellung auf die erneuerbaren Energien – vor allem Biomasse, Wind- und Sonnenenergie sowie Wasserkraft – ist mit zahlreichen Herausforderungen verbunden. Sie muss begleitet sein vom Umbau der Netzinfrastruktur und vom Aufbau von Speicherkapazitäten, um Wetterabhängigkeit und die große Entfernung der Erzeugung vom Verbrauch zu überwinden. Eine europäische Verbundlösung unter Einbeziehung von Parabolrinnenkraftwerken in den sonnenscheinreichen südlichen Ländern, der Geothermie aus Island und den Pumpspeicherwerken in Norwegen könnte einen wichtigen Beitrag leisten.
Viele Experten gehen davon aus, dass die Energiewende nur über die Elektrifizierung des Energieverbrauchs und dem Aufbau einer Wasserstoffwirtschaft möglich sein wird. Aus erneuerbaren Energien per Elektrolyse hergestellter „grüner" Wasserstoff übernimmt dabei die Funktion des Speichers und Transportmittels.

Weiterführende Literatur und Internetlinks

Wirtschaft und Industrie

Geographische Rundschau
- Globale Wertschöpfungsketten 12/2021
- Das Rhein-Main-Gebiet 9/2021
- Geographie der Energiewende 11/2016
- Rohstoffversorgung Deutschlands 9/2016
- Automobilität 6/2013
- Erneuerung altindustrieller Räume 2/2010

Winfried Hoppe et al.: Das Ruhrgebiet im Strukturwandel. Diercke spezial
Braunschweig: Westermann 2016

Gerhard Palme, Robert Musil: Wirtschaftsgeographie. Das Geographische Seminar
Braunschweig: Westermann 2012

Elmar Kulke: Wirtschaftsgeographie
Paderborn: Schöningh 2017

Gesamtverband Textil + Mode
- www.textil-mode.de

Cleaner Production Germany
- www.cleaner-production.de

Verband der Automobilindustrie
- www.vda.de

Bundesverband E-Mobilität
- www.bem-ev.de

Greater Manchester
- www.greatermanchester-ca.gov.uk

Clusterplattform Deutschland
- www.clusterplattform.de

ESCA
- www.cluster-analysis.org

Germany Trade & Invest
Außenwirtschaftsagentur
- www.gtai.de

Eurostat: Handelsstatistik
- ec.europa.eu/eurostat/de/web/euro-indicators/international-trade

Energie

Geographische Rundschau
- Geographie der Energiewende 11/2016
- Rohstoffversorgung Deutschlands 9/2016
- Energiewende in Deutschland 1/2013

Gerhard Wagner: Energieversorgung und Klimaschutz in Deutschland. Diercke Spezial
Braunschweig: Westermann 2018

Bundeswirtschaftsministerium
Dossiers zu den Themen erneuerbare Energien, Energiewende, -effizienz
- www.bmwi.de/Redaktion/DE/Dossier/energiewende.html

Bundesanstalt für Geowissenschaften und Rohstoffe (BGR)
- www.bgr.bund.de
Energiestudie 2019, Deutschland – Rohstoffsituation 2020

Agora Energiewende
Denkfabrik für Energiepolitik
- www.agora-energiewende.de

Statistiken zu Energieträgern

AG Energiebilanzen e. V.
- www.ag-energiebilanzen.de

International Energy Agency
- www.iea.org

BP Statistical Review of Energy
- www.bp.com/en/global

European Enviroment Agency
- www.eea.europa.eu/themes/energy

3 LANDWIRTSCHAFT UND UMWELT

Traktor sät Mais auf einem Feld in Süddeutschland.

3.1 Vom Bauernhof zum Agrarbetrieb

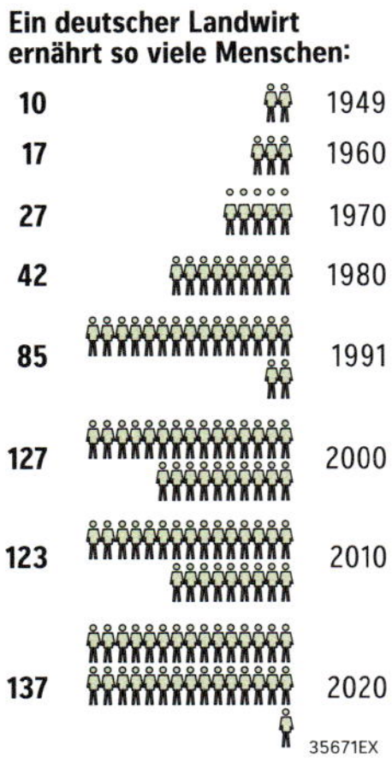

M1 Wandel in der Landwirtschaft

Die Landwirtschaft in Deutschland hat in den vergangenen Jahrzehnten eine starke Veränderung erfahren. Jahrhundertelang versorgten sich die Bauern selbst (Subsistenzwirtschaft) und vielleicht noch die Bevölkerung der nächsten Stadt. Viele kleine Bauernhöfe waren reine Familienbetriebe, einige hatten Knechte und Mägde. Vor allem in Nord- und Ostdeutschland gab es auch größere landwirtschaftliche Betriebe mit angestellten Landarbeitern (Hofgüter). Bei den meisten Bauernhöfen handelte es sich um Mischbetriebe, die unterschiedliche Feldfrüchte anbauten und verschiedene Tiere hielten. Die Produktion war extrem arbeitsintensiv und die Bauern mussten alle Arbeitsschritte vom Säen über das Ernten bis zur Lagerung und Haltbarmachung selbst beherrschen. Dazu kamen die Tierhaltung und die Instandhaltung von Geräten und Gebäuden.

Wandel landwirtschaftlicher Produktion

Moderne Agrarbetriebe haben damit nicht mehr viel gemein. Sie sind hoch spezialisiert, mechanisiert, und viele Arbeitsschritte, die früher auf einem Hof gebündelt waren, sind jetzt in vor- und nachgelagerte Branchen (Kap. 3.3.) oder an anders spezialisierte Betriebe ausgelagert worden (z. B. die Saatgutproduktion oder die Mast von Schweinen oder Rindern). Innovationen* in den Bereichen Maschinen und Technik, Dünger, Saatgut, Züchtung sowie Anbau- und Tierhaltungsverfahren haben wesentlich dazu beigetragen, die Produktivität zu erhöhen (Kap. 3.2). Auch die betriebswirtschaftliche Seite der Landwirtschaft ist immer komplexer geworden. Um durch den Dschungel von Finanzierungsmodellen, Versicherungen, nationalen und europäischen Subventionen und Verordnungen zu finden und möglichst rentabel zu wirtschaften, brauchen Landwirte oft externe Beratung (Kap. 3.4). Die stete Abnahme der Anzahl der Bauernhöfe in Deutschland bei gleichzeitiger Zunahme der Betriebsgrößen und der Anzahl der Nebenerwerbsbetriebe zeigt deutlich einen Konzentrationsprozess an.

Die Industrialisierung in der Landwirtschaft hat tiefgreifende Konsequenzen in Bezug auf Umweltbelastung, Gefährdung des Tierwohls und Reduzierung der Biodiversität*. Eine zunehmend wichtige Rolle spielt – zum Teil in Reaktion darauf – der Ökolandbau*, dessen Prinzipien auf nachhaltiges Wirtschaften im Einklang mit der Natur abzielen (Kap. 3.5, 3.6).

M5 Bauernhof in Sachsen um 1900

M2 Moderner Agrarbetrieb in Norddeutschland

	1900	1950[1]	2020
Landwirtschaftliche Nutzfläche je Einw. (in ha)	0,63	0,29	0,20
Erwerbstätigenanteil der Landwirtschaft	38,2 %	24,3 %	1,3 %
Anteil der Landwirtschaft an der Bruttowertschöpfung	29,0 %	11,3 %	0,8 %
Arbeitskräftebesatz (in AK/100 ha)	30,6	29,2	2,9

Quelle: Statistisches Bundesamt [1] früheres Bundesgebiet, AK = Arbeitskräfte

M3 Landwirtschaft in Deutschland im Jahrhundertvergleich

Bedeutungswandel der Landwirtschaft

Parallel zur Produktivitätssteigerung und der Veränderung der Agrarstrukturen fand auch ein Bedeutungswandel der Landwirtschaft statt. Zwar bildet die landwirtschaftliche Produktion die Basis für die Ernährung der Bevölkerung, liefert zahlreiche Grundstoffe für die Industrie und trägt zunehmend zur Produktion erneuerbarer Energien* bei. Die Anzahl der Beschäftigten in der Landwirtschaft ist jedoch verschwindend gering, ebenso wie ihr Anteil an der deutschen Wirtschaftsleistung. Auf der anderen Seite sind weite Teile Deutschlands landwirtschaftlich genutzt und die Produktionsmengen beeindruckend. Einerseits ist Deutschland drittgrößter Agrarexporteur der Welt, andererseits müssen bestimmte Agrarprodukte eingeführt werden. Aufgrund der (internationalen) Konkurrenz und der Preisvorstellungen der Konsumenten existiert seit Jahren ein hoher Preisdruck bei den Erzeugern. Gleichzeitig steigt auch die Nachfrage nach ökologisch und/oder regional erzeugten Produkten stetig an.

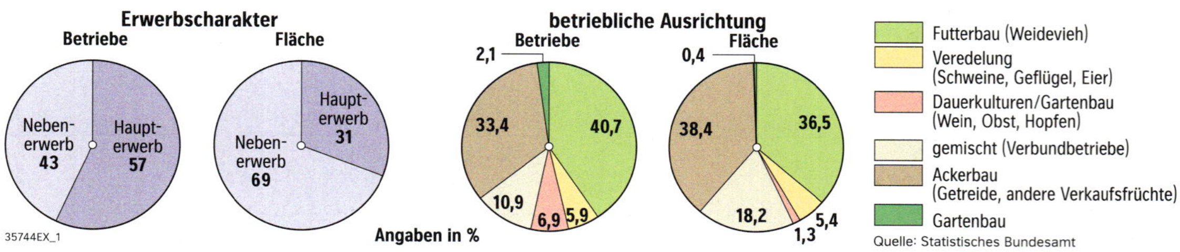

M4 Landwirtschaftliche Betriebe nach Erwerbscharakter und betrieblicher Ausrichtung (2020)

	Produktionsmenge		Produktionsmenge
Milch	30,6 Mio. t	Zuckerrüben	22,6 Mio. t
Rindfleisch	1,1 Mio. t	Kartoffeln	11,7 Mio. t
Schweinefleisch	5,1 Mio. t	Raps	3,5 Mio. t
Geflügelfleisch	1,6 Mio. t	Gemüse	3,2 Mio. t
Eier	15,4 Mrd.	Obst	1,5 Mio. t
Silomais	97,5 Mio. t	Wein	850 Mio. l
Getreide	43,3 Mio. t	Fisch	0,2 Mio. t

Beispiel Milch: 30,6 Mio. t entsprechen circa 30,1 Mio. m³. Ein Milchsammelwagen, der von Hof zu Hof fährt, die Milch abholt und zur Molkerei bringt, fasst circa 15 m³ Milch. Man bräuchte also 2 Mio. Sammelwagenfüllungen, um alle Milch zu transportieren. Geht man davon aus, dass ein Sammelwagen 10 m lang ist, gäbe das eine Autoschlange von 20000 km. Der Erdumfang ist 40000 km. Die Schlange würde also gut halb um die Erde reichen.

Beispiel Eier: Pro Jahr werden in Deutschland 15,4 Mrd. Eier gelegt. Das sind pro Tag 42,2 Mio. Stück, 1,6 Millionen pro Stunde, pro Minute 27000, pro Sekunde 444 Stück.

M6 Landwirtschaftliche Produktionsmengen in Deutschland (2020)

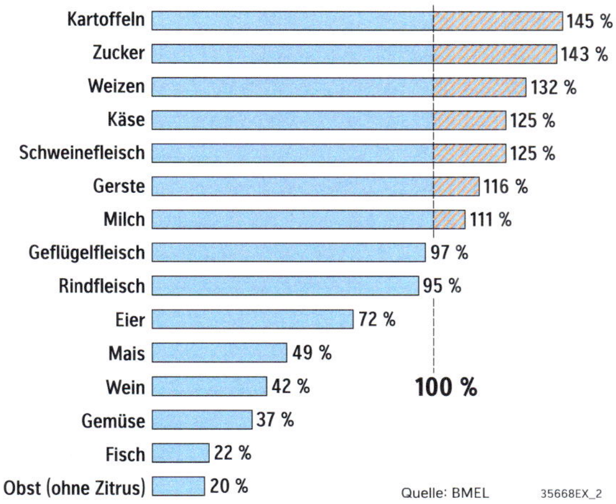

M7 Durchschnittlicher Selbstversorgungsgrad Deutschlands bei ausgewählten Produkten (2020)

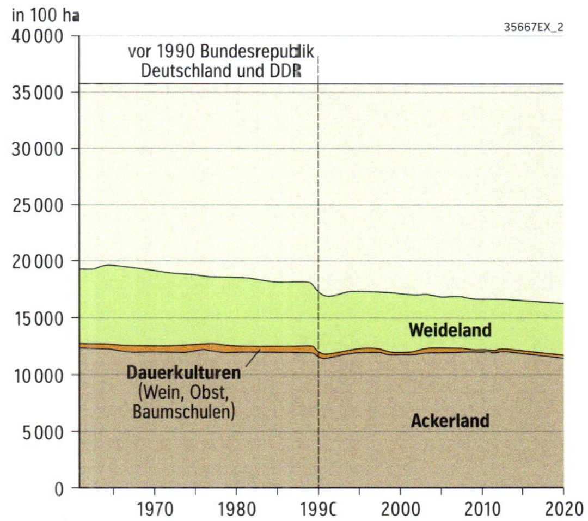

M10 Agrarische Landnutzung in Deutschland (1960 – 2020)

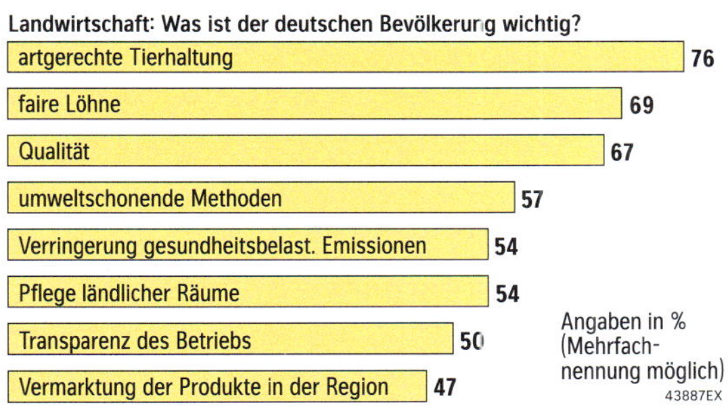

M8 Anforderungen der Bevölkerung an eine moderne Landwirtschaft – Ergebnis einer Befragung 2021

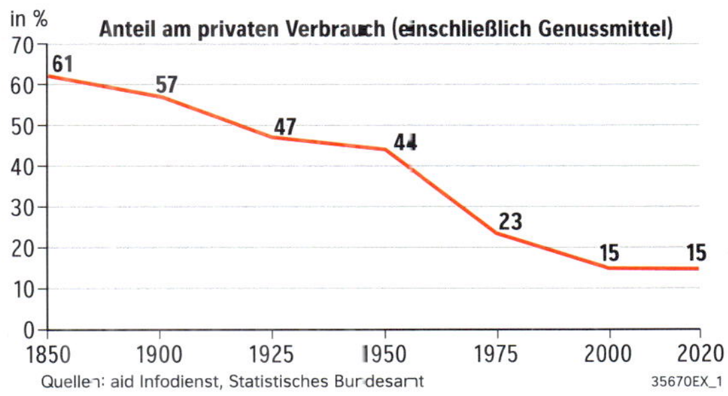

M11 Entwicklung des Anteils der Ausgaben für Nahrungsmittel am gesamten privaten Verbrauch

M9 Ferkelaufzucht mit Futterautomaten

M12 Fleischtheke im Supermarkt

1. Fassen Sie den Strukturwandel in der deutschen Landwirtschaft zusammen (M1, M3, M6, M10).
2. Die Landwirtschaft in Deutschland ist sehr produktiv. Illustrieren Sie eine weitere Produktionszahl aus M6.
3. Erläutern Sie den Erwerbscharakter und die betriebliche Ausrichtung landwirtschaftlicher Betriebe (M4).
4. Erörtern Sie die Haltung moderner Konsumenten zu Landwirtschaft und Ernährung (M3, M9, M11, M12).

100800-056-01 schueler.diercke.de
100800-058-01 schueler.diercke.de

3.2 Strukturwandel in der Landwirtschaft

Die Produktivitätssteigerungen in der deutschen Landwirtschaft sind Folge eines tiefgreifenden Strukturwandels. Die damit verbundenen Kosten etwa für Technik, Dünge- und Pflanzenschutzmittel oder zugekauftes Tierfutter waren allerdings keineswegs von steigenden Erlösen begleitet. Vielmehr fielen die Preise für viele Agrarprodukte. Hieraus resultierte quasi ein Zwang zum Größenwachstum der Höfe, der unter der Bezeichnung „Wachsen oder Weichen" bekannt wurde.

1. Beschreiben Sie Produktivitätssteigerungen in der Landwirtschaft in Deutschland (M1, M2, M4, M7).
2. Erläutern Sie mithilfe von Materialien in Kap. 3.1 und 3.2 die Hauptmerkmale des landwirtschaftlichen Strukturwandels hinsichtlich a) Mechanisierung und b) Intensivierung in der Landwirtschaft.
3. Erörtern Sie die ökologischen, ökonomischen und sozialen Folgen dieser Entwicklungen.
4. a) Erläutern Sie die Entwicklung in der Landwirtschaft, die man als „Wachsen oder Weichen" bezeichnen kann.
   b) Erklären Sie in diesem Kontext die Veränderung der Betriebsgrößenstruktur in Deutschland (M3, M9).
   ⓩ c) Vergleichen Sie die Agrarstruktur in den neuen und alten Bundesländern (M3, S. 6: M1).
   d) Erörtern Sie die Alternativen, die Landwirte heute haben, um Einkommen zu erwirtschaften (M8, M12, Atlas).
5. Analysieren Sie die Einbindung der Landwirtschaft in die Wertschöpfungskette in Deutschland (M8, M10, M11, Atlas).
6. Beurteilen Sie die These „Verdient wird nicht in der Landwirtschaft, sondern an der Landwirtschaft" (M8, M10, M11, M12).

	1898–1902	1950–1955[1]	2015–2020
Weizen	18,5	27,4	78,2
Roggen	14,9	23,8	55,2
Kartoffeln	129,8	217,3	428,3
Zuckerrüben	276,8	344,9	741,5

[1] früheres Bundesgebiet Quelle: Statistisches Bundesamt

M1 **Produktivität im Pflanzenbau (in 100 kg/ha/Jahr)**

	um 1900	um 1950[1]	2020
Milchleistung (in kg/Kuh)	2165	2480	8400
Legeleistung (Eier/Henne)	k. A.	120	301
Rinder (durchschnittliches Schlachtgewicht in kg)	248	254	333
Schweine (durchschnittliches Schlachtgewicht in kg)	91	100	96
Schweine: Alter bei Erreichen des Schlachtgewichts	11 Monate	k.A.	6 Monate

[1] früheres Bundesgebiet Quelle: Statistisches Bundesamt

M2 **Produktivität in der Tierhaltung**

	1949	1960	1970	1980	1985
BRD (bis 1990)	14,0	14,7	17,1	21,3	22,9
	1995	2003	2010	2016	2020
alte BL	42,8	52,7	61,3	66,3	68,6
neue BL	273,2	249,6	249,1	245,7	241,9

BL = Bundesländer Quelle: Statistisches Bundesamt

M3 **Durchschnittsgröße je Betrieb (in ha; ab 5 ha Größe)**

Moderne Kühe sind so gezüchtet, dass sie enorme Mengen an Milch geben können. Der weit überwiegende Teil der Milchkühe in Deutschland wird in offenen Laufställen gehalten. Die Kühe sind nicht angebunden, sondern können sich frei bewegen (M3, S. 66). So können sie zwischen Liegeboxen mit Einstreu, Futterplätzen und Tränken hin und her wechseln und – als Herdentiere – in Kontakt mit den anderen Tieren kommen. Ob Milchkühe Zeit auf der Weide verbringen, ist regional unterschiedlich und hängt oft auch von der Betriebsgröße ab. Auf kleinen und mittelgroßen Höfen (bis 200 Kühe) haben über ein Drittel der Kühe regelmäßig Weidegang, bei großen Höfen sind es unter zehn Prozent. Milch, die als „Weidemilch" vermarktet wird, stammt von Kühen, die an mindestens 120 Tagen im Jahr mindestens sechs Stunden auf der Weide waren.
Mit der „traditionellen Nahrung" der Kühe – Gras und Heu – könnten die heute üblichen Milchleistungen nicht erreicht werden. Die Nahrung muss um Kraftfutter ergänzt werden. Die Kühe sind mit einem Transponder ausgestattet, der am Kraftfutterstand ausgelesen wird. Je nach Milchleistung wird die Kuh mit energie- und eiweißreichem Kraftfutter – Mais- und Sojaschrot – versorgt. Darüber hinaus können über den Transponder und andere im Stall oder an der Kuh angebrachte Sensoren noch viel mehr Informationen ausgelesen werden.
Das Melken geschieht immer seltener mit herkömmlichen Melkmaschinen, sondern immer öfter durch vollautomatische Melkroboter. So können die Kühe selbst entscheiden, wann sie gemolken werden wollen. Die Messergebnisse kann sich der Bauer, wenn er technisch auf dem neuesten Stand ist, direkt auf das Handy schicken lassen. Die technischen Errungenschaften machen die Milchproduktion effizienter, sind aber auch mit erheblichen Investitionen verbunden und rechnen sich daher nur bei großen Herden. Die Zuchterfolge und die intensive Milchproduktion haben außerdem auch negative Folgen: Da Kuhmägen nicht auf Kraftfutter ausgelegt sind und die Kühe intensiv „genutzt" werden, haben Krankheiten zugenommen, werden die Kühe früher unfruchtbar und hat sich die Lebensdauer der Kühe deutlich verkürzt. Erst in den letzten Jahren versuchten einige Züchter, auch die Lebensmilchleistung der Kuh zu verbessern – weniger Milch pro Jahr, aber mehr Milch pro Kuh. Durch die einseitige Zucht auf maximale Milchleistung setzen die Tiere zudem kaum noch Fleisch an. Die Aufzucht männlicher Kälbchen von Milchkühen ist daher kaum rentabel. Einen neuen Weg geht die „muttergebundene Kälberaufzucht", bei der die Kälber nicht, wie sonst üblich, kurz nach der Geburt von der Mutter getrennt werden, sondern die ersten Monate bei dieser bleiben. So wird mehr artgerechtes Verhalten von Kuh und Kalb ermöglicht.

M4 **Moderne Rinderzucht und -haltung**

M5 **Melkroboter**

100800-056-01 schueler.diercke.de
100800-056-03 schueler.diercke.de
100800-058-01 schueler.diercke.de
100800-058-02 schueler.diercke.de

M6 Ausbringen von Pflanzenschutzmitteln auf einem Gerstenfeld

Betriebs-größe (in ha LF[1])	Betriebe (in 1000)		Fläche (in 1000 ha LF[1])	
	1995	2020	1995	2020
< 10	282,6 (48,1 %)	66,3 (25,2 %)	1050 (6,1 %)	361 (2,2 %)
10 – 20	100,6 (17,1 %)	52,6 (20,0 %)	1464 (8,5 %)	782 (4,7 %)
20 – 50	132,9 (22,6 %)	61,1 (23,2 %)	4240 (24,6 %)	2035 (12,4 %)
50 – 100	51,7 (8,8 %)	44,7 (17,0 %)	3515 (20,4 %)	3172 (19,1 %)
100 – 200		24,9 (9,5 %)		3398 (20,5 %)
200 – 1000	19,9 (3,4 %)	11,8 (4,5 %)	6978 (40,5 %)	4425 (26,7 %)
> 1000		1,5 (0,6 %)		2422 (14,6 %)
Iinsgesamt	587,7	262,8		16595

[1]landwirtschaftlich genutzte Fläche Quelle: Statistisches Bundesamt

M9 Betriebsgrößenstruktur landwirtschaftlicher Betriebe nach Hektargrößenklassen in Deutschland (1995, 2020)

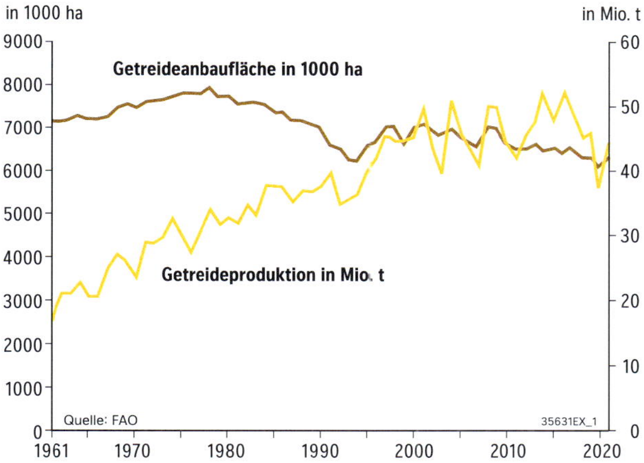

M7 Getreideanbauflächen- und -produktion in Deutschland

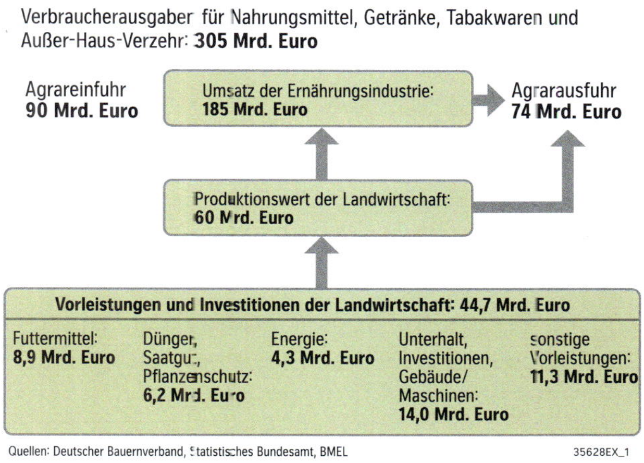

M10 Einbindung der Landwirtschaft in die Wertschöpfungskette in Deutschland (2020)

Moderne Landwirtschaft ist ein Oberbegriff für unzählige, ganz unterschiedlich ausgerichtete Wirtschaftsbetriebe. Viele Betriebe haben sich mithilfe spezialisierter Maschinen, Bauten und Techniken auf wenige Produkte oder Dienstleistungen konzentriert – zum Beispiel die Produktion von Küken für Legehennenbetriebe.
Gleichzeitig kombinieren viele Betriebe verschiedene Wirtschaftszweige – etwa Landwirtschaft mit der Erzeugung erneuerbarer Energien, dem Angebot von Hofläden oder Ferien auf dem Bauernhof. Zusammenschlüsse von Landwirten in „Maschinenringen*“ oder spezialisierte Lohnunternehmer übernehmen auch Teilleistungen der Landwirtschaft, zum Beispiel die Aussaat oder die Ernte, da sie über den entsprechenden Maschinenpark verfügen. 2020 erbrachten 3100 professionelle Lohnunternehmen mit circa 20000 Vollzeitkräften und ebenso vielen Saisonarbeitskräften Dienstleistungen für die Land- und Forstwirtschaft. Außerdem waren 186000 landwirtschaftliche Betriebe in 239 Maschinenringen organisiert und konnten so Maschinen besser auslasten.
Darüber hinaus ist die Landwirtschaft eng mit vor- und nachgelagerten Branchen vernetzt – als Hauptabnehmer der Landtechnikindustrie oder als wichtiger Lieferant für die Lebensmittelindustrie. In der Landtechnikindustrie waren in Deutschland 2020 mehr als 200 Unternehmen mit fast 40000 Beschäftigten tätig. Die Industrie bietet neben Landmaschinen (2021 wurden ca. 33350 Traktoren zugelassen) Innovationen aus dem Bereich der Digitalisierung an. Landwirtschaft 4.0 bedeutet mehr Automatisierung und Autonomisierung von Arbeitsprozessen sowie eine weitere Vernetzung von Arbeitsprozessen. Auch Geoinformationssysteme zur passgenauen Aussaat, Düngung, Bewässerung und Fruchtfolge oder die direkte Vernetzung von Landwirten mit Zulieferern und Abnehmern (z. B. Molkereien) werden immer wichtiger.

M8 Landwirtschaft – spezialisiert, diversifiziert, vernetzt

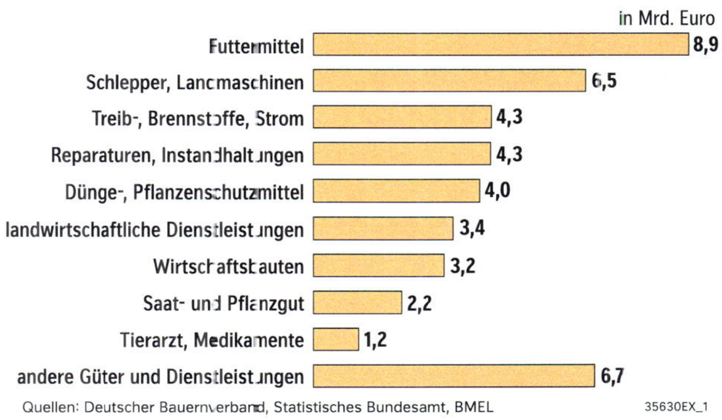

M11 Produktionsbedingte Ausgaben der deutschen Landwirtschaft (2020)

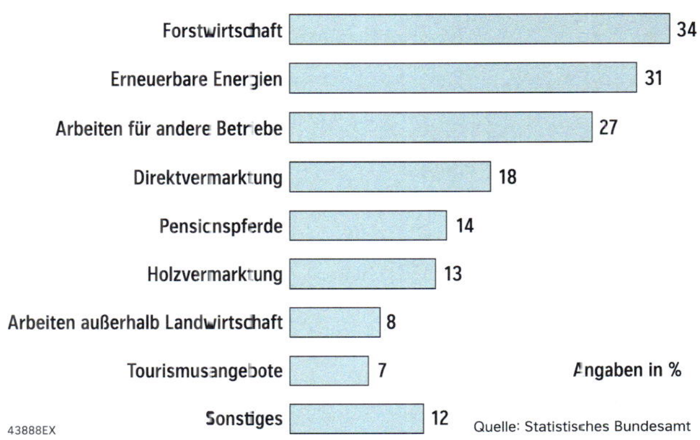

M12 Zusätzliche betriebliche Einkommensquellen der Landwirte (2020)

3.3 Oldenburger Münsterland: Ein Zentrum der Agrarindustrie

Jedes dritte Mastschwein, jede siebte Legehenne und jedes zehnte Masthuhn Deutschlands wächst im Oldenburger Münsterland auf, einer Region mit unfruchtbaren Böden, die flächenmäßig gerade einmal 0,6 Prozent der Landesfläche Deutschlands ausmacht. Ende des 19. Jahrhunderts begann in den Landkreisen Cloppenburg und Vechta eine Intensivierung und Industrialisierung der Landwirtschaft, die schließlich zu dieser hohen Konzentration an Viehbeständen führte.

1. a) Lokalisieren Sie das Oldenburger Münsterland (M3, Atlas).
   b) Beschreiben Sie die Voraussetzungen für die Entwicklung zur Agrarregion (M3, M4, Atlas).
2. Charakterisieren Sie die demografische und wirtschaftliche Struktur der Region (M1, M3, M4, Kap. 1.7, Atlas).
3. Erläutern Sie die Entwicklung der Viehhaltung im Oldenburger Münsterland und ihre Bedeutung in Deutschland (M2, M6, Atlas).
4. a) Im Oldenburger Münsterland hat sich ein agrarindustrielles Cluster* herausgebildet. Erläutern Sie am Beispiel eines Geflügelzuchtunternehmens die vertikale Integration* eines solchen Produktionsverbunds (M5, M7, M9, M10, Atlas).
   Ⓩ b) Erklären Sie die ökonomischen Folgen dieser Entwicklung.
5. Die Prozesse der Konzentration, Spezialisierung und Intensivierung blieben im Oldenburger Münsterland nicht folgenlos.
   a) Fassen Sie die Kernprobleme zusammen (M4, M8).
   b) Erörtern Sie Nachhaltigkeit und Zukunftsfähigkeit der Agrarwirtschaft in der Region.

	Deutschland	Niedersachsen	Oldenburger Münsterland
Bevölkerung 2019	83,15 Mio.	7,74 Mio.	0,31 Mio.
Bev.-.Entwicklung 2000 – 2019	+ 1,1 %	- 2,3 %	+ 7,9 %
Bev.-Dichte 2019 (in Einw./km²)	233	162	139
Bev.-Prognose für 2031	+0,12 %	– 3,9 %	+ 7,9 %
Beschäftigtenentwicklung 2009 – 2018	+ 19,1 %	+ 22,4 %	+ 37,3 %
Arbeitslosenquote 2019	5,0 %	5,0 %	3,9 % (C.) 3,4 % (V.)
BIP-Entwicklung 2010 – 2019	+ 34,5 %	+ 35,8 %	+ 39,4 %

Quelle: Statistisches Bundesamt, Landesamt für Statistik Niedersachsen

M1 Strukturdaten der Region Oldenburger Münsterland (Landkreise Vechta (V.) und Cloppenburg (C.)) im Vergleich

Jahr	Schweine		Masthühner	
	Betriebe	Tiere	Betriebe[1]	Tiere
1960	14655	470090	6244[2]	9578[2]
1980	7835	1356794	89[2]	2948976[2]
2001	2706	1834705	62[2]	2558798[2]
2010	1904	2300850	133	6285149
2020	1378	2747494	151	9304598

[1]Hühnerhalter insgesamt, nicht nur Masthühnerhalter [2] Werte nur für den Landkreis Vechta Quelle: Statistisches Bundesamt

M2 Viehhaltung im Oldenburger Münsterland

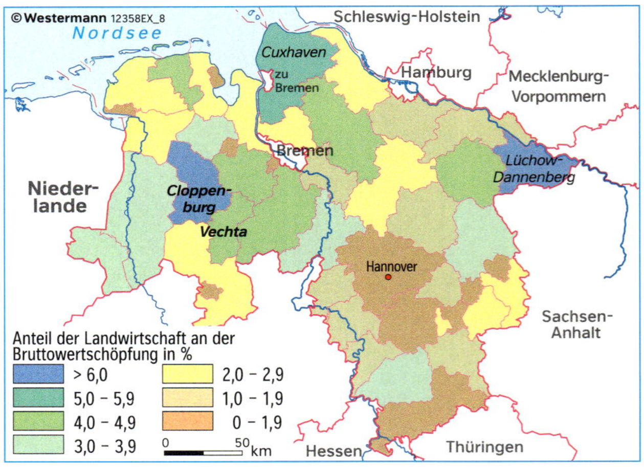

M3 Niedersachsen: Landwirtschaft (2020)

Zeit	Phase
1895 bis 1914	**1. Phase der Intensivierung** • Eisenbahnbau • Zufuhr von Futter- und Düngemitteln • Aufbau von Marktbeziehungen • Entstehen marktorientierter Veredelungsbetriebe
1950 bis 1980	**2. Phase der Intensivierung** • Prosperitätsphase (allgemeiner Wohlstand) • unbegrenzte Einfuhrmöglichkeit von Futtermitteln • große Fortschritte in der Agrartechnik (z. B. Fütterungsautomaten) • Aufbau der Infrastruktur • Entstehung vertikal integrierter agrarindustrieller Unternehmen (M5, M9) • Entstehung räumlicher Verbundsysteme • Auftreten erster Umweltprobleme
1980 bis 1992	**Phase der Problemakkumulation** • gesellschaftlicher Wertewandel hinsichtlich des Umwelt- und Naturschutzes • Marktsättigung und sinkende Nachfrage nach Agrarprodukten • wachsende Probleme hinsichtlich der umweltverträglichen Entsorgung tierischer Exkremente (M8) • Seuchenzüge (u.a. Schweinepest) • zunehmendes Negativimage der Region • wachsende Konkurrenz aus dem Ausland und Verlust von Marktanteilen
1992 bis 2010	**Phase der Anpassung an veränderte Rahmenbedingungen** • Suche nach neuen Wegen in der umweltverträglichen Entsorgung tierischer Exkremente (z.B. Verbringung in Nachbarkreise) • zunehmende Kritik an der konventionellen Käfighaltung • Anpassung an neue rechtliche Rahmenbedingungen in der Haltung von Legehennen im Zuge der Tierschutz-Nutztierverordnung • Neubewertung der Reststoffe aus der Tierhaltung als wertvoller Rohstoff und Bau technischer Anlagen zu deren Verwertung
ab 2010	**Suche nach neuen Geschäftsfeldern** • effektive Bioenergienutzung, z. B. Steigerung der Wirtschaftlichkeit von Biogasanlagen → Umwandlung in Strom und Wärme • Realisierung von Innovationen, z. B. Export von Gülle in nährstoffärmere Regionen (notwendig: Technik zu Trocknung/Eindickung von Gülle) oder Recycling von Phosphat • alternative landwirtschaftliche Produktion, z. B. Zucht von Biogarnelen

M4 Entwicklung des Oldenburger Münsterlands (nach Klohn)

100800-056-01 schueler.diercke.de 100800-057-03 schueler.diercke.de 100800-058-01 schueler.diercke.de 100800-059-05 schueler.diercke.de 100800-059-06 schueler.diercke.de

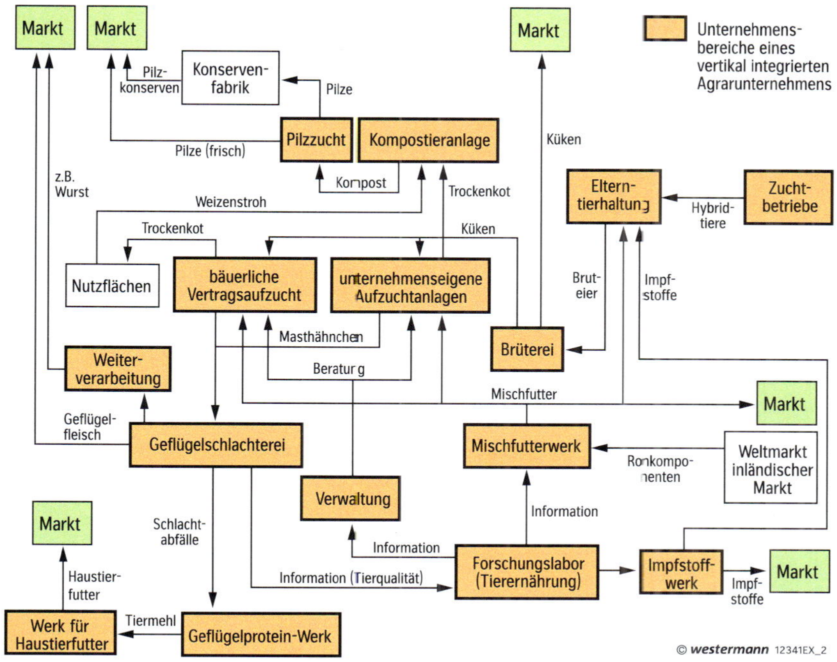

M5 Geflügelfleischerzeugung: Produktionsverbund in einem vertikal integrierten Unternehmen*

Regionale Konzentrationsgebiete stellen zumeist auch Beschäftigungs- und Innovationsmotoren dar. Im Oldenburger Münsterland hat sich beispielsweise eine Vielzahl von Unternehmen aus den vor- und nachgelagerten Branchen angesiedelt, die sich auf die Bedarfe der Landwirtschaft spezialisiert haben. Beispiele hierfür sind Unternehmen aus den Bereichen Agrartechnik und Stallausrüstung, Saatgut, Düngemittel und Pflanzenschutz, Tiergesundheit und Tierschutz, Hygiene und Schädlingsbekämpfung, Futtermittel und Zusatzstoffe, Schlachtung, Zerlegung und Fleischverarbeitung sowie Handel und Logistik. Des Weiteren finden sich auch staatliche und private Dienstleister, deren Angebote unter anderem Felder wie Finanzierung, Forschung und Entwicklung, Vermarktung und Beratung abdecken.

Quelle: Helmut Bäurle, Christine Tamásy: Regionale Konzentrationen der Nutztierhaltung in Deutschland. Mitteilungen ISPA, Heft 79, 2012, S. 85

M9 Quellentext zum Agrarcluster

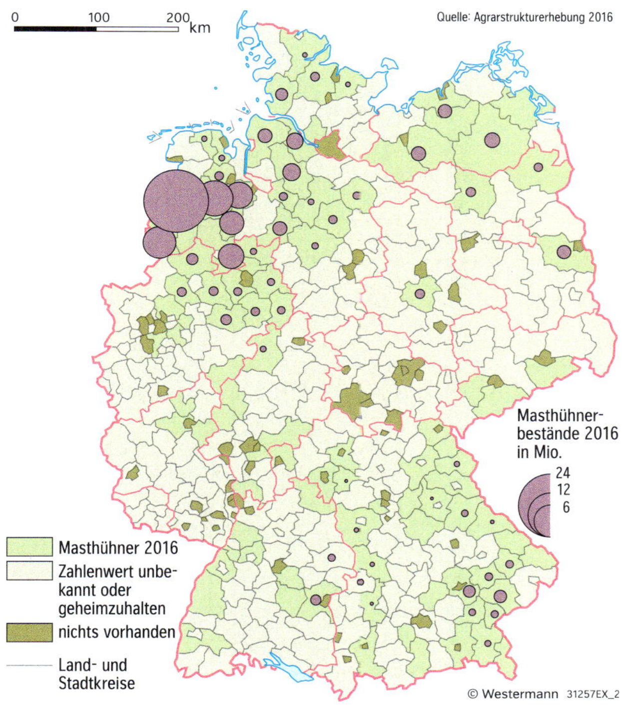

M6 Jungmasthühnerhaltung in Deutschland (2016)

Regionen mit einer intensiven Agrarproduktion sind in Europa Hotspots von Umwelt- und Nachhaltigkeitsproblemen, die durch eine starke Belastung der Ökosysteme gekennzeichnet sind. So induziert die Nutztierhaltung in Europa in erheblichem Umfang Luftschadstoffe, klimarelevante Treibhausgase und umweltschädliche Ammoniakemissionen. Ein unzureichendes Management der Düngung (sog. Gülleproblematik) führt vielerorts zu erheblichen Belastungen des Grundwassers und der Oberflächengewässer. [...] Die intensive Tierproduktion, die auf die möglichst effiziente Produktion von Lebensmitteln ausgerichtet ist, weist zudem Defizite im Hinblick auf das Tierwohl auf, da die Tiere in engen Ställen ihr natürliches Verhalten nicht ausleben können und die Haltungsform die Tiergesundheit negativ beeinflusst. Der intensive Einsatz von Tierarzneimitteln wird hierdurch eine systemimmanente Notwendigkeit. Problematisch ist die Abgabe von Antibiotika, die von der Weltgesundheitsorganisation (WHO) als „kritisch" eingestuft werden, da diese für die Humanmedizin bedeutsam sind und die Bildung von Resistenzen vermieden werden muss. Zudem gelangen die Tierarzneimittel von behandelten Tieren über Gülle und Mist in die Ökosysteme und stellen vielerorts eine erhebliche Umweltbelastung dar.

Quelle: Amelie Bernzen, Christine Tamásy: Agrar- und Ernährungssysteme. In Humangeographie. Braunschweig: Westermann 2021, S. 359

M8 Quellentext zu Folgen der Intensivierung der Tierhaltung

M7 Geflügelerzeugung in Deutschland: Jungmasthähnchen

Mästdauer	28 – 30 Tage
Besatzdichte	22-23 Tiere/m²
Durchgänge/Jahr	ca. 8
Leerzeiten	ca. 10 Tage
Mastendgewicht	ca. 1550 g
tägl. Tageszunahme	63 g
Futterverwertung	1,6[1]
Kosten Mast	0,81 Euro/kg
Erzeugerpreis	1,01 Euro/kg
Supermarktpreis	2 - 3 Euro/kg

[1] 1,6 kg Futter wandelt das Huhn in 1 kg Körpermasse
Quelle: Thünen-Institut, LWK Niedersachsen

M10 Kurzmast von Hähnchen

3.4 Agrarpolitik: Deutsche Milchviehhaltung im Strukturwandel

Landwirtschaftliche Großbetriebe mit 500 Milchkühen, die jede täglich 30 Liter Milch „produzieren“, haben mit alten Vorstellungen von Landwirtschaft wenig gemein. Die Milchviehhaltung und Milchwirtschaft in Deutschland waren in den vergangenen Jahren durch große strukturelle Veränderungen gekennzeichnet, die unter anderem durch staatliche Regulierungen bedingt waren. Ziel dieser Agrarpolitik ist neben der Sicherstellung der Versorgung und der Qualität der Produkte auch die Sicherung der Einkommen der Landwirte. Dabei hat die Agrarpolitik der EU für deutsche Milchviehhalter eine große Bedeutung, während die nationale Agrarpolitik eine immer geringere Rolle spielt. Einen zunehmenden Einfluss haben aber auch globale Entwicklungen, insbesondere seitdem seit 2015 in der EU weitere Liberalisierungsprozesse in der Milcherzeugung stattfinden. Neben der Agrarpolitik wird auch der Klimawandel (Kap. 3.6) die Entwicklung der Milchwirtschaft in Deutschland zukünftig beeinflussen.

1. Beschreiben Sie die Entwicklung der Milchviehhaltung in Deutschland und deren Bedeutung (M1, M4, M5).
2. Erläutern Sie die Beeinflussung der Entwicklung der Milchviehhaltung in Deutschland durch die europäische Milchpolitik. Kennzeichnen Sie Phasen der Regulierung und Deregulierung (M1, M2, M6, M7).
3. a) Nennen Sie Faktoren, die die Entwicklung der Milchpreise in Deutschland beeinflussen (M2, M8).
   b) In den Jahren 2009 und 2016 sank der Milchpreis drastisch. Stellen Sie die Gründe für den Rückgang in einem Strukturdiagramm zusammen.
4. Die Liberalisierung des Milchmarktes ab 2015 und die Veränderung der globalen Exportmärkte im Zuge der Corona-Pandemie haben Auswirkungen auf die Milchproduktion in Deutschland.
   a) Fassen Sie die Folgen zusammen (M7–M10).
   b) Beurteilen Sie die Zukunftsfähigkeit der deutschen Milchwirtschaft.
5. Erörtern Sie unterschiedliche Zukunftsszenarien aus der Perspektive eines Milch erzeugenden Betriebs in Deutschland.

M3 Moderner Boxenlaufstall

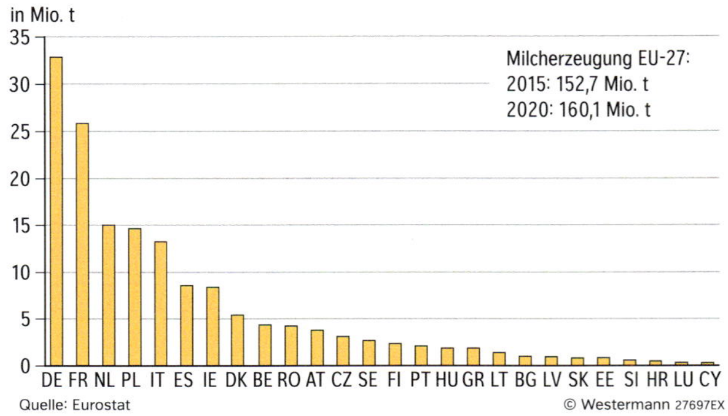

M4 Milchproduktion in den EU-27-Mitgliedsstaaten (2020)

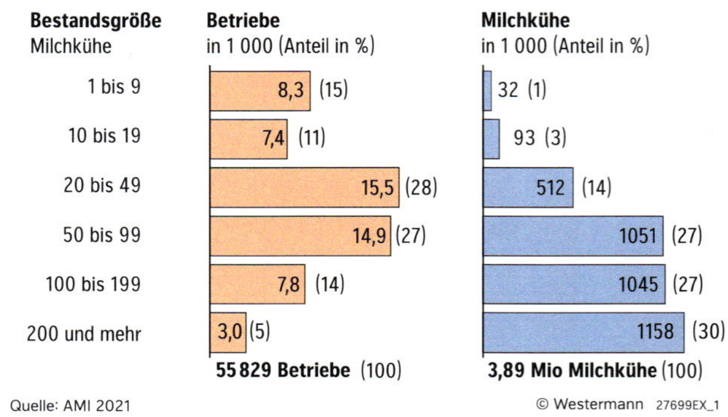

M5 Milchkuhhaltung nach Bestandsgrößenklassen (2021)

Jahr	Milchleistung je Kuh (in kg)	Kuhmilchproduktion (in Mio. t)
1950	2600	14,6
2000	6122	28,3
2010	7085	29,6
2015	7628	32,7
2020	8400	33,2
Jahr	**Anzahl Milchkühe (in 1000)**	**Anzahl milcherzeugender Betriebe (in 1000)**
1996	5192,3	185,9
1999	4765,1	152,7
2003	4372,0	121,5
2007	4071,2	101,2
2010	4164,8	89,8
2015	4284,6	73,3
2020	3921,4	57,3

Quelle: Bundesanstalt für Landwirtschaft und Ernährung

M1 Milchviehhaltung in Deutschland

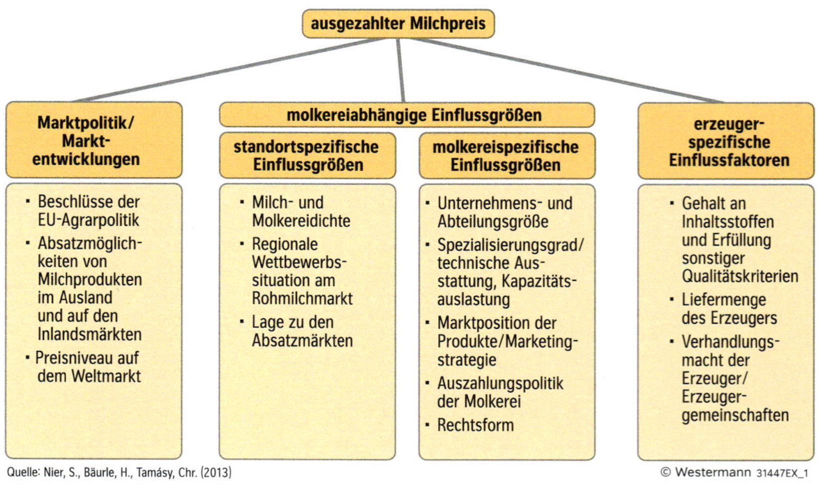

M2 Einflussfaktoren auf die Milchpreisbildung

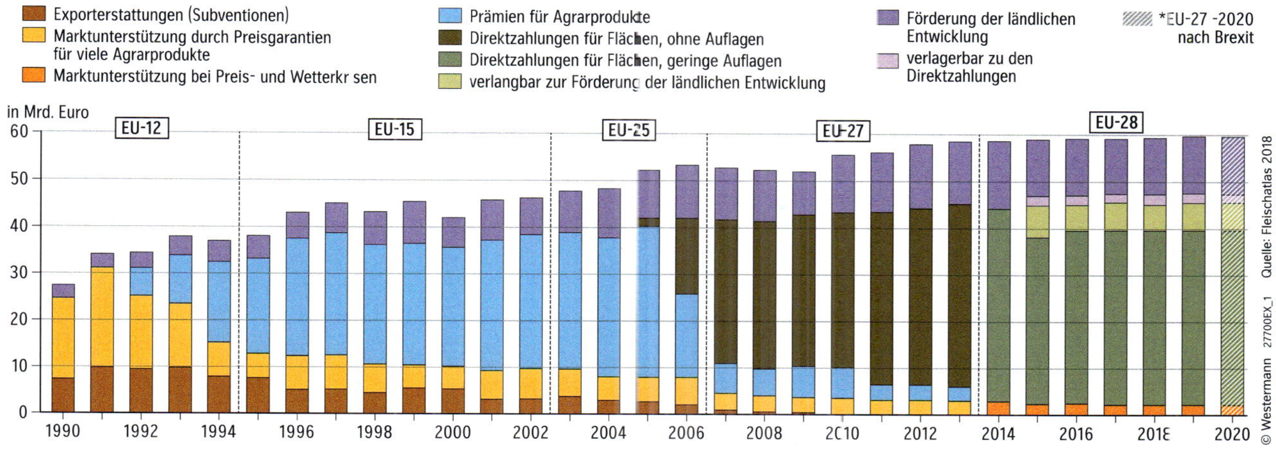

M6 Instrumente der Agrarpolitik der Europäischen Union

1957	• Gründung der Europäischen Wirtschaftsgemeinschaft (EWG) • gesichertes Einkommen für Landwirte, unabhängig von der Marktsituation
1968	*Milchmarktordnung* • Milcherzeuger können ihre gesamte Milch zu festgelegten Mindestpreisen verkaufen • keine Mengenbegrenzung *Folgen* • Überangebot, Rückgang der Milchpreise unter den festgelegten Mindestpreis *Interventionsregelung* • Bei Unterschreiten des Interventionspreises Aufkauf von Produkten (Butter, Milchpulver) zu einem Mindestpreis, Anstieg der Interventionsbestände („Butterberg", „Milchseen") *Exportsubventionen (Erstattungen)* • Entlastung des europäischen Milchmarktes durch Export • Erstattung der Preisdifferenz zwischen dem niedrigeren Weltmarktpreis und den in der Regel höheren EG-Binnenmarktpreisen
1984	• Einführung der Milchquote (Quotenregelung) • Begrenzung der Milcherzeugung, Zuteilung von Milchkontingenten an einzelne Mitgliedsstaaten, • national: Aufteilung des Kontingentes auf die einzelnen Milchbauern
ab 2000	• Festlegung einer Obergrenze bei der Intervention (Butter 30 000 t, Milchpulver 109 000 t) • Obergrenzenmodifikationen in den Folgejahren • Rückgang der Interventionsmengen bis 2007 • Ausgleichszahlungen an Milcherzeuger in einer Übergangsphase
2007	• Einstellung der Exportsubventionen
2009	• großer Milchpreisverfall • Aufkauf von Milchprodukten zur Sicherung des Milchmarktes durch die EU, vorübergehende Einführung der Exporterstattungen
2015	• Auslaufen der Milchquote • erwartete Auswirkungen: zunehmende Liberalisierungs- und Internationalisierungsprozesse
2016	• Milchpreisverfall und Exportrückgänge (Schließung des russischen Marktes, Rückgang der Nachfrage aus China) • Stabilisierung des Milchsektors in der EU
2020	• Großbritannien, drittgrößter Milcherzeuger 2019, verlässt die EU

M7 Instrumente der europäischen Milchpolitik

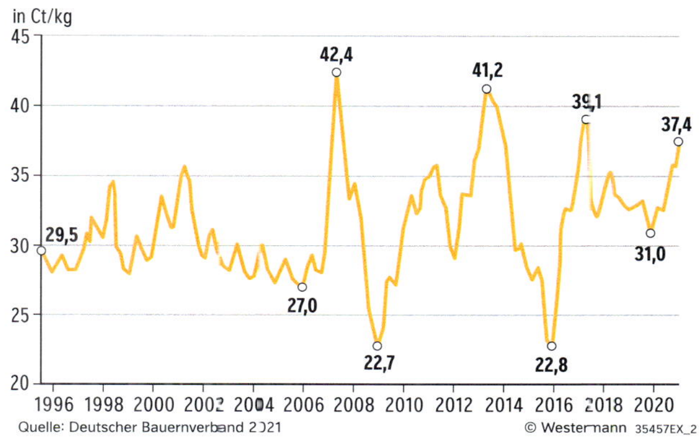

M8 Milcherzeugerpreise in Deutschland

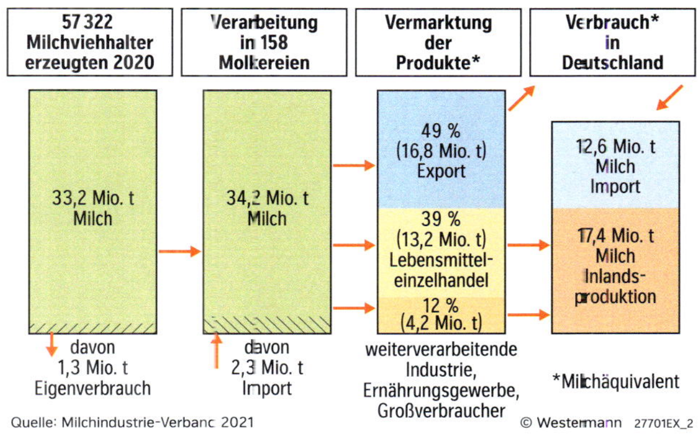

M9 Vermarktung der Milch in Deutschland (2020)

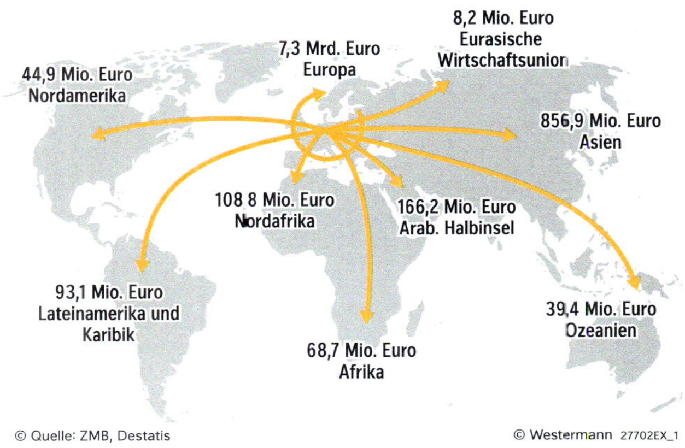

M10 Exporte der deutschen Milchwirtschaft nach Zielregionen (2020)

3.5 Ökologischer Landbau in Deutschland

Bei der ökologischen Landwirtschaft gelten strenge Standards und Grundsätze, mithilfe derer die Nachhaltigkeit der Produktion gewährleistet werden soll. Inzwischen ist der Ökolandbau längst aus der Nische heraus und die Nachfrage nach Biolebensmitteln hoch. Daher ist es wichtig, zu überlegen, wie sie befriedigt werden kann, ohne die Prinzipien aufzugeben.

1. Beschreiben Sie den Anteil und die räumliche Verteilung des deutschen und europäischen Ökolandbaus (M1, M5).
2. a) Vergleichen Sie die Entwicklung der Ökolandbau-Flächen und des Umsatzes von Biolebensmitteln (M1, M3).
   b) Erläutern Sie die Folgen dieser Entwicklung.
3. Erläutern Sie die Prinzipien des Ökolandbaus (M2, M4).
4. a) Die für ökologischen Landbau und Biolebensmittel zuständigen Verbände diskutieren über die Zukunft des ökologischen Landbaus. Vergleichen Sie die Positionen der beiden Vertreter (M8, M10), indem Sie die Argumente jeweils stichpunktartig zusammenfassen.
   b) Nehmen Sie Stellung zur Bedeutung (M7) und Ausrichtung des ökologischen Landbaus in der Zukunft.

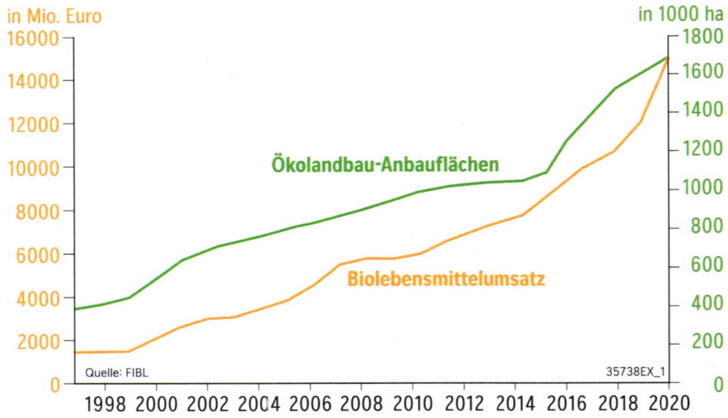

M3 Entwicklung der Ökolandbau-Anbauflächen und des Biolebensmittelumsatzes in Deutschland (1997 – 2020)

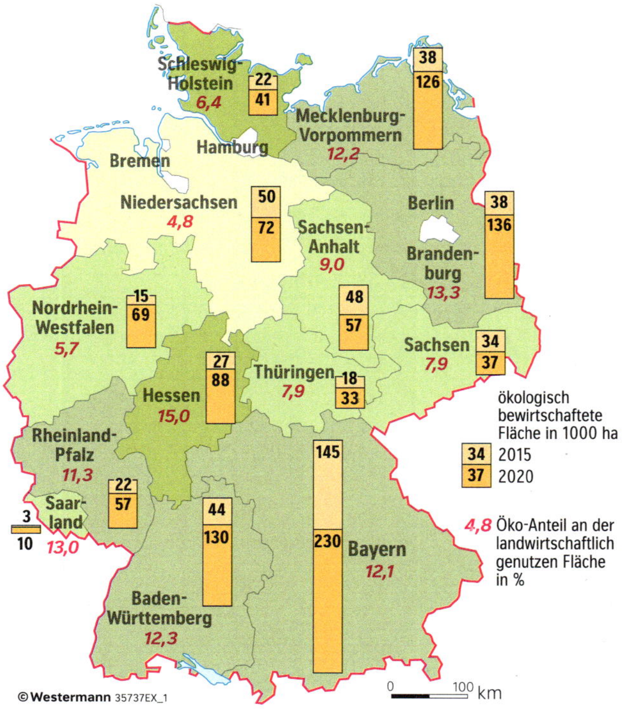

M1 Ökolandbau in Deutschland

Bodenschutz	• Förderung des Bodenlebens und der Humusbildung durch ökologische Landbaumethoden • Steigerung der natürlichen Bodenfruchtbarkeit • Vermeiden von Erosionsverlusten, z. B. durch vielfältige Fruchtfolge und Zwischenfrüchte
Gewässerschutz	• geringer Eintrag von Nitrat aus der Viehhaltung, da der Viehbestand an die Fläche gebunden ist und nicht mehr Nährstoffe anfallen, als von den Pflanzen aufgenommen werden können • Düngung vorwiegend durch organisch gebundenen Stickstoff (Mist oder Kompostmist), der nach und nach von den Pflanzen aufgenommen und durch Luftstickstoffbindende Pflanzen (Leguminosen) gebunden werden kann • Verzicht auf chemisch-synthetische Pflanzenschutzmittel, Eintrag dieser Mittel ins Grundwasser ist somit ausgeschlossen
Artenschutz	• Förderung der Vielfalt des Tier- und Pflanzenlebens durch weniger Dünger und der Verzicht auf chemisch-synthetische Pestizide • Verhinderung des Insektensterbens durch Pestizideinsatz • Verzicht auf Gentechnik
Tierschutz	• artgerechte Tierhaltung • genug Auslauf der Tiere • artgerechte Fütterung • Verzicht auf vorbeugenden Antibiotikaeinsatz
regelmäßige Kontrolle	• regelmäßige Überprüfung der Einhaltung der genannten Standards

M4 Wichtige Prinzipien des ökologischen Landbaus

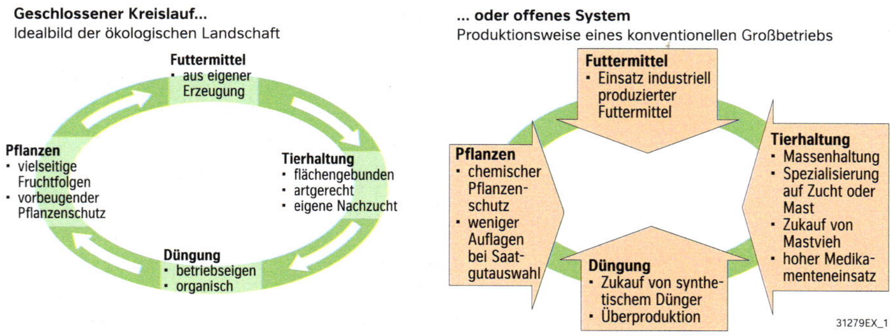

M2 Geschlossener und offener Kreislauf

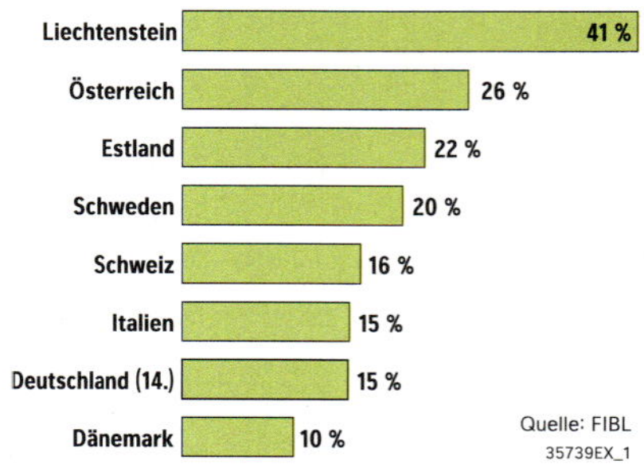

M5 Anteil der Ökolandbaufläche an der Gesamtlandwirtschaftsfläche (2019)

100800-056-01 schueler.diercke.de
100800-059-07 schueler.diercke.de

M 6 **Ernte in Handarbeit auf einem Demeter-Hof**

Die industrialisierte, konventionelle Landwirtschaft erweist sich in kurzfristiger Perspektive als hochproduktiv. Langfristig führt sie jedoch zu Bodendegradation, Verlust von Biodiversität*, Wasserverschmutzung und hohen Treibhausemissionen*. So werden von den einzelnen Betrieben zwar ökonomische Gewinne erzielt, viele Folgekosten werden auf die Allgemeinheit und auf nachfolgende Generationen abgewälzt (Externalisierung) und tauchen in den Gewinn-Verlust-Rechnungen der Betriebe nicht auf.

Ökologischer Landbau wird von vielen als Alternative gesehen, da hier im Einklang mit natürlichen Systemen gewirtschaftet wird. Da die landwirtschaftlichen Flächen begrenzt und kaum erweiterbar sind, spielt die Produktivität bei gleichzeitig langfristiger Erhaltung der Bodenqualität und Biodiversität eine entscheidende Rolle.

M 7 **Produktivität des Ökolandbaus**

M 9 **Rübenhacke zur mechanischen Unkrautbekämpfung**

Neuere Untersuchungen verschiedener Forschungsinstitute zeigen, dass ein allgemeiner Vergleich von Bio- und konventionellem Landbau nur sehr eingeschränkt möglich ist. Insgesamt zeigt sich jedoch, dass Ökolandbau in Bezug auf die Erhaltung der natürlichen Lebensgrundlagen dem konventionellen Landbau überlegen ist, wobei sich kleinere Felder mit Grünstreifen und Hecken positiv auf beide Systeme auswirken. In Bezug auf die Produktivität ist konventionelle Landwirtschaft dem Bioanbau überlegen. So sind die Hektarerträge bei Biogetreide und Kartoffeln nur ca. halb so hoch wie bei konventioneller Landwirtschaft, bei Gemüse und Äpfeln drei Viertel so hoch. Allerdings gelten diese Berechnungen für ertragreiche Jahre auf guten Böden. Bioanbau zeigt sich oft gegenüber widrigen Bedingungen wie Trockenheit und Hitze resilienter, sodass in trockenen Jahren die Unterschiede geringer sind.

Natürliche Systeme sind stabil. So vergehen in einem Buchenwald zwar einzelne Pflanzen, aber die Pflanzendecke bleibt geschlossen, der Boden bedeckt. Er übersteht Regen und Trockenheit, das Holz und alle Nahrung für die Tiere des Waldes wachsen ohne Zutun von außen. Landwirtschaft fand über Jahrtausende in einem ähnlich stabilen System statt. Die Nahrung und Futter wuchsen in bescheidenem Umfang. Die Nährstoffe für den Boden stammten im Wesentlichen aus den Ausscheidungen von Mensch und Tier und blieben damit im Kreislauf. Seit wenigen Generationen ist es den Menschen gelungen, die Erträge um ein Vielfaches zu steigern. Der Preis war eine dramatische Entfernung von der Stabilität natürlicher Systeme. Naturfremde Stoffe wie Düngemittel oder Pestizide werden von außen importiert und schädigen natürliche Ressourcen wie Bodenfruchtbarkeit, biologische Vielfalt oder Wasser. Die so erzeugten Lebensmittel sind nur scheinbar billig. Denn die Kosten für die Allgemeinheit und für künftige Generationen sind gewaltig!

Auch der ökologische Landbau strebt hohe Erträge an. Dafür nutzt er aber nur diejenigen Errungenschaften, von denen keine derartige Destabilisierung ausgeht – z. B. produktive, aber gesunde Nutzpflanzensorten. Im Vordergrund stehen aber nicht einzelne Produktionsmittel, sondern ein stabiles System. Mit vielfältigen Fruchtfolgen ahmt er die natürliche Vielfalt nach. Wo Eingriffe nötig sind, nutzt er statt schädlicher Pestizide naturstoffliche oder mineralische Substanzen und landtechnische Verfahren. Nährstoffe werden weitestmöglich im Kreislauf gehalten. Nutztiere sollen das ihrer Art gemäße Verhalten ausleben und gesund bleiben. So entstehen Produkte, die einen höheren Preis haben – aber keine versteckten Nebenkosten für die Allgemeinheit. Und das hat Auswirkungen auf den Konsum: z. B. weniger Fleisch, weniger Verschwendung. Das ist gut für die Umwelt. Und für die Menschen.

Felix Prinz zu Löwenstein, *Vorsitzender Bund Ökologische Lebensmittelwirtschaft*

M 8 **Originaltext zum Ökolandbau**

Die Bio-Bewegung war vor allem auch eine soziale Innovation. Das Neue am Ökolandbau waren eine basisdemokratische Organisationsform und die engen Kontakte zu den Verbrauchern. Durch freiwillige Richtlinien wurde ein schonenderer Umgang mit den natürlichen Ressourcen erreicht. Und der Ökolandbau war ein neuer Lebensstil und entwickelte alternative Wirtschaftsformen.

Viele Themen der Ökobauern sind längst in der allgemeinen Landwirtschaft angekommen. Dort sind die Steigerung der Ressourcennutzungseffizienz und die Reduktion von Umweltbelastung mittlerweile Schwerpunkte in der Pflanzen-, Tier- und Lebensmittelforschung. Disziplinäre Forschung wurde abgelöst durch Verbünde, die interdisziplinär forschen und dabei auch Landwirte, Bürger und wirtschaftliche Akteure einbinden. Die Landwirtschaft und die Lebensmittelindustrie misst die Nachhaltigkeit mittels wissenschaftlicher Indikatoren, welche ebenso wirksam sind wie die Biokontrolle. In vielen Bereichen, wo der Ökolandbau in der Vergangenheit führend war, kommen technologische Lösungen auf: Hyperspektral-Analysen von Luftbildern können zur Zertifizierung von ökologischen Feldern benutzt werden. Körper- und Stallsensoren überwachen das Wohlbefinden von Tieren. Der QR-Code auf einem Lebensmittel erzählt die Geschichte eines Produktes im Supermarkt und ersetzt den direkten Kontakt auf dem Wochenmarkt.

Ökologische Landwirte stehen zu viel Automation und gewissen Methoden aus der Grundlagenforschung skeptisch gegenüber, auch weil soziale Qualitäten und persönliches Wissen und Engagement ein wichtiger Wert des Ökolandbaus sind. Die Nutzung technologischer Innovationen, ohne dass es zu einem Widerspruch mit den Prinzipien des ökologischen Landbaus kommt, ist aber notwendig, damit die immer weiter steigende Nachfrage nach biologischen Lebensmitteln gedeckt werden kann.

Urs Niggli, *Direktor des Forschungsinstituts für biologischen Landbau (FiBL)*

M 10 **Originaltext zum Ökolandbau**

3.6 Landwirtschaft und Klimawandel

Die Folgen des Klimawandels haben enorme Auswirkungen auf die Landwirtschaft, denn sowohl der Pflanzenbau als auch die Tierproduktion werden von Wetter, Witterung und Klima beeinflusst. Das Klima bestimmt im Pflanzenbau, welche Pflanzen angebaut werden können. Die Witterung in einer Vegetationsperiode sowie einzelne Wetterereignisse sind wesentlich für die Höhe des Ertrags und die Qualität der Anbauprodukte. Der Ertrag des Pflanzenbaus und die Qualität und Verfügbarkeit der Anbauprodukte bestimmen wiederum die Preise für Futtermittel und haben somit Konsequenzen für die Tierhaltung. Aber auch Tierwohl und Tiergesundheit werden maßgeblich von Witterung und Wetter beeinflusst. Der Klimawandel stellt die Landwirtschaft vor große Herausforderungen, Anpassungsmaßnahmen werden einen Strukturwandel auslösen.*

1. Erläutern Sie die Folgen des Klimawandels* auf die Landwirtschaft. Konkretisieren Sie einzelne Auswirkungen anhand von Beispielen (M1, M2, M7).
2. Beschreiben Sie die Temperaturentwicklung und die Dürren in Deutschland (M3, M4, S. 14: M1, M3).
3. Erläutern Sie die Entwicklung der Bodenfeuchte in Südniedersachsen seit 2018 (M4, M5, M6 A–F) und die durch die Austrocknung des Bodens entstehenden Probleme (M1, M2).
4. Ⓩ Recherchieren Sie aktuelle Informationen zum Zustand von Bodenfeuchtedürren in Deutschland (https://www.ufz.de).
5. Erörtern Sie Anpassungsmöglichkeiten im Pflanzenbau gegenüber den Klimawandelfolgen* Temperaturanstieg und Dürre (M1, M8, M9).

M2 Vertrocknetes Maisfeld

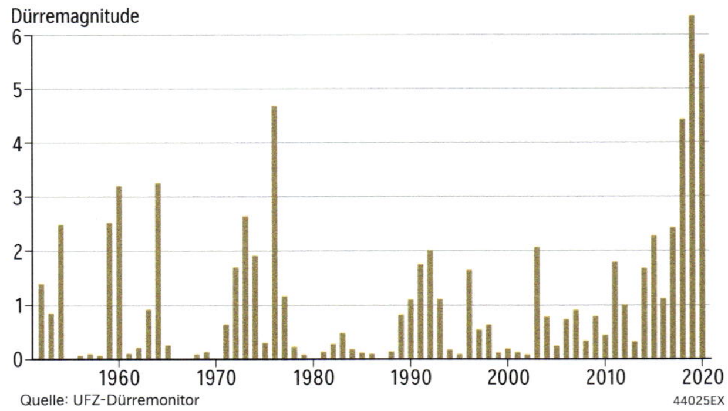

M3 Dürremagnitude* im Gesamtboden in Deutschland

Sektor	Klimawandelfolge*	Auswirkungen (Auswahl)	Anpassungsmaßnahmen (Auswahl)
Ackerbau	Temperaturanstieg	• Verschiebung von Anbaugebieten • Möglichkeit des Anbaus neuer Sorten • Verschiebung phänologischer* Phasen (v. a. im Frühjahr, früherer Vegetationsbeginn) • Zunahme der Aktivität von Pflanzenschädlingen (häufig wärmeliebend) • Zunahme anderer Schaderreger wie Viren oder Bakterien	• Anpassung an jährlich variierende Witterungsverhältnisse • Anpassung der Aussaat- und Erntezeiten
	Zunahme extremer Wetterereignisse: Hitze, Dürre, Frost, Hagel, Sturm, Dauerregen	• wachsende Risiken durch Spätfröste • Temperaturvariabilität/Dürre/Hagel: negative Auswirkungen auf die Qualität und den Ertrag der Ernteprodukte, Ertragsschwankungen und Ertragsverluste • Trockenheit: Unterversorgung der Pflanzen mit Nährstoffen, die nur in Wasser gelöst aufgenommen werden, Erhöhung der Gefahr der Winderosion, Abtrag des Oberbodens • Dauer-/Starkregen: Ausspülung der Nährstoffe aus dem Oberboden, Staunässe negativ für die Sauerstoffversorgung der Pflanzenwurzeln	• Anbau widerstandsfähiger Sorten, Sortenwahl • Züchtung toleranter und resilienter Kulturen • Einsatz von Bewässerung • Diversifizierung des Anbaus • Ausbau ökologischer Landwirtschaft
	Konzentration des bodennahen Ozons	• bodennahes Ozon pflanzenschädigend	
Tierhaltung	Temperaturanstieg	• Hitzestress bei Nutztieren, insbesondere bei Hochleistungsrassen • Verminderung der Leistungsfähigkeit (z. B. Auswirkung auf Milchmenge und -qualität bei Milchkühen) • Beeinträchtigung des Immunsystems, erhöhte Krankheitsanfälligkeit • Stress durch Schädlinge und andere Krankheitserreger, Zunahme von Tierseuchen	• Umstrukturierung von Stall- und Außenbereichen • technische Maßnahmen wie Belüftung, Ventilatoren, Sprinkler zur Erhöhung der Luftfeuchtigkeit • Züchtung: Steigerung der Widerstandsfähigkeit • Ausbau ökologischer Landw.
Grünland	Trockenheit Überschwemmungen Spätfröste	• Verringerung der Anbauflächen • Verschlechterung der Futterqualität • Änderung der Artenzusammensetzung • Ertragsrückgang	• Veränderung der Artenzusammensetzung
Sonderkulturen (z. B. Wein, Beeren, Obst)	Trockenheit Hagel Spätfröste	• Verschiebung der Anbauregionen • Änderungen der Phänologie • Ertragsschwankungen • Zunahme von Schaderregern	• Anbau widerstandsfähiger Sorten und neuer Kulturarten • Änderung der Anbausysteme

Schäden an landwirtschaftlicher Infrastruktur:
Extremereignisse wie Dürreperioden, Hochwasser und Sturzfluten, Stürme oder in einzelnen Regionen auch gravitative Massenbewegungen (wie Hang- oder Erdrutsche) können landwirtschaftliche Produktionssysteme sowie landwirtschaftliche Infrastruktur beschädigen.

M1 Klimawandel: Auswirkungen auf die Landwirtschaft

100800-056-01 schueler.diercke.de
100800-060-02 schueler.diercke.de

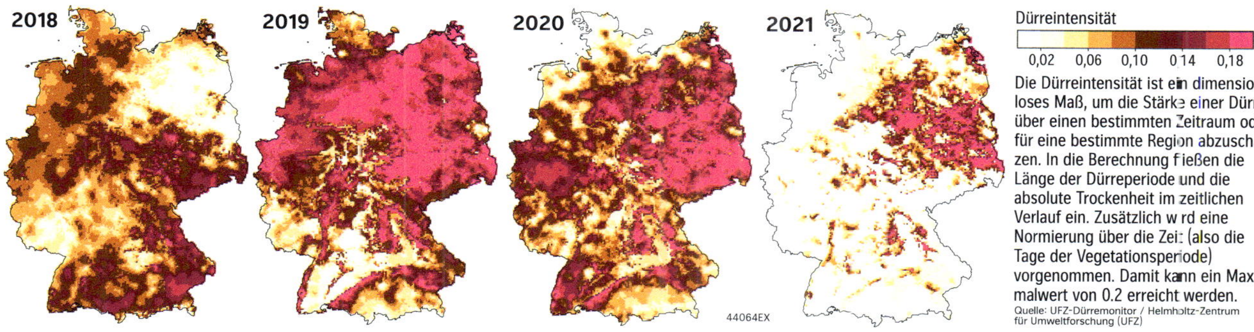

M4 **Dürreintensitäten im Gesamtboden (bis 1,80 m Tiefe) in der Vegetationsperiode April bis Oktober**

In Südniedersachsen sind auf Lössstandorten seit dem Ende der letzten Eiszeit bis heute oft Parabraunerden entstanden, die meist ackerbaulich genutzt werden. Parabraunerden aus Löss sind nährstoffreich, besitzen eine hohe kapillare Wasserleitfähigkeit und eine hohe Feldkapazität, das heißt, sie können große Wassermengen speichern. Eine zwei Meter mächtige Bodensäule mit einem Gesamtvolumen von 2 m^3 (2000 l) kann entgegen der Schwerkraft etwa 800 l Wasser im Boden halten. Davon sind circa 500 l pflanzenverfügbar. Der langjährige mittlere Jahresniederschlag im südlichen Niedersachsen beträgt 650 l/m^2. Von diesen 650 l Niederschlag verdunsten circa 500 bis 550 l (Evapotranspiration aus Bodenoberfläche und Pflanzen), das heißt, dem Boden stehen nur etwa 120 l Sickerwasser zur Verfügung. Zu Beginn des Jahres 2018 waren in Südniedersachsen die Böden zu großen Teilen bis zur Feldkapazität gesättigt. Schon nach dem zweiten trockenen Jahr konnte die Dürre des Sommers nicht mehr durch die Wasservorräte des Bodens kompensiert werden. Dort, wo kein oberflächennahes Grundwasser auftritt, das dem Boden über die Kapillarität Wasser zuführt, bleibt der Boden unterhalb des Oberbodens weitgehend trocken.

M5 **Südniedersachsen: Auswirkungen der Dürren**

Neben verschiedener Anpassungsmöglichkeiten wie zum Beispiel der Sortenwahl oder regionalen Anpassungen auf jährlich variierende Witterungsverhältnisse (M1) wird wahrscheinlich die Bedeutung der Bewässerung in der Landwirtschaft im Zuge des Klimawandels in Deutschland zunehmen. Durch die veränderte Niederschlagsverteilung, insbesondere in Jahren mit langen Trockenphasen und auch durch ausgedehntere Vegetationsphasen infolge des Temperaturanstiegs wird eine intensivere Wassernutzung in der Landwirtschaft wahrscheinlich. Nutzungskonflikte um die Ressource Wasser mit dem Naturhaushalt, der Industrie und der Trinkwasserversorgung sind hier vorprogrammiert. Wenn zum Beispiel infolge lang anhaltender Dürren die Wassernachfrage das Wasserangebot übersteigt, sind die Entnahmemengen von Grund- oder Oberflächenwasser für die landwirtschaftliche Nutzung begrenzt.
Darüber hinaus hängt die Möglichkeit, ob Landwirtinnen und Landwirte ihre Felder bewässern können, auch noch von weiteren Faktoren ab, wie der Verfügbarkeit von Wasser in der Region, dem Vorhandensein von Wasserrechten, der notwendigen Bewässerungsinfrastruktur und vor allem auch der Wirtschaftlichkeit der kostenintensiven Bewässerung für den Betrieb.

M9 **Bewässerung als Lösung?**

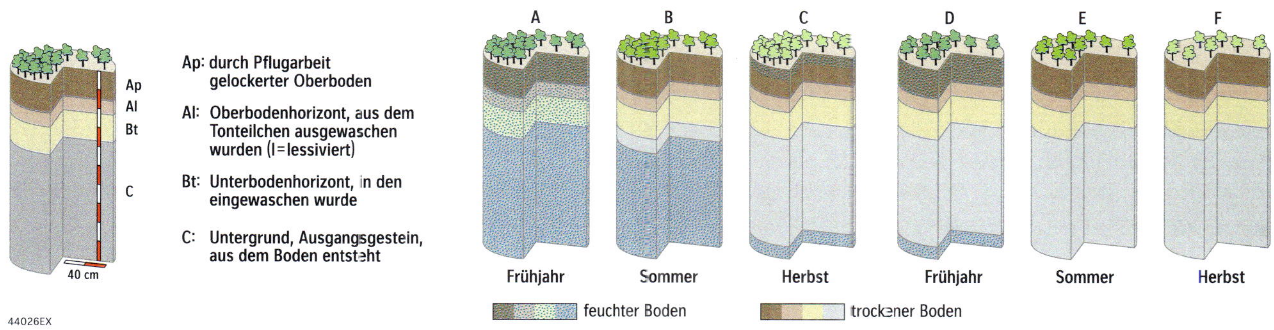

M6 **Dürre 2018 und 2019 in Südniedersachsen: Wasser im Boden**

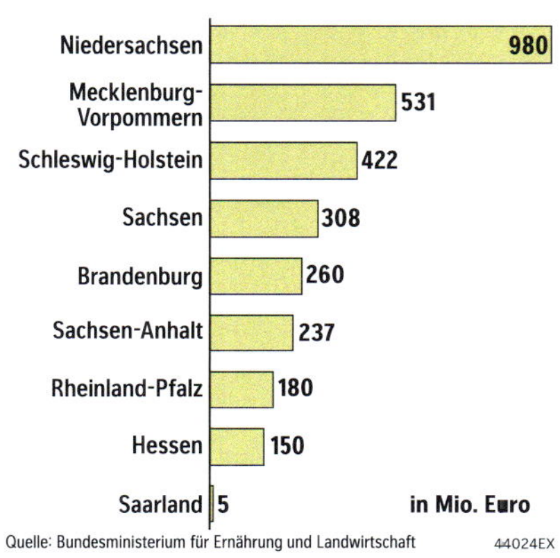

M7 **Geschätzte Dürreschäden in der Landwirtschaft (2018)**

Ökologisch wirtschaftenden Betrieben wird häufig eine höhere Anpassungskapazität an den Klimawandel zugeschrieben. Zwar haben sie gegebenenfalls weniger Möglichkeiten, auf Schädlingsdruck zu reagieren, doch ergeben sich Potenziale unter anderem aus der häufig diversifizierten Fruchtfolge, einem oft höheren Humusanteil im Boden und möglicherweise aus weniger auf Hochleistung gezüchteten Tierrassen. Die Entwicklung der ökologischen Landwirtschaft trifft auf einen Markt, der zunehmend ökologisch produzierte Lebensmittel nachfragt. [...] Mit dem zunehmenden Interesse an einer vegetarischen Ernährung geht eine veränderte Nachfrage nach landwirtschaftlichen Produkten einher. Dies könnte zu einem vermehrten Anbau pflanzlicher Produkte für die direkte menschliche Ernährung und zu einer größeren Vielfalt bei den Fruchtarten führen. Den Umfragen des BMEL zufolge ist auch das Tierwohl für die Konsumenten ein wichtiges Thema.

Quelle: Umweltbundesamt. Klimawirkungs- und Risikoanalyse für Deutschland 2021, Teilbericht 2: Risiken und Anpassung im Cluster Land, S. 186

M8 **Quellentext zum ökologischen Landbau und Klimawandel**

3.7 Landwirtschaft in der Zukunft

Die Landwirtschaft steht vor großen Herausforderungen. Um jetzt und in Zukunft nachhaltig zu wirtschaften, müssen die natürlichen Ressourcen (Böden, Wasser, Luft) geschont und die Biodiversität bewahrt werden. Gleichzeitig muss die Landwirtschaft klimaschonender werden. Vielen Verbrauchern ist artgerechte Tierhaltung wichtig. Für den ökologischen Landbau ist die Einhaltung dieser Prinzipien Grundlage des Wirtschaftens und auch in der konventionellen Landwirtschaft gibt es zukunftsweisende Ansätze.

1. a) Beschreiben Sie die drei landwirtschaftlichen Betriebe
   b) Erläutern Sie die Schwerpunkte der Betriebe.
2. Überprüfen Sie mithilfe der Materialien auf S. 70/71 die Einhaltung der Prinzipien des Ökolandbaus in den Betrieben.
3. Vergleichen Sie die verschiedenen Aussagen zur Zukunft der Landwirtschaft (M3, M9, M13).
4. Die Betriebe wurden im Rahmen verschiedener Wettbewerbe („Bundeswettbewerb Ökologischer Landbau", „CeresAward für die besten Landwirtinnen und Landwirte") prämiert. Beurteilen Sie die verschiedenen Ansätze der Höfe.
4. Recherchieren Sie weitere landwirtschaftliche Betriebe, die Ihrer Meinung nach zukunftsweisende Prinzipien oder Wirtschaftsweisen umsetzen. Begründen Sie Ihre Auswahl.

Name	Bruderkalbinitiative Hohenlohe
Lage	Baden-Württemberg, östlich von Schwäbisch Hall
Wirtschafts-schwerpunkt	kuhgebundene Kälberaufzucht
Größe	• vier Höfe, die sich zusammengeschlossen haben • Zusammenarbeit mit und Beratung von weiteren Höfen, inzwischen haben sich über 50 Höfe in BW der Initiative angeschlossen
Internet	https://bruderkalb.wordpress.com/

M1 **Steckbrief Bruderkalbinitiative Hohenlohe**

M2 **Kälbchen und Kühe auf dem Völkleswaldhof**

„Viele Höfe halten dem Strukturwandel nicht stand und müssen aufgeben. In Zukunft soll die Landwirtschaft durch Konzepte wie das der Bruderkalb-Initiative wieder „enkeltauglich" wirtschaften – also finanziell auskömmlich, ressourcenschonend und artgerecht. Das beinhaltet, kleinen Betrieben/Familienbetrieben eine Perspektive zu geben, wie sie in überschaubarem Maßstab wirtschaften können. Die Spezialisierung und damit die Abhängigkeit von einem Produkt und seinen Marktpreisen muss dabei zurückgenommen werden."
Anja Frey, Betriebsleiterin Völkleswaldhof Oberrot-Scheuerhalden

M3 **Statement zur Zukunft der Landwirtschaft**

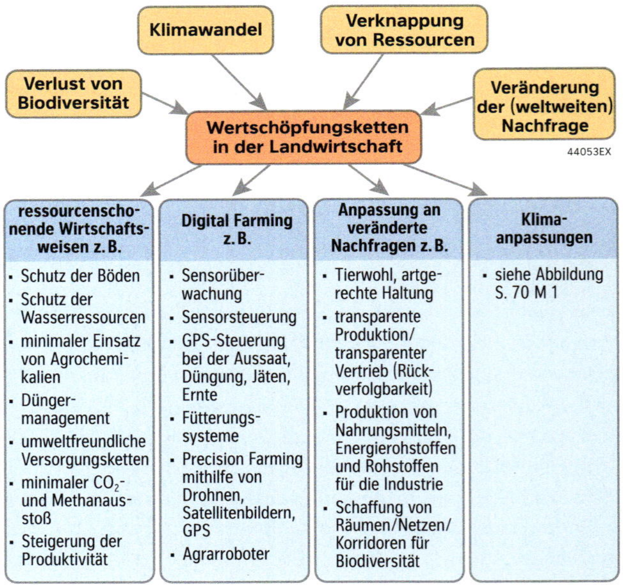

M4 **Problemfelder und Lösungsansätze einer zukunftsfähigen Landwirtschaft**

Die Bruderkalbinititative Hohenlohe setzt sich im Verbund mit den Initiativen der „Interessensgemeinschaft kuhgebundene Kälberaufzucht" für Veränderungen in der Milchproduktion und Kälberaufzucht ein. Ausgangspunkt ist die Unzufriedenheit der Landwirte mit der gängigen Praxis: Um Milch zu produzieren, muss eine Kuh regelmäßig trächtig sein und kalben. Die Kälbchen werden direkt nach der Geburt von der Mutter getrennt und von da an mit dem Eimer großgezogen. Somit wird der Kuh ein Teil ihres natürlichen Verhaltens – das Aufziehen von Nachwuchs – genommen. Nach kurzer Zeit werden die Kälber – oft weit unter Wert – verkauft, was Tiertransporte zum Beispiel zu Mästern in Südeuropa nach sich zieht. Diese Praxis entspricht nicht den Tierwohl-Standards.
Die Alternative, die von der Bruderkalbinitiative verfolgt wird, nennt sich kuhgebundene Kälberaufzucht. Die Kälber bleiben nach der Geburt, bis sie entwöhnt sind, bei der Mutter oder einer Amme und werden gesäugt, die restliche Milch wird gemolken. Die Erfahrung zeigt, dass diese Haltungsform gesunde und widerstandsfähige Tiere hervorbringt. Auch gewöhnen sich die Kälber schneller in der Herde ein. Es zeigt sich auch, dass von der Kuh gesäugte Kälber schneller Fleisch ansetzen als solche, die mit dem Eimer aufgezogen werden. Die weiblichen Kälber wachsen zu Milchkühen heran. Die Bullenkälber werden im Alter von vier bis acht Monaten geschlachtet. Das sehr hochwertige Fleisch wird mit dem „Bruderkalb"-Siegel über durch die Initiative erschlossene Vertriebswege an lokale Metzgereien, Restaurants, aber auch den Groß- und Einzelhandel verkauft. Auch die Milch wird mit dem Hinweis auf die Produktion aus muttergebundener Kälberaufzucht verkauft.
Zusätzlich zur täglichen landwirtschaftlichen Arbeit arbeitet ein Mitglied der Initiative als vom Landwirtschaftsministerium und den Verbänden Bioland und Demeter finanzierte „Wertschöpfungsketten-Managerin". Sie berät (neue) Höfe, eröffnet Vertriebswege und ist dafür verantwortlich, neue Betriebe zu gewinnen. Darüber hinaus stellt die Initiative Kontakte zur Forschung her und setzt sich dafür ein, das Thema der artgerechten und ressourcenschonenden Tierhaltung auch in landwirtschaftlichen Schulen und Hochschulen zu verankern.

M5 **Bruderkalbinitiative Hohenlohe**

M 6 **Himbeeren unter der einer Fotovoltaikanlage in Büren**

Name	Fabian Karthaus und Josef Kneer
Lage	Büren-Steinhausen, südwestlich von Paderborn
Größe	• 2700 Solarmodule, Fläche 0,4 ha • durch die PV-Anlage auf dem Bürener Gewächshaus könnten rund 200 Einfamilienhäuser versorgt werden, es handelt sich dabei um eine Anlage mit 740 kW

M 7 **Steckbrief**

Landwirtschaftliche Fläche ist begrenzt. In Zukunft wird ein wachsender Teil dieser Fläche zur Produktion von Ökostrom benötigt werden. Um die Verdrängung von landwirtschaftlich genutzten Flächen zu vermeiden, entwickelten die Landwirte Fabian Karthaus und Josef Kneer eine Möglichkeit, Fotovoltaikanlagen mit dem Anbau von Heidelbeeren, Himbeeren und Äpfeln zu kombinieren. Die lichtdurchlässigen PV-Module werden wie ein lichtes Dach montiert – hoch genug, um die Bewirtschaftung mit Landmaschinen zu ermöglichen. Die Pflanzen bekommen noch genug Licht und sind gleichzeitig vor Temperaturextremen, Starkregen und Hagel geschützt. Mithilfe von Drainagen wird das Regenwasser aufgefangen, gespeichert und den Pflanzen über eine sensorgestützte Tröpfchenbewässerung zur Verfügung gestellt. Zusätzlich werden Nebelsprüher zum Kühlen an heißen Tagen eingesetzt. Die Erträge stiegen im ersten Jahr um 20 Prozent gegenüber ungeschütztem Anbau im Freiland. Der erzeugte Strom wird ins Netz eingespeist. Sowohl die Energieproduktion als auch die Landwirtschaft sind ökonomisch erfolgreich.
Das Projekt wird vom Fraunhofer-Institut für Solare Energiesysteme in Freiburg wissenschaftlich begleitet, um den Anbau noch zu optimieren und die Erfahrungen auf andere Betriebe übertragen zu können. Die Heidelbeeren und Himbeeren werden direkt vermarktet (Selberpflücken). Überschüssige Früchte sollen in Zukunft vor Ort gefriergetrocknet werden.
Das bereits geplante, nächste Projekt soll sehr viel größer werden. Es gibt auch Pläne, das Konzept auf den Anbau von Feldfrüchten in Kombination mit Wildkräutern/Blühstreifen zu übertragen.

M 8 **Obstanbau in Kombination mit Energieproduktion**

„Die Landwirtschaft muss wegkommen von immer größer und immer mehr – hin zum Verständnis von Böden und Bodenleben. Der Flächenverbrauch muss minimiert werden. Agri-Energieproduktion muss mit Biodiversitätskonzepten und landwirtschaftlicher Produktion kombiniert werden. Die Landtechnik ist so weit, das zu ermöglichen. Hier muss noch weiter geforscht werden – und die Beratung, Förderung und Genehmigungspraxis muss verbessert werden."

Fabian Karthaus

M 9 **Statement zur Zukunft der Landwirtschaft**

Name	Hof Backensholz
Lage	Schleswig-Holstein, östlich von Husum
Größe	740 ha
Bewirtschaftung	• 450 Milchkühe mit Nachzucht, 20 Mastbullen, 30 Schweine, 2000 Hühner • Futterbau, Grünland, Weide • Käserei, Café/Restaurent, Kita
Geschichte	• Familienbetrieb mit Schwerpunkt Milchwirtschaft, Umstellung auf Bio-Landwirtschaft Ende der 1980er-Jahre
Mitarbeitende	• ca. 70, davon 16 Auszubildende in der Landwirtschaft, andere u.a. in der Käserei, im Hofladen, im Direktvertrieb
Vermarktung	• Hofladen, Direktvertrieb auf Märkten und über das Internet, Belieferung von Einzelhandel • regionale Vernetzung mit anderen Betrieben
Internet	www.backensholz.de

M 10 **Steckbrief Hof Backensholz**

M 11 **Hof Backensholz**

Biologische Landwirtschaft ermöglicht die ressourcenschonende und finanziell auskömmliche Produktion von Lebensmitteln. Der Schwerpunkt des Hofes Backensholz liegt auf der Milchwirtschaft. Durch die angeschlossene Käserei und das Restaurant sowie die Direktvermarktung ist der Hof von Schwankungen der Milchpreise unabhängig. Im Sinne geschlossener Kreisläufe wird das Futter selbst produziert. Der Hof ist durch Solaranlagen, Rückgewinnung von Prozesswärme und Biogasanlage energieautark und speist überschüssigen Strom ins Netz ein. Der gezielte Einsatz von Agrartechnik (z. B. Überwachung der Milchleistung, des Fress- und Wiederkäuverhaltens der Kühe, GPS-gesteuerter Ackerbau) ermöglicht einen genauen Überblick über das Wohlergehen der Kühe im Sinne des Tierwohls und der Produktivität. Gleichzeitig erleichtert es die oft körperlich schwere Arbeit auf dem Hof. Dennoch finden sich immer weniger Menschen, die bereit sind, selbst unter diesen Bedingungen in der Landwirtschaft zu arbeiten.

M 12 **Hof Backensholz**

„Der Beruf des Landwirts ist nicht mehr attraktiv. Um das zu verändern und in Zukunft die landwirtschaftliche Produktion zu sichern, müssen wiederkehrende Prozesse (z.B. Melken, Jäten) automatisiert werden. Forschung zum gezielten Einsatz von (digitalisierter) Landtechnik ist wichtig, um dies voranzubringen. Gleichzeitig ist ein Bewusstseinswandel bei den Verbraucherinnen und Verbrauchern nötig. Die Forderungen nach Tierwohl, Rückverfolgbarkeit von Produkten, Ressourcenschonung, Erhalt von Biodiversität und Minimierung des CO_2-Ausstoßes sind nur zu erfüllen, wenn die Bevölkerung bereit ist, mehr für landwirtschaftliche Produkte zu bezahlen."

Jasper Metzger-Petersen, Hof Backensholz

M 13 **Statement zur Zukunft der Landwirtschaft**

3.8 Klausurtraining

Intensivierung im Meer? – Aquakulturen in Norwegen

1. Beschreiben Sie die Produktion von Lachs in Aquakulturen und die räumliche Verteilung der Aquakulturanlagen in Norwegen.
2. Erläutern Sie die Entwicklung und wirtschaftliche Bedeutung der Lachszucht in Norwegen.
3. Erörtern Sie die Zukunftsperspektiven der Lachszucht in Norwegen unter dem Gesichtspunkt der Nachhaltigkeit.

M1 Atlaskarten nach Wahl

Wildlachs: Lachse sind Wanderfische. Sie verbringen den größten Teil ihres Lebens im Meer. Mit Beginn der Fortpflanzungsperiode wandern sie die Flüsse hoch, um dort abzulaichen. Die Junglachse (Parr) verbringen dann 1-2 Jahre im Süßwasser, mit Erreichen ihrer artspezifischen Größe wandern die Junglachse (Smolt) dann ins Meer ab.

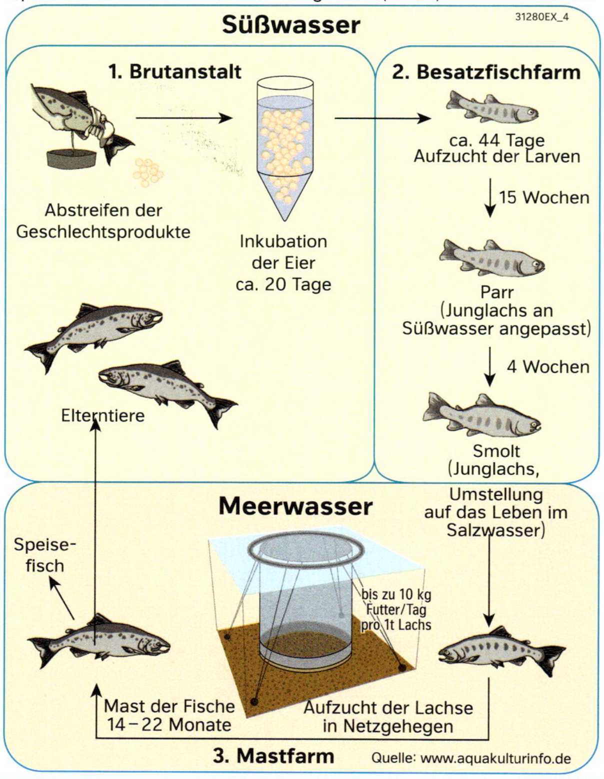

M2 Lachszucht

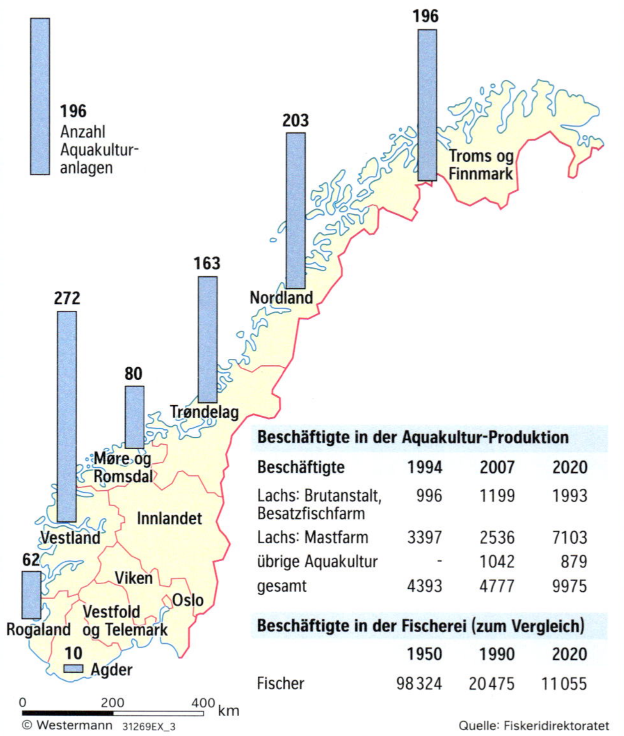

Beschäftigte in der Aquakultur-Produktion			
Beschäftigte	1994	2007	2020
Lachs: Brutanstalt, Besatzfischfarm	996	1199	1993
Lachs: Mastfarm	3397	2536	7103
übrige Aquakultur	-	1042	879
gesamt	4393	4777	9975

Beschäftigte in der Fischerei (zum Vergleich)	1950	1990	2020
Fischer	98 324	20 475	11 055

Quelle: Fiskeridirektoratet

M4 Norwegen: Aquakulturanlagen (Lachs, Regenbogenforellen) (2020)

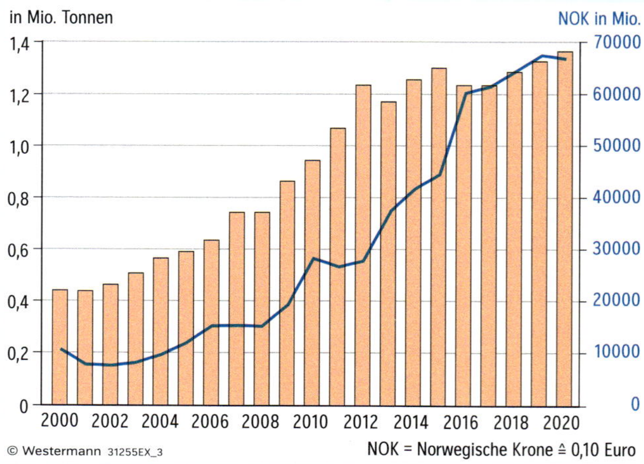

M5 Produktion und Erlöse von Lachs aus Aquakultur (2020)

Die rasante Ausbreitung der Netzkäfige hat den einstigen Luxusfisch „demokratisiert" und zur Massenware gemacht. [...] Gern verwiesen vor allem norwegische Lachsfarmer auf den zurückgegangenen Antibiotika-Verbrauch. 1987 hatte der Einsatz der antibakteriellen Arzneien in norwegischen Lachsfarmen mit der unglaublichen Menge von 50 Tonnen seinen Höhepunkt erreicht. Dann kam die Wende. In den 1990er-Jahren ging der Arzneimitteleinsatz trotz massiv wachsender Lachsbestände stark zurück und fiel bald auf weniger als eine Tonne. Wichtigste Ursache für den Rückgang bei den Antibiotika sind die Impfungen der fingergroßen Jungfische gegen Infektionskrankheiten. [...] Eine weitere, in der Öffentlichkeit weitgehend unbekannte Kalamität sind die häufigen Fluchten von Hunderttausenden, in Extremfällen sogar von Millionen Lachsen, die vor allem bei Stürmen aus den Netzgehegen entweichen und sich unter die Wildpopulation der Lachse mischen, wobei sie deren Genpool mit ihrem generierten Erbgut gefährden. Auch das Futter der Lachse ist nach wie vor ein Kritikpunkt. Um Lachse zu mästen, wird noch immer sehr viel Fisch verfüttert – schließlich sind sie von Natur aus Raubfische. Seit einigen Jahren wird nun verstärkt versucht, den Lachs zum Veganer umzuerziehen. Sein Futter enthält heute neben Fischmehl und Fischöl große Mengen an Pflanzenöl, Soja, Getreide und Hülsenfrüchten.

Quelle: Manfred Kriener: Lachse und ihre Läuse. In: Die Essensmacher. Edition Le Monde diplomatique, 24 / 2019. S. 59 ff.

M3 Quellentext zur Lachszucht in Norwegen

100800-108-01 schueler.diercke.de 100800-263-03 schueler.diercke.de 100800-263-04 schueler.diercke.de

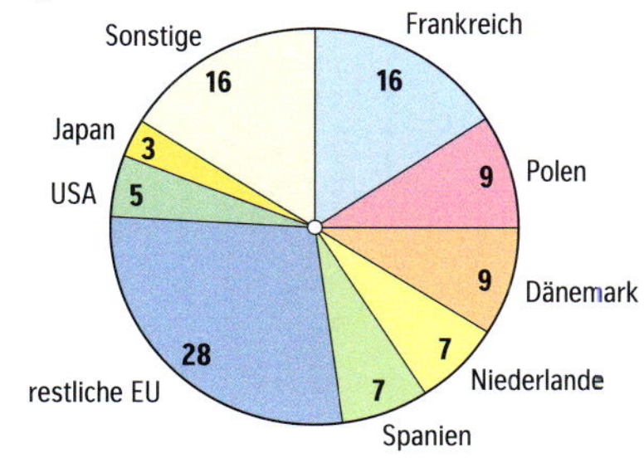

M6 Hauptexportländer von norwegischem Lachs (2020)

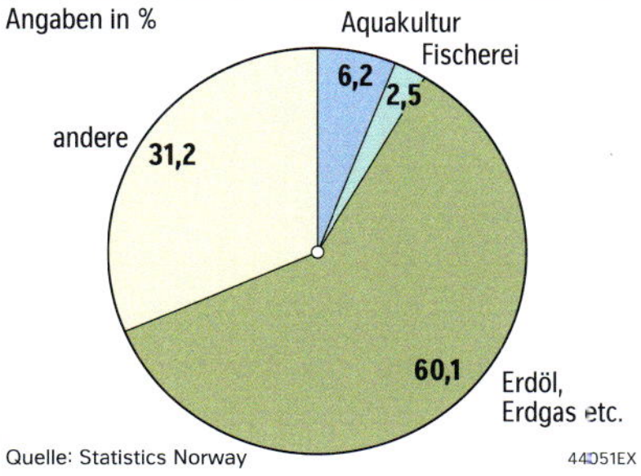

M7 Exportanteil der Aquakultur an den norwegeischen Güterexporten (2021)

M8 Aquakulturbetrieb für Lachse in Norwegen

Die Lachslaus (*Lepeophtheirus salmonis*) ist ein mariner Parasit, der die Gesundheit der Lachse beeinträchtigt und in der Lachszucht hohe Schäden verursacht. Die Lachslaus ist ein Kleinkrebs, der außen auf seinem Wirt – bevorzugt dem Lachs – lebt und sich dort von dessen Körperschleim, Haut und Blut ernährt. In der Aquakultur ist die Lachslaus so verheerend, weil in den Lachsgehegen viele Lachse auf begrenztem Raum gehalten werden und die Lachslaus schnell ganze Bestände infizieren kann. Bei einem jungen Lachs (Smolt) reichen zehn Läuse bereits, um ihn so zu schädigen, dass er stirbt. Auch bei älteren Lachsen führt der fortschreitende Befall unbehandelt zum Tod. Eine Möglichkeit, dem Lachslausbefall entgegenzuwirken, ist der Einsatz von chemischen Wirkstoffen. Allerdings sind die Parasiten gegen die eingesetzten Mittel teilweise resistent geworden. Als weitaus umweltschonendere Maßnahmen haben sich biologische Methoden bewährt, wie der Einsatz natürlicher Fraßfeinde der Läuse. Neben Lippfischen sind es auch Seehasen, die als Putzerfische eingesetzt werden und die Parasiten fressen, bevor sie großen Schaden anrichten können – ganz ohne Medikamente und teure Schädlingsbekämpfung.

M9 Lachslaus – kleiner Parasit mit großer Wirkung

Die „letzte" Aufgabe

Die gesamte Klausuranfertigung sollte aus einem Guss bestehen, die einzelnen Aufgaben beziehen sich logisch aufeinander. In der letzten Aufgabe der Klausur geht es in der Regel darum, einen Sachverhalt mithilfe der Erkenntnisse, die man in den ersten Aufgaben (und aus dem Unterricht) gewonnen hat, zu beurteilen, zu erörtern oder dazu Stellung zu nehmen (Operatoren: S. 125). Auch wenn jede „letzte Aufgabe" anders ist, bietet sich eine immer ähnliche Strukturierung dieser Aufgabe an: Einleitung – Hauptteil – Fazit

Einleitung

Die Einleitung besteht aus einem Satz oder wenigen Sätzen:

- Sie führt in die Aufgabe ein,
- erläutert die Fragestellung der Aufgabe,
- nimmt die Themenstellung der Klausur noch einmal auf oder spitzt sie zu.

Beispiel: *Die Aquakulturen in Norwegen sind hochproduktiv. Allerdings muss mit Blick auf die Zukunftsperspektiven der norwegischen Lachszucht gefragt werden, wie nachhaltig diese ist. Dazu müssen ökonomische, ökologische und soziale Aspekte betrachtet werden.*

In der Einleitung sollen Sie nicht

- das ganze Thema behandeln,
- das Ergebnis der Erörterung vorwegnehmen,
- Stellung beziehen.

Hauptteil – Argumentation

Auch wenn Sie das Ergebnis der Diskussion schon im Kopf haben, ist es wichtig, im Mittelteil der dritten Aufgabe – je nach Operator – den Sachverhalt unter Abwägen verschiedener Pro- und Kontra-Argumente zu klären, um dann abschließend eine schlüssige Meinung zu entwickeln („erörtern") oder auf der Basis der erarbeiteten Fachinhalte Zusammenhänge herzustellen, um dann kriterienorientiert zu einem begründeten Sachurteil zu gelangen („beurteilen").

Beispiel: *Ökonomisch gesehen stellt die Aquakultur einen bedeutenden und nach wie vor wachsenden Wirtschaftszweig für Norwegen dar. Insbesondere für die west- und nordnorwegischen Provinzen ergeben sich neben Beschäftigungseffekten gute Einkommensmöglichkeiten. Auch als Exportprodukt ist der Lachs zu einem wichtigen Wirtschaftsfaktor geworden. Allerdings stehen demgegenüber eine ganze Reihe negativer ökologischer Aspekte ...*

Im Hauptteil der Argumentation sollen Sie nicht

- neue Materialien auswerten (das muss in der Regel in der ersten und zweiten Aufgabe geschehen sein),
- Ihre Meinung in den Mittelpunkt stellen,
- Argumente unverbunden nebeneinanderstellen.

Schluss – Fazit

Hier ist nun Ihr begründetes Sachurteil gefragt. Auf Grundlage des Hauptteils der Argumentation sollen Sie über das Thema der Klausur zu einer persönlichen Einschätzung kommen. Hier müssen Sie also Argumente gewichten oder werten und Ihre Meinung begründet darlegen. Sie können auch Ihre Wertmaßstäbe zugrunde legen. Beachten Sie dabei genau, was der jeweilige Operator verlangt.

Beispiel: *Meiner Meinung nach sind die Zukunftsperspektiven der Aquakultur in Norwegen insgesamt positiv zu bewerten. Zwar sind die ökologischen Probleme nicht unerheblich, allerdings gibt es auch eine ganze Reihe von Ansätzen, die mit der intensiven Haltung der Lachse verbundenen Probleme zu lösen. Eine besondere Herausforderung stellt meiner Meinung nach in Zukunft ... dar. Hiervon wird abhängen, wie ...*

Im Fazit der Klausur sollen Sie nicht

- völlig neue Argumente nennen („*und außerdem finde ich ...*"),
- Ihre Meinung sagen, ohne sich auf Argumente zu beziehen,
- unsachlich werden,
- die Fragestellung aus dem Auge verlieren.

Zusammenfassung

Strukturwandel in der Landwirtschaft

Der strukturelle Wandel der deutschen Landwirtschaft, der Übergang von der kleinbäuerlichen Selbstversorgerwirtschaft zur modernen, marktorientierten Agrarproduktion war begleitet von wirtschaftlichen und sozialen Veränderungen sowie einem umfassenden Landschaftswandel. Die enorme Produktivitätssteigerung wurde vor allem durch Mechanisierung – den Einsatz immer größerer und effizienterer Maschinen – sowie durch Intensivierung erreicht. Hierzu zählen die Vergrößerung der Betriebsflächen und Herden, der Einsatz von Dünger und Kraftfutter, Pflanzenschutzmitteln und leistungssteigernden Tierarzneien, die gezielte Züchtung ertragreicherer Pflanzen und schneller wachsender Nutztiere sowie effektivere Anbau- und Tierhaltungsverfahren. Damit war ein immer geringerer Arbeits-, aber ein immer höherer Kapital- und Energieeinsatz verbunden. Eine notwendige Folge von Mechanisierung und Intensivierung war zudem die Spezialisierung. Mischbetriebe können immer weniger den nötigen Maschinen- und Geräteeinsatz und das Know-how aufbringen, das in der Hochleistungslandwirtschaft nötig ist.

Agrobusiness, Exportwirtschaft und Subventionen

Die Landwirtschaft ist zunehmend eingebunden in Wertschöpfungsketten. Vor- und nachgelagerte Branchen sind eng mit der Landwirtschaft verknüpft und profitieren von ihr. Dazu gehören auch Forschung und Entwicklung, Verarbeitung und Marketing. Mit der Übernahme industrieller Produktionsprinzipien entstanden auch agrarische Großunternehmen, in die aufeinanderfolgende Produktionsstufen zusammengefasst sind (vertikale Integration). Zwar hat die volkswirtschaftliche Bedeutung der Landwirtschaft, gemessen am Anteil an der Wirtschaftskraft und an der direkten Beschäftigungswirksamkeit, stark abgenommen, Agrarprodukte sind aber wichtige Exportprodukte, und Deutschland ist der drittgrößte Agrarexporteur der Welt. Durch die Exportorientierung öffnen sich neue Märkte für Landwirte. Gleichzeitig bedeutet internationaler Handel auch internationale Konkurrenz und die Abhängigkeit von schwankenden Weltmarktpreisen. Heute ist die Landwirtschaft in hohem Maße abhängig von europäischen und nationalen Subventionen. Das bedeutet, dass Entscheidungen in der Landwirtschaft nicht mehr nur von Boden und Klima, von Angebot und Nachfrage beeinflusst werden, sondern ebenso von agrarpolitischen Weichenstellungen.

Soziale und ökologische Folgen

„Wachsen oder Weichen" ist der Slogan, mit dem der Konzentrationsprozess in der Landwirtschaft bezeichnet wird. Viele Landwirte geben die Landwirtschaft auf oder betreiben sie nur noch im Nebenerwerb. Die Leistungssteigerung in der Landwirtschaft hat weitreichende Folgen. So führt das Ausbringen großer Mengen an Gülle und Kunstdünger zu einer Belastung von Böden und Grundwasser. Große Felder, Monokulturen, ein Verzicht auf Fruchtwechsel und hoher Pestizideinsatz wirken sich katastrophal auf die Artenvielfalt aus. Auch die Massentierhaltung ist mit negativen Auswirkungen verbunden. Bestimmte Haltungsbedingungen sind nicht nur unter Tierwohlaspekten kritisch zu sehen. Der vorbeugende, ungezielte Einsatz von Antibiotika führt zur massenhaften Entwicklung von Antibiotikaresistenzen, die zunehmend zur Gefahr für die menschliche Gesundheit werden.

Ökolandbau und Klimawandelfolgen

Der Klimawandel hat enorme Folgen für die Agrarwirtschaft und stellt sie vor große Herausforderungen. Sowohl der Pflanzenbau als auch die Erzeugung tierischer Produkte werden von Wetter, Witterung und Klima beeinflusst. Schon jetzt führen in einigen Teilen Deutschlands die Folgen von Dürre, Hitzewellen und Starkregenereignissen zu massiven Ernteausfällen. Ökologisch wirtschaftenden Betrieben wird eine höhere Anpassungskapazität an den Klimawandel zugeschrieben.
Der ökologische Landbau bietet mit ressourcenschonenden und umweltverträglichen Anbau- und Tierhaltungsformen eine Alternative zu Wirtschaftsweisen der konventionellen Landwirtschaft. Die steigende Nachfrage nach Bioprodukten kann im Inland aber nicht gedeckt werden. So steht der Ökolandbau momentan vor der Herausforderung, wie die Produktion gesteigert werden kann, ohne die Prinzipien des Ökolandbaus zu verletzen.
Die Landwirtschaft muss heute die Weichen für die Zukunft stellen. Sie wird weiter Basis für die Ernährung und Versorgung der Bevölkerung sein, die hochwertige und günstige Produkte erwartet, möglichst umweltgerecht und tierschonend hergestellt. Zugleich werden weiterhin landwirtschaftliche Nutzflächen durch Straßen- und Städtebau verloren gehen und immer mehr Flächen für die Produktion von erneuerbaren Energien benötigt werden. Erste Beispiele zeigen aber, wie diese hohen Anforderungen zusammenzubringen sind, etwa durch doppelte Flächennutzung mit Fotovoltaikanlagen und Obstanbau.

Weiterführende Literatur und Internetlinks

Geographische Rundschau
- Agrargeographie 1/2017
- Klimawandel und Pflanzenbau 3/2016

Bundesministerium für Ernährung und Landwirtschaft (BMEL)
- www.bmel.de

Niedersächsisches Ministerium für Ernährung, Landwirtschaft und Verbraucherschutz (MLN)
- www.ml.niedersachsen.de

Landwirtschaftskammer Niedersachsen
- www.lwk-niedersachsen.de

Deutscher Bauernverband
- www.bauernverband.de

Agraratlas (Statistisches Bundesamt)
- https://agraratlas.statistikportal.de

Kritische Informationsquellen
- www.weltagrarbericht.de
- www.kritischer-agrarbericht.de
- www.boell.de/de/fleischatlas
- www.greenpeace.de/biodiversitaet/landwirtschaft

Verbund Oldenburger Münsterland
- www.om23.de

Landesvereinigung der Milchwirtschaft Niedersachsen
- milchland.de

Gemeinsame Agrarpolitik (GAP) der EU
- ec.europa.eu/info/food-farming-fisheries/key-policies/common-agricultural-policy/cap-glance_de
- www.bmel.de/DE/themen/landwirtschaft/eu-agrarpolitik-und-foerderung/gap/gap_node.html

Bund Ökologische Lebensmittelwirtschaft
- www.boelw.de

Forschungsinstitut für biologischen Landbau
- www.fibl.org

Helmholtz Zentrum für Umweltforschung
- www.ufz.de

BMEL: Ökologischer Landbau
- www.bmel.de/DE/themen/landwirtschaft/oekologischer-landbau/oekologischer-landbau_node.html

MLN: Ökologischer Landbau
- www.ml.niedersachsen.de/startseite/themen/landwirtschaft/okologischer_landbau

Ceres Award – Landwirt des Jahres
- www.ceresaward.de

Bundeswettbewerb Ökologischer Landbau
- www.oekolandbau.de/landwirtschaft/betrieb/wettbewerbe/bundeswettbewerb-oekologischer-landbau

4 DIENSTLEISTUNGEN UND WISSEN

Coworking Space in einer Großstadt

4.1 Tertiärisierung der Wirtschaft

Deutschland gilt als ein „Industrieland“. Doch stimmt das überhaupt noch? Im Zuge des sektoralen Strukturwandels (siehe Kapitel 2) arbeiten heute weitaus mehr Menschen im Dienstleistungssektor. Zudem wird im tertiären Sektor* mehr erwirtschaftet (M5). Vielleicht beruht die Beharrlichkeit, wie wir wirtschaftlich hoch entwickelte Nationen „Industrieländer“ nennen, darauf, dass die Produkte des Industriesektors als fortschrittlich angesehen werden, als bedeutsamer als die nicht greifbaren „Produkte“ der Dienstleistungsbranchen? Sicher exportiert Deutschland seine hochwertigen Industriegüter erfolgreich auf die Weltmärkte. Doch spricht man schon länger von neuen Computeranwendungen, Biotechnologie oder den hochkomplexen Produkten des Bankgewerbes, wenn man wirklich innovative wirtschaftliche Entwicklungen kennzeichnen will.
Hinzu kommt, dass bei der Herstellung eines Industrieprodukts wie eines Autos die Hälfte der Wertschöpfung auf Dienstleistungen wie Forschung und Entwicklung, Design, Planung und Konstruktion, Datenverarbeitung, Logistik, Qualitätskontrolle, Personalwesen, Marketing und Werbung entfallen. Das Auslagern (Outsourcing*) solcher Dienstleistungen aus Industriebetrieben gilt als eine von mehreren Ursachen für die Tertiärisierung (M6).

Quartärer Sektor und Wissensökonomie

Eine Auflistung von Dienstleistungsberufen und -branchen macht aber auch deutlich, was für eine breite Spanne von Tätigkeiten dem Dienstleistungssektor zuordnet wird. Weit verbreitet ist eine Differenzierung nach personen- und unternehmensbezogenen Dienstleistungen (M1). Neben dieser Gliederung kann auch zwischen klassischen arbeitsintensiven Dienstleistungen und Dienstleistungen, für die eine hochwertige Ausbildung vonnöten ist, unterschieden werden. Letztere werden häufig als quartärer Sektor* bezeichnet (Kap. 4.7, 4.8).

Gliederung nach	Kategorien
Qualität	tertiärer Sektor (klassische arbeitsintensive Dienstleistungen)
	quartärer Sektor (höherwertige Dienstleistungen mit spezialisierten Kenntnissen der Beschäftigten)
Funktion	unternehmensbezogene Dienstleistungen (Dienstleistungen für Unternehmen)
	personenbezogene Dienstleistungen (Versorgung von Endverbrauchern)
	distributive Dienstleitungen (Großhandel, Verkehr, Transport)
	soziale/öffentliche Dienstleistungen (Bildungs-, Gesundheits-, Verwaltungs- und Sozialdienstleistungen)
Raumbeziehung	anbieterbasierte Dienstleistungen (Kunde kommt zu Anbieter)
	nachfragerbasierte Dienstleistungen (Anbieter kommt zu Kunde)
	Dienstleister mit Anbieter-Nachfrager-Trennung (z.B. Call Center, Versandhandel)
	mobile Dienstleister
Fristigkeit	kurzfristige Dienstleistungen
	mittelfristige Dienstleistungen
	langfristige Dienstleistungen

M1 Gliederungssysteme von Dienstleistungen

M2 Erwerbstätige in den am stärksten besetzten Berufsgruppen (1895 und 2020, in %)

Vor allem dieser Dienstleistungsbereich, der insbesondere auf Forschung und neuen Informationstechnologien beruht (Wissens- und Informationsökonomie), ist derjenige, auf den das dynamische Wachstum der letzten Zeit zurückzuführen ist. So entstanden mit der Digitalisierung der Wirtschaft und der Arbeitswelt ganz neue Berufe, Branchen und Unternehmen. Ebenfalls eine Folge dieser Entwicklung ist, dass die einfachen und personenbezogenen Dienstleistungen seit geraumer Zeit stagnieren. Sie können mittlerweile häufig von Computern und Maschinen erledigt werden oder vom Kunden selbst übernommen werden (z.B. Selbstbedienung, Internethandel).
Somit durchliefen viele Branchen des Dienstleistungsbereichs ebenfalls einen intrasektoralen Strukturwandel wie der Industriesektor (Kap. 4.2, 4.3). Ein besonderer Dienstleistungsbereich, der oft auch mit Entwicklungschancen für periphere Regionen in Verbindung gebracht wird, ist der Tourismus (Kap. 4.4, 4.5, 4.6).

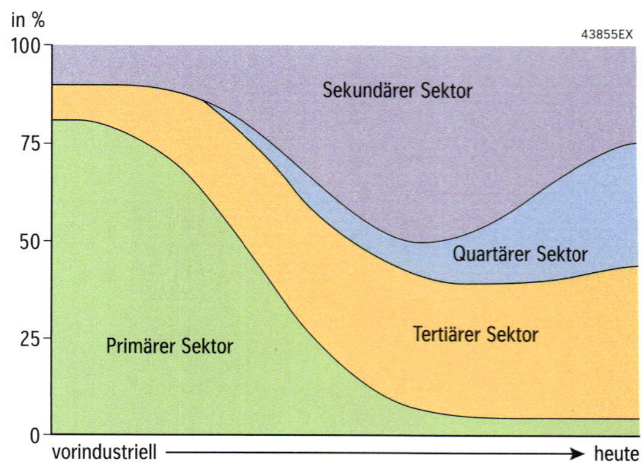

M3 Vier-Sektoren-Modell: Beschäftigte in Industrieländern

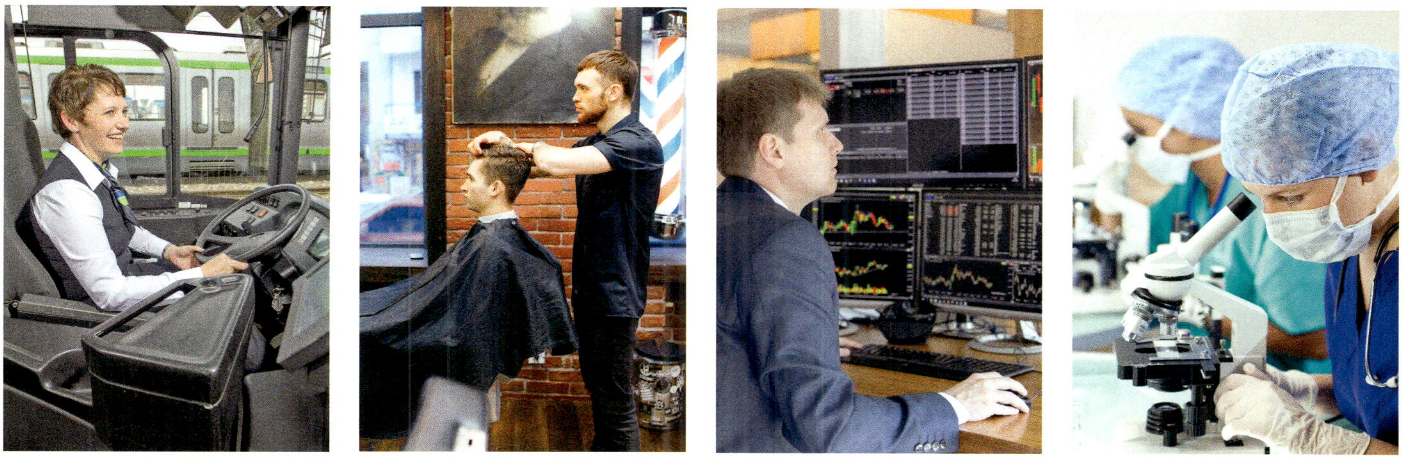

M4 Dienstleistungsberufe

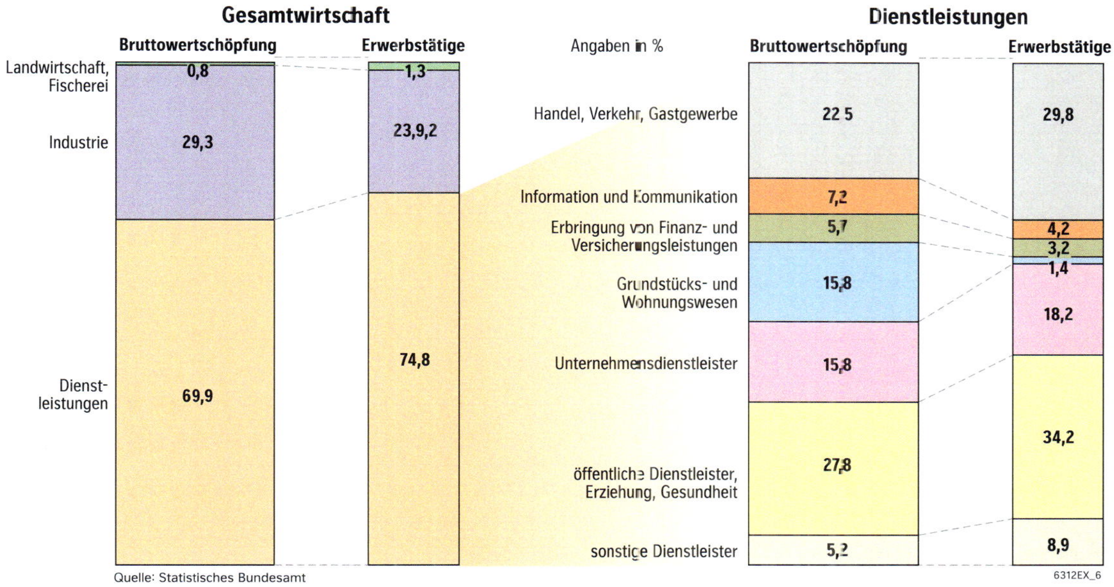

M5 Struktur des tertiären Sektors in Deutschland (2020)

Die im primären und sekundären Sektor aufgrund von Automatisierung freigesetzten Arbeitskräfte werden vom tertiären Sektor aufgenommen, der arbeitsintensiv ist und in dem Automatisierung nur in geringem Umfang möglich ist (klassische Drei-Sektoren-Theorie).

Bei wachsendem Einkommen und verändertem Verhalten (Mobilität, Freizeitaktivitäten) folgt auf die steigende Nachfrage nach Konsumgütern eine steigende Nachfrage nach immer hochwertigeren Dienstleistungen (Konsumtheorie).

Aus dem Industriesektor werden immer mehr Dienstleistungsbereiche ausgelagert (Outsourcing), sodass die Zunahme des tertiären Sektors nur eine statistische Verschiebung ist (Externalisierungsthese).

Globalisierung, internationale Arbeitsteilung, neue Logistikkonzepte (z. B. Just-in-time-Systeme*) und kürzere Produktzyklen führen zu einem steigenden Bedarf an Transport-, Kommunikations-, Forschungs- und Beratungsdiensten (Interaktionsthese).

Dienstleister diversifizieren parallel zum wirtschaftlichen Fortschritt ihr Angebot und erschließen sich damit neue Märkte (z. B. Fitnesscenter, Umweltberatung) oder sie entwickeln selbstständige Aktivitäten (z. B. Finanzholdings, Aktiengeschäfte) (Parallelitätsthese).

Immer komplexere Güter und Dienstleistungen erfordern in der Wirtschaft und in Privathaushalten immer umfangreichere Beratungsdienstleistungen.

Gesellschaftliche/Demografische Veränderungen führen zu einem erhöhten Bedarf an bestimmten Dienstleistungen (z. B. Kinder-, Altenbetreuung).

M6 Erklärungsansätze für die Tertiärisierung der Wirtschaft in entwickelten Staaten (Beispiele)

1. Nennen Sie Beispiele von Dienstleistungsberufen für die einzelnen Kategorien der Gliederungssysteme von Dienstleistungen (M1).
2. Analysieren Sie die Struktur, die Entwicklung und die regionale Verteilung des tertiären Sektors in Deutschland (M2, M3, M5, Atlas).
3. Erläutern Sie zwei der Erklärungsansätze der Tertiärisierung (M6).
4. Die Tertiärisierung hat zu einer humaneren Arbeitwelt geführt. Nehmen Sie Stellung zu dieser Aussage.

4.2 Strukturwandel im Einzelhandel

Der Einzelhandel vollzieht seit vielen Jahren einen brancheninternen Strukturwandel, der mit einem Wandel der Betriebsformen, -größen, Vertriebsformen und Standorte verbunden ist. Angetrieben wird diese durch zahllose organisatorische (Selbstbedienungsprinzip, Discount-Prinzip, Filialisierung usw.) und technische Innovationen* (Verfügbarkeit von Pkw, Scannerkassen, Internet usw.) sowie dem Entstehen mächtiger Handelskonzerne und Filialketten zuungunsten inhabergeführter Geschäfte. Dieser Wandel hatte zahlreiche räumliche Konsequenzen wie das Einkaufen auf der grünen Wiese, den Niedergang und die Renaissance der Innenstädte, die gravierenden Versorgungsprobleme auf dem Land und schließlich das Aufkommen und Aufblühen des Onlinehandels. All diese Neuerungen und Veränderungen konnten aber nur stattfinden, weil auch auf der Konsumentenseite eine Nachfrage danach bestand. Preisbewusstsein, Mobilität, Einkaufen als Freizeiterlebnis sind nur ein paar der Treiber dieser Entwicklungen.*

1. Charakterisieren Sie die Betriebsformen im Einzelhandel (M2, M5, Internet).
2. a) Analysieren Sie die Entwicklung des Lebensmitteleinzelhandels in den Eifelgemeinden (M1).
   b) Beurteilen Sie die Versorgungssituation in zwei Gemeinden.
3. Erläutern Sie die Entwicklung der einzelnen Betriebsformen im Einzelhandel (M2, M5).
4. Erklären Sie die Entwicklung „Substitution von Personal durch Fläche“ im Einzelhandel (M5).
5. ⓩ Erklären Sie mit Beispielen zwei der Innovationen, die den Einzelhandel verändert haben (Einstiegstext).
6. Beurteilen Sie den Einfluss der Corona-Pandemie auf die Entwicklung des Einzelhandels (M2, M6, Internet).
7. Vergleichen Sie die Struktur und die Entwicklung des stationären und Onlinehandels (M5, M6, M8).
8. Erörtern Sie die Ausweitung des Onlinehandels bezüglich
   a) der ökologischen (M7) und sozialen Folgen,
   ⓩ b) der Chancen und Risiken für den Standort Innenstadt.

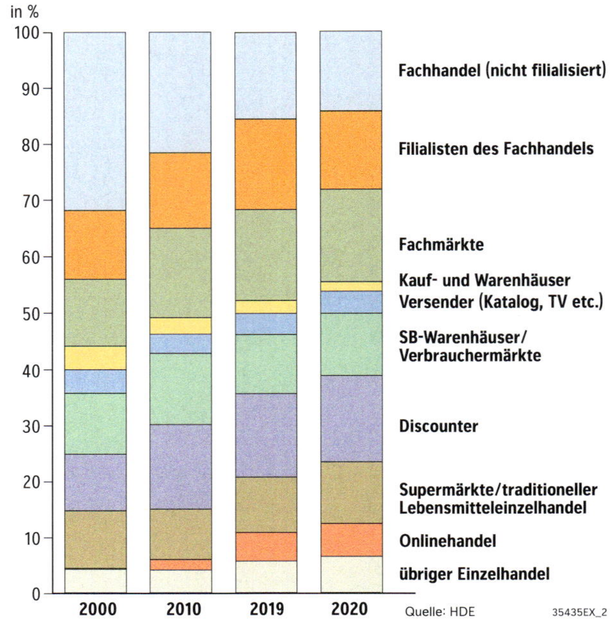

M2 Marktanteile der Betriebsformen im deutschen Einzelhandel

M3 Discounter

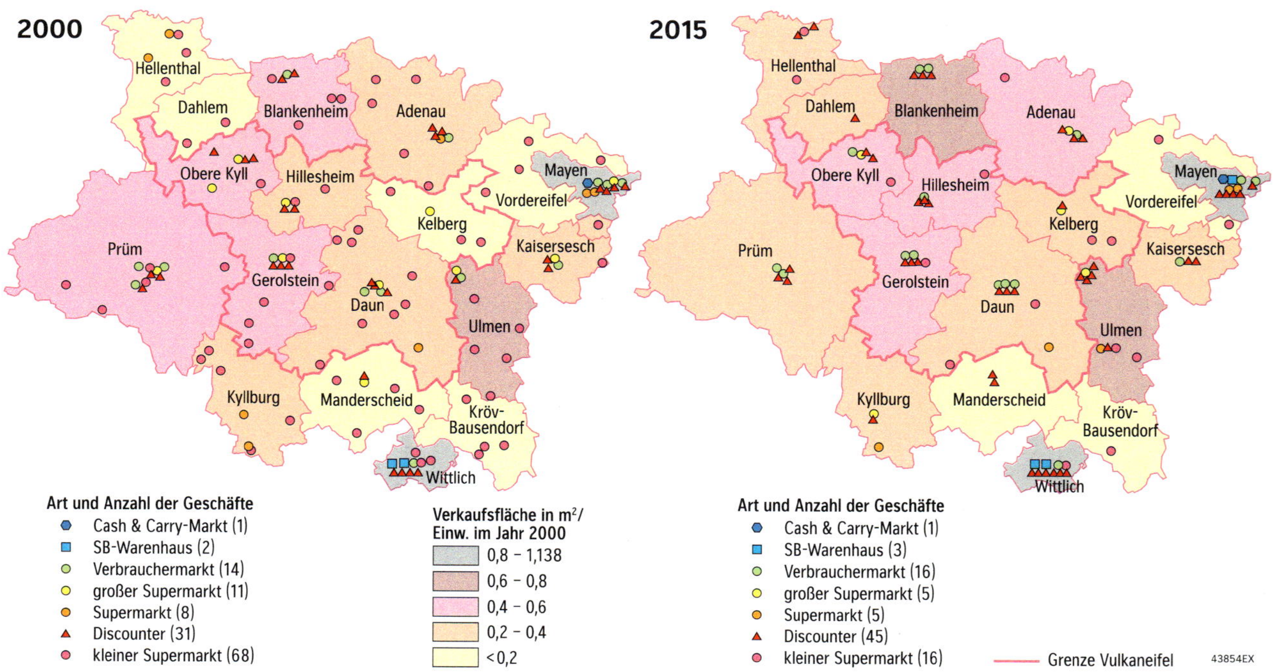

M1 Standorte des Lebensmitteleinzelhandels in der Eifel (2000 und 2015)

100800-036-02 schueler.diercke.de 100800-079-04 schueler.diercke.de

M4 Umschlagzentrum eines Onlinehandelsunternehmens

Betriebsform	Merkmale: Fläche (qm)	Bedienungsform	Ort der Warenübergabe	Preisniveau	Sortiment	Marktbedeutung (1950 1960 1970 1980 1990 2000 2010 2020)	Standorte: Streulagen der Wohngebiete	innerstädtische Wohngebiete	Stadtumland
Bedienungsladen	klein	fremd	im Laden	hoch	Food				
Selbstbedienungsladen	< 400	SB	im Laden	mittel	Food				
Supermarkt	> 400	SB	im Laden	mittel	Food & Non-Food				
Verbrauchermarkt/ Warenhaus	> 1500	SB	im Laden	niedrig bis hoch	Food & Non-Food				
Discounter	> 400	SB	im Laden	sehr niedrig	Food & Begleitsortiment				
reiner Onlinehandel	0	fremd	beim Kunden	mittel bis hoch	Food & Non-Food				
Fachgeschäft	klein bis mittel	fremd	im Laden	hoch	Non-food				

Quelle: verändert nach Kulke 43856EX

M5 Betriebsformen im Einzelhandel, Entwicklung und Standorte

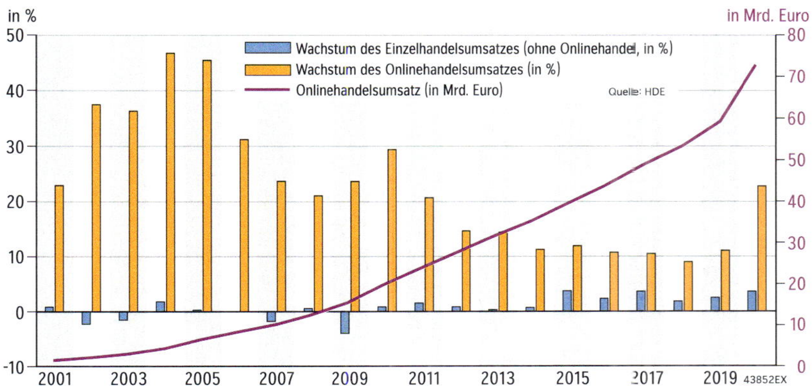

M6 Umsätze im stationären Handel und Onlinehandel (2001–2020)

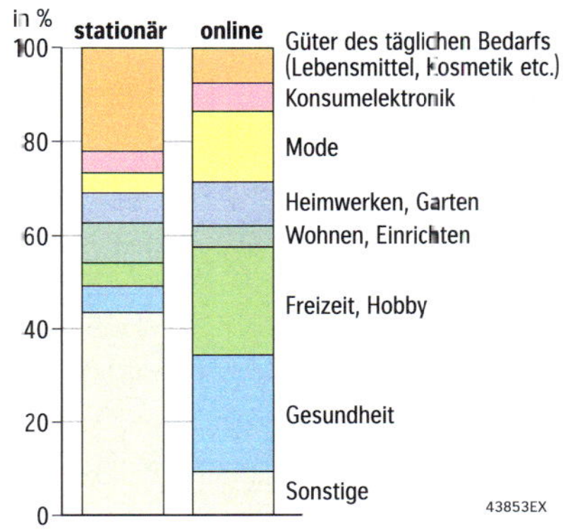

M8 Umsatzanteile der Branchen (2020)

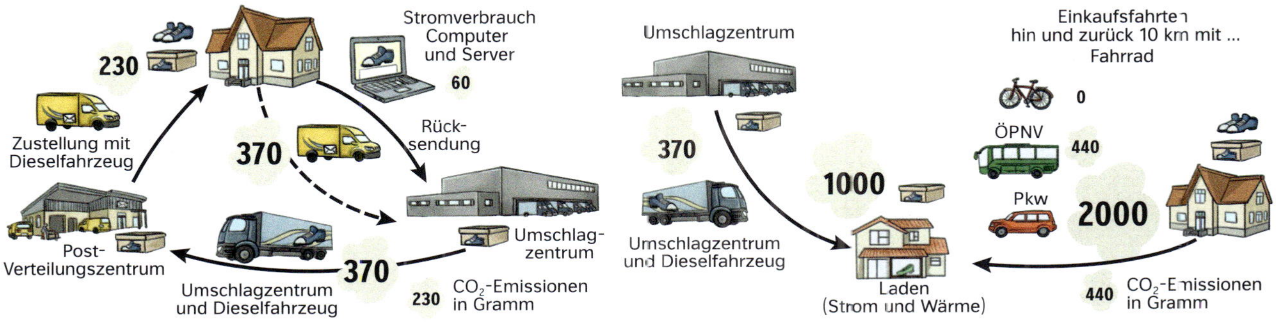

M7 CO_2-Emissionen beim Einkauf beim lokalen Händler und beim Onlinehändler

4.3 Logistikstandort Seehafen

Im Zuge der Globalisierung des Welthandels hat die Logistik- und Warentransportbranche an Bedeutung gewonnen. Dies gilt auch für die norddeutschen Seehäfen, die ein wichtiges Glied in der Warentransportkette des Außenhandels sind: elektronische Bauteile aus China, Erdöl aus Norwegen, Autos in die USA, Maschinen nach Indien. Mit der Veränderung der Transportketten – vor allem durch die Einführung des Containers – haben die Häfen seit den 1960er-Jahren einen Struktur- und Funktionswandel durchgemacht. Über Jahrhunderte bestimmte die Einheit von Stadt und Hafen die Entwicklung, heute werden neue Terminals auf Freiflächen am Stadtrand eröffnet und die traditionellen Standorte in Zentrumsnähe aufgegeben. Inzwischen ist die Mechanisierung und Teilautomatisierung des Umschlags weit fortgeschritten, sämtliche Transportgänge werden elektronisch erfasst und gesteuert.*

1. Beschreiben Sie die Hafenstandorte Emden, Wilhelmshaven und Bremerhaven mithilfe der Bilder (M5, M6, M7).
2. a) Charakterisieren Sie die Bedeutung und die Spezialisierung der drei Häfen (M8, M10, M11).
   ⓩ b) Erstellen Sie eine Liste mit Hochseeschiffen (Typ, Zielort, Herkunftsart, evtl. Ladung), die in den drei Häfen aktuell angelegt haben (www.marinetraffic.com).
3. a) Erläutern Sie den Funktionswandel von Häfen (M3).
   b) Begründen Sie den damit verbundenen Bedeutungswandel der Standortfaktoren von Häfen (M4).
4. Erläutern Sie die Bedeutung des Seeverkehrs bei der Güterbeförderung in Deutschland und weltweit im Kontext der Globalisierung* (M1, M2, M12).
5. a) Analysieren Sie die Entwicklung der Ladungsarten (M2, M9).
   b) Erklären Sie die Vorteile des Transports in Containern.
6. ⓩ a) Recherchieren Sie die Ursachen der Spezialisierung der Häfen von Emden, Wilhelmshaven und Bremerhaven (Internet).
   ⓩ b) Beurteilen Sie die Zukunftsfähigkeit der drei norddeutschen Häfen (Atlas, Internet).

Verkehrsträger	Insgesamt	innerdeutscher Verkehr	grenzüberschreitender Verkehr		Durchgangsverkehr
			Versand	Empfang	
Eisenbahn	320,1	208,3	42,8	50,9	18,1
Binnenschifffahrt	187,8	49,8	49,0	78,5	10,5
Seeverkehr	273,2	3,0	111,5	158,7	-
Straßenverkehr	3119,6	3025,7	55,8	36,5	1,6

Quelle: Statistisches Bundesamt

M1 Güterbeförderung nach Verkehrsträgern (2020; in Mio. t)

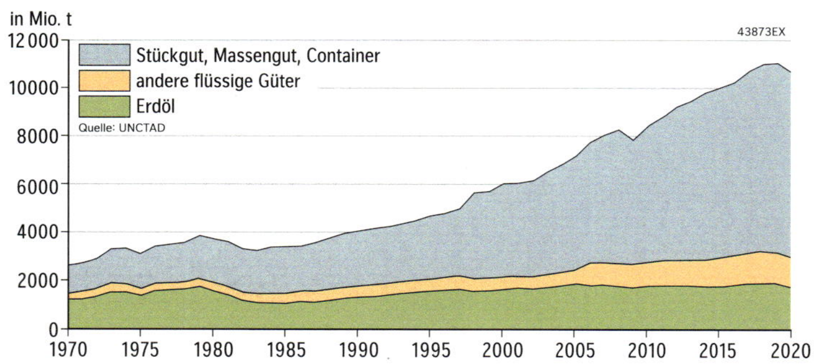

M2 Globaler Gütertransport per Seeschifffahrt (1970 – 2020)

Faktor	Eigenschaften
generelle geographische Lage	globale Verbindungen und Nähe zu wichtigen Wirtschaftsräumen
nautische Erreichbarkeit	Tiefgang des Fahrwassers, Morphologie des Gewässers
Infrastruktur des Hafens	Umschlagtechnologien, Effizienz des Hafenumschlags, Umschlagzeit, Produktivität der Terminals, Kosteneffizienz
Verbindungen zu anderen Häfen	Konnektivität, Potenzial für Short Sea Shipping (Kurzstreckenseeverkehr)
Hinterlandverbindungen	Modalsplit*, Intermodalität (Kombination von Verkehrsmitteln), Verlässlichkeit der Transportbeziehungen
unterstützende Infrastrukturen und institutionelle Bedingungen	Hafenmanagement, Zollabfertigung, Lotsen- und Schlepperdienste, sonstige Dienstleistungen
Weiterverarbeitung	Bearbeitung importierter Güter, hafenorientierte Industrien
Hafensicherheit	Drogenbekämpfung, Terrorabwehr, illegale Waren
Hafenimage	„schneller Hafen", ...

Quelle: Notteboom 2015

M4 Standortfaktoren für Häfen

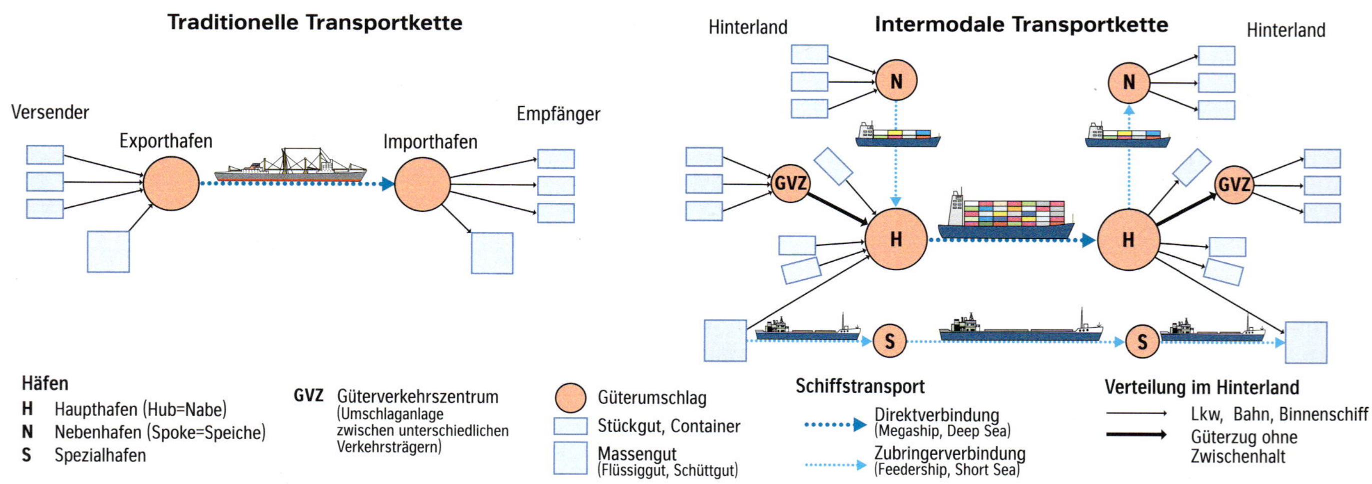

M3 Transportketten (Deep Sea = Hochseeschiffahrt, Short Sea = Kurzstreckenseeverkehr, Feedership = Verteiler/Zulieferschiff für große Schiffe)

100800-064-04 schueler.diercke.de
100800-030-01 schueler.diercke.de
100800-104-01 schueler.diercke.de

M5 Containerterminal in Bremerhaven

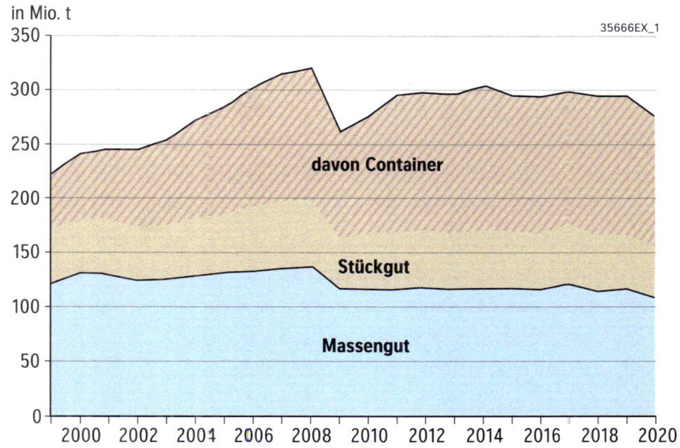

M9 Güterumschlag in deutschen Seehäfen nach Ladungsart

M6 Tankerumschlagsanlage am Wilhelmshavener Ölhafen

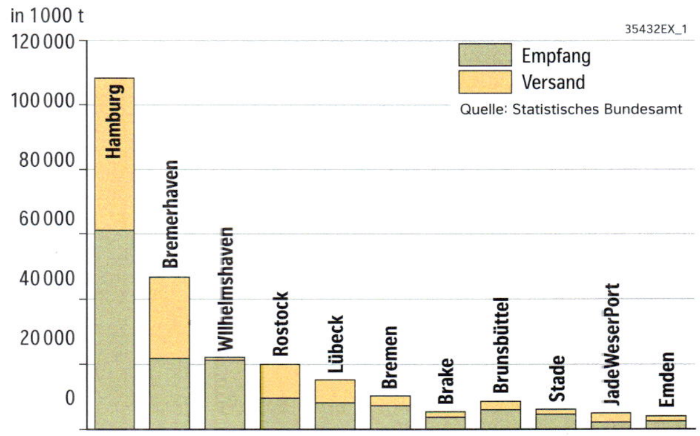

M10 Güterumschlag von Seehäfen in Deutschland (2020)

M7 Emder Außenhafen

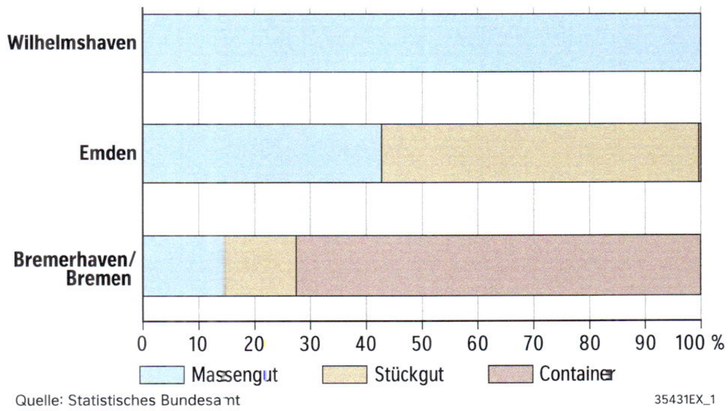

M11 Umschlag nach Ladungsarten in ausgewählten Seehäfen (2020)

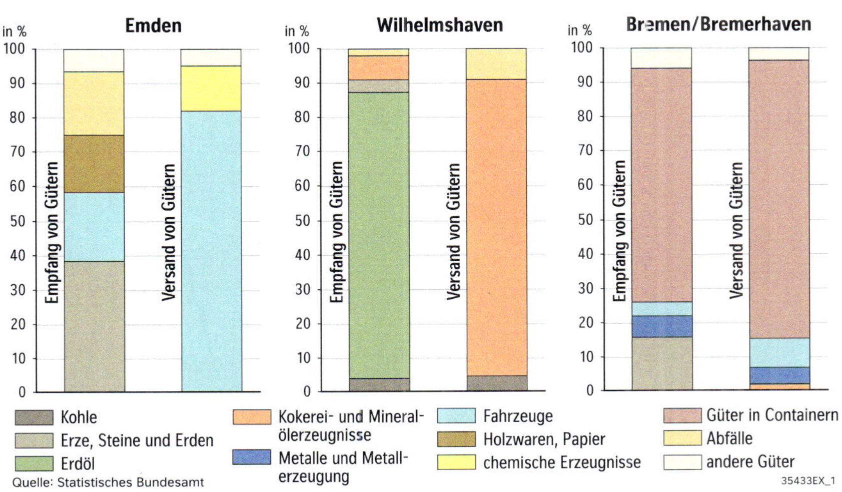

M8 Umschlag nach Gütern in Emden, Wilhelmshaven, Bremen/Bremerhaven (2020)

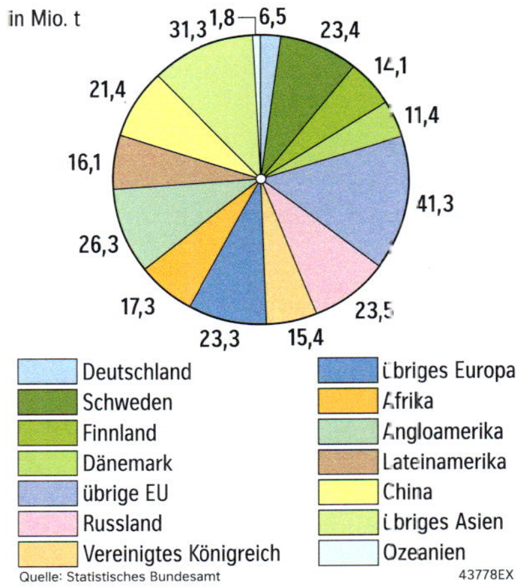

M12 Güterumschlag im deutschen Seeverkehr nach Fahrgebieten (2020)

4.4 Tourismus in Europa und Deutschland

Im Dienstleitungssektors zählte die Tourismusbranche weltweit zu den am stärksten wachsenden Wirtschaftszweigen, seit 1950 jährlich um durchschnittlich sieben Prozent. Von Anfang der 1970er-Jahre bis 2019 hatte sich die Zahl der Reisenden ungefähr versiebenfacht. Damit wurde der Fremdenverkehr zu einer wirtschaftlichen Triebfeder, die wesentliche direkte und indirekte Effekte auf alle drei Wirtschaftssektoren hat. Ob die Corona-Pamdemie seit 2020 nur ein kurzfristiger Dämpfer für die Branche ist, ist momentan nicht absehbar.

1. Beschreiben Sie die Entwicklung des Tourismus weltweit (M3).
2. Charakterisieren Sie den Tourismus in Deutschland und in den europäischen Ländern (M1, M4, M9).
3. Analysieren Sie die räumlichen Schwerpunkte des Tourismus in Deutschland (M6, M8) und Europa (Atlas).
4. ⓩ Recherchieren Sie das touristische Vermarktungskonzept Ihrer Heimatregion.
5. a) Ordnen Sie die in M2 abgebildeten Dienstleistungen den direkten und indirekten Effekten des Tourismus zu (M5).
   b) Erklären Sie den Unterschied direkter und indirekter Effekte des Tourismus mit weiteren Beispielen.
6. Analysieren Sie die (direkten und indirekten) Effekte des Tourismus in Deutschland auf die Bruttowertschöpfung und die Beschäftigung (M7, M10).
7. ⓩ Erörtern Sie Folgen des Auslastungsrückgangs in Deutschland und Europa durch die Corona-Pandemie.

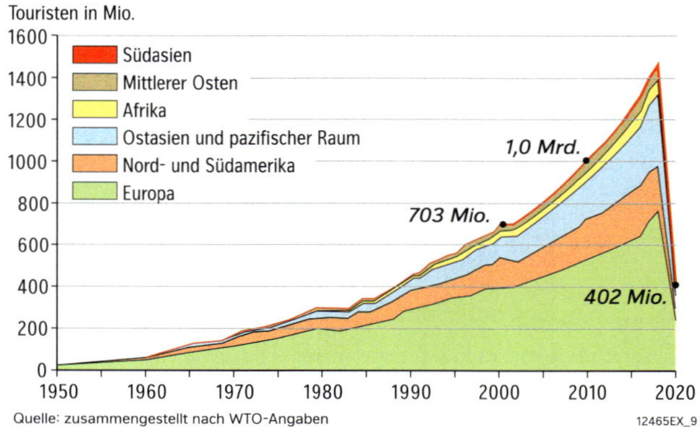

M3 Internationale Touristenankünfte (1950 – 2020)

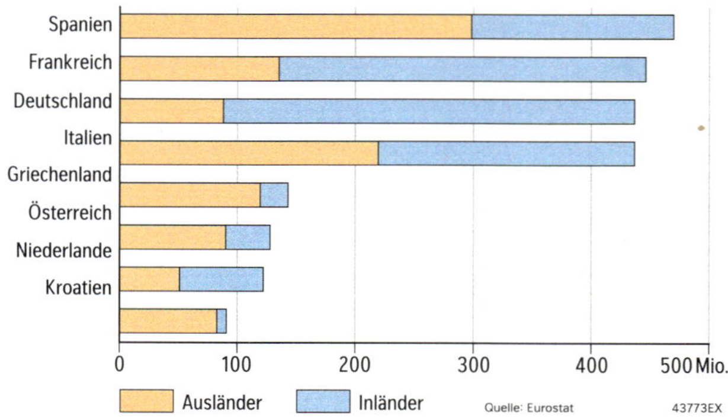

M4 Hotelübernachtungen in Europa (2019)

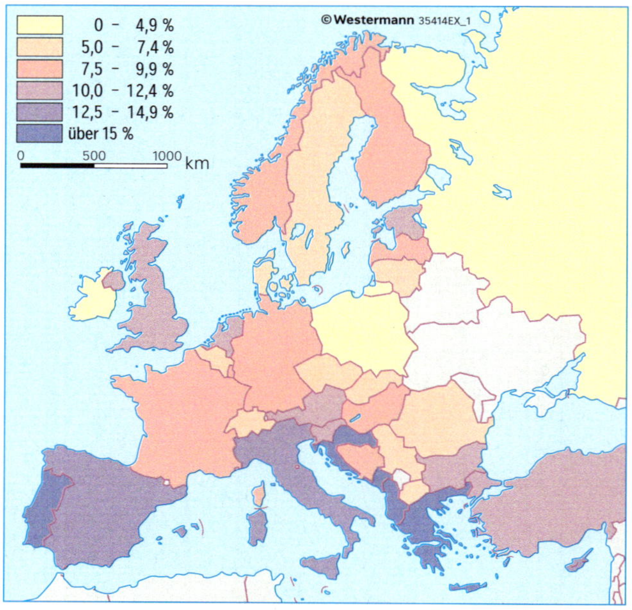

M1 Anteil des Tourismus am BIP (2019)

Die Tourismuswirtschaft ist eine umsatzstarke und beschäftigungsintensive Branche. Im Gegensatz zu anderen Wirtschaftsbereichen weist sie aber eine Besonderheit auf und wird in ihrer Bedeutung daher oft unterschätzt. Während Wirtschaftsbranchen wie Landwirtschaft oder Maschinenbau durch ihr Angebot definiert werden, wird der Tourismus durch die Nachfrage der Touristen bestimmt. So werden von Touristen Produkte und Dienstleistungen nachgefragt, die direkt den Tourismusunternehmen zuzuordnen sind, aber auch Produkte aus dem Einzelhandel, die auf den ersten Blick nicht zum Tourismus zugehörig erscheinen.
So kann man zwischen direkten, indirekten oder sogar induzierten Effekten des Tourismus unterscheiden. Direkte Effekte beziehen sich auf Ausgaben für Güter und Dienstleistungen, die unmittelbar von Touristen konsumiert bzw. genutzt werden. Indirekte Effekte liegen in der Herstellung der Güter für den Tourismus und in der Vorleistung für die benötigten Dienstleistungen. Induzierte Effekte ergeben sich dadurch, dass die im Tourismus erwirtschafteten Einkommen – direkt oder indirekt – wieder in andere Wirtschaftsbereiche investiert werden.

M5 Direkte und indirekte Effekte der Tourismuswirtschaft

M2 Direkte und indirekte Effekte des Tourismus

100800-062-01 schueler.diercke.de
100800-105-03 schueler.diercke.de
100800-272-01 schueler.diercke.de

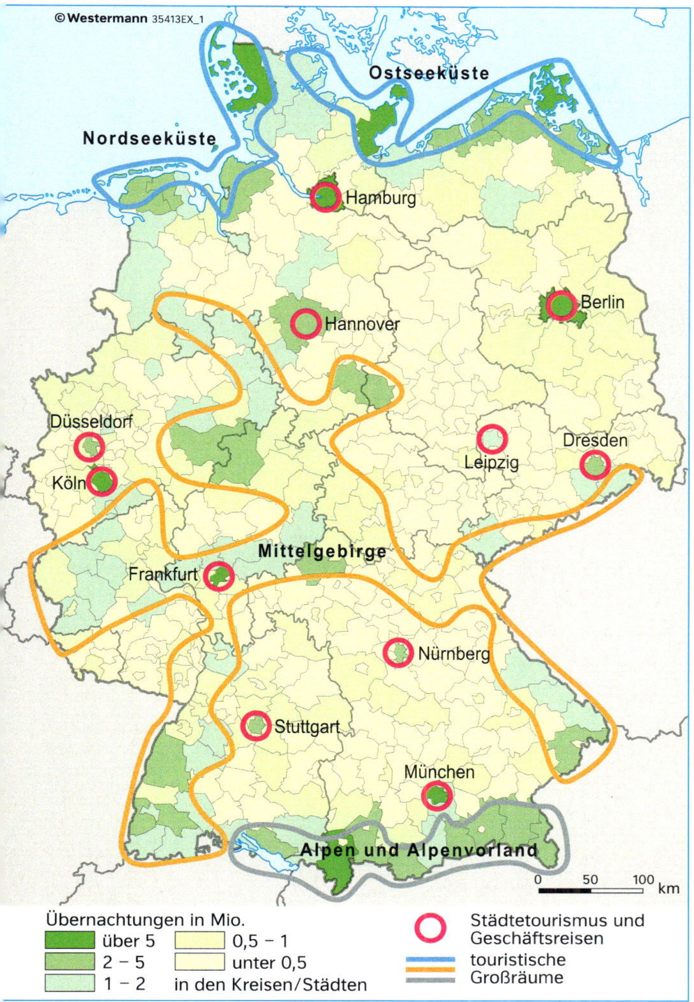

M6 Touristische Großräume und Reisegebiete in Deutschland

	Tourismus-intensität[1]	Auslandsgäste (in 1000)[2]
Baden-Württemberg	5166	5434 (23,3 %)
Bayern	7717	10070 (25,2 %)
Berlin	9362	13963 (39,3 %)
Brandenburg	5563	5230 (8,9 %)
Bremen	4123	1511 (18,6 %)
Hamburg	8379	7619 (22,0 %)
Hessen	5684	15955 (25,5 %)
Mecklenburg-Vorpommern	21195	8363 (4,7 %)
Niedersachsen	5791	15417 (10,5 %)
Nordrhein-Westfalen	2970	24310 (22,2 %)
Rheinland-Pfalz	5635	9120 (21,1 %)
Saarland	3247	1123 (16,9 %)
Sachsen	5088	8484 (11,9 %)
Sachsen-Anhalt	3915	3604 (7,5 %)
Schleswig-Holstein	12419	8924 (11,2 %)
Thüringen	4829	4038 (6,6 %)

[1] Übernachtungen je 1000 Ew. [2] In Klammern: Anteil an Gesamtgästen
Quelle: Statistisches Bundesamt

M8 Touristenankünfte nach Bundesländern (2019)

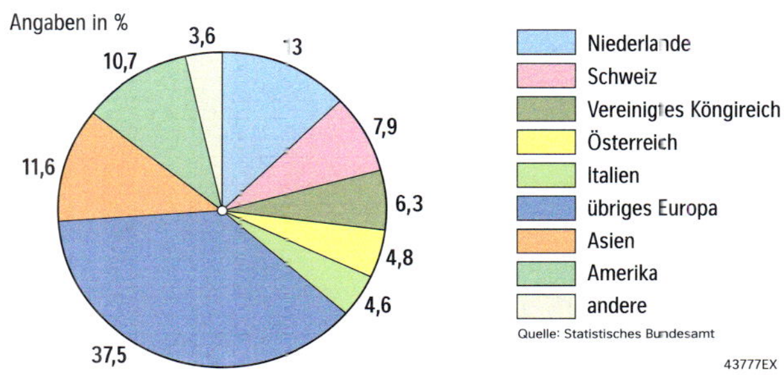

M9 Deutschland: Herkunft der ausländischen Touristen (2019)

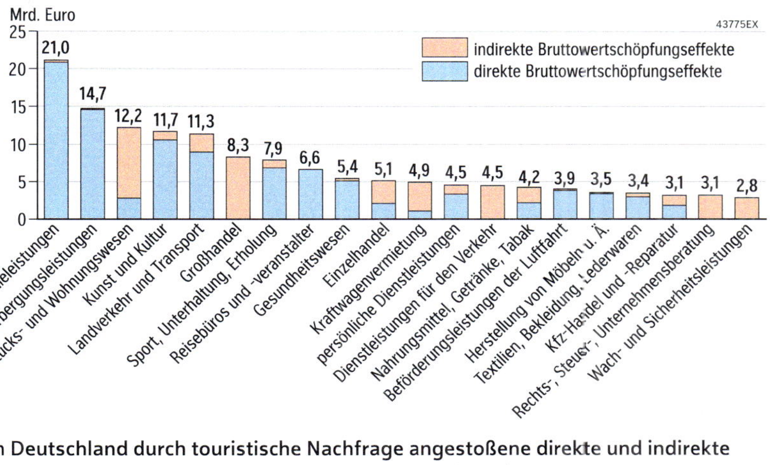

M7 In Deutschland durch touristische Nachfrage angestoßene direkte und indirekte Bruttowertschöpfung nach Produktionsbereichen (2019)

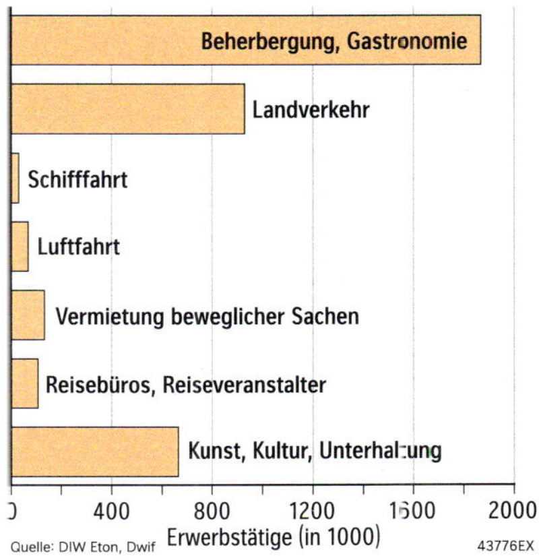

M10 Deutschland: Erwerbstätige in tourismusrelevanten Branchen (2019)

4.5 Barcelona: Zwischen Overtourism und Corona-Einbruch

Städtetourismus hat eine lange Tradition. In Form privater oder beruflicher Kurzreisen hat er in den letzten Jahrzehnten einen enormen Aufschwung erlebt. Im Gegensatz zu Zielen wie Paris oder Rom zählt Barcelona zu den eher neueren Topdestinationen des europäischen Städtetourismus. Erst für die Olympischen Spiele 1992 hübschte sich die bis dato etwas heruntergekommene, industrielle Hafenstadt auf. Seitdem strömen Massen an Touristen in die 1,6-Millionen-Stadt, in den 2010er-Jahren jährlich etwa 12 Millionen offiziell (1990: 1,7 Mio.). Mit den vielen Tagestouristen verdreifacht sich die Zahl noch einmal. Allein 4,5 Mio. Menschen besuchen jährlich die weltberühmte Sagrada Familia. Doch im Laufe der Jahre wurde der Widerstand der „Barcelonès" gegen den überbordenden Tourismus und die damit verbundenen negativen Folgen immer lauter. Bis 2020 Corona kam …

1. Stellen Sie das touristische Potenzial Barcelonas dar (Lage, Klima, Sehenswürdigkeiten, Infrastruktur, M4, Atlas, Internet).
2. a) Beschreiben Sie eine typische Barcelonareise (M4, M5).
   Ⓩ b) Charakterisieren Sie allgemein die Urlaubsart Städtereise.
3. a) Erklären Sie die Ursachen und die Auswirkungen des Overtourism in Barcelona (M5–M10).
   b) Erläutern Sie die speziellen Probleme durch den Kreuzfahrttourismus (M6, M9, M10).
4. Ⓩ Tourismusintensität ist ein Indikator für die Tragfähigkeit im Tourismus. Erörtern Sie diese Aussage (M14).
5. Analysieren Sie den Einbruch durch die Covid-Pandemie (M1, M7, M10, M11). Recherchieren Sie die weitere Entwicklung.
6. Beurteilen Sie die in M12 vorgestellten Maßnahmen.
7. Barcelona könnte wirtschaftlich von einer reduzierten Touristenzahl profitieren. Nehmen Sie Stellung zu dieser Aussage.

M3 Ramblas im Sommer (2016)

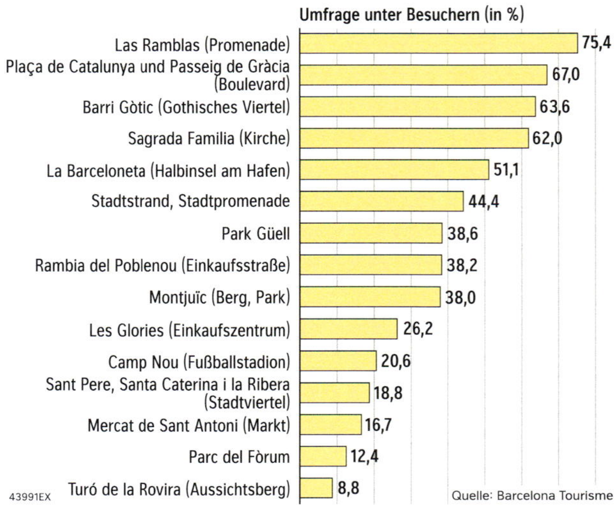

M4 Besuchte Sehenswürdigkeiten in Barcelona (2019)

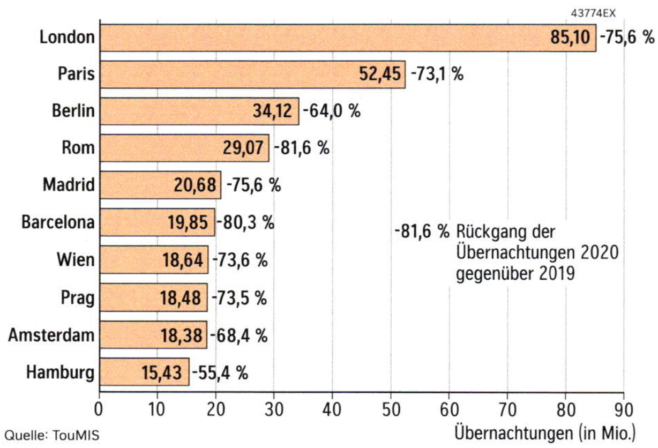

M1 Städtereiseziele in Europa nach Übernachtungen (2019)

- Grund des Besuchs: 19,7 % geschäftlich, 70,3 % privat (94 % Urlaub, je 2 % Sport- oder Kulturevent), 10,0 % Familienbesuch oder andere
- Herkunft: 2,0 % Region, 12,0 % Spanien, 64,6 % Ausland, davon 50,5 % EU (7,3 % Frankreich, 7,8 % UK, 6,8 % Deutschland), 6,5 % Rest Europa, 19,6 % Südamerika, 11,8 % Nordamerika, 7,0 % Asien)
- Durchschnittsalter: 37 Jahre
- Anreise: 81,2 % Flugzeug, 9,3 % Eisenbahn, 4,4 % Auto
- Übernachtung: 50,3 % Hotel, 19,4 % Ferienwohnung, 13,2 % Hostel, Jugendherberge, 14,0 % Freunde, Familie
- durchschnittliche Verweildauer: 5,1 Tage
- 48 % zum wiederholten Mal in Barcelona
- Durchschnittsausgaben pro Besuch: 972 Euro (37 % Anreise, 28 % Unterbringung, 35 % Ausgaben während des Aufenthalts, davon 44 % Essen und Trinken, 22 % Shopping, 18 % Unterhaltung, 12 % Transport)

Quelle: Observatori del Turisme a Barcelona

M5 Touristen in Barcelona (Daten 2019)

M2 Barcelona: Hafen und Montjuic

Barcelona ist der verkehrsreichste Kreuzfahrthafen in Europa und der viertgrößte der Welt (3,0 Mio. Passagiere im Jahr), den nahezu alle Kreuzfahrtschiffe im westlichen Mittelmeer anlaufen. 2019 legten 75 Kreuzfahrtschiffe 775-mal in Barcelona an, die Costa Smeralda mit Platz für 6000 Passagieren jede Woche im Jahr einmal. An 139 Tagen im Jahr gingen über 10000 Kreuzfahrtpassagiere von Bord. Der verkehrsreichste Tag in der Woche ist der Freitag.

M6 Kreuzfahrttourismus in Barcelona

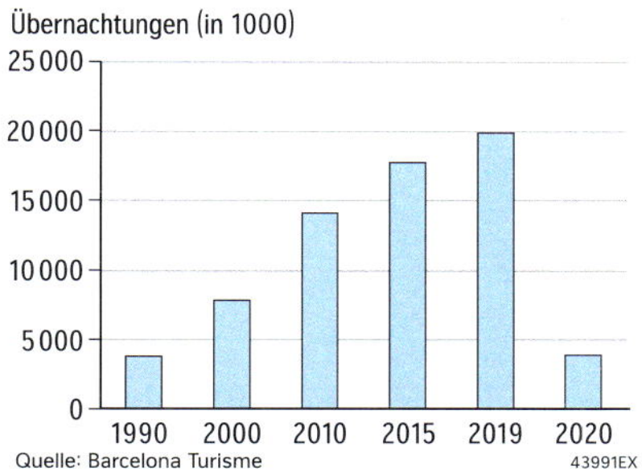

M 7 **Übernachtungen in Barcelona (1990 – 2020)**

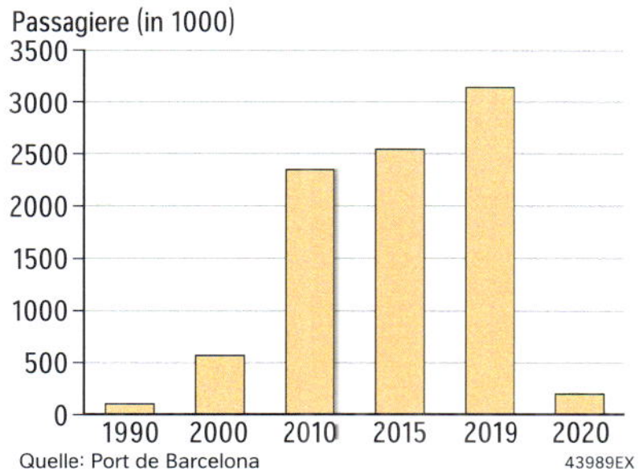

M 10 **Kreuzfahrtpassagiere in Barcelona (1990 – 2020)**

- Anteil des Tourismus am BIP: 7,93 % (z. Vgl. Spanien: 14,1 %)
- Beschäftigung im Tourismus: 149 985 (13,6 %; in Spanien: 14,4 %), davon
  - Transport: 13,0 %
  - Beherbergung: 13,9 %
  - Gaststätten: 47,4 %
  - sonstige touristische Dienstl.: 25,7 %
- Durchschnittseinkommen im Tourismus: 22 272 Euro (andere Wirtschaftsbereiche: 30 774 Euro)

M 13 **Wirtschaftliche Daten zum Tourismus in Barcelona (2019)**

M 8 **Protest in Barcelona**

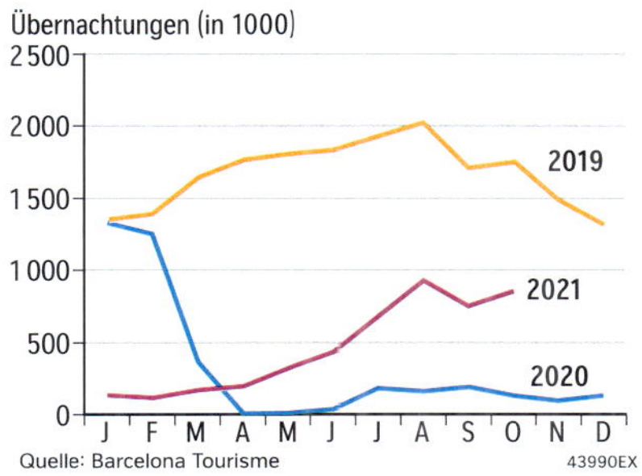

M 11 **Übernachtungen in Barcelona (2019 – 2021)**

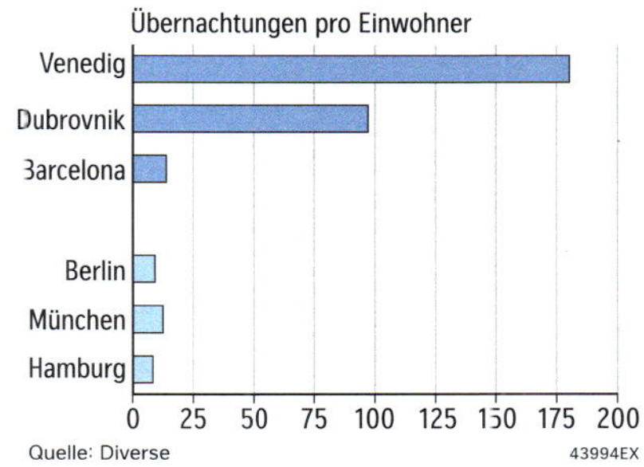

M 14 **Tourismusintensität (Touristen pro Einwohner, 2019)**

Overtourism hat nicht nur mit zu vielen Menschen zu tun. In Barcelona besteht das Problem darin, dass sie alle auf einmal ankommen. Von den 32 Millionen jährlichen Besuchern sind etwa die Hälfte Tagesausflügler; dazu gehören auch die meisten Kreuzfahrtpassagiere. Die Besucher, die nur wenige Stunden in der Stadt verbringen, haben einen begrenzten Radius und werden immer die gleichen Orte abhaken: La Rambla, die Sagrada Familia, der Parc Güell, der Markt La Boqueria. [Ein Tourismusforscher schrieb 2016], dass es sich wie „eine Flutwelle" anfühlt, wenn nach dem Frühstück an Bord des Schiffes „bis zu 35000 Menschen zu Fuß am Mirador de Colón ankommen, um La Rambla hinaufzulaufen". Außerhalb der großen Touristencafés und Souvenirstände wird wenig Geld ausgegeben, und der Stau ist sowohl für die Einwohner als auch für andere Touristen unangenehm. Was die Kreuzfahrtpassagiere betrifft, so buchen viele von ihnen ihre Touren über die Kreuzfahrtgesellschaft selbst, sodass noch weniger Geld in der Stadt bleibt. [...]

Im Jahr 2017 wurde gemeldet, dass es 125 000 legal registrierte Betten in Hotels und Ferienwohnungen und 50 000 illegale Betten gab. Die hohe Nachfrage nach Touristenunterkünften und die Möglichkeit, Zimmer und Wohnungen über Websites wie Airbnb zu vermieten, haben dazu geführt, dass die Mieten in die Höhe geschnellt sind und die Bewohner sich die Erhöhungen kaum noch leisten können. [...] In einer von den Behörden Barcelonas im Jahr 2015 durchgeführten Befragung wurden verschiedene Probleme genannt, die von Überlastung und Spannungen bis hin zu einem Identitätsverlust und einem Anstieg antisozialen Verhaltens reichen. Obwohl der Tourismus der Stadt beträchtliche Einnahmen beschert [...], wurden in der Befragung „eine schlechte Umverteilung des erwirtschafteten Wohlstands und minderwertige Arbeitsplätze" als weitere Probleme hervorgehoben. Gewöhnliche Geschäfte werden durch Souvenirstände, Fahrradverleihe und Cafés ersetzt, die für viele Anwohner unerschwinglich - oder einfach unnötig - sind.

Quelle: Vicki Brown: Overtourism in Barcelona. Responsable Travel (Übersetzung: Thilo Girndt)

M 9 **Quellentext zum Overtourism in Barcelona**

Städte wie Venedig, Amsterdam oder Barcelona drohten am Massentourismus zu ersticken. Die Corona-Pandemie war eine Atempause. Nun sollen neue Konzepte den Overtourism in Zukunft verhindern. [...] In Barcelona ist eine [konkrete Begrenzung der Touristenzahlen] nicht geplant. Im Gegenteil: Die katalanische Hauptstadt wirbt aktuell wieder für Touristen - mit dem Motto „Barcelona wie nie zuvor". Von nun an wolle man sich noch stärker als nachhaltige Kulturdestination verstehen und damit „Qualitätstourismus" in die Stadt holen, schreibt das Tourismusmarketing der Stadt. „Barcelona möchte sich von den Menschenmassen entfernen und seine Besucher zum Flanieren durch offene, grüne und zugängliche Räume einladen", so die Vision. Wie genau das den Massentourismus in Zukunft eindämmen soll, sagt sie nicht.

Doch auch Barcelona war nicht untätig und hat konkrete Maßnahmen erlassen. Schon vor der Pandemie hatte die Stadt eine der schärfsten Regeln für Touristenunterkünfte. Hotels und Pensionen bekommen keine Lizenzen mehr in der Innenstadt. Und auch Kurzzeitvermietungen sind streng reguliert. Im Februar hat die Stadtregierung die Regelungen nochmals verschärft. Vermieter dürfen nur Zimmer in ihrer eigenen Wohnung vermieten, wenn der Gast mindestens 30 Tage bleibt. Da das die wenigsten Touristen tun, kommt die Maßnahme einem Verbot von Kurzzeitvermietungen gleich.

Außerdem sollen Reisebusse mit Tagestouristen etwa von der Costa Brava zukünftig außerhalb der Innenstadt ankommen. Reisende werden zudem mehr Informationen über Sehenswürdigkeiten abseits der „Must-Sees" erhalten. Dabei sollen auch Projekte wie die neue App „Check Barcelona" helfen. [...] Die neue App zeigt Nutzern beispielsweise, wo es gerade zu voll ist, und schlägt einen weniger stark besuchten Ort vor. Außerdem können Tickets direkt in der App gebucht werden, womit Wartezeiten an den berühmten Sehenswürdigkeiten verringert werden könnten.

Quelle: Felix Schlagwein: Europas überlaufene Reiseziele: Neuanfang nach Corona? Deutsche Welle 28.5.2021

M 12 **Quellentext zu Maßnahmen gegen Overtourism**

4.6 Landkreis Prignitz: Tourismus in peripheren Räumen

Bad Wilsnack, eine Kleinstadt im Landkreis Prignitz, hat schon bessere Zeiten erlebt. Im Mittelalter war die den Ort prägende Wunderblutkirche eine Wallfahrtstätte für Hunderttausende Pilger aus ganz Europa (M7). Aber dieser Zustrom versiegte. Zwar wurde die Stadt im 19. Jahrhundert durch ihre angrenzende Moorerde und eine Thermalsolequelle zu einem Kurbad, aber ihre touristische Attraktivität kann mit vielen anderen Orten – auch innerhalb Brandenburgs – nicht mithalten. Verschiedene Akteure versuchen, das touristische Potenzial von Bad Wilsnack und dem gesamten Landkreis Prignitz zu entwickeln und für größere Zielgruppen bekannt zu machen, um eine Belebung des Tourismussektors anzuregen.

1. Analysieren Sie die Bedeutung und Entwicklung des Tourismus im Landkreis Prignitz und Brandenburgs (M1 – M6).
2. Charakterisieren Sie Gunst- und Ungunstfaktoren des Landkreises Prignitz als Tourismusregion aus verschiedenen Nutzerperspektiven (M5, M8, Atlas).
3. Erläutern Sie die durch den Tourismus resultierenden Entwicklungspotenziale für eine periphere Region wie den Landkreis Prignitz (M12).
4. Arbeiten Sie aus der SWOT-Analyse Handlungsmöglichkeiten bzw. Handlungsempfehlungen für die weitere touristische Entwicklung des Landkreises Prignitz heraus (M9).
5. Marketing ist heute ein wichtiger Bestandteil für die Entwicklung einer Tourismusregion. Beurteilen Sie den Internetauftritt der Region: www.dieprignitz.de.
6. a) Beurteilen Sie den Effekt von Angeboten wie das in M10 vorgestellte für die Entwicklung als Tourismusregion.
   b) Entwickeln Sie Ideen, wie weitere Touristen verschiedener Altersgruppen für einen Aufenthalt im Landkreis Prignitz gewonnen werden können.

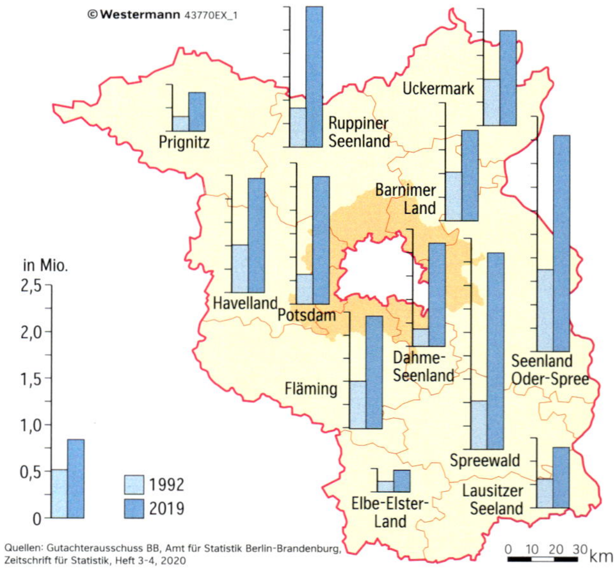

M3 Übernachtungen in Brandenburg (1992 – 2019)

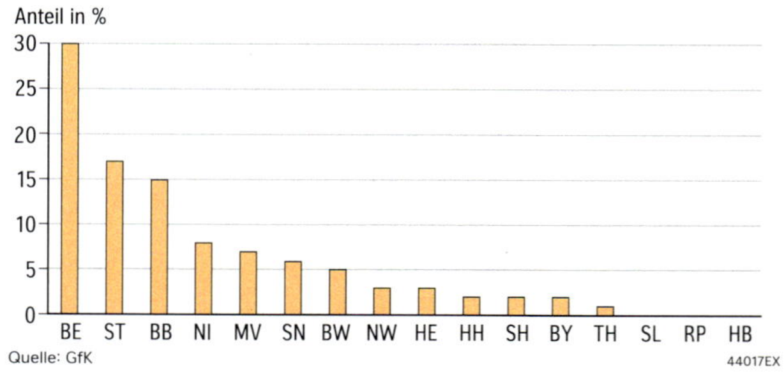

M4 Herkunft der Touristen in Brandenburg (2020)

Das Land Brandenburg liegt mit rund 3,2 Millionen Touristen im Jahr 2020 noch nach der Stadt Berlin nur auf Platz 10 aller deutschen Bundesländer. Der Reiz als Urlaubsregion resultiert vor allem aus dem naturräumlichen Potenzial des Flächenlandes. Dabei ragen insbesondere der Spreewald oder die glazial geprägten Seenlandschaften im näheren Umfeld von Berlin heraus. Mittlerweile versuchen auch andere periphere Regionen Brandenburgs, die weniger touristische Alleinstellungsmerkmale aufweisen, durch die Förderung des Tourismus Regionalentwicklung zu initiieren. Dazu gehört auch der im äußersten Nordwesten des Bundeslandes, im „Vierländereck" Brandenburg, Mecklenburg-Vorpommern, Sachsen-Anhalt und Niedersachsen liegende Landkreis Prignitz.
Die Erfolge der touristischen Entwicklung der letzten Jahre erhielten infolge der Corona-Ereignisse ab dem Frühjahr 2020 einen deutlichen Dämpfer. Der Landkreis Prignitz steht, wie viele andere Urlaubsregionen auch, zunächst vor der Aufgabe, die wirtschaftlichen Folgen der Krise zu meistern. Für die Zukunft stellt sich die Herausforderung, die Entwicklungskonzepte anzupassen und weiterzuentwickeln.

M1 Tourismus in Brandenburg und im Landkreis Prignitz

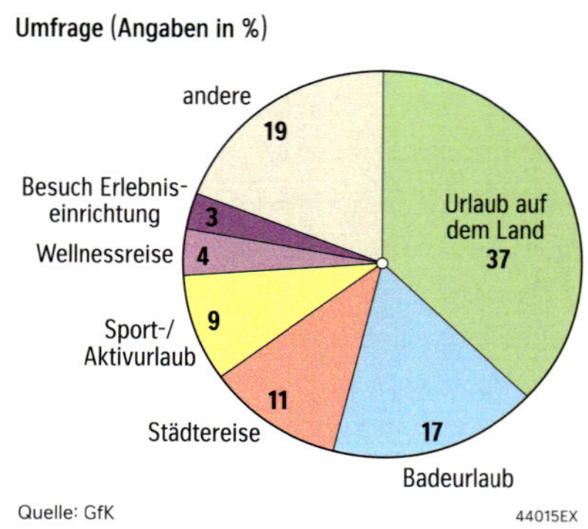

M5 Reisearten in Brandenburg (2020)

Jahr		Touristen (Veränd. Vorjahr)	Dauer des Aufenthalts (Tage)	Betriebe	Auslastung
2018	Priegnitz	180452 (+8 %)	2,2	100	31,1 %
2018	Brandenburg	5055130 (+3 %)	2,7	1376	41,6 %
2019	Priegnitz	189412 (+5 %)	2,2	96	31,9 %
2019	Brandenburg	5230025 (+4 %)	2,7	1408	42,3 %
2020	Priegnitz	127693 (-33%)	2,8	79	26,8 %
2020	Brandenburg	3260834 (-38%)	3,1	1149	33,2 %

Quelle: Amt für Statistik Brandenburg

M2 Tourismus im Landkreis Prignitz und Brandenburg (2018 – 2020)

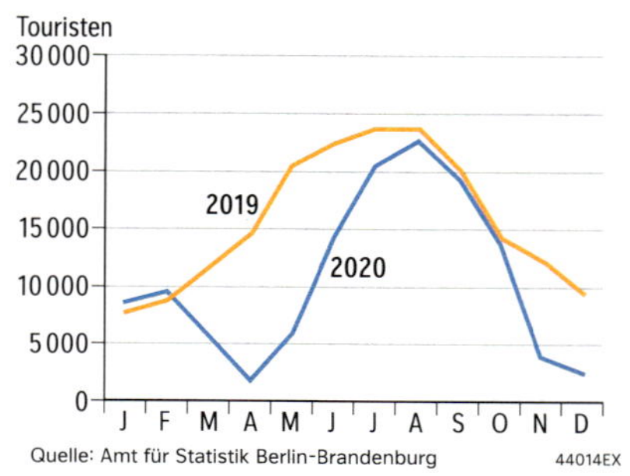

M6 Touristenzahlen im Landkreis Prignitz (2019, 2020)

100800-062-01 schueler.diercke.de 100800-020-01 schueler.diercke.de

M7 **Wunderblutkirche in Bad Wilsnack**

M11 **Wohnmobilparkplatz an der Elbe bei Wittenberge**

M8 **Verkehrsanbindung im Landkreis Prignitz**

	Rang 2016 (von 402 Kreisen)	Rang 2019 (von 401 Kreisen)
Demografie	383	390
Arbeitsmarkt	399	397
Wettbewerb und Innovation	400	395
Wohlstand und soziale Lage	337	316
Stärke	400	399
Dynamik	383	256
gesamt	399	395

Anhand von 29 Indikatoren ermittelt der Prognos Zukunftsatlas alle drei Jahre die Zukunftschancen und -risiken aller Kreise und kreisfreien Städte Deutschlands in Form eines Rankings.

Quelle: Prognos

M12 **Landkreis Prignitz: Stellung/Position/Entwicklungsstand**

Stärken (Strengths)	Schwächen (Weaknesses)
• Tourismuskonzept das vom Tourismusverband Prignitz e.V. koordiniert wird • ausgebautes Radwegenetz mit zahlreichen analogen und digitalen Angeboten zur Tourenplanung • Zusammenarbeit und Vernetzung mit Ministerien und Biosphärenreservat Elbe-Brandenburg	• fehlende Gesamtstrategie für die Besucherlenkung in der Region • kein System zur Erfassung von Umweltrisiken durch touristische Aktivitäten • fehlende Bewerbung von ÖPNV-Angeboten • geringe Einbeziehung der lokalen Bevölkerung in touristische Projekte • fehlendes einheitliches Corporate Design der touristischen Akteure
Chancen (Opportunities)	**Risiken (Treaths)**
• Attraktivität und Potenzial für Wander-, Reit-, Wasser- und Kulturtourismus • verstärkter Trend zum Urlaub in Deutschland • verstärkte Nachfrage nach regionaltypischen Produkten, naturtouristischen und historischen-kulturellen Angeboten • Digitalisierung und neue Medien zur kurzfristigen und kostengünstige Ansprache für neue Zielgruppen • wenig überlaufene Region, kein Overtourism	• geringe gastronomische Versorgungsstruktur • Mangel an Angeboten zum Ausgleich saisonaler Variabilität • Gefährdung touristischer Angebote durch Bevölkerungsrückgang und den damit verbundenen Fachkräftemangel • leistungsschwacher regionaler ÖPNV und fehlendes vernetztes Mobilitätskonzept • Landschaftsbildveränderung durch Windkraft- und Solaranlagen • punktuelle Überlastungen durch Wohnmobiltourismus

nach „Konzept zur Etablierung einer nachhaltigen Destination Prignitz" (Kamp, Meyr, Schneider, Ebert, Seichter)

M9 **SWOT-Analyse zur Tourismusregion Prignitz**

Wer die alten denkmalgeschützten Ölspeicher auf dem Industriegelände des Elbe Resorts Alte Ölmühle in Wittenberge sieht, würde auf den ersten Blick nicht vermuten, was sich dahinter verbirgt. Doch im Inneren der Tanks geht es hoch hinaus: Der Kletterturm verfügt über zwei Parcours in unterschiedlicher Höhe und über zwei Außenrutschen. [...] Im unteren Teil befinden sich drei Teamelemente, eine Riesenwippe, eine Flying Bridge, eine Riesenleiter, zwei Anschlagpunkte für Hängematten zum Relaxen, eine Hangelleiter und eine Slackline. Wer nach seinem Klettererlebnis noch nicht genug hat, begibt sich einfach zum Zwillingsturm neben dem Kletterturm. Im zweiten Ölspeicher des Elbe Resorts Alte Ölmühle in Wittenberge befindet sich der Tauchturm. Mit drei Trainingsebenen, zwei Röhren, einer Wechsellichtanlage und einer kleinen Felsenlandschaft bietet der zehn Meter tiefe Indoor-Tauchturm nicht nur dem Freizeittaucher eine Menge Abwechslung, sondern ist auch für den Tauchprofi geradezu ideal.

Quelle: Für kleine und große Abenteurer. www.prignitz.de

M10 **Werbetext für einen Indoor-Klettergarten und Indoor-Tauchturm in Wittenberge**

4.7 Wissensdienstleistungen und Kreativwirtschaft

Wissensintensive Dienstleistungen sind der Teil des tertiären Sektors, der seit einiger Zeit das dynamischste Wirtschaftswachstum aufweist. Die Erwartungen an diesen sogenannten quartären Sektor* sind heute groß. Wissen gilt als das Kapital, durch das Innovationen* ausgelöst, Arbeitsplätze geschaffen, Bevölkerung angelockt und Entwicklungsimpulse ausgelöst werden. So setzen Standorte wissensintensiver Dienstleistungen nicht nur das Vorhandensein bestimmter Standortfaktoren voraus, sie werden selbst zum Standortfaktor. Dies gilt umso mehr für den Bereich der Kultur- und Kreativwirtschaft, die ihren Standorten eine besonders schillernde Ausstrahlung garantiert.*

1. Nennen Sie Merkmale wissensintensiver Dienstleistungen sowie typische Berufe (M 2, M 3).
2. Analysieren Sie die räumliche Verteilung und die Entwicklung wissensintensiver Dienstleistungen (M 1, M 3).
3. Erläutern Sie die Bedeutung bestimmter Standortfaktoren für wissensintensive Dienstleistungen (M 2).
4. (Z) Vergleichen Sie die Branchen der wissensintensiven Dienstleistungen und der Kultur- und Kreativwirtschaft (KKW).
5. Analysieren Sie die Beschäftigung und die Bruttowertschöpfung in der Kultur- und Kreativwirtschaft (M 4, M 5, M 8).
6. Vergleichen Sie die räumlichen Schwerpunkte der KKW-Branchen Film, Presse, Software/Gaming (M 6, M 7).
7. Erörtern Sie das Konzept, mittels KKW-Unternehmen die Attraktivität von Städten und Regionen zu steigern und so wirtschaftliche Impulse auch für andere Wirtschaftsbereiche zu setzen (M 7, M 8).

M 1 Beschäftigung in wissensintensiven Dienstleistungen (2019)

100800-070-01
schueler.diercke.de

Unternehmensorientierte Dienstleistungen sind in den letzten Jahrzehnten zur wichtigsten ökonomischen Basis vieler Metropolregionen weltweit geworden. Sie lassen sich grob in eher hochrangige wissensbasierte (z. B. Strategieberatung, Marktforschung, Information und Kommunikation) und einfache Dienstleistungen (Gebäudereinigung, Sicherheit) unterteilen, wobei die Übergänge fließend sein können (z. B. kann eine Sicherheitsdienstleistung vom Wachschutz bis zu komplexen digitalgestützten Systemdienstleistungen reichen). [...] Eine besonders hohe Wertschöpfung geht von wissensbasierten unternehmensorientierten Dienstleistungen aus. Hierzu gehören die sogenannten KIBS (knowledge intensive business services; z. B. Beratung und Computerdienstleistungen) und FIRE (finance, insurance, real estate). [...]
Der Bedeutungszuwachs unternehmensorientierter Dienstleistungen hat unterschiedliche Ursachen, die über die Liberalisierung vieler internationaler Märkte und des Dienstleistungsbereichs im Besonderen hinausgehen. Durch die zunehmende Innovationstätigkeit vieler Unternehmen haben Dienstleistungsbereiche wie Marktbeobachtung, Produktentwicklung und Marketing an Bedeutung gewonnen. Zudem benötigt eine komplexere Arbeitsteilung aufwendige Koordinationsleistungen, die durch intermediäre Dienstleistungssektoren wie Handel und Logistik erbracht werden können. Im Zuge einer fortschreitenden globalen Arbeitsteilung und Spezialisierung in internationalen Wertschöpfungsketten wächst zudem der Bedarf nach Unternehmensdiensten, wie z. B. internationale Finanzierung und Rechtsberatung. Auch werden zunehmend nicht mehr nur einzelne Produkte, sondern ganze Produktpakete aus Waren und Dienstleistungen verkauft (z.B. Hardware mit Beratung, Anlagen mit Schulung und Instandhaltung). Gerade die zunehmende Digitalisierung und ein immer komplexer werdender Technologieeinsatz erfordern hierbei hoch qualifizierte Dienstleistungen. [...]
Gerade KIBS und FIRE finden sich in der Regel in den wichtigen Wirtschaftszentren und Metropolen der Welt und somit in der Nähe zu wichtigen Institutionen (z. B. Börsen, Ministerien). Zudem können weiche Standortfaktoren wie urbane Lebensqualität (Stadtkultur, Theater, Restaurants) bei der Wahl von Metropolen als Standorte eine Rolle spielen.
Quelle: Elmar Kulke, Peter Dannenberg: Dienstleistungen und ihre Standorte. In Humangeographie. Braunschweig: Westermann 2021, S. 408 – 409

M 2 Quellentext zu unternehmensorientierten Dienstleistungen

Berufsgruppe	2005[1]	2013	2021
Softwareentwicklung	k.A.	162 086	281 382
Bankwesen	584 750	518 400	436 021
Finanzanalysten	k.A.	16 136	24 093
Versicherung	189 747	198 230	194 907
Steuerberatung	154 888	168 240	189 524
Unternehmensberatung	k.A.	57 488	95 488
Hochschullehre	k.A.	184 335	243 814
Naturwissenschaft	k.A.	394 084	418 058
Geisteswissenschaften	k.A.	69 183	114 100
Medizin	157 750	183 136	239 405
Werbung, Marketing	k.A.	377 096	465 016
Journalismus	58 221	76 751	89 307
Unterhaltung (Musik, Schauspiel)	k.A.	106 948	120 440

[1] Vor 2010 anderes Kategorisierungssystem mit zum Teil anderer Einteilung der Berufe
Quelle: Bundesagentur für Arbeit

M 3 Sozialversicherungspflichtig Beschäftigte in ausgewählten Dienstleistungsbereichen in Deutschland (2005 – 2021)

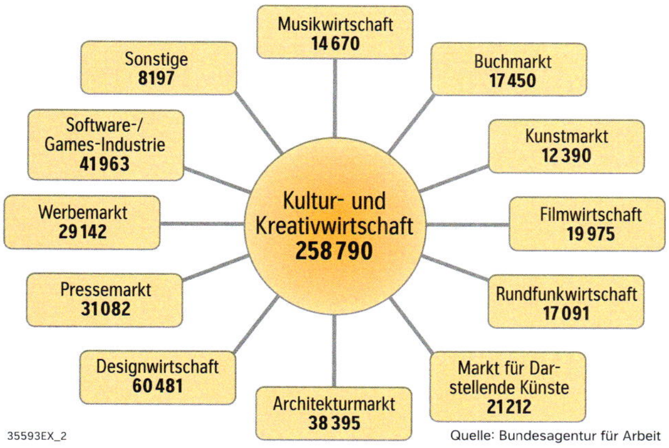

M4 Branchen der Kultur- und Kreativwirtschaft: Unternehmen (2019)

Unter Kultur- und Kreativwirtschaft (KKW) werden diejenigen Kultur- und Kreativunternehmen erfasst, die überwiegend erwerbswirtschaftlich orientiert sind und sich mit der Schaffung, Produktion, Verteilung und/oder medialen Verbreitung von kulturellen/kreativen Gütern und Dienstleistungen befassen. Knapp 260000 KKW-Unternehmen mit 1,8 Mio. Beschäftigten (600000 geringfügig Beschäftigte) setzen jährlich 174 Mrd. Euro um (2019). Die Bruttowertschöpfung der Branche entspricht etwa der der Maschinenbauindustrie.

Abgesehen von der grundsätzlich positiven Entwicklung der Kultur- und Kreativwirtschaft selbst, nehmen etliche Experten an, dass von ihr weitergehende wirtschaftliche Impulse ausgehen, die auf andere wirtschaftliche Bereiche ausstrahlen. Zahlreiche Städte und Regionen versuchen daher, KKW-Unternehmen zu fördern und gezielt anzuziehen (siehe auch M7).

M8 Kultur- und Kreativwirtschaft in Deutschland

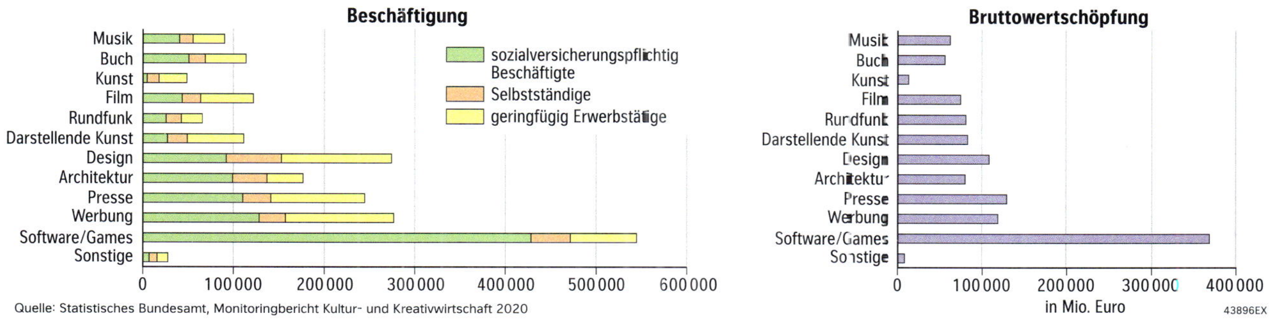

M5 Beschäftigung und Bruttowertschöpfung in der Kultur- und Kreativwirtschaft (2019)

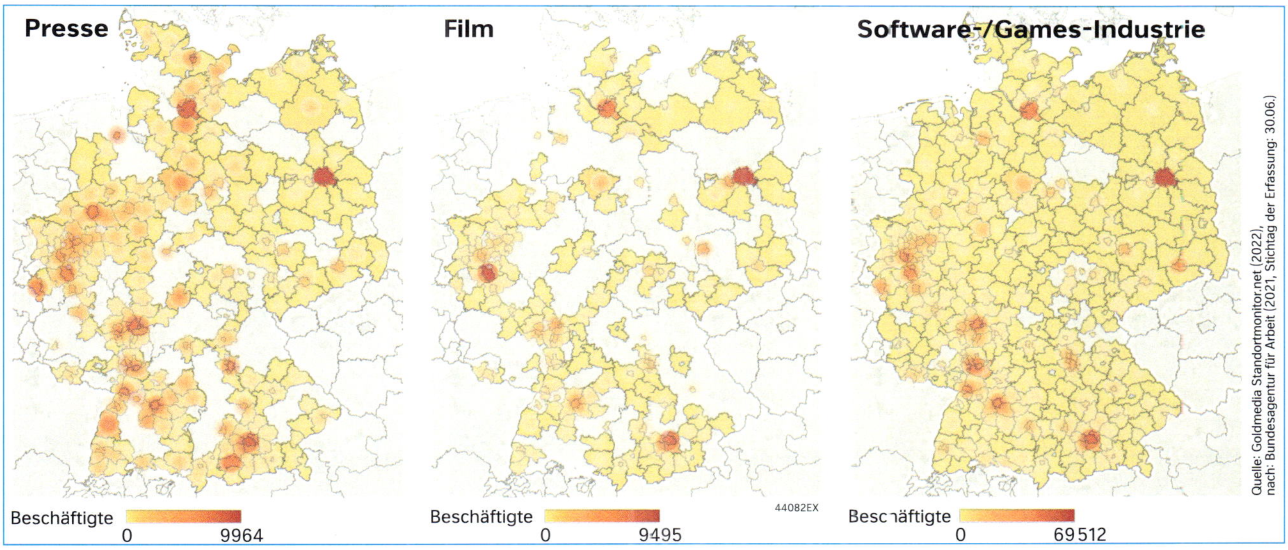

M6 Beschäftigung in den Bereichen Presse, Film und Gaming/Software

Die Kultur- und Kreativwirtschaft [KKW] verteilt sich in Deutschland auf zahlreiche regionale Cluster. [...] Die Standortbedingungen und regionalen Cluster der deutschen Kultur- und Kreativwirtschaft sind zum einen durch die internen Strukturen, Strategien und Wettbewerbsverhältnisse geprägt. Zum anderen werden sie durch Vernetzungs- und Unterstützungsstrukturen determiniert. Zudem spielen Faktorbedingungen wie Wissensressourcen und die Verfügbarkeit von Fachkräften sowie Nachfragekonditionen eine wichtige Rolle. Darüber hinaus sind „Zufälle" wie das Auftreten von Covid-19 sowie die staatliche Interventionsfähigkeit wichtige Faktoren, um die Situation der KKW zu verstehen.

Die Kultur und Kreativwirtschaft zieht als Cluster nicht nur andere KKW-Unternehmen an. Vielmehr wirken die Angebote und Dienste der KKW besonders attraktiv auf viele andere Branchen. Daher kommt der KKW eine Querschnittsfunktion zu, die Standorte insgesamt attraktiver macht. Insbesondere in Zeiten der Digitalisierung und Virtualisierung von Arbeitsplätzen spielt es keine Rolle mehr, wo gearbeitet wird. Dann gewinnen Standorte an Attraktivität, wo es viele inspirierende Kulturangebote gibt. Daher hat die KKW Magnetfunktion für alle Cluster und Standortaktivitäten.

Quelle: BMWi: Monitoringbericht Kultur- und Kreativwirtschaft 2020, S. 72–74

M7 Quellentext zur Kultur- und Kreativwirtschaft

4.8 Finanzdienstleistungen: City of London

Die City of London ist nur knapp drei Quadratkilometer groß (1,1 Quadratmeilen) und hat gerade einmal 11000 Einwohner. Und doch ist die Square Mile das globale Zentrum der Finanzwelt: 500 Banken besitzen hier Niederlassungen. Beim Devisenhandel ist die City führend, rund die Hälfte aller internationalen Börsengänge werden hier abgewickelt und 80 Prozent des europäischen Hedgefondsvermögens verwaltet. Die günstige Lage ermöglicht morgens Geschäfte mit Asien und abends mit Amerika. Zu den Banken gesellen sich Ratingagenturen, Anwaltskanzleien, Versicherungen, Fondsmanager, Revisionsgesellschaften sowie zahlreiche Börsen und Makler. Ob der EU-Austritt des Vereinigten Königreichs (Brexit) gravierende Folgen für den Finanzhandelsplatz London haben wird, ist langfristig eher unwahrscheinlich.

1. Lokalisieren Sie die City of London (Atlas).
2. Erläutern Sie die räumliche Nutzung der Londoner Innenstadt (M2, Atlas).
3. Charakterisieren Sie die Rolle Londons und der City of London als Dienstleistungsmetropole und als herausragenden Standort der Finanzdienstleistungsbranche* (M1, M8, M10, M13).
3. a) Erläutern Sie die räumlichen Disparitäten in London (M4).
   b) Erläutern Sie regionale Disparitäten im Vereinigten Königreich im europäischen Vergleich (M3, S. 8: M2).
7. Beurteilen Sie die Folgen des Brexits für die Finanzdienstleistungsbranche (M7, M8, M9, M11, M12).

ⓩ 5. Erörtern Sie die starke wirtschaftliche Fixierung Londons und des Vereinigten Königreichs auf den Finanzdienstleistungssektor.

- eigene Verwaltungseinheit mit zahlreichen Privilegien (eigener Bürgermeister, eigene Polizei, Steuerfreiheit in UK)
- Einwohner: 10900 (0,12 % von London)
- Beschäftigte: 542000
  - 40 % außerhalb UK geboren
  - 61 % zwischen 22 und 39 Jahre alt
  - 63 % männlich
  - 72 % hoch qualifiziert (UK: 49 %)
- durchschnittl. Stundenlohn 30,65 £ (UK: 15,64 £, London: 20,39 £)
- 24020 Unternehmen
  - 35 % Finanzdienstleistungen, 24 % Unternehmensdienstleistungen, 12 % IT-Dienstleistungen, 11 % Technologie, 7 % Handel
  - Unternehmenssitze globaler Konzerne wie Aviva, Prudential (Versicherungen), BT (Telekommunikation), Lloyds, Standard Chartered (Banken), Quilter, Schroders (Vermögensverwaltung), Unilever (Verbrauchsgüter)
- 1,22 Mrd. £ Unternehmenssteuern (5 % UK)

M1 Steckbrief: City of London (2020)

Geschäfts-viertel	Konzentration von Unternehmen
City o London	Finanzen, Börsenmakler, Versicherungen, Rechtsanwaltskanzleien, Fondmanagement, Banken
Westminster	Unternehmenszentralen, Immobilienmakler, Privatbanken, Hedge Fonds, Regierung
Camden & Islington	Kreativindustrie, Finanzen, Design, Kunst, Mode, Architektur, Medien
Canary Wharf	Banken, Medien, Rechtsanwaltskanzleien
Lambeth & Southwark	Rechnungswesen, Unternehmensberatung, Kommunalverwaltung

M2 Geschäftsviertel in London

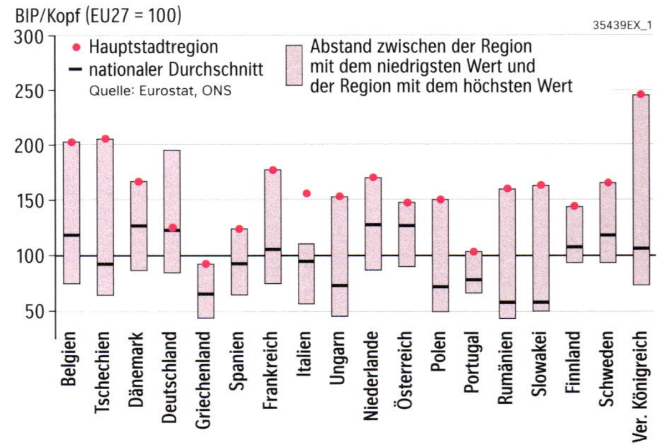

M3 Regionales BIP/Ew. in ausgewählten EU-Staaten und Vereinigtes Königreich (2019)

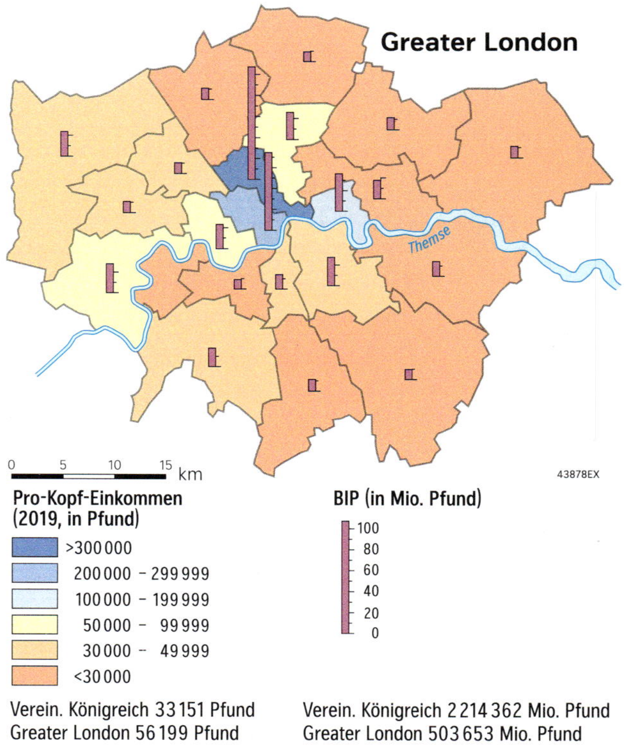

M4 Greater London BIP/Einw. (2019)

M5 Beschäftigte in der City of London

100800-126-01 schueler.diercke.de
100800-126-03 schueler.diercke.de
100800-118-01 schueler.diercke.de
100800-098-01 schueler.diercke.de

M 6 City of London (rechts, links Southwark)

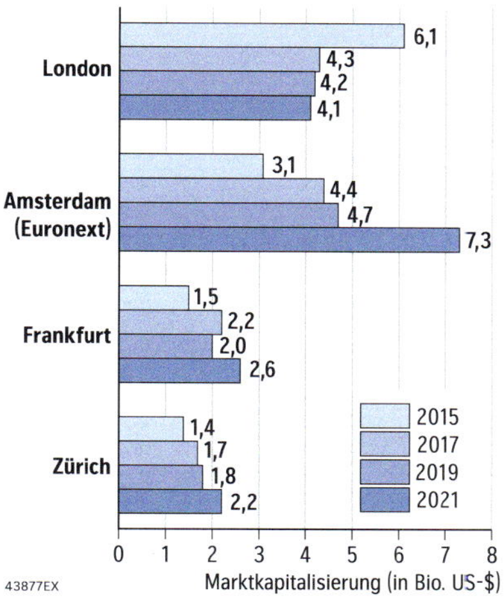

M 7 Börsen in Europa (2015 – 2021)

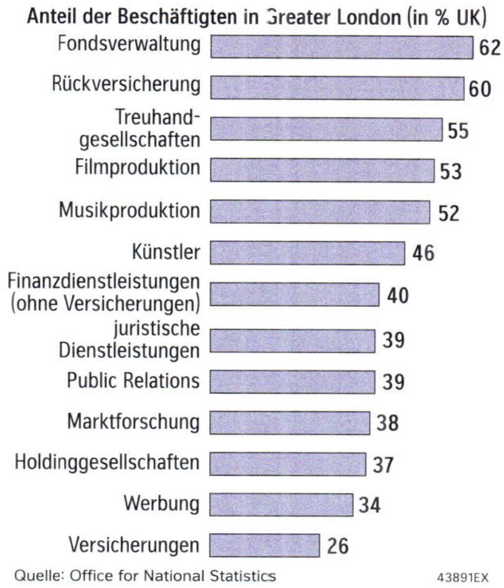

M 10 Branchenschwerpunkte in London (2015)

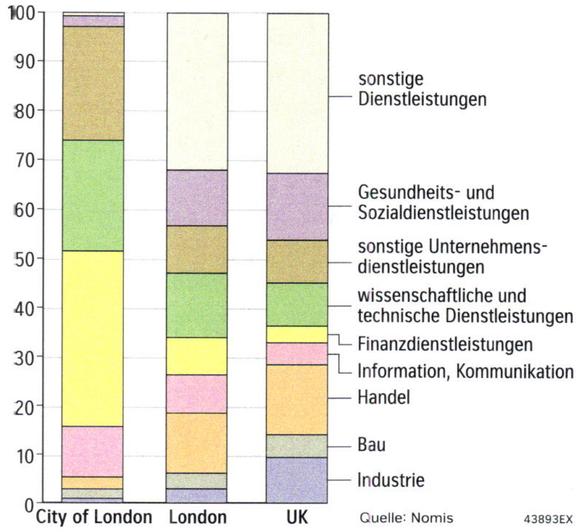

M 13 Beschäftigung: Branchenstruktur (2020)

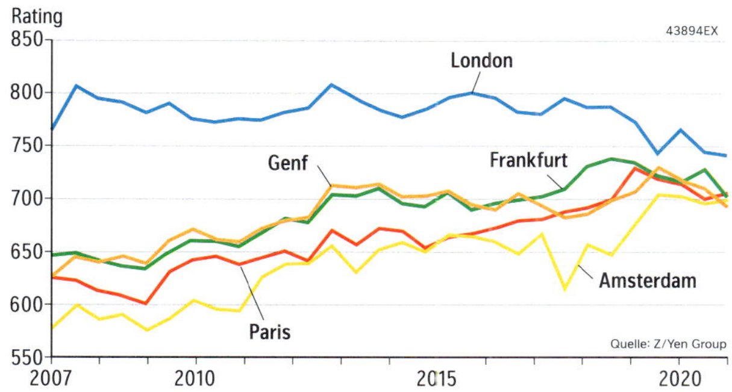

M 8 Europa: Rating von Finanzdienstleistungsstandorten

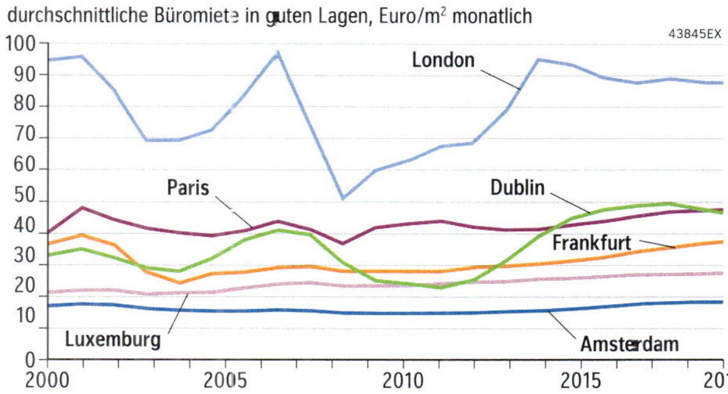

M 12 Büromieten europäischer Finanzplätze (2000 – 2021)

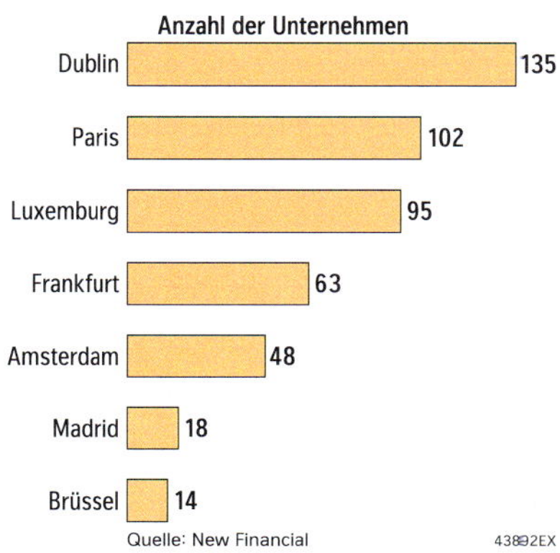

M 9 Britische Finanzfirmen, die ihr Geschäft von London in EU-Metropolen verlagert haben (Stand 2021)

[London verlor] die Krone als größter Aktienhandelsplatz in Europa. [...] Aber der EU-Ausstieg brachte nicht nur die größte Verschiebung im europäischen Börsenhandel seit 20 Jahren. Er zwang Bankenriesen wie HSBC und Barclays, Asset-Manager und Fondsverwalter auch zu einem Umbau. [Britische Finanzdienstleister dürfen europäische Klienten nicht mehr von der Insel aus betreuen wie früher.] Und er brachte London zwar Freiheit von Brüsseler Regulierungen, aber auch die Verantwortung, sie bestmöglich zu nutzen. [...] „Der Brexit hat große Veränderungen gebracht", sagt [Brexit-Experte der Unternehmensberatung Ernest & Young Andrew Pilgrim]. Doch er fügt hinzu: „Wenn man das große Ganze betrachtet, waren die Verlagerungen nicht signifikant. Im Markt herrscht nicht das Gefühl, dass Großbritannien seinen Glanz als Finanzzentrum verliert." Vor dem Brexit wurde gelegentlich ein Exodus prophezeit. Der blieb aus. Die Branche beschäftigt auf der Insel rund 1,1 Mio. Mitarbeiter und steuert 7 % zur Wirtschaftsleistung bei.

Quelle: Benjamin Triebe: Der Brexit kostet den Finanzplatz London die Krone – aber nicht die Zukunft. Neue Zürcher Zeitung 16.10.2021

M 11 Quellentext zu den Brexitfolgen

4.9 Methodentraining: Indizes auswerten

Messung von Digitalisierung

1. Vergleichen Sie die beiden Indizes nach a) inhaltlichen (Was wird gemessen?) und b) methodischen Kriterien (Wie wird es gemessen?).
2. Recherchieren Sie die neuesten Ergebnisse im Internet und erläutern Sie aktuelle Entwicklungen.
3. Beurteilen Sie die Aussagekraft der Indizes.
4. Beurteilen Sie den Fortschritt und die Entwicklung der Digitalisierung im europäischen Vergleich. Verwenden Sie die Vorgaben des digitalen Kompasses 2030 (Internet).

Der Index für die digitale Wirtschaft und Gesellschaft (DESI) ist ein von der Europäischen Kommission veröffentlichter Jahresbericht zur Beobachtung der Fortschritte der EU-Mitgliedstaaten im digitalen Bereich. Er enthält Länderprofile, die den Mitgliedstaaten helfen, Gebiete für vorrangige Maßnahmen zu ermitteln, sowie themenbezogene Kapitel mit EU-weiten Analysen zu den vier wichtigsten Politikbereichen, die ihrerseits 33 Indikatoren umfassen:

1 Humankapital: Kompetenzen der Internetnutzer und fortgeschrittene digitale Kompetenzen

2 Konnektivität: Festnetz-Breitbandnutzung, Festnetz-Breitbandversorgung, Mobilfunk-Breitbandanbindung und Breitbandpreise

3 Integration der Digitaltechnik: Digitalisierung von Unternehmen und elektronischer Handel

4 Digitale öffentliche Dienste: Elektronische Behördendienste („e-Government"). [...]

Die meisten DESI-Indikatoren stammen von Eurostat, dem statistischen Amt der Europäischen Union. [...] Zur Berechnung des Gesamtwerts jedes Landes nimmt die Kommission eine besondere Wichtung jeder Gruppe und Teilgruppe von Indikatoren vor. Gewichtet werden aber auch Teildimensionen und sogar einzelne Indikatoren. Die meisten Einzelindikatoren jeder Teildimension werden als gleichwertig betrachtet und daher innerhalb der jeweiligen Teildimension gleich gewichtet. Indikatoren, mit denen die Ziele des digitalen Kompasses 2030 gemessen werden, werden jedoch als wichtiger angesehen und deshalb innerhalb ihrer Teildimension doppelt gewichtet.

Quelle: Europäische Kommission: Fragen und Antworten: Index für die digitale Wirtschaft und Gesellschaft (DESI) 2021. 12.11.2021

M2 Index für die digitale Wirtschaft und Gesellschaft (DESI)

Dimension	Indikator	D	EU
1 Humankapital			
digitale Kompetenzen	• mindestens grundlegend[1]	70 %	56 %
	• mehr als grundlegend[1]	39 %	31 %
	• mindestens grundlegende Softwarekompetenzen[1]	72 %	58 %
fortgeschrittene Kompetenzen	• IKT-Fachkräfte[2]	4,7 %	4,3 %
	• weibliche IKT-Fachkräfte[3]	18 %	19 %
	• Unternehmen, die IKT-Weiterbildung anbieten[4]	24 %	20 %
	• IKT-Absolventen[5]	4,5 %	3,9 %
2 Konnektivität			
Festnetzbreitbandnutzung	• gesamt[6]	92 %	77 %
	• mindestens 100 Mbit/s[6]	27 %	34 %
	• mindestens 1 Gbit/s[6]	1,12 %	1,3 %
Festnetzbreitbandabeckung	• gesamt[7]	95	87
	• mit sehr hoher Kapazität[7]	56	59
mobiles Breitband	• 4G-Netzabdeckung[7]	99,7 %	99,7 %
	• 5G-Bereitschaft	100 %	51 %
	• 5G-Netzabdeckung[7]	18 %	14 %
	• Mobilfunkbreitbandnutzung[1]	75 %	71 %
Breitbandpreise	• Breitbandpreisindex[11]	75	69
3 Integration der Digitaltechnik			
digitale Intensität	• mind. grundlegend (KMU)[8]	62 %	60 %
digitale Technologien für Unternehmen	• elektronischer Informationsaustausch[4]	29 %	36 %
	• soziale Medien[4]	23 %	23 %
	• Big Data[4]	18 %	14 %
	• Cloud[4]	20 %	26 %
	• künstliche Intelligenz[4]	28 %	25 %
	• ökologische Nachhaltigkeit[4]	57 %	66 %
	• elektronische Rechnungen[4]	18 %	32 %
e-Commerce	• KMU mit Online-Vertrieb[8]	17 %	17 %
	• Umsatz im Internethandel[9]	11 %	12 %
	• grenzüberschreitender Online-Vertrieb[8]	10 %	8 %
4 Digitale öffentliche Dienste			
e-Government	• Nutzer[10]	69 %	64 %
	• vorausgefüllte Formulare[11]	42	63
	• Dienste für Bürger[11]	72	75
	• Dienste für Unternehmen[11]	88	84
	• offene Daten[11]	88	78

KMU = kleine und mittlere Unternehmen Bezugsgröße des Wertes: [1] Einwohner [2] Beschäftigte [3] IKT-Fachkräfte [4] Unternehmen [5] Absolventen [6] Haushalte [7] besiedelte Gebiete [8] KMU [9] Umsatz [10] Internetnutzer [11] Index (0 – 100) Quelle: Europäische Kommission

M3 Dimensionen, Subdimensionen und Indikatoren des DESI 2021

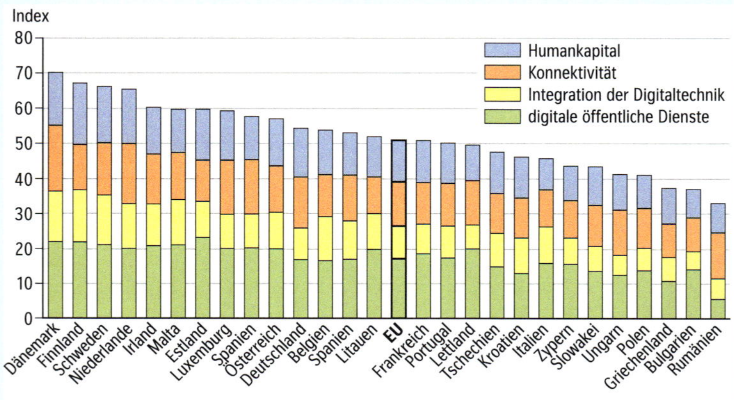

M1 DESI 2021 im europäischen Vergleich

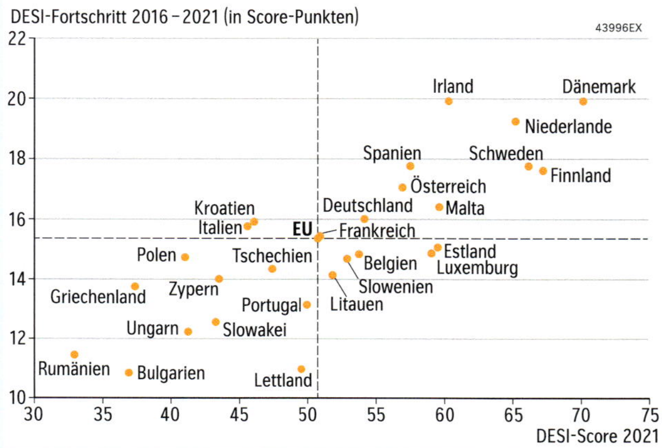

M4 Fortschritte der EU-Mitgliedsländer beim DESI

Die Studie „D21-Digital-Index" liefert seit 2013 ein umfassendes jährliches Lagebild zum Digitalisierungsgrad der Gesellschaft in Deutschland. [...] Der D21-Digital-Index hat das Ziel, die digitale Gesellschaft besser zu verstehen, weitere Entwicklungen abzuschätzen und Bedarfe sowie Fortschritte in der Gesellschaft zu identifizieren. Er soll Entscheiderinnen aus Politik, Wirtschaft und Gesellschaft als empirische Grundlage dienen, um den Prozess des digitalen Wandels zielgerichtet zu steuern. Eine Besonderheit der Studie ist die Betrachtung von Offlinerinnen, womit sie die deutschsprachige Bevölkerung ab 14 Jahren abbildet. Der Digital-Index als Kennzahl errechnet sich anhand der unterschiedlich gewichteten Dimensionen Zugang, Nutzungsverhalten, Kompetenz und Offenheit. [...] Wie hoch ist die Internetnutzung insgesamt und mobil, welche Geräte nutzen die Bürgerinnen hierfür (Zugang)? Welche digitalen Anwendungen und sozialen Medien nutzen sie und wie häufig (Nutzungsverhalten)? Wie kompetent bewegen sich die Menschen in Deutschland im Internet z. B. in Bezug auf Sicherheit, Quellenbewertung, Erstellen eigener Inhalte etc. (Kompetenz)? Sind die Menschen bereit, sich selbst neues digitales Know-how anzueignen und sehen sie sich generell eher als Gewinner oder Verlierer der Digitalisierung (Offenheit)? Ein Expertenkreis stellt die Indexkomponenten auf den Prüfstand und passt sie an aktuelle Gegebenheiten an. [...]
[Der Digital-Index] verdichtet die vier Subindizes Zugang, Nutzungsverhalten, Kompetenz und Offenheit zu einer einzigen Kennzahl (zwischen 0 und 100) und stellt den Digitalisierungsgrad der deutschen Gesellschaft dar. Dabei fließen die Subindizes mit unterschiedlichem Gewicht in die Berechnung des Digital-Index ein. Zugang [30 %] und Kompetenz [40 %] haben die größten Gewichtungsfaktoren, da eine technische Infrastruktur und persönliche Fertigkeiten das Fundament für einen hohen Digitalisierungsgrad bilden. Wie die Menschen gegenüber digitalen Trends eingestellt sind, fließt hingegen mit geringerem Gewicht über den Subindex Offenheit ein [20 %], das aktuelle Nutzungsverhalten bei digitalen Anwendungen wird als geringster Einflussfaktor erfasst [10 %]. [Die Ergebnisse beruhen auf einer repräsentativen Umfrage (16158 computergestützte persönlich-mündliche Interviews), die die deutsche Wohnbevölkerung ab 14 Jahren abbildet.
Quelle: Initiative D21: D21 Digital Index 2020/2021, S. 8–9

M5 **D21-Digital-Index**

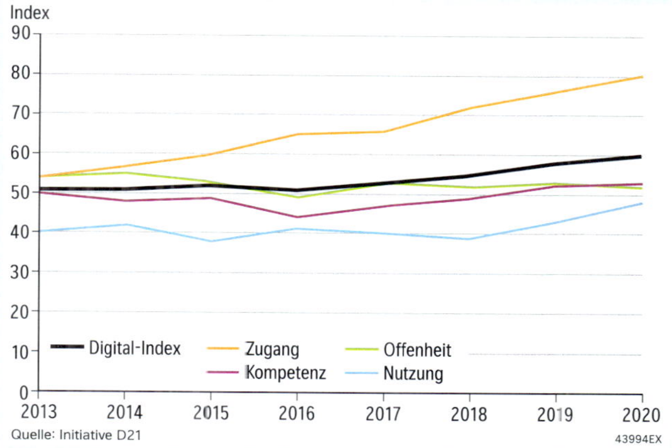

M6 **D-21-Digital-Index (2013–2020)**

Indikatoren und Indizes

Was ist ein Indikator und wie werte ich ihn aus?

Um einen mehr oder minder abstrakten Sachverhalt (z. B. Wirtschaftskraft, gesundheitliche Versorgung, Internetverbreitung) beschreiben, vergleichen und in seiner Entwicklung beobachten zu können, verwendet man in der Wissenschaft *messbare* Größen, sogenannte Indikatoren (z. B. Pro-Kopf-Einkommen, Ärztedichte, Internetnutzer pro. Ew.), die man mit statistischen Verfahren erheben kann. Um eine Vergleichbarkeit sicherzustellen, ist dabei meistens eine (sinnvolle) Bezugsgröße wichtig. Die absolute Zahl der Internetnutzer eines Landes wäre bei einem europäischen Vergleich wenig aussagekräftig. Zu beachten ist allerdings, dass eine Reihe von Bezugsgrößen denkbar wären: Gesamtbevölkerung, Erwachsene, Haushalte usw. Bei der Arbeit mit Indikatoren ist es wichtig, die genaue Aussage eines Indikators zu verstehen. Dies ist manchmal nicht ganz einfach, wie etwa der Indikator 5G-Netzabdeckung (M3) zeigt (Menge der zugewiesenen und für die 5G-Nutzung bereitstehenden Frequenzen innerhalb der sogenannten 5G-Pionierbänder).

Was ist ein Index oder Score?

In der Geographie und anderen Wissenschaften wird mit einem Index versucht, ein komplexes Phänomen (menschliche Entwicklung, Gesundheit, Digitalisierung u. v. m.) zu „messen" und mit Zahlen darzustellen, um soziale Gruppen oder Räume (Staaten, Landkreise etc.) miteinander vergleichen (Rangliste) oder Entwicklungen im Laufe der Zeit beobachten zu können. Dabei werden meist verschiedene messbare Einzelindikatoren kombiniert, um – oft mit einem komplizierten mathematischen Verfahren – einen Wert auf einer Skala mit einem Minimal- und einem Maximalwert zu bestimmen. Ein bekanntes Beispiel ist der Human Development Index, mit dem die wirtschaftliche Entwicklung mit vier Indikatoren aus den Bereichen Wirtschaft, Bildung und Gesundheit erfasst werden soll.

Wie gehe ich kritisch mit Indikatoren und Indizes um?

Man sollte immer hinterfragen, ob Indikatoren wirklich geeignet sind, um einen Sachverhalt zu beleuchten. Wenn keine genauen Aussagen darüber vorliegen, schadet es nicht, das Zustandekommen der Werte kritisch zu betrachten. Oft sind es Schätzungen oder Fortschreibungen einmal gemessener Daten. Bei Indizes sollte die Auswahl und Gewichtung seiner Indikatoren analysiert werden. So fehlt beim HDI zum Beispiel eine ökologische Komponente, die wirtschaftliche Komponente wird zudem sehr hoch gewichtet. Veränderungen bei der Auswahl der Indikatoren eines Index lassen eine Vergleichbarkeit über die Jahre nicht mehr zu.

	Beispiel	Rolle
Abstraktum/ theoretisches Konstrukt	Bildungswesen	benennt einen (gesellschaftlich) bedeutsamen Bereich, der zahlreiche verschiedene Aspekte aufweist und nicht direkt beobachtbar ist
Operationalisierung Quantifizierung		bestimmt (mehrere) Einzelaspekte, Variablen, die für das Phänomen als bedeutsam angesehen werden und die beobachtbar sind, legt Regeln zur Messbarmachung über Indikatoren fest
Indikator	Bildungsindikator („Schüler-Lehrer-Verhältnis")	repräsentiert einen (bedeutsamen, repräsentativen) Aspekt des Phänomens; Indikatoren ermöglichen Zeitreihenvergleiche; mehrere Indikatoren ermöglichen qualitativen Vergleich verschiedener Fälle (zeitlich u./od. räumlich) und ggf. (quantitative) Hinweise auf Zusammenhänge (Korrelationen)
Bildung mehrdimensionaler (quantitativer) Indizes		fasst die Werte verschiedener (quantitativer) Indikatoren zu einer Maßzahl zusammen; gewichtet die Indikatoren gegebenenfalls, um ihrer unterschiedlichen Bedeutung gerecht zu werden
Index	Bildungsindex („Bildungs-ungleichheits-index")	ermöglicht mehrdimensionalen, quantitativen Vergleich durch Zusammenfassung diverser quantitativer Indikatoren zu einer Indexzahl, ermöglicht Ranking (z.B. „HDI-Rank") – aber Verlust an Aussagekraft in Bezug auf die einzelnen eingehenden Aspekte

M8 **Vom Abstraktum zum Index**

Zusammenfassung

Der tertiäre Sektor umfasst Branchen und Tätigkeiten, in denen keine materiellen Güter, sondern Dienstleistungen, also immaterielle Güter, erbracht werden. Die Bandbreite der Dienstleistungsberufe ist weit gefächert. Sie lassen sich nach Art der Nachfrage untergliedern in unternehmensbezogene Dienstleistungen, die vor allem von Unternehmen nachgefragt werden (z. B. Werbung, Design, Forschung, Rechtsberatung, Personalwirtschaft, Sicherheitsdienste, Wirtschaftsprüfung), und personenbezogene Dienstleistungen, die von uns allen in Anspruch genommen werden (z. B. Handel, Gastronomie, Friseurhandwerk, Lehrer). Zudem kann nach der Ausbildungsqualität zwischen klassischen, arbeitsintensiven Dienstleistungen und höherwertigen, wissensintensiven Dienstleistungen (auch quartärer Sektor genannt) unterschieden werden. Darüber hinaus entfällt bei der Herstellung eines Industrieprodukts ein erheblicher Anteil der Wertschöpfung auf Dienstleistungen (z. B. Forschung und Entwicklung, Logistik, Personalwesen, Marketing).

Tertiärisierung

In Deutschland vollzieht sich wie in anderen „Industrieländern" bereits seit langer Zeit ein Prozess der Tertiärisierung: Mittlerweile sind nicht nur fast drei Viertel der Erwerbstätigen im Dienstleistungssektor beschäftigt, sondern er trägt auch zu mehr als zwei Dritteln zum Bruttoinlandsprodukt bei. Dabei expandierte vor allem der Bereich der unternehmensbezogenen und wissensintensiven Dienstleistungen, während viele Branchen der personenbezogenen und einfachen Dienstleistungen stagnieren oder an Bedeutung verlieren. Als Ursache wird eine Reihe von Erklärungsansätzen diskutiert, zum Beispiel die steigende Nachfrage nach immer hochwertigeren Dienstleistungen, die Auslagerung von Dienstleistungsbereichen aus dem Industriesektor oder die Zunahme bestimmter Dienstleistungen (Beratung, Pflege usw.).

Einzelhandel und Logistik

Der Einzelhandel ist eine typische Dienstleistungsbranche, die in den vergangenen Jahrzehnten einen tiefgreifenden Strukturwandel durchgemacht hat. Neue Konzepte wie Selbstbedienung, Ausweitung der Verkaufsflächen „auf der grünen Wiese", Filialisierung und zuletzt vor allem der Onlinehandel veränderten die Be- und Vertriebsformen des Handels. Diese Veränderungen sind hochgradig raumwirksam und sind Voraussetzung und Folge von Veränderungen genauso in den Innenstädten wie in den suburbanen und peripheren Lagen. In der Transport- und Logistikbranche hat die Ausweitung des Handels durch die Globalisierung und die Einführung neuer Technologien (z. B. Computer, Container) zu einer Neugestaltung der Organisation der Transportketten geführt. Die norddeutschen Häfen haben darauf mit einem Struktur- und Funktionswandel reagiert, der stark auf den Containertransport ausgerichtet ist.

Tourismus

Die Tourismusbranche hat europaweit einen hohen Beschäftigungseffekt und trägt nicht nur in der Mittelmeerregion einen erheblichen Anteil zum Bruttoinlandsprodukt bei. Auch in Deutschland verzeichnet die Branche hohe Wachstumszahlen. Dabei ist auch die wirtschaftliche Ausstrahlungskraft in andere Wirtschaftsbereiche zu beachten (indirekte und induzierte Effekte). Die Einbrüche durch die Corona-Pandemie in den Jahren 2020 und 2021 waren aber erheblich. Der in den letzten Jahrzehnten boomende Städtetourismus ist ein Beispiel dafür, dass es an beliebten Destinationen wie Barcelona, Venedig oder Amsterdam zu einem Overtourism kommt, der nicht nur den Unmut der Einwohner nach sich zieht. Zugleich gilt der Tourismus weiterhin als wichtiger Entwicklungsfaktor für sonst wirtschaftsschwache und periphere Regionen.

Wissensintensive Dienstleistungen

Auch wissensintensive Dienstleistungen, bei denen der Anteil der mit Forschung, Planung, Konstruktion und Design befassten, hoch qualifizierten Beschäftigten überdurchschnittlich hoch ist, weisen ein dynamisches Wachstum auf. Ein Beispiel ist die Kreativ- und Kulturwirtschaft, die stark von Fühlungsvorteilen in urbanen Regionen profitiert, zugleich aber selbst zum Standortfaktor wird. Die Finanzdienstleistungsbranche hat sich zu einem der weltweit wichtigsten (wenn nicht dem wichtigsten) Wirtschaftsbereiche entwickelt und hat mit London einen herausragenden Standort.

Weiterführende Literatur und Internetlinks

Geographische Rundschau
- Tourismus 1-2/2021
- Tourismusgeographie 5/2016
- Finanzgeographie 2/2015
- Geographie der Wissensökonomie 12/2014
- Städtetourismus 2/2009

Elmar Kulke: Wirtschaftsgeographie Deutschlands
Heidelberg: Spektrum 2010

Albrecht Steinecke: Tourismus. Das Geographische Seminar.
Braunschweig: Westermann 2011

Handelsverband Deutschland
- www.einzelhandel.de

Daten zum Einzelhandel
- www.handelsdaten.de

Seaports Niedersachsen
- www.seaports.de

Bremenports
- bremenports.de

Zentralverband der deutschen Seehafenbetriebe
- zds-seehaefen.de

World Travel & Tourism Council
- www.wttc.org/research/economic-research/economic-impact-analysis

World Tourism Organization (UNWTO)
- www.unwto.org

Deutsche Zentrale für Tourismus
- www.germany.travel/de

Deutscher Tourismusverband
- www.deutschertourismusverband.de

Tourismus in Barcelona
- www.spain.info/de/reiseziel/barcelona/
- www.barcelonaturisme.com
- professional.barcelonaturisme.com
- ajuntament.barcelona.cat/turisme/en

Tourismus im Landkreis Prignitz
- www.landkreis-prignitz.de/de/zu-gast-im-landkreis
- dieprignitz.de
- www.reiseland-brandenburg.de/orte-regionen/urlaubsregionen/prignitz

Initiative Kultur- und Kreativwirtschaft des Bundeswirtschaftsministeriums
- www.kultur-kreativ-wirtschaft.de

City of London
- www.cityoflondon.gov.uk

Digitaler Kompass 2030 der EU
- ec.europa.eu/info/strategy/priorities-2019-2024/europe-fit-digital-age/europes-digital-decade-digital-targets-2030_de

Index für digitale Wirtschaft und Gesellschaft (DESI)
- digital-strategy.ec.europa.eu/en/policies/desi

D21-Digital-Index
- initiatived21.de/d21-digital-index

Breitbandatlas
- www.breitbandatlas.de

5 STADT UND RAUMPLANUNG

Bosco Verticale, begrünter Hochhauskomplex in Mailand

5.1 Die Stadt: Sichtweisen auf einen Raum

Seit jeher sind Städte die Zentren wirtschaftlichen, politischen, sozialen und kulturellen Handelns der Menschheit. Kein Raum ist stärker durch die Menschen geprägt, und kein Raum hat eine höhere Anziehungskraft auf sie. Drei Viertel der Deutschen haben sich für ein Leben in der Stadt entschieden, die gegenüber dem Land ein breites Angebot an Arbeitsplätzen, Bildungs-, Versorgungs- und Freizeitmöglichkeiten bietet (M 3).
Doch schaut man genauer, ist das Konzept Stadt gar nicht so einfach zu fassen. Jeder von uns hat Erfahrungen mit Städten und eine ganz persönliche Sichtweise auf diesen Raum oder ganz speziell auf seine Heimatstadt. Die subjektive Perspektive einer Schülerin (M 2) kann dabei ganz anders sein als die eines Künstlers, die von Einheimischen, Familien oder Fußgängern anders als die von Touristen, Singles oder Autofahrern. Ein Kleinstädter wird womöglich zu einer anderen Stadtdefinition kommen als ein Bewohner einer Großstadt.

Die wissenschaftliche Perspektive

Wissenschaftler beschreiben, erfassen und analysieren die Stadt aus einer objektiven Sicht. Doch schon der Statistiker hat es nicht leicht, wenn er versucht, Stadt über eine Mindestanzahl an Einwohnern zu definieren (M 1). Historiker betrachten, wie verschiedene Epochen die Städte unterschiedlich geprägt haben, Ökonomen haben die Stadt als besonderen Wirtschaftsstandort im Fokus, und Soziologen untersuchen die besondere Lebensweise der Städter. Geographen wiederum greifen die von anderen Wissenschaften verwendeten Betrachtungsebenen auf und verknüpfen sie mit eigenen Aspekten (M 4). Für sie ist es zum Beispiel von besonderer Bedeutung, dass Städte eine bestimmte sozial- und funktionsräumliche Gliederung aufweisen, das heißt verschiedene Viertel sich in ihrer Bevölkerungszusammensetzung und ihrer Nutzung unterscheiden (Kap. 5.2 – 5.6). So untersuchen Geographen zum Beispiel, ob Arme und Reiche, Alte und Junge oder Deutsche und Ausländer sich räumlich in der Stadt voneinander absetzen und welche Folgen das hat. Heute rücken aber immer mehr auch Fragen der Stadtökologie oder des Umgangs mit dem Klimawandel in den Mittelpunkt (Kap. 5.9, 5.10).

Stadt als Objekt – Stadt als Projekt

Man kann aber nicht nur das historische Entstehen und die aktuellen Entwicklungen der Stadt untersuchen. Stadt oder bestimmte Teile der Stadt sind in einem ständigen Veränderungsprozess, der zumindest teilweise gezielt und geplant abläuft. Immer wieder wurde und wird von „Stadtplanern" versucht, Stadt nach ihren Vorstellungen zu gestalten, um sie zum Beispiel schöner, verkehrstauglicher, grüner, kompakter, klimawandelresilenter oder nachhaltiger zu machen (Kap. 5.7, 5.8). Dabei ist die Stadtplanung eine kleinräumige Spielart der Raumplanung und Raumordnungspolitik, die auf regionaler, nationaler oder gar europäischer Ebene versucht, bestimmte Entwicklungen zu vermeiden, zu steuern oder voranzutreiben (Kap. 5.11 – 5.13). Dabei wurden in der Stadt- und Raumplanung immer wieder neue Leitbilder entwickelt, die idealtypisch Ziele und Handlungsstrategien für eine gelungene Entwicklung vorgaben, um die Herausforderungen der Zukunft zu meistern.

Dänemark	200
Deutschland	2000
Österreich	5000
Schweiz	10000
Japan	50000

M 1 Unterer Einwohner-Schwellenwert für die Klassifikation von Städten

M 2 Mental Map einer Schülerin

Merkmal	Stadt	Land
Einwohnerzahl	• Siedlung ab 2000/5000 Ew. • hohe Bevölkerungsdichte	• Siedlung bis 2000/5000 Ew. • niedrige Bevölkerungsdichte
soziale Beziehungen	• anonym	• personalisiert
soziale Kontrolle	• gering	• ausgeprägt
soziale Differenzierung	• hoch	• niedrig
bauliche Struktur	• dichte Bebauung • Dominanz des Geschosswohnungsbaus	• geringe Dichte • Ein- und Zweifamilienhäuser
funktionale Bedeutung	• weitreichend und vielfältig	• geringer Bedeutungsüberschuss

M 3 Differenzierungskriterien Stadt/Land

- Größere Siedlung (z.B. nach der Einwohnerzahl),
- Geschlossenheit der Siedlung (kompakter Siedlungskörper),
- hohe Bebauungsdichte,
- überwiegend Mehrstöckigkeit der Gebäude (zumindest im Stadtkern),
- deutliche funktionale innere Gliederung (z.B. mit City oder Hauptgeschäftszentrum, Wohnvierteln, Naherholungsgebieten),
- besondere Bevölkerungs- und Sozialstruktur (z.B. überdurchschnittlich hoher Anteil von Einpersonenhaushalten),
- differenzierte innere sozialräumliche Gliederung,
- Bevölkerungswachstum vor allem durch Wanderungsgewinn,
- hohe Wohn- und Arbeitsstätten-/Arbeitsplatzdichte,
- Dominanz sekundär- und tertiärwirtschaftlicher Tätigkeiten bei gleichzeitig großer Arbeitsteilung,
- Einpendlerüberschuss (positiver Pendlersaldo),
- Vorherrschen städtischer Lebens-, Kultur- und Wirtschaftsformen [...],
- Mindestmaß an Zentralität, z. B. mindestens mittelzentrale (Teil-)Funktionen,
- relativ hohe Verkehrswertigkeit (Bündelung wichtiger Verkehrswege, hohe Verkehrsdichte),
- weitgehend künstliche Umweltgestaltung mit z. T. hoher Umweltbelastung.

Quelle: Heinz Heineberg: Stadtgeographie. Paderborn: Schöningh 2017, S. 28

M 4 Merkmale des geographischen Stadtbegriffs

Die innerstädtische Szenerie [...] mit ihrer Konzentration von Menschen und Funktionen auf engstem Raum wird wohl unzweideutig als urban wahrgenommen. Für ein suburbanes Einfamilienhausgebiet am Stadtrand mit anderen, recht homogenen Bauformen sowie nur geringer funktionaler wie sozioökonomischer Mischung mag das jedoch ganz anders aussehen, obgleich solche Gebiete integrale Bestandteile moderner Großstädte sind. [...] Das geographische Verständnis von Stadt muss demnach eine Vielzahl von Vorstellungsbildern zulassen.

Ludger Basten, Ulrike Gerhard (2016)

***Stadt**: was für ein knappes Wort für eine Vielfalt von Wirklichkeiten: das sündige Babel, das heilige Jerusalem, Oldenburg in Oldenburg, und Kalkutta, Sparta und Athen, die deutschen Städte des frühen Mittelalters mit im Durchschnitt 500 Einwohnern und Mexico City heute mit über dreißig Millionen. Die Stadt, die uns noch auf Merian-Stichen gegenübertritt, war früher eine mauerbewehrte Insel der Zivilisation im Meer der Natur. Heute bildet die Natur kleine, sorgfältig gehegte Inseln im Siedlungsbrei des Ruhrgebiets oder von Boswash, dem Städteband, das sich an der amerikanischen Ostküste von Boston bis Washington zieht.*

Hartmut Häußermann, Walter Siebel (1987)

***Urbanität**: Als Merkmale gelten Größe, Dichte und Heterogenität der Stadtbevölkerung. Daraus resultieren physische Nähe bei gleichzeitiger sozialer Distanz und Reserviertheit zwischen den Menschen, die Anonymität des sozialen Verkehrs, ausgeprägte Differenzen zwischen Öffentlichkeit und Privatheit, distinkte Lebensstile sowie ethnische, kulturelle und soziale Vielfalt. Orte werden als urban wahrgenommen, wenn sie gewisse städtebauliche Elemente aufweisen und mit kulturellen Einrichtungen sowie Bildungseinrichtungen ausgestattet sind.*

Lexikon der Geographie

Halte aus, ich bin gleich da, bin aufgeregt wie jedes Mal. Ich komm zu dir, und du bist wunderschön. Ich atme ein, die Luft ist rein. Du trägst deinen Schmuck und zeigst ihn allen. Du blendest nicht, du bist einfach wunderschön. Deine Feinde kennen dich genau. Doch sehen in dir nur dein brennendes Haus, lachen dich aus und sagen, du bist schlecht. Jeden Tag musst du dich beweisen. Ich verbreite deinen Namen auf allen meinen Reisen. Und nie wieder will ich von dir weg.
Du bist so ehrlich zu jedem, du bist so herrlich dagegen. Ja, du hast mich groß und stark gemacht. Ich zieh los und such mein Glück. Doch dein Licht zieht mich zu dir zurück. Mein Rostock.

Marteria: *Mein Rostock* (2014)

M5 Ansichten zur Stadt

1. Erstellen Sie eine Mental Map Ihrer Stadt. Vergleichen Sie in Ihrem Kurs die unterschiedlichen Sichtweisen auf die Stadt.
2. Erläutern Sie die Merkmale des geographischen Stadtbegriffs am Beispiel Ihrer Heimatstadt (M4).
3. Charakterisieren Sie die Vielgestaltigkeit von Stadt und städtischem Leben (M5).

5.2 Historische Stadtentwicklung: Braunschweig

Gehen wir heute durch eine beliebige Stadt in Deutschland, können wir Gebäude aus verschiedensten Epochen entdecken. Meist finden wir die ältesten Gebäude im Zentrum der Städte gleich neben ganz neuen, modernen Bauten. Auch die Straßen unterscheiden sich sehr stark voneinander. Neben kleinen Gassen in der Altstadt gibt es verkehrsberuhigte Wohnstraßen, autofreie Fußgängerzonen und mehrspurige Einfallstraßen in einer Stadt. Wir finden Plätze und Grünflächen, Wohngebäude und Geschäfte, Gewerbe- und Industriegebiete. Die Anordnung all dessen ist keinesfalls zufällig. Unsere Städte haben eine lange Entwicklungsgeschichte, die teilweise bis in die Römerzeit oder ins tiefe Mittelalter zurückreicht. Jede Epoche hat unsere Städte geprägt und verändert. Spuren dieser Entwicklungsgeschichte gilt es zu entdecken und zu verstehen.

1. Beschreiben Sie die Merkmale der Stadtgründungsphasen vom Mittelalter bis zur Industrialisierung (M 4).
2. Charakterisieren Sie die Phasen der Stadtentwicklung von Braunschweig vom Mittelalter bis heute (M 1 – M 5).
3. Erläutern Sie die strukturellen und baulichen Veränderungen der heutigen Braunschweiger Innenstadt (M 2, M 5).
4. Die ehemalige mittelalterliche Stadtumgrenzung Braunschweigs wurde mehrmals überbaut und umgenutzt.
   a) Fassen Sie die Entwicklung zusammen (M 1, M 2, M 5).
   b) Analysieren Sie die heutige Nutzung (M 5, Internet).
5. Ⓩ Untersuchen Sie Ihre eigene Stadt nach Spuren historischer Entwicklungsphasen,
   a) indem Sie Stadtpläne analysieren oder
   b) auf Internetseiten recherchieren oder
   c) einen Stadtrundgang planen und durchführen.

Im Zeitalter des Absolutismus wandelten sich [die mittelalterlichen Städte] zu Residenzstädten, die [...] zu Festungen ausgebaut wurden. Dies geschah nach den damals modernsten Gesichtspunkten der Befestigungstechnik. Die einfache ringförmige Mauer mittelalterlicher Städte, angelegt zum Schutz vor Leitern und einfachen Steingeschossen, hatte im Zeitalter der Schusswaffen ihre Funktion verloren. [...] Dazu mussten Basteien, die aus dem Befestigungsring hinausgebaut wurden, angelegt werden. [...] Mit der Weiterentwicklung der Militärtechnik mussten die Festungen entweder [...] großflächig ausgebaut oder – wie in den meisten Fällen – aufgegeben werden. Die Wall-Graben-Systeme konnten dann geschliffen und ebenso wie das freie Schussfeld davor (Glacis) überbaut werden. In vielen Städten entstanden auf den alten Befestigungsanlagen Funktionsgebäude des Bürgertums (Theater, Museen) und bürgerliche Parkanlagen. [...]
In dieser Zeit begann das Außenwachstum der Städte, begünstigt durch die Installation eines öffentlichen schienengebundenen Verkehrssystems, der Pferdebahn, später der elektrischen Straßenbahn. [...] Mit der Industrialisierung wandelte sich [...] die Innenstadt. Die Wohnungen über den Geschäften wurden für tertiäre Funktionen freigemacht [...]. Das Handelsviertel der vorindustriellen Stadt wurde zur City, die bei stürmischer Expansion bald auch die ehemaligen Handwerkergassen beanspruchte. Ein Faktor des Städtewachstums war der Bau der Eisenbahn, der die Versorgung der Zentren erst erlaubte, zugleich aber auch Menschenmassen in die Städte brachte. Der Bahnbau erfolgte nach der ersten Stadterweiterung, sodass der Bahnhof [...] manchmal auf den frei gewordenen Flächen der Festungsanlagen angelegt werden konnte.

Quelle: Alexander Borsdorf, Oliver Bender: Allgemeine Siedlungsgeographie. Köln: Böhlau 2010, S. 136 – 139

M 2 Quellentext zur historischen Stadtentwicklung

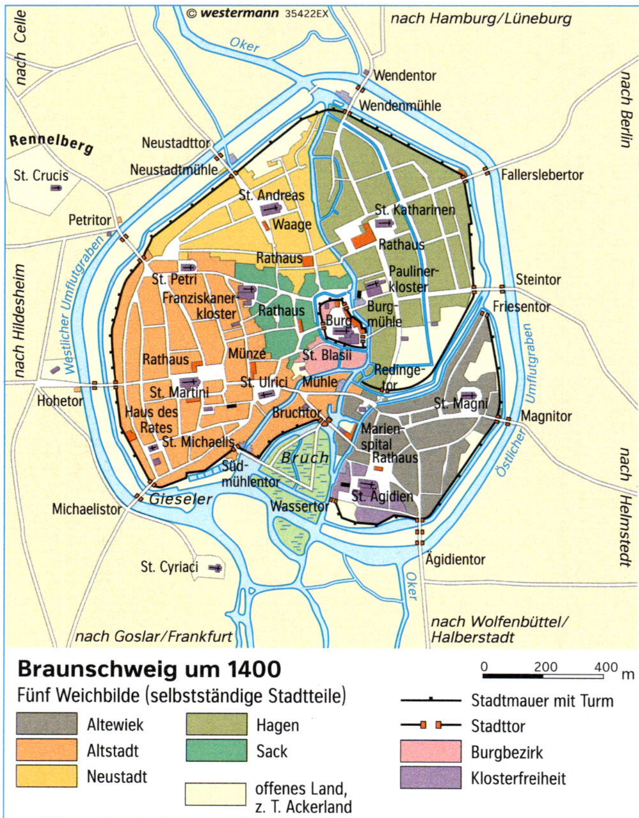

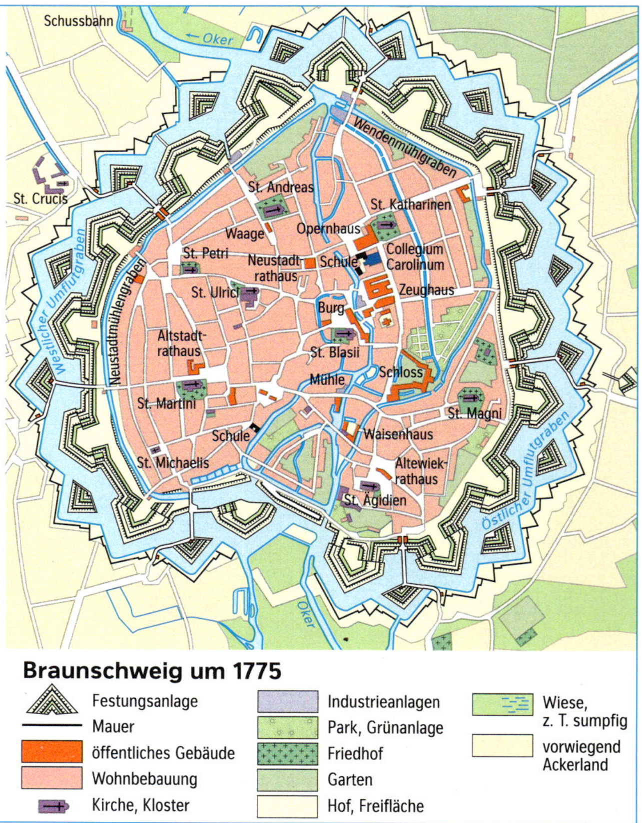

M 1 Braunschweig 1400 und 1775

100800-075-04 schueler.diercke.de 100800-075-05 schueler.diercke.de

M3 Burgplatz und Dom in Braunschweig

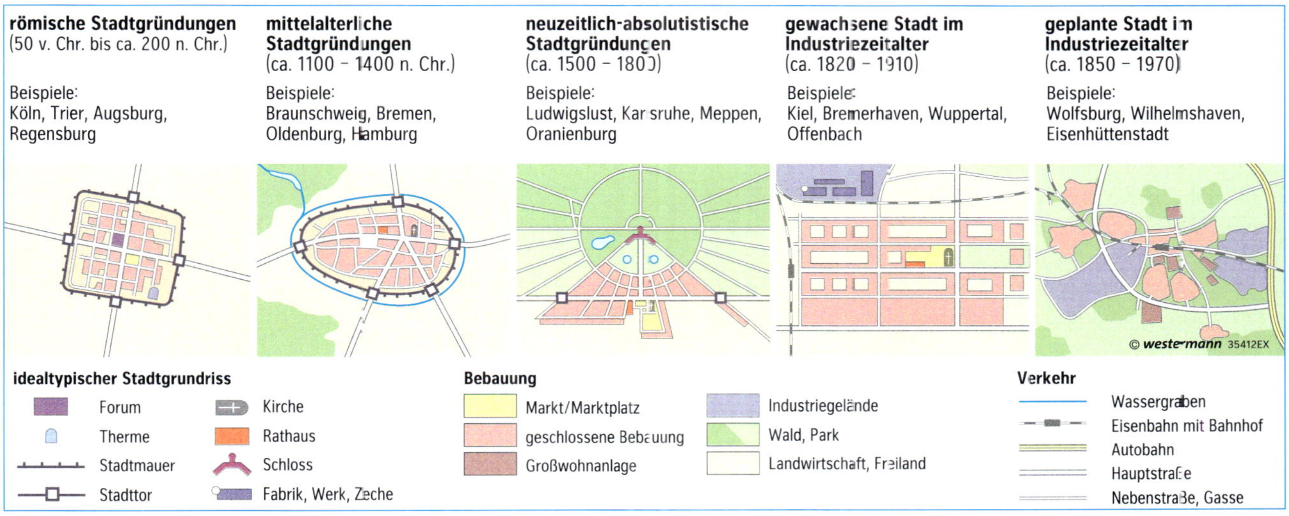

M4 Stadtgründungen und ihre Grundrisse

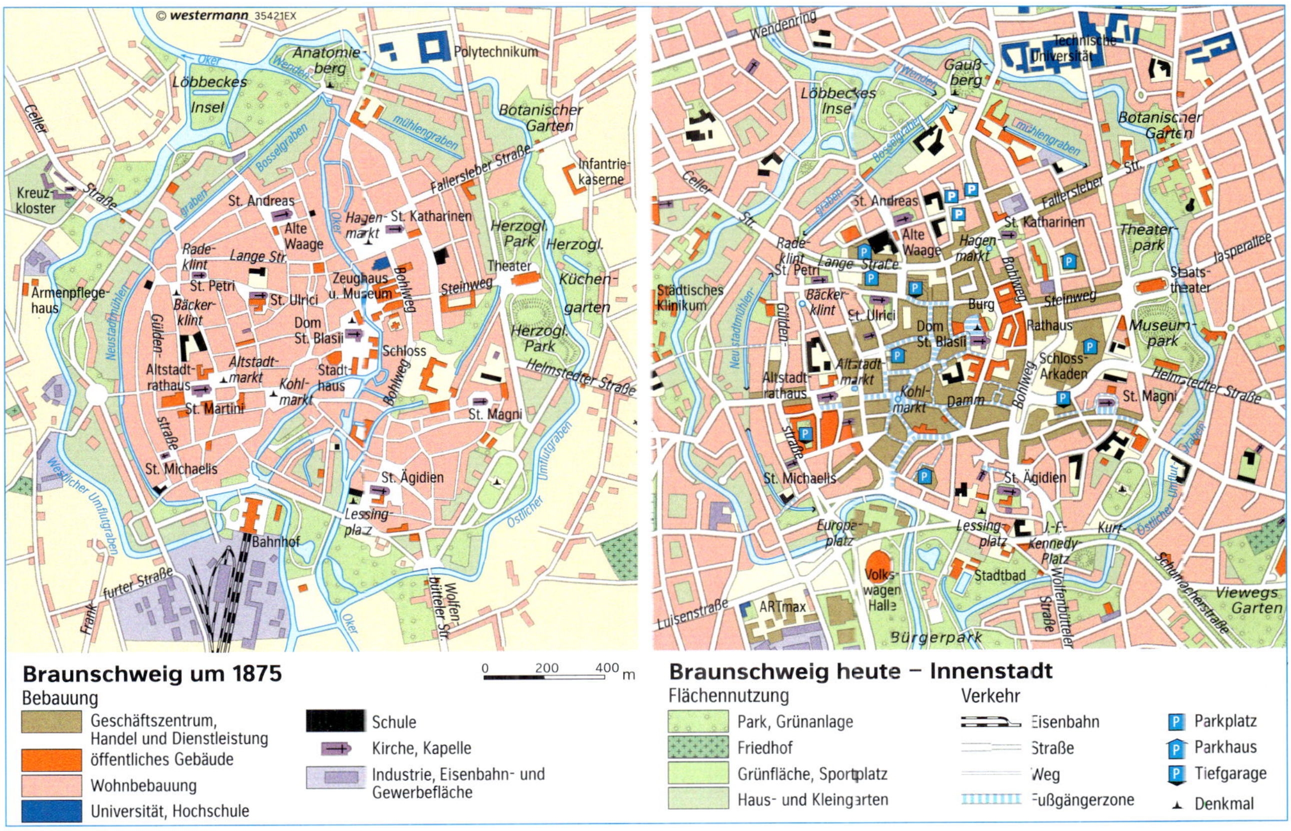

M5 Braunschweig 1875 und heute

5.3 Funktionale Gliederung einer Stadt: Bremen

Betrachtet man die Entwicklung heutiger Städte, ist ein Merkmal auffällig: Die Orte, an denen die Menschen wohnen, arbeiten, einkaufen, zur Schule gehen und ihren Freizeitbeschäftigungen nachgehen, haben sich im Laufe der Zeit räumlich immer weiter voneinander entfernt und abgegrenzt. So bieten diese sogenannten Daseinsgrundfunktionen eine Möglichkeit, eine Stadt in Teilräume zu gliedern. Seit einiger Zeit gibt es allerdings den Trend in der Stadtplanung, die Funktionen gezielt wieder mehr zu mischen.

1. Beschreiben Sie die flächenmäßige Verteilung der Daseinsgrundfunktionen im Stadtmodell für Deutschland (M1, M2).
2. Erklären Sie die Entwicklung der räumlichen Verteilung der Daseinsgrundfunktionen (M3).
3. a) Vergleichen Sie die Verteilung der Daseinsgrundfunktionen und städtebaulichen Strukturen in den Karten M5, M8 und M10.
   b) Erläutern Sie verschiedene Ausprägungen der Funktionen Wohnen, Sichversorgen und Arbeiten in einer Stadt (Vergleichen Sie z. B. die Fotos mit den Kartenausschnitten).
   ⓩ c) Finden Sie Beispiele in Bremen (Google Earth, Fotorecherche).
4. Überprüfen Sie die Übertragbarkeit des Stadtmodells auf Bremen (M1, M5, M8, M10, Google Earth).
5. ⓩ Erstellen Sie eine Kartenskizze zur funktionalen Gliederung Ihrer Heimatstadt (Flächennutzungsplan, Google Earth).
6. Erörtern Sie den Einfluss der Corona-Pandemie auf die Funktionstrennung und -mischung in Städten (M6).

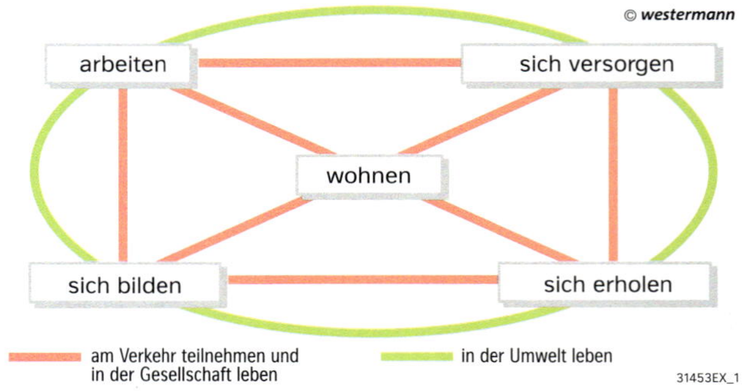

M2 Daseinsgrundfunktionen

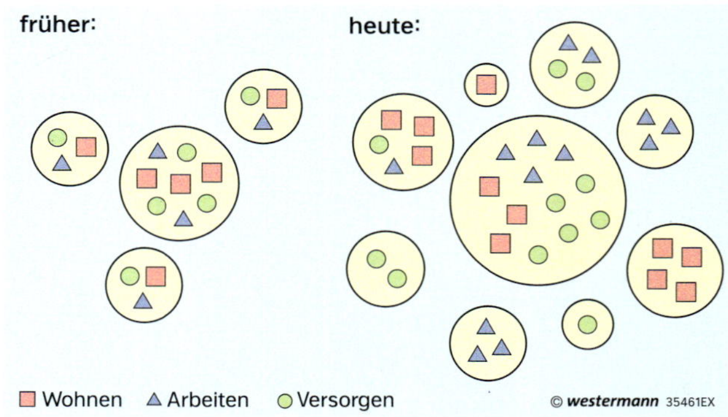

M3 Räumliche Trennung der Daseinsgrundfunktionen

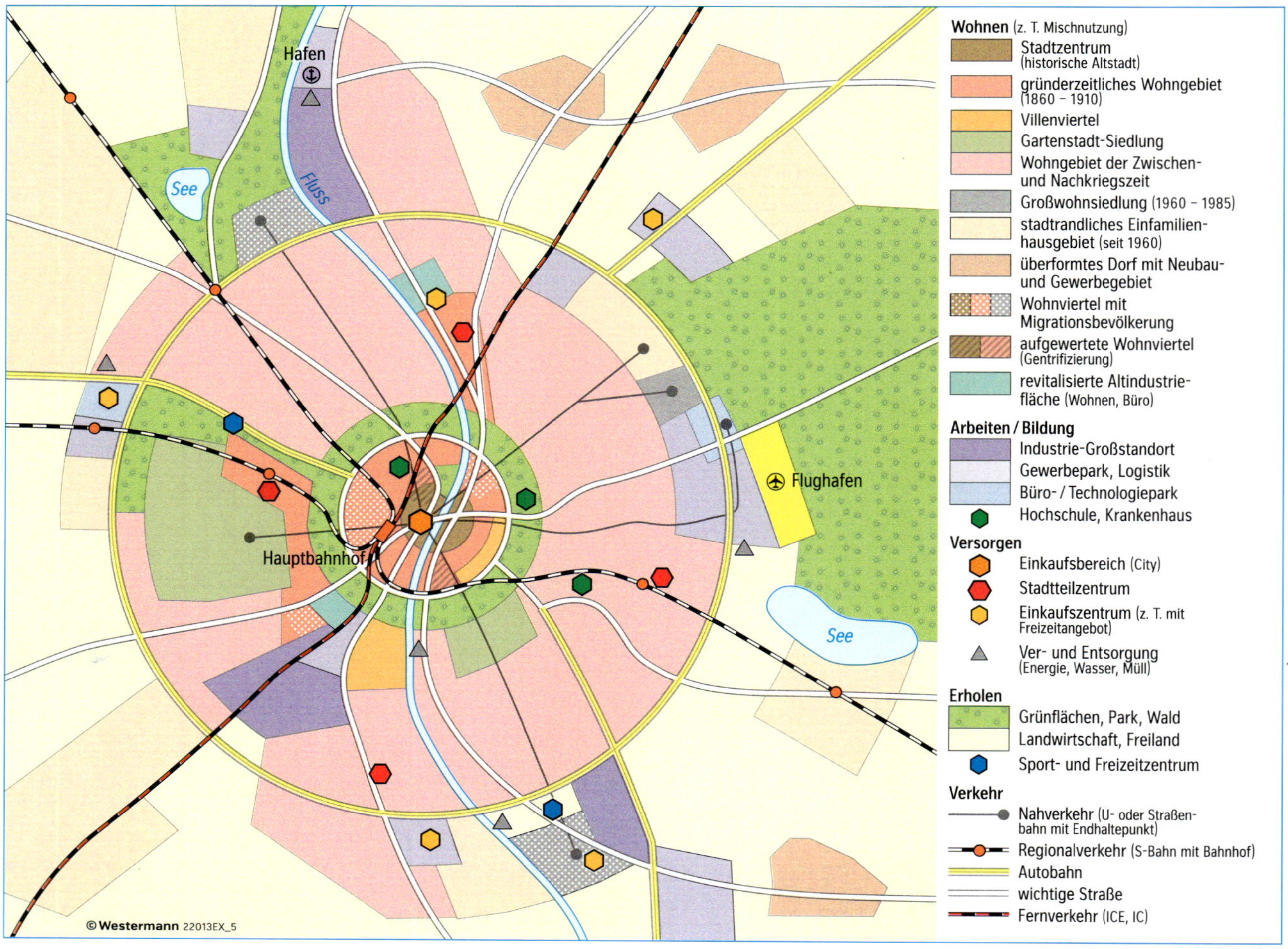

M1 Stadtmodell für Deutschland

M4 **Sich versorgen in Bremen**

M7 **Wohnen in Bremen**

M9 **Arbeiten in Bremen**

M5 **Sich versorgen in Bremen**

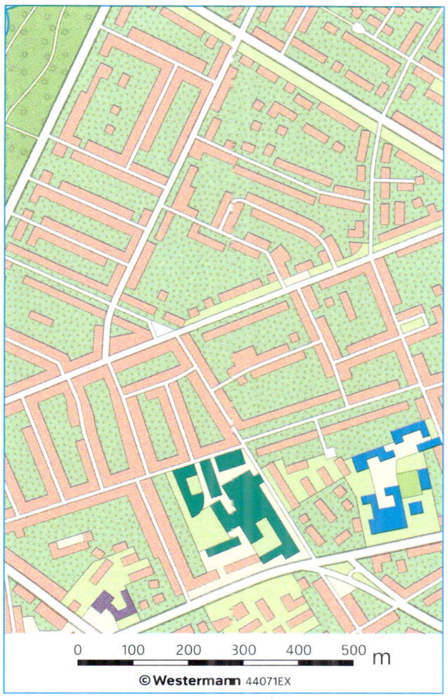

M8 **Wohnen in Bremen**

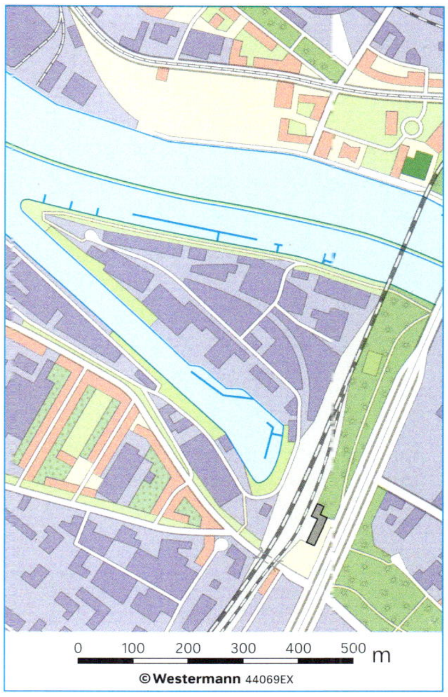

M10 **Arbeiten in Bremen**

Geschlossene Läden, trostlose Fußgängerzonen. […] „Corona hat uns jetzt eigentlich gezeigt, wie die Innenstädte aussehen, wenn der Strukturwandel weiter fortschreitet", sagt [Stadtforscherin] Marion Klemme. […] „Man kann sagen, die Jahre des Konsums haben die Innenstädte einseitig und monoton gestaltet. Und mit dem Ergebnis müssen wir jetzt leben – dass natürlich einseitige, monotone Innenstädte jetzt anfälliger sind für eine Krise." […] Sie konstatiert, dass es um mehr gehe als „nur" ein neues Konzept für die Stadtzentren: „Und dann enden wir bei unseren Überlegungen nicht nur bei der Innenstadt, sondern müssten eigentlich die Gesamtstadt in den Blick nehmen. Und dann kommen wir dahin, dass wir insgesamt mehr Nutzungsmischung und Funktionsvielfalt in den Stadtbereichen denken müssen."
Die Funktionstrennung in deutschen Städten […] hat erhebliche Nachteile. Eine von vielen Folgen: überfüllte und verstopfte Straßen. […] Auch [Architekt und Stadtplaner] Christoph Mäckler hält die bislang bestehende Funktionstrennung für überholt. […] In seinen Augen müsste eigentlich jedes Stadtviertel – auch die Innenstadt – alles bereitstellen, was eine Stadt ausmacht. „Und das ist das Prinzip der Stadt der kurzen Wege. Dass ich also das Wohnen und das Arbeiten und das Einkaufen, die Kultur und so weiter alles an einem Fleck habe, weil sie sich eben nicht stören, sondern weil sie sich ergänzen und weil sie zu einer ganz großen Lebendigkeit führen." Christopf Mäckler bedauert vor allem, dass wir schon einmal weiter waren. Die Funktionstrennung in den Städten sei erst nach dem Zweiten Weltkrieg aufgekommen. „Eigentlich war die europäische Stadt immer eine Stadt, die Funktionsmischung hatte und damit auch eine soziale Vielfalt hatte und eine Dichte. Und all das haben wir heute in unseren neuen Stadtquartieren aufgrund der Baunutzungsverordnung so nicht mehr."
Seit den 1960er-Jahren schreibt die „Baunutzungsverordnung" vor, dass Baugebiete und Quartiere einer Stadt einen bestimmten Nutzen haben: Ein Gewerbegebiet ist für das Gewerbe vorgesehen, ein Wohngebiet für das Wohnen. Anders darf dann auch nicht gebaut werden. Das sei aber nicht attraktiv für die Menschen, meint Mäckler. Für ihn ist vor allem die Gründerzeit – Ende des 19., Anfang des 20. Jahrhunderts – ein Vorbild. Damals entstanden sehr dicht bebaute Viertel, in denen gelebt und gearbeitet wurde, in denen man einkaufen konnte – sozial gemischt, im Hinterhaus Handwerker und die weniger Wohlhabenden, im Vorderhaus mit einer gestalteten Fassade zur Straße hin das höhere Bürgertum. […]
„Die Pandemie ist eindeutig eine Chance, weil sie uns vor Augen geführt hat, wo unsere Probleme liegen. Aber jetzt müssen wir […]das Übel an der Wurzel packen. Das heißt, […] wir müssen schauen, dass die Monofunktionalität der Fußgängerzone wieder Stadt wird. Das heißt, dass dort Menschen leben, arbeiten und natürlich auch einkaufen.

Quelle: Manuel Waltz: Der Weg zum multifunktionalen Viertel. Deutschlandfunk 30.11.2021

M6 **Quellentext zur Funktionstrennung und -mischung**

5.4 Stadt und Umland: München

Wohnen ist die zentrale Daseinsgrundfunktion und damit auch eine elementare Funktion der Städte. Doch wo wohnt es sich am besten? In der Innenstadt, am Stadtrand oder im Umland? Im lebendigen Mehrfamilienhaus, im grünen Reihenhaus oder im noblen Bungalow? Eng damit verbunden sind Fragen wie: Wie komme ich zur Schule, zu meinen Freunden und zum Volleyballtraining? Wie wichtig ist mir städtisches Leben und Kultur oder unberührte Natur und Ruhe? Oder geographischer ausgedrückt: Mit welchem Flächenverbrauch und welchen stadtplanerischen und verkehrstechnischen Herausforderungen ist das Wohnen verbunden? Insbesondere in der Nachkriegszeit mit wachsendem Einkommen, Zunahme der Automobilität und staatlicher Förderung entstanden immer mehr Neubaugebiete im städtischen Umland. Diese haben mittlerweile selbst einen Funktionswandel durchgemacht.

1. Charakterisieren Sie die verschiedenen Phasen der Urbanisierung mithilfe von Kartenskizzen (M1).
2. Erläutern Sie die Motive für Suburbanisierung seit den 1950er-Jahren (M1, M2).
3. Analysieren Sie die Stadt-Umland-Wanderungen am Raumbeispiel München (M5–M10).
4. Erklären Sie die Veränderungen der Pendlerbewegungen im Zuge der Postsuburbanisierung (M4, M1).
5. Entwickeln Sie eine Liste mit Reurbanisierungsmotiven.
6. Suburbanisierung ist ein abgeschlossener Stadtentwicklungsprozess. Nehmen Sie Stellung zu dieser Aussage.

allgemein
- stark steigender Wohlstand
- Wunsch nach naturnahem Wohnen („Wohnen im Grünen")
- Wunsch nach mehr und größerem Wohnraum
- Verfügbarkeit von billigem Erdöl, Ausweitung des Individualverkehrs

politisch/stadtplanerisch
- Steuervergünstigungen (Förderung des Eigenheimbaus, Pendlerpauschale)
- Ausbau der Ver- und Entsorgung, der Straßen und liniengebundenen Verkehrsachsen des ÖPNV außerhalb der Kernstadt
- Leitbilder der aufgelockerten Stadt, der autogerechten Stadt

M2 **Rahmenbedingungen für die Suburbanisierung**

M3 **Wohnsiedlung in Unterbiberg (Landkreis München)**

Auch wenn es schon im Mittelalter außerhalb der Befestigungsanlagen kleine Ansiedlungen gab, fand während der **Urbanisierung** zu Zeiten der Industrialisierung in Europa ein enormes bevölkerungs- und flächenmäßiges Wachstum in den Städten statt. Die Stadtfläche schob sich zuerst entlang der stadtauswärts gerichteten Straßen und später auch zwischen den Verkehrsachsen in den ländlichen Raum, nachdem die noch freien Kernstadtflächen mit einer Wohnbebauung und Kleingewerbe und -industrie verdichtet wurden. [...]
Den größten Schub bei der **Suburbanisierung** gab es in den deutschen Städten nach dem Zweiten Weltkrieg. Dieser wurde aber nicht nur durch ökonomische, technologische und verkehrstechnische Entwicklungen begünstigt, sondern auch durch Änderungen in gesellschaftlichen und politischen Wertvorstellungen über Wohnen und den daraus folgenden politischen und stadtplanerischen Regulierungen. Die entstandenen (Wohn-)Vororte waren geprägt durch Ein-, Zweifamilien- und Reihenhäuser für die (obere) Mittelschicht sowie durch den verdichteten Geschosswohnungsbau von Großwohnsiedlungen für die breiten Bevölkerungsschichten. Der so entstandene suburbane Raum unterscheidet sich von der Kernstadt aber nicht nur durch typische Bebauungsstrukturen, sondern auch durch eine bestimmte suburbane Lebensweise und Kultur.
Die Wohnsuburbanisierung erfolgte in mehreren Wellen von der Kernstadt weg in den suburbanen Raum. Zuerst fand die zentral-periphere Wanderung in die Randzone statt. Hier stiegen im Laufe der Zeit aufgrund der erhöhten Nachfrage und der damit verbundenen Bodenknappheit die Preise, sodass in der Folgeperiode eine Wanderung ins Umland erfolgt. Tritt auch dort eine Baugrundstücks-, Wohnraumverknappung und ein Preisanstieg auf, so zieht die Karawane der „Stadtflüchtlinge" weiter und erfasst in einer erneuten Expansion das Hinterland (**Desurbanisierung**). Selten ist das Wanderungsziel aber der „echte" ländliche Raum. Vielmehr sind es meist Wanderungen in das unmittelbare Stadtumland. Bei diesen Prozessen wird die Grenze der Randzone und des Stadtumlandes immer weiter nach außen geschoben. Gemeinden im Umland verstädtern dabei immer mehr und Kleinstädte gehen im Agglomerationsraum auf. [...]
Der anfänglichen Wohnsuburbanisierung folgte in Deutschland dann in den 1960er- und 1970er-Jahren die Industrie- und Dienstleistungssuburbanisierung, sodass Arbeitsplätze im sekundären und tertiären Sektor zuerst in der Randzone, später auch im Umland geschaffen wurden. Dies bedeutete eine wirtschaftliche Aufwertung des Raumes außerhalb der Kernstadt mit Infrastruktureinrichtungen der Bildung (alle Schulformen bis zur Universität) und der Gesundheit (allgemeine Krankenhäuser bis Spezialklinik), der Versorgung (kurz- bis langfristiger Bedarf) durch Discounter, Einkaufszentren und Fachmärkte, mit Standorten des produzierenden Gewerbes (Handwerk bis Industrie), der öffentlichen und privaten Verwaltung (Bürocitys), des Warenvertriebs (Verteilerzentren) und der Freizeitgestaltung. [...] Die angesiedelten neuen Funktionen [...] verteilen sich auf die gesamte Stadtregion, die auch als Postsuburbia bezeichnet wird.[...]
Auch wenn die Sub- und Desuburbanisierung bis heute anhält, ist ein Trend zu beobachten, der diese beiden Wanderungen überlagert, die **Reurbanisierung**, eine Rückwanderung in die Stadt. Die Aufwertung von innerstädtischen Teilräumen (z. B. zentrumsnahe Altbauquartiere: Gentrifizierung, Verdichtung in Baulücken, Konversion von Industrie-, Gewerbe-, Militär- und Logistikflächen) lässt eine „Renaissance der Innenstädte" erkennen.

Quelle: Klaus Claaßen, Thilo Girndt: Stadt und Stadtentwicklung. Braunschweig: Westermann 2019, S. 48–50

M1 **Quellentext zu den Phasen der Urbanisierung**

100800-050-01 schueler.diercke.de 100800-071-04 schueler.diercke.de 100800-077-06 schueler.diercke.de

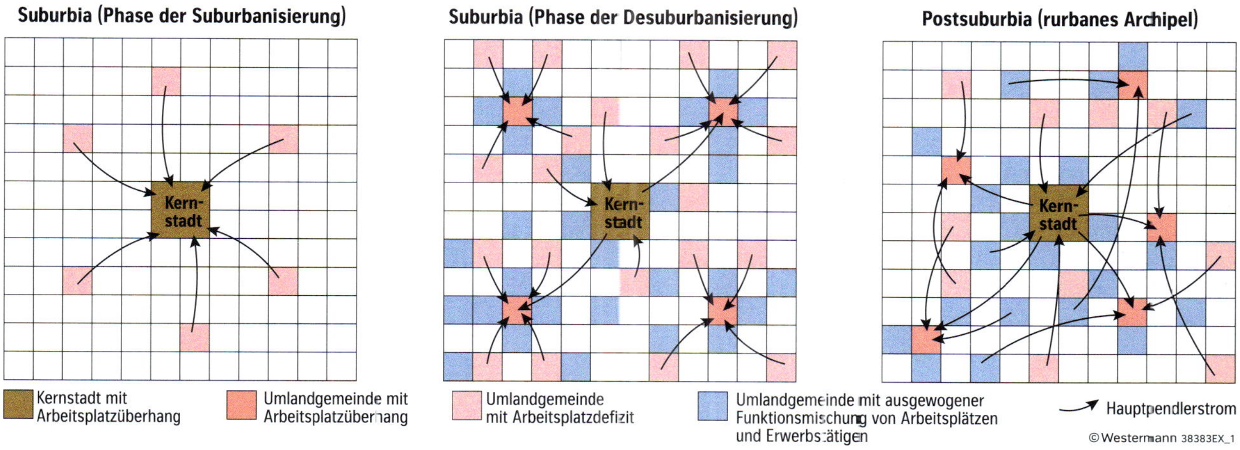

M4 Berufspendlerbedingungen in der (post)suburbanen Raumentwicklung

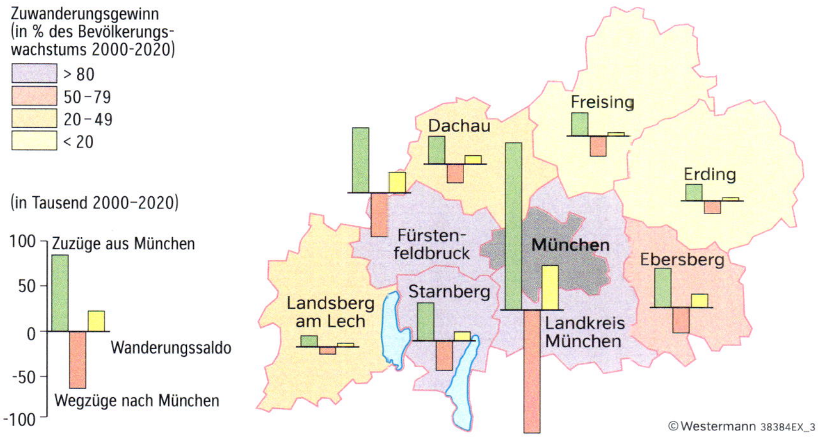

M5 Wanderungssaldo der Umlandlandkreise (Planungsregion 14) mit der Stadt München

	Zuzüge nach München	Wegzüge aus München
Umlandkreise	302 764 (18 714)	416 191 (26 054)
übriges Bayern	328 890 (15 634)	321 659 (20 315)
übriges Deutschland	434 503 (56 111)	303 472 (47 552)
Ausland	846 206 (33 483)	449 061 (20 146)

Quelle: Statistisches Amt München

M7 Zu- und Wegzüge nach/aus München (2000–2020, in Klammern 2020)

	2006	2020
Einpendler	307 000	411 399 (213 798)
Auspendler	115 000	183 633 (123 589)

in Kl. Umlandgemeinden Quelle: Bundesagentur für Arbeit

M8 Pendleraufkommen in München

Die Stadt München weist seit einigen Jahren einen negativen Wanderungssaldo innerhalb Deutschlands auf. Dabei nimmt die Stadt-Umland-Beziehung eine besondere Rolle ein: Im Fünfjahresmittel verliert München rund 7 000 Menschen pro Jahr an die Planungsregion 14. Unter diesen befinden sich hauptsächlich junge Familien und Ledige ab dreißig, die vorzugsweise in Gemeinden im direkten Umfeld des Stadtgebiets ziehen. Stadtteile am Stadtrand sind dabei von der Abwanderung am stärksten betroffen, wohingegen innenstadtnahe Gebiete durch ausbildungs- und berufsorientierte Zuzügler positive Saldi verzeichnen. […] Trotz der massiven Abwanderung ins Umland bleibt München eine Wachstumsregion, die vor allem in Sachen internationaler Zuwanderung eine entscheidende Rolle einnimmt. […]
Die neueste Wanderungsmotivuntersuchung […] ergab, dass ein Großteil der Wegziehenden zwar den Wohnstandort innerhalb Südbayerns wechselt, aber dennoch weiterhin in München arbeiten. Gründe dafür waren die Vergrößerung des eigenen Haushalts sowie der Wunsch, im Grünen zu wohnen. Ein Drittel der 5000 Befragten gab außerdem an, dass diese erst weggezogen sind, nachdem in München keine passende Wohnung gefunden wurde. Gründe für den Zuzug waren laut Untersuchung das hervorragende Angebot an Ausbildungs- und Arbeitsplätzen, die Erreichbarkeit im öffentlichen Nahverkehr sowie die Münchner Lebensart. Junge Leute zog es außerdem wegen des Freizeit- und Kulturangebots in die Stadt, ältere Menschen gaben dabei häufig die Gesundheitsvorsorge und die Nähe zu Verwandten an. […]
Wegziehende Münchner suchen ihren neuen Wohnstandort möglichst nah an der Stadtgrenze, um so kurze Anfahrtswege zum immer noch in München gelegenen Arbeitsplatz zu haben. […] Bevorzugt werden dabei die Gemeinden entlang der S-Bahn-Achsen gewählt, um so neben dem Pkw weitere Anschlussmöglichkeiten zu haben. […] Die an die Stadtgrenze Münchens anschließenden Gemeinden nahmen allein 36 % der ins Umland ziehenden Personen auf. Parallel dazu erfreuen sich die Kreisstädte der jeweiligen Landkreise (außer Landkreis München) großer Beliebtheit.
Quelle: Manuel Herzog: Die Trends der Münchner Zu- und Wegzüge. Münchner Statistik 1/2017, S. 23, 19, 21

M6 Quellentext zu Wanderungen zwischen München und seinem Umland

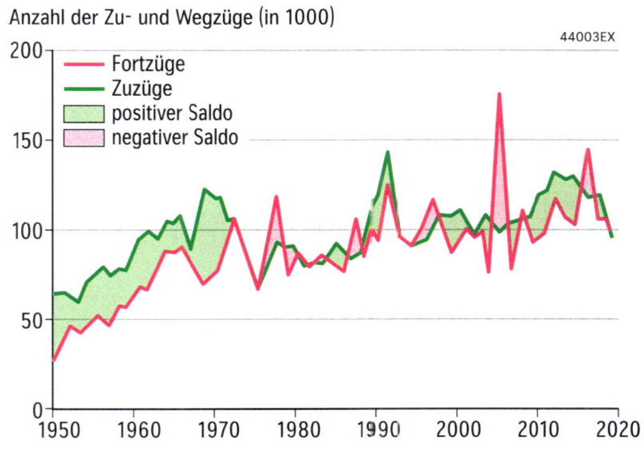

M9 München: Zu- und Wegzüge

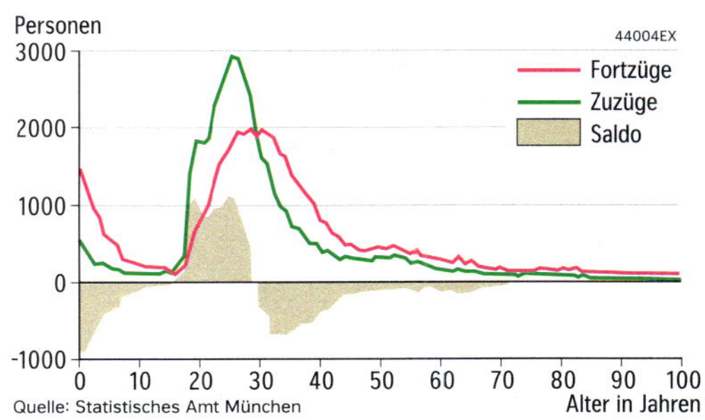

M10 München: Altersstruktur der Wanderung (2020)

5.5 Sozialräumliche Gliederung: Berlin

Sie wollen nach Ihrer Schulzeit nach Berlin ziehen und suchen eine Wohnung. Welche Kriterien spielen für Sie bei der Wahl Ihres neuen Wohnviertels eine Rolle? Sicher die Entfernung zur Arbeit oder zur Universität und der Wohnungsmietpreis. Doch wovon hängt der ab? Vielleicht berücksichtigen Sie auch, was für Menschen in dem Viertel wohnen? Schon immer gab es in Städten eine räumliche Trennung von sozialen Gruppen, mal durch ökonomische Zwänge, mal durch äußeren Druck infolge von Diskriminierung, mal durch die unterschiedlichen Vorlieben von Lage und Art des Wohnraums.

1. a) Vergleichen Sie die Berliner Stadtbezirke nach demografischen, ethnischen und sozialen Kriterien (M2, M6, M7).
   b) Erläutern Sie Zusammenhänge zwischen der räumlichen Lage und der Sozialstruktur der Berliner Stadtbezirke (M8).
2. a) Lokalisieren Sie die Orte auf den beiden Fotos M3 und M4 in der Karte M10 (Internetkartendienst, Google Earth).
   b) Charakterisieren Sie den sozialen Status der Bewohner (M10).
3. a) Vergleichen Sie die demografische, ethnische und soziale Segregation in Neukölln und Friedrichshain-Kreuzberg (M7, M10).
   b) Eine Segregationsanalyse auf Planungsbezirksebene (M7, M10) erlaubt nur grobe Aussagen. Beurteilen Sie diese These.
   (Z) c) Bestimmen Sie eigene Indikatoren zur Messung der drei Formen der Segregation.
4. Erläutern Sie Ursachen von Segregation (M5, M9).
5. Beurteilen Sie die Folgen der Segregation für die Stadt Berlin differenziert nach den drei Formen der Segregation.
6. Nehmen Sie Stellung zu den Zitaten M9 und M11.

M3 Plattenbausiedlung Neuköllnische Allee (Neukölln)

M4 Spree-Insel Stralau (Friedrichshain)

Segregation	demografische Segregation
räumliche Trennung und Abgrenzung von sozialen Gruppen in einer Stadt aufgrund von gemeinsamen Merkmalen (z. B. Alter, Sprache, Einkommen), in denen sich diese segregierte Gruppe von der übrigen Bevölkerung unterscheidet	räumliche Differenzierung der Bevölkerung nach Alter, Haushaltstyp, Lebensphase **ethnische Segregation** räumliche Differenzierung der Bevölkerung nach Nationalitäten, ethnischer Zugehörigkeit **soziale Segregation** räumliche Differenzierung der Bevölkerung nach Einkommen, Bildungsstatus, beruflicher Stellung

M1 Segregation

„Die Segregation der Wohnbevölkerung nach sozialen, demografischen und ethnischen Merkmalen ist eine Folge der Selektionsmechanismen auf dem Immobilienmarkt, der ökonomischen Leistungsfähigkeit der Haushalte sowie unterschiedlicher Wohnpräferenzen. Der Immobilienmarkt steuert den Bezug von Wohnungen, Häusern und in weiterer Folge auch von Stadtteilen über den jeweiligen Preis."

Quelle: Heinz Fassmann: Stadtgeographie I. Braunschweig: Westermann 2009, S. 153

M5 Zitat zu Ursachen von Segregation

Bezirk	Ew. mit Migrationshintergrund*[1]	Singles[2]	Ew. mit Fachhochschul-/Hochschulreife[1]
Mitte	53,9	61,4	51,3
Friedrichshain-Kreuzberg	44,7	61,2	58,3
Pankow	22,7	53,1	49,9
Charlottenburg-Wilmersdorf	42,8	57,3	53,4
Spandau	37,8	45,0	27,2
Steglitz-Zehlendorf	28,7	47,0	45,0
Tempelhof-Schöneberg	37,9	51,8	43,8
Neukölln	47,0	56,2	33,5
Treptow-Köpenick	16,7	47,9	38,6
Marzahn-Hellersdorf	20,5	45,3	25,9
Lichtenberg	27,2	53,4	34,1
Reinickendorf	34,6	44,9	31,9
Berlin	34,7	52,9	42,0

Quelle: Amt für Statistik Berlin-Brandenburg, [1] **in % der Gesamtbevölkerung**, [2] in % der Gesamthaushalte

M2 Verschiedene Indikatoren der Stadtbezirke (2019)

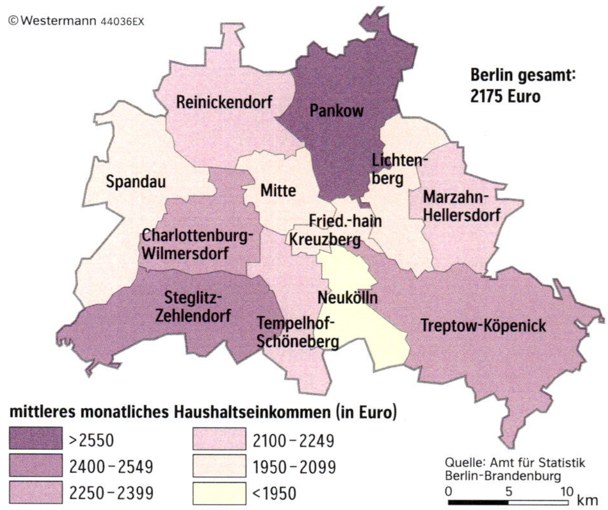

M6 Haushaltseinkommen* der Stadtbezirke Berlins (2019)

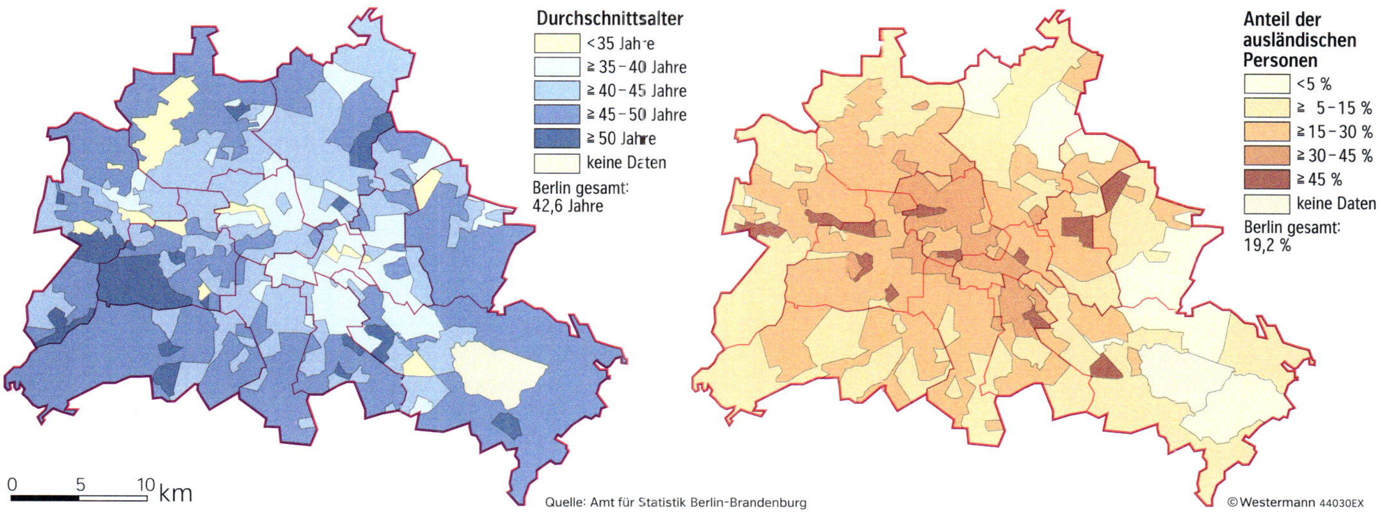

M7 Ausländeranteil und Durchschnittsalter der Berliner Planungsbezirke (2019)

Die Bundeshauptstadt weist mit 29 Prozent einen für ostdeutsche Verhältnisse eher geringen, für westdeutsche Verhältnisse dagegen hohen Anteil an Niedriglohnbeziehern auf [Deutschland: 25 %; Niedriglohnbezieher: < 2/3 des mittleren Lohns]. Die frühere Trennung der Stadt ist kaum zu erkennen: Es gibt sowohl in Ost- als auch in West-Berlin Stadtteile mit hohen und geringen Anteilen an Niedriglohnbeziehern. Auffällig ist die starke Häufung von Niedriglohnbeziehern insbesondere im Ortsteil Neukölln, in Marzahn und in Wedding/Gesundbrunnen. In diesen Stadtteilen gibt es geschlossene Flächen von mehreren Quadratkilometern, wo mindestens jeder dritte Beschäftigte einen niedrigen Lohn bezieht. Bedeutende Wirtschaftszweige in Berlin sind das Gastgewerbe und der öffentliche Dienst [...]. Insbesondere nach der Wiedervereinigung und mit dem Wegfall der Berlinförderung hat die Industrie an Bedeutung verloren. Zwischen den Bezirken mit hohem Niedriglohnanteil gibt es Unterschiede hinsichtlich der Zusammensetzung der Bevölkerung. Dies deutet auf verschiedene Ursachen der starken Segregation hin. Die niedrigen Mietkosten in den multikulturell geprägten Stadtteilen Neukölln und Wedding führen dazu, dass sich dort gehäuft Niedriglohnbezieher ansiedeln. Zum Niedriglohnanteil in diesen Stadtteilen trägt auch das niedrige Lohnkostenniveau in den überwiegend zentrumsnah ansässigen Betrieben des Gastgewerbes und der sozialen Dienstleistungen bei, in denen viele der hier lebenden Menschen beschäftigt sind. In den Außenbezirken Spandau und Marzahn wohnen hingegen eher die Verlierer der Deindustrialisierung Berlins. In den 1980er-Jahren gab es in diesen Bezirken zahlreiche Betriebe mit subventionierten Fertigungsarbeitsplätzen. Nach dem Fall der Mauer und dem Wegfall der Subventionen wanderten viele Betriebe ab oder mussten schließen. Die ehemals dort Beschäftigten konnten ihre spezifischen Qualifikationen bei neuen Arbeitgebern nur selten nutzen und mussten Lohneinbußen hinnehmen.

Quelle: Philipp vom Berge et. al.: Wie sich Menschen mit niedrigen Löhnen in Großstädten verteilen. IAB-Kurzbericht 12/2014, S. 4

M8 Quellentext zur Segregation in Berlin

„Segregation ist aber nicht nur strukturell bedingt (erzwungene Segregation), sondern besitzt auch den Charakter einer freiwillig gewählten Wohnform. Eine sozial, demografisch und ethnisch homogene Nachbarschaft wird von der Mehrheit der Bevölkerung angestrebt. Ähnliche Normen und Wertvorstellungen minimieren Konflikte und schaffen kognitive Sicherheit."

Heinz Fassmann, *Stadtgeograph (2009)*

M9 Zitat zur freiwilligen Segregation

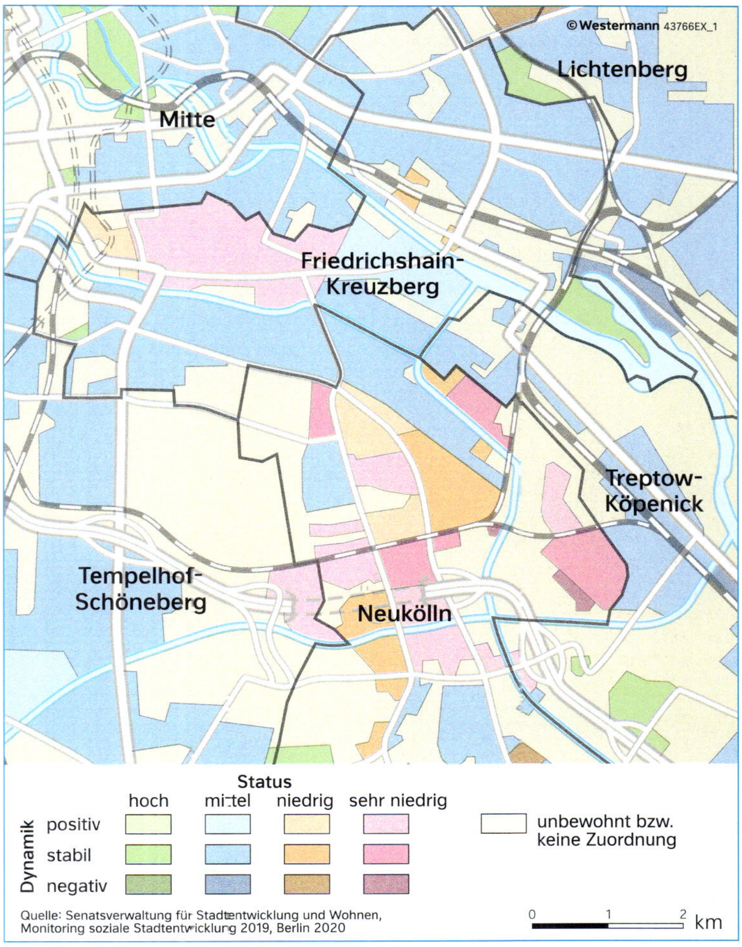

M10 Index „Soziale Ungleichheit" im Monitoring soziale Stadtentwicklung Berlin 2019. Der Index verwendet die Indikatoren Arbeitslosigkeit, Transferbezug und Kinderarmut.

„In Berlin sind die immer wieder angekündigten „Ghettos" – bis auf punktuelle Ausnahmen – ausgeblieben. [...] Die Vielfalt, auch gerade in den Nachbarschaften mit Armutsnischen und den teilweise noch niedrigen Mieten, zieht die kreativen Mittelschichtler an. Das „Migrantische" wird dort nicht mehr als „randständig" angesehen, sondern dient [...] zur Abgrenzung der Mittelschichten. [...] Das multikulturell geprägte Stadtumfeld wird Teil eines Lifestyles.

Felicitas Hillmann, Matthias Bernt, Laura Calbet i Elias, *Sozialforscher (2017)*

M11 Zitat zur multiethnischen Nachbarschaften

5.6 Gentrifizierung in Berlin

Der Begriff Gentrifizierung hat eine erstaunliche Karriere hinter sich: von einem stadtgeographischen Fachterminus zu einem politischen Schlagwort. Idealtypisch ist das Phänomen seit den 1990er-Jahren in den Innenstadtbezirken von Berlin zu beobachten, aber auch in vielen anderen reizvollen Altbauvierteln deutscher Großstädte. Wer Gentrifizierung anprangert, meint vordergründig vor allem eins: Yuppies (Young urban professionals) mit hohem Einkommen und gehobenen Wohnraumansprüchen, die die Rückkehr in die lebendigen Innenstadtviertel reizt, verursachen drastische Mieterhöhungen, sodass sich deren ursprüngliche Anwohner das Leben dort nicht mehr leisten können.

1. a) Beschreiben Sie den modellhaften Verlauf des Gentrifizierungsprozesses (M1, M2).
   b) Erläutern Sie die Rolle der Pioniere (M3, M7).
2. Erläutern Sie verschiedene Aufwertungsprozesse (M5).
3. a) Analysieren Sie die Entwicklung der Angebotsmieten* in den Berliner Stadtbezirken (M8; S. 106: M6).
   b) Erklären Sie die Aussagekraft des „Gentrifizierungsindikators" Angebotsmiete.
   c) Identifizieren Sie Planungsbezirke in dem in M9 dargestellten Kartenabschnitt, in denen vor 2013 und 2020 Gentrifizierungsprozesse stattgefunden haben.
   Ⓩ d) Beschreiben Sie einen Straßenzug in diesem Gebiet (Google Earth).
4. Entwickeln Sie eine modellhafte Darstellung (wie M1) von In-situ-Gentrifizierung und Supergentrifizierung (M7).
5. Ein baulicher, sozialer und funktionaler Aufwertungsprozess eines Stadtviertels wie bei der Gentrifizierung ist heute ohne Invasion von Pionieren möglich. Nehmen Sie Stellung.

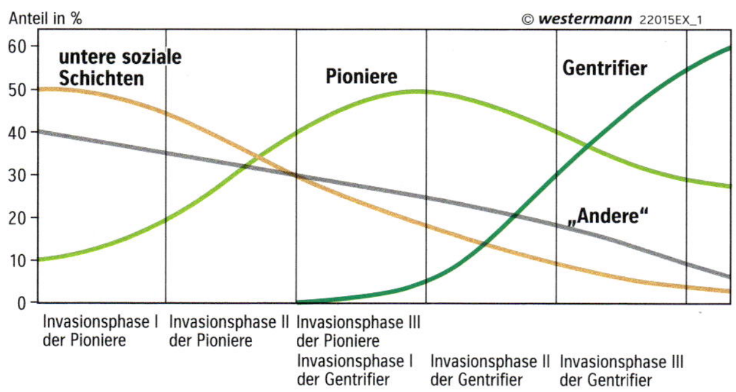

M2 Modell der Gentrifizierung

Phasen der Kulturentwicklung	Art der Akteure	urbaner und wirtschaftlicher Kontext	Art der entstehenden Orte
1. Aneignung	Künstler, Randgruppen, Hausbesetzer, Studenten	Viertel in zentraler Lage, fehlendes wirtschaftliches Interesse	besetzte Häuser, Nischen (ehemalige Fabriken, Lager, Keller)
2. Aufwertung	Künstler, Kreative, Vereine	sanfte Renovierung, Legalisierung	Clubs, Off-Theater, Ateliers, Cafés
3. Gentrifizierung	Bauunternehmer, Yuppies, Kulturprofis	Sanierung, steigende Grund- und Mietpreise	Lofts, Restaurants, Galerien
4. Sterilisierung	Yuppies, Journalisten, Freiberufler	Herausbildung eines neuen In-Viertels, hohe Mieten	Bars, Spezialgeschäfte (Mode, Design)

M1 Modelll der Gentrifizierung: Phasen, Akteure, Prozesse und Orte

Als Auftakt für den Aufstieg der Spandauer Vorstadt zum „Szene-Viertel", und damit zugleich als Beginn der symbolischen Aufwertung des Quartiers, kann die Besetzung der Ruine des ehemaligen Friedrichstraßenpassagen-Kaufhauses an der Oranienburger Straße 1990 angesehen werden. Die dort entstandene, anfangs von autonomen Künstlern betriebene, außergewöhnliche Kunst- und Kultureinrichtung ‚Tacheles' avancierte rasch zum Sinnbild des Wende-Berlins. Durch Medienberichterstattung und Tourismuswerbung vergrößerte sich die Bekanntheit des Pionierprojektes der ‚Off-Szene' rapide. Ebenso rückte auch das benachbarte Quartier in den Fokus, wo eine große Anzahl an Künstler-Ateliers, Galerien und Kneipen entstand. Hausbesetzungen ebenso wie Künstler-Ateliers zählen zu den frühen Indikatoren einer Quartiersaufwertung, sie weisen zugleich auf die Bedeutung von (Sub-)Kultur bei Aufwertungsprozessen hin. Ein anderer wichtiger Impuls ging seit Mitte der 1990er-Jahre von der als Vorzeigeprojekt postmoderner, kulturalisierter Nutzungsmischung kommunizierten Sanierung der Hackeschen Höfe aus. Diese sind durch eine Mischung vor allem aus Kunst- und Edelboutiquen, gastronomischen Betrieben, kulturellen Einrichtungen und anderen Dienstleistungsnutzungen charakterisiert.

Quelle: Christian Krajewski: Gentrification in Berlin. Geographische Rundschau 2/2013, S. 24–25

M3 Quellentext zur Invasionsphase in Berlin-Mitte

M4 Das zunächst besetzte und von Künstlern betriebene Kunsthaus Tacheles war ein wichtiges Pionierprojekt in Berlin-Mitte.

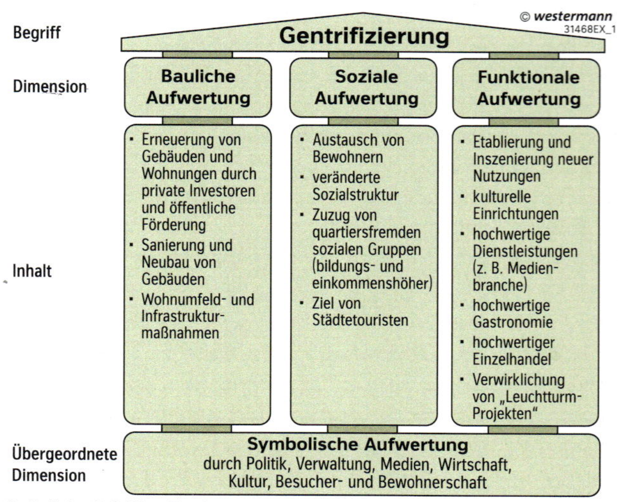

Quelle: Krajewski, C: Urbane Transformationsprozesse in zentrumsnahen Stadtquartieren – Gentrifizierung und innere Differenzierung am Beispiel der Spandauer Vorstadt und der Rosenthaler Vorstadt in Berlin. (Münstersche Geographische Arbeiten, Bd. 48), Münster 2006, S. 62.

M5 Dimensionen der Gentrifizierung

M6: Straßencafés in Berlin Prenzlauer Berg

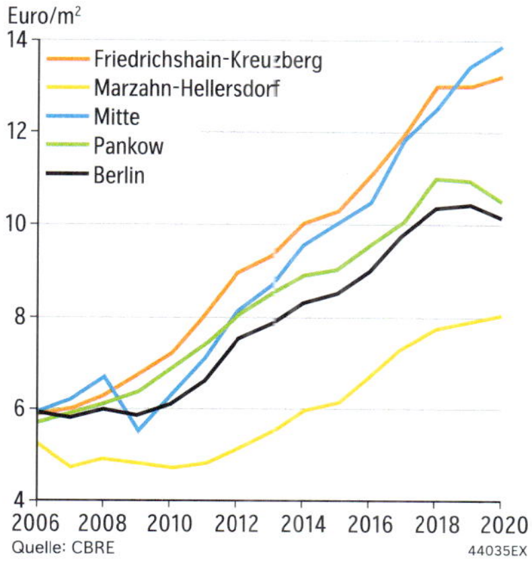

M8: Angebotsmieten* ausgewählter Bezirke in Berlin (2006 – 2020)

M10: Luxuriöse Apartmentneubauten am Prenzlauer Berg

[Ein Erklärungsansatz der Gentrifizierung ist die Entstehung einer neuen urbanen Mittelschicht im Zuge der Tertiärisierung des Arbeitsmarkts.] Diese entwickelt mit steigendem Wohlstand einen neuen Lebensstil, der nicht mehr Wohngebiete am Stadtrand, sondern innenstadtnahe Wohnungen präferiert.] Dadurch kommt es zu einem Wandel im Wohnviertel, der sich in einem gestiegenen Besatz an Kneipen und Cafés, Galerien und kleinen inhabergeführten Geschäften äußert. [...] Bestimmte Geschäfte (z. B. Bioläden) zeigen hier quasi symbolhaft diesen Gentrifizierungsprozess an, da sie die Konsumwünsche der neuen Mittelschicht ansprechen.

Auffällig ist, dass sich mit fortschreitender Gentrifizierung die Lebensstile und Eigenschaften der Akteure in den letzten Jahren deutlich gewandelt haben. Waren [früher] noch die „Ökos“ und „Müsliesser“ die typischen Pioniere, die von den Yuppies (Young Urban Professionals) und Dinks (Double Income No Kids) als Gentrifizierer verdrängt wurden, sind es heute vor allem Künstler oder junge Akademiker, die als Pioniere neue, hippe Viertel entdecken. Es lässt sich allerdings beobachten, dass viele von ihnen im Zeitverlauf ihren Lebensstil verändern, häufig in Verbindung mit der einsetzenden Familienphase, und sich im Viertel einrichten, statt – wie frühere Generationen – an den Stadtrand zu ziehen. Dadurch verändert sich der Charakter des Wohnviertels erneut, es kommt zu einer Gentrifizierung in situ. So kann in einigen gentrifizierten Wohnvierteln deutscher Städte [...] eine „neue Fruchtbarkeit“ beobachtet werden: Kinder bevölkern die innerstädtischen Spielplätze, während die (berufstätigen) Mütter (und Väter) weiterhin das urbane Leben im Stadtteil genießen („Latte-macchiato-Mütter“).

Zudem formieren sich in manchen Nachbarschaften Widerstände gegen die Aufwertungsprozesse, insbesondere wenn diese von großen Investoren vorangetrieben werden. [...] Somit kommt es nicht mehr zu dem zyklenhaften Verlauf der Kurven, wie noch in den Modellen beschrieben. In Deutschland kann der Staat als wichtiger Akteur [...] die Rolle der Pioniere aushebeln, indem er etwa Altstadtviertel zu Sanierungsgebieten erklärt und damit praktisch „vom Markt nimmt“. In manchen Gebieten kann schließlich von einer Supergentrifizierung gesprochen werden, wenn nämlich die aufgewerteten Wohnviertel aufgrund des knappen städtischen Wohnungsmarkts derart nachgefragt sind, dass die „neue Mittelklasse“ der Gentrifizierer durch die Klasse der „Superreichen“ verdrängt wird, welche weitere Luxussanierungen vornehmen (z. B. „Prenzlauer Gärten“ in Berlin).

Quelle: Ludger Basten, Ulrike Gerhard: Stadt und Urbanität. In Humangeographie kompakt. Berlin: Springer 2016, S. 126 – 127

M7 Quellentext zu Formen der Gentrifizierung

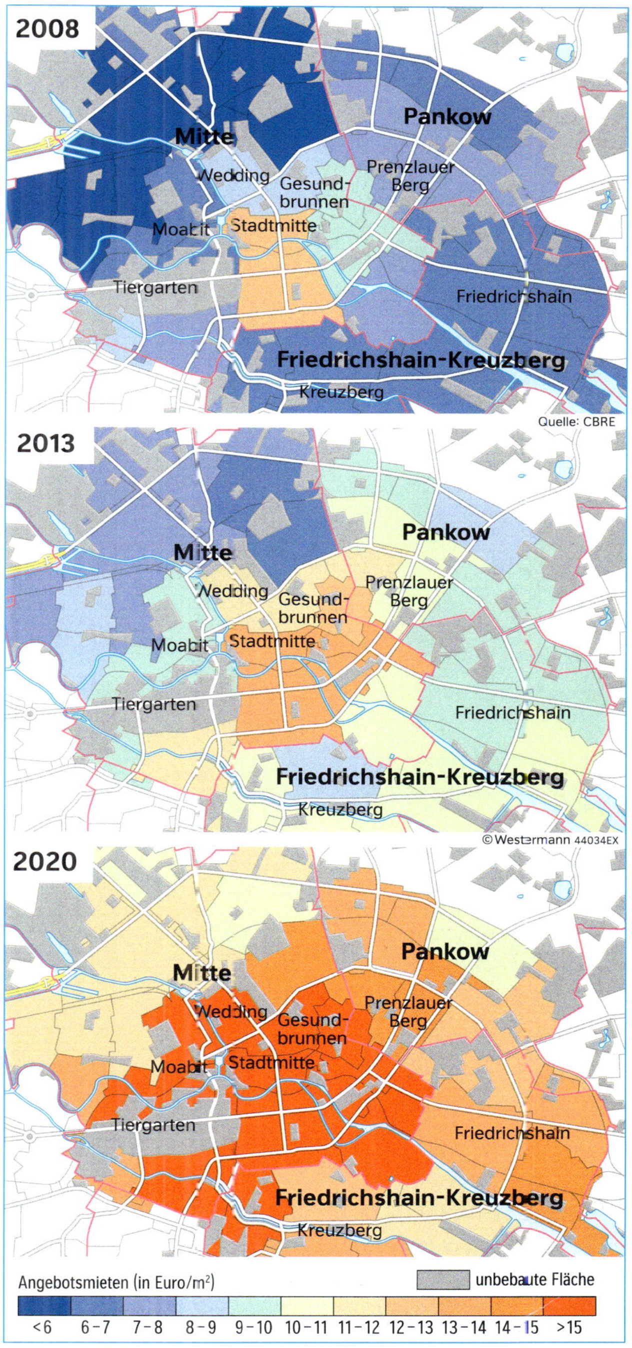

M9 Angebotsmieten* in ausgewählten Berliner Bezirken

5.7 Leitbilder der Stadtentwicklung im 20. Jahrhundert

In den vergangenen Jahrhunderten versuchten die „Mächtigen“ immer wieder, ihre Vorstellungen der idealen Stadt über einen geplanten Städtebau zum Ausdruck zu bringen. Viele Leitbilder des Städtebaus ab dem Beginn des 20. Jahrhunderts entstanden hingegen aus Unzufriedenheit mit den Zuständen in den Städten und hatten den idealistischen Anspruch, neben der Gestaltung von Gebäuden und Verkehr auch auf soziale Entwicklungen Einfluss zu nehmen. Viele dieser Leitbilder der Stadtentwicklung wirken bis heute nach, oft negativ. Aus diesen Erfahrungen heraus handeln Stadtplaner mittlerweile demokratischer, pragmatischer und oft kleinräumiger.

1. Erklären Sie die Begriffe Stadtplanung und Leitbild (M 2).
2. Die verschiedenen Leitbilder der Stadtentwicklung haben Spuren in den Städten hinterlassen. Bestimmen Sie diese
   a) auf den Fotos dieses Kapitels,
   b) in Atlaskarten,
   ⓩ c) in Ihrer Stadt/einer Stadt in Ihrer Umgebung.
3. Charakterisieren Sie die funktionale Stadt (M 1, M 3), auch mit dem Wissen aus Kapitel 5.3.
4. Erläutern Sie die Leitbilder der deutschen Nachkriegszeit am Beispiel Hannovers (M 1, M 4 – M 8, Atlas).
5. „Heutige Stadtplanung beschäftigt sich vor allem damit, die Fehler der vorangegangenen Jahrzehnte rückgängig zu machen.“ Nehmen Sie Stellung zu dieser Aussage.

Die Entwicklung der Stadt hängt von einer Vielzahl von Akteuren ab, die ihre jeweiligen Interessen unter Einsatz von Know-how, Geld, politischer Macht usw. durchzusetzen versuchen. Allerdings sind diese Ressourcen höchst ungleich verteilt: Während beispielsweise große Immobilienentwickler gegenüber Bürgerinnen und Bürgern wie auch kommunalen Politikern und Verwaltungen meist deutlich im Vorteil sind, finden insbesondere sozial Benachteiligte in der Stadt häufig kein Gehör. Im Grundsatz sollen Interessenkonflikte in einer Demokratie letztlich formal über Parlamentsbeschlüsse entschieden und über staatliche Regeln und Verwaltungen durchgesetzt werden. Das entsprechende Regulierungssystem im Bereich der städtischen Raumentwicklung wird als Stadtplanung bezeichnet. Es umfasst formale Regelwerke (Gesetze, Satzungen, Ordnungen usw.), Institutionen (Ausschüsse, Ämter usw.) und Instrumente (Pläne, Programme usw.) zur Verhandlung von Interessen und zur staatlich legitimierten Entscheidungsfindung. [...] Leitbilder sind Konzepte, die auf prägnante Weise eine leitende Zielsetzung für die Stadtentwicklung formulieren und oft bildlich oder modellhaft dargestellt werden können. Sie sind das Ergebnis fachlicher Diskurse in Wissenschaft, Praxis und Politik, entstehen also immer in einem konkreten zeitlichen und räumlichen Kontext und reflektieren die Problemlagen ihrer jeweiligen Zeit.

Quelle: Ludger Basten, Ulrike Gerhard: Stadt und Urbanität. In Humangeographie kompakt. Berlin: Springer 2016, S. 134

M 2 Quellentext zur Stadtplanung und Leitbildern

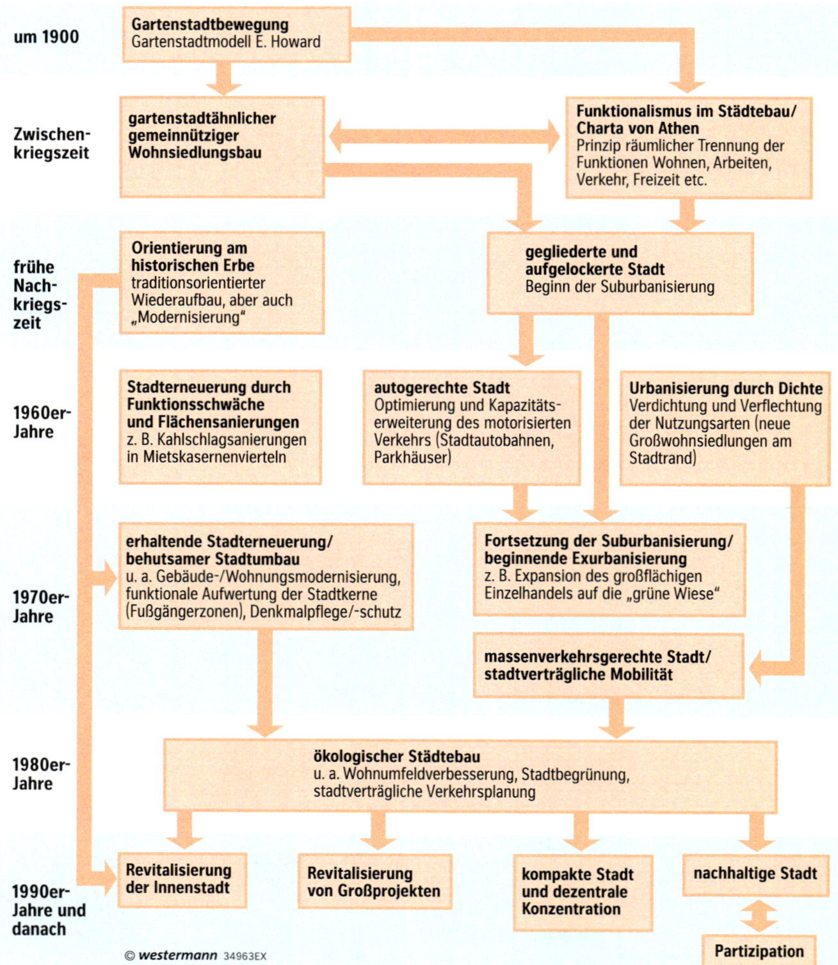

M 1 Leitbilder der Stadtentwicklung in Westdeutschland (20. Jahrhundert)

Bauvorhaben in den Städten des 19. Jh. unterlagen mit Ausnahme von Baupolizeiordnungen zur Minderung der Feuergefahr, der Einhaltung von Straßenfluchtlinien und gewissen Mindest- und Höchstabmessungen für Geschosse und Innenhöfe, um ein Feuerwehrsprungtuch aufspannen zu können, keiner weiteren Regulierung. Die Problematik der Funktionsmischung wurde in Deutschland erst nach dem Ersten Weltkrieg in Form von Bebauungsplänen und Wohnungsbaugesetzen aufgegriffen. [...] Diese Einsicht, Funktionen räumlich zu trennen, wurde auf dem Congrès International d'Architecture Moderne 1933 zum Leitbild der „funktionalen Stadt“ im Rahmen der „Charta von Athen“ erhoben. Die vor allem von Le Corbusier geprägten Vorstellungen zielten darauf, die moderne Stadt gemäß ihren Hauptfunktionen Wohnen, Arbeit, Freizeit und Verkehr in Zonen aufzuteilen. Dieses Leitbild wurde ermöglicht von einer zunehmenden Technisierung der Gesellschaft, die die Bevölkerung erst in die Lage versetzte, sich zwischen den einzelnen „Zonen“ ohne übermäßig großen Zeitaufwand hin- und herzubewegen. Die Versorgung mit Elektrizität, die Hoch- und Straßenbahnen antrieb, die Verbreitung des Pkw und die Trennung von Fuß- und Fahrverkehr erleichterten das Pendeln über größere Entfernungen.

Quelle: Jürgen Bähr, Ulrich Jürgens: Stadtgeographie II. Braunschweig: Westermann 2009, S. 120 – 121

M 3 Quellentext zur Charta von Athen

M4 Hannover: Aegidientorplatz in den 1960er-Jahren

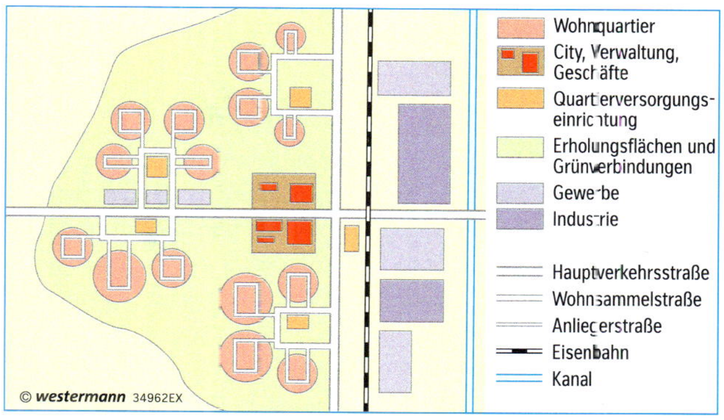

M6 Struktur der gegliederten und aufgelockerten Stadt

Mit dem Wiederaufbau einer zerstörten City haben sich viele Großstädte herumzuschlagen. Doch in Hannover geht man besondere Wege. In der zweiten Hälfte der 50er macht nicht nur in Deutschland die Schlagzeile „Das Wunder von Hannover" die Runde. [...] [Stadtbaurat Rudolf Hillebrecht] macht an der Spitze der Stadtplaner aus dem schleppenden Wiederaufbau Hannovers einen rigorosen Neuaufbau. [...] Die Neugestaltung der Innenstadt, der Wohnungsbau und vor allem die Verkehrsplanung in den 50er-Jahren folgen maßgeblich Rudolf Hillebrechts städtebaulichen Visionen. Hannover wird durch ihn zur Musterstadt der jungen Bundesrepublik, und Experten aus aller Welt pilgern an die Leine, um das „Wunder von Hannover" mit eigenen Augen zu sehen. [...]

Das städtebauliche Konzept jener Tage ist die „gegliederte und aufgelockerte Stadt": [...] In Hannover soll eine „Stadtlandschaft" entstehen, gegliedert in Funktionsbereiche wie Wohngebiete, Industrie, Gewerbe und durchsetzt mit viel Grün. Hochhäuser haben in der Innenstadt genauso wenig Platz wie Wohnhäuser. Der Stadtgrundriss bleibt im Großen und Ganzen erhalten. Doch Hillebrecht ist kein Freund historischer Gebäude. [...] Daher reißt er mancherorts lieber noch mehr ab, als zu retten, was zu retten ist. Altes Rathaus, Marktkirche und Leineschloss dürfen stehen bleiben. Viele Gründerzeithäuser müssen aber der kühlen 50er-Jahre-Architektur weichen, wie sie besonders am Waterlooplatz mit dem neuen Finanzamt, dem Innenministerium und der Finanzdirektion augenfällig wird. [...]

Höchste Priorität genießt auch das neue Verkehrssystem. Viele halten Hillebrecht für verrückt: In einer Zeit, in der kaum ein Auto durch Hannover fährt, plant er die „autogerechte Stadt". Der Kreis ist in seinem Verkehrskonzept die beherrschende geometrische Figur. Schon die Vorgänger des Stadtbaurats hatten erkannt, dass ein Tangentensystem den sternförmig auf das Zentrum zufließenden Durchgangsverkehr aus der Innenstadt heraushalten kann. Eine Außentangente – die heutigen Schnellwege – soll die Autos weiträumig um die Stadt herum leiten. Die alten Ausfallstraßen Podbi, Hildesheimer und Vahrenwalder Straße führen den Verkehr dann an die Innentangente, den heutigen City-Ring. Hillebrecht braucht dafür Platz, viel Platz. So wird im verwinkelten Altstadtviertel [...] für die sechsspurige Autostraße am neuen Leibnizufer der zweite Leinearm zugeschüttet.

An den Verkehrsgelenken entstehen riesige Kreisverkehre anstelle von Kreuzungen. Solche Kreisel wie am Steintor, Aegi und Kröpcke sind stark in Mode in Hannovers 50ern. Für die „Verkehrsturbinen", wie Hillebrecht sie nennt, werden die historischen Plätze zu gewaltigen Arealen aufgebläht. Von den damals 21 Kreisverkehren sind heute nur drei übrig geblieben. Ampeln regeln wieder den Fahrzeugstrom. Die großen Plätze sind noch da.

Quelle: Thilo Girndt: Was war los in Hannover 1950–2000. Erfurt: Sutton, S. 13–16

M5 Quellentext zur Stadtentwicklung im Hannover der 1950er-Jahre

1974/75: Das Ihme-Zentrum wird als „Stadt in der Stadt" mit Wohnungen, Büros und Geschäften errichtet. Es gilt als eines der Vorzeigeprojekte für die neue Urbanität im Deutschland der Siebziger Jahre. Das Projekt wird letztlich achtmal so groß wie ursprünglich geplant. Hannovers Stadtbaurat Hanns Adrian hatte stets vor der Monumentalität gewarnt. Er zog später mit seiner Frau dort ein und pflegte zu sagen, dies sei der einzige Ort der Stadt, von dem man das Ihme-Zentrum nicht sehen müsse.

Quelle: Das Ende eines Traums. digital.haz.de/ihmezentrum

Die Bewohner des Ihme-Zentrums wohnen auf einer Ruine von erheblichem Ausmaß: Diese Ruine besteht aus einem 700 Meter langen und 200 Meter breiten Sockel, der zwei Parkgeschosse in die Tiefe wächst und drei Geschosse in die Höhe. Früher war hier ein Einkaufsparadies. Jetzt sind die fünf Sockelgeschosse verlassen und baufällig. [...] Es ist nicht alles kaputt. Über dem Sockel erheben sich Wohn- und Bürohochhäuser, bis zu 23 Geschosse hoch, in denen es sich immer noch wirklich gut leben und arbeiten lässt. Viele Eigentümer sind Erstbezieher und denken nicht daran, wegzuziehen. Andere kamen aus Überzeugung hierher, kauften später oder mieteten

Quelle: Marietta Schwarz: Wohnen über bröckelndem Beton. Deutschlandfunk 2.12.2019

Der neuste Plan sieht nun vor, dass bis Mitte 2023 die dunklen Passagen aufgehübscht und mehr luftige Schneisen durch das graue Fundament geschlagen werden sollen. Alles möge moderner werden, Geschäfte sollen das Leben zurückbringen. [...] „Das Ihme-Zentrum ist eine gescheiterte Utopie, die wieder auflebt", sagt [Bewohner Jan-Philippe Lücke (32)]. Die Idee war: das Dorf in der Stadt, Co-Working-Spaces, die autofreie Innenstadt und alles Wichtige verdichtet an einem Ort – doch der Traum platzte. Lücke ist aber davon überzeugt, dass sich das gerade wieder ändert. „Das Ihme-Zentrum war seiner Zeit einfach voraus. Meine Generation will genau das alles wieder haben."

Quelle: Niklas Kleinwächter: Das Ihme-Zentrum: gescheiterte Utopie im Herzen der Landeshauptstadt. Rundblick 8.12.2021

M7 Quellentexte zum Ihme-Zentrum in Hannover-Linden

M8 Ihme-Zentrum (2014)

5.8 Kopenhagen: Hauptstadt der nachhaltigen Stadtentwicklung

Auf Probleme wie die Zersiedlung der Landschaft durch die Suburbanisierung, die Zunahme des Individualverkehrs, die monotone Architektur der Großwohnsiedlungen, die Flächensanierung der Innenstädte und die zunehmende Stadtflucht reagierten die Stadtplaner Ende des 20. Jahrhunderts mit neuen Ideen der Stadtplanung. Im Verlauf der Diskussion um eine nachhaltige Entwicklung entstand in den 1990er-Jahren das Leitbild der „nachhaltigen Stadtentwicklung". 2007 wurde von den EU-Bauministern die Leipzig Charta unterzeichnet, in der die Idee einer nachhaltigen europäischen Stadt formuliert wird und die in einer zweiten Erklärung 2020 erweitert wurde.

1. Fassen Sie die Kernaussagen der neuen Leipzig Charta 2020 zusammen (M4, www.nationale-stadtentwicklungspolitik.de).
2. Erläutern Sie die Unterschiede zwischen den Zielen der nachhaltigen Stadtentwicklung und der vorausgegangenen Leitbilder der Stadtentwicklung (M1, M2, S.110: M1).
3. a) Vergleichen Sie den Modal Split Kopenhagens mit einer deutschen/Ihrer Stadt (M11, Internet).
   b) Entwickeln Sie Ideen, den Anteil des Fahrradverkehrs in einer Stadt/Ihrer Stadt zu erhöhen (M7).
4. Beschreiben Sie ein städtebauliches Projekt Ihrer Wahl in Nordhavn, das Kriterien der nachhaltigen Stadtentwicklung entspricht (M9, Internet).
5. Erörtern Sie die Bedeutung der Einbindung der Bürger bei Projekten der nachhaltigen Stadtentwicklung (M6).
6. Beurteilen Sie Kopenhagens Streben nach Klimaneutralität* als Ziel von Stadtentwicklung (M3).

Ein klimaneutrales Kopenhagen bis 2025 – das ist das ehrgeizige Ziel der dänischen Hauptstadt. [...] Die Metropole mit ihren knapp 630 000 Einwohnern ist dabei auf einem guten Weg. Obwohl die Einwohnerzahl von Kopenhagen zwischen 2005 und 2017 um ein gutes Fünftel wuchs, konnte der CO_2-Ausstoß um fast die Hälfte gesenkt werden.
[1.] Das größte Einsparpotenzial bietet die klimafreundliche Energieproduktion. Kopenhagen setzte früh auf erneuerbare Energien, sodass der Großteil des Energiebedarfs mittlerweile durch Windräder und Solarpanele aus dem direkten Umland gedeckt wird. Auch in Zukunft wird auf einen Mix aus Wind und Sonne, Biomasse, Geothermie und Abfallverwertung gesetzt.
[2.] 90 Prozent der Haushalte sind ans Fernwärmenetz angeschlossen. Dabei wird thermische Energie, etwa als Produkt aus der Industrie oder Müllverbrennung, in Heizungswärme und Warmwasser umgewandelt und an Haushalte weitergeleitet. 2017 entstand im Osten der Stadt auch das modernste Müllheizkraftwerk der Welt, das allein 100 000 Haushalte mit Wärme und Strom versorgt. [...]
[3.] Ein weiterer wichtiger und äußerst effektiver Faktor ist das Einsparen von Energie. Gebäude werden dafür kontinuierlich saniert und Neubauten mit intelligenten Fassaden ausgestattet, um die Energieeffizienz zu optimieren. [...]
[4.] Kopenhagen treibt den Ausbau klimafreundlicher Mobilität wie kaum eine andere Großstadt voran.

Quelle: Erik Klügling: Klimaneutral bis 2025 – was die Welt von Kopenhagen lernen kann. Utopia 20.9.2021

M3 Quellentext zur nachhaltigen Stadtentwicklung in Kopenhagen

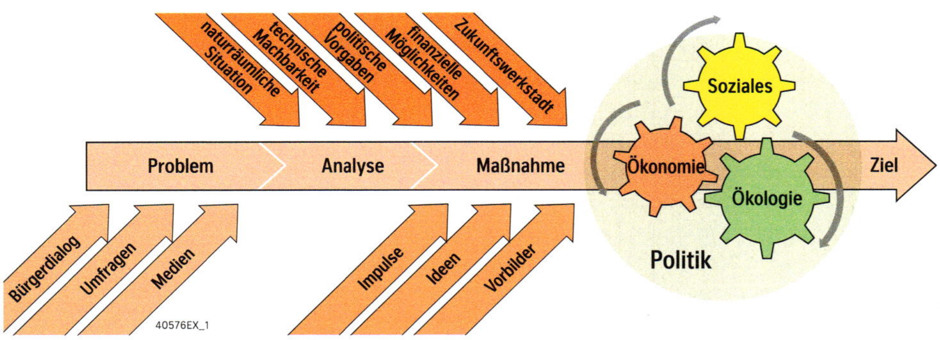

M1 Stadtplanung – auf dem Weg zur nachhaltigen Stadt

ökologisch	sozial	wirtschaftlich
• Reduzierung des Flächenverbrauchs und der Bodenversiegelung • Ressourcenschonung beim Bau • Verringerung des Verkehrsaufkommens, Stärkung umweltfreundlicher Verkehrskonzepte • Verringerung von CO_2-Emissionen, Ausweitung des Anteils erneuerbarer Energien • Erhalt und Vernetzung klimawirksamer Freiflächen • Stärkung von Stoffkreisläufen, Reduzierung des Restmüllaufkommens • Minderung der Luftschadstoffe • Schutz des Grundwassers	• Sicherung bedarfsgerechten Wohnraums nach Alter und Haushaltsgröße • generationsübergreifende Stadtteile (demografische Mischung) • soziale Integration (Vermeidung von Segregation*) • Vernetzung von Arbeit, Wohnen und Freizeit • Förderung nachbarschaftlicher Selbsthilfe • gesundes Wohnen • Schaffung bedarfsgerechter Mobilitätskonzepte	• Minimierung der Kosten von Gebäuden (Erstellung, Betrieb, Rückbau, Recycling etc.) • relative Verbilligung von Umbau- und Erhaltungsinvestitionen im Vergleich zum Neubau • Verringerung von Subventionen • Sicherung innerstädtischer Wirtschaftsstandorte, Schaffung wohngebietsverträglicher Arbeitsplätze • Erhalt des Einzelhandels in der Innenstadt • Werterhalt der Bausubstanz

M2 Ziele der nachhaltigen Stadtentwicklung (Beispiele)

Die gerechte Stadt
Die transformative Kraft der Städte gewährleistet Chancengleichheit und Umweltgerechtigkeit für alle, unabhängig von Geschlecht, sozioökonomischem Status, Alter und Herkunft. [...]
Die grüne Stadt
Die transformative Kraft der Städte trägt zum Kampf gegen die Erderwärmung und zu einer hohen Umweltqualität bezüglich Luft, Wasser, Boden und zu einer nachhaltigen Flächennutzung bei. Zur Entwicklung eines hochwertigen städtischen Umfelds für alle Einwohnerinnen und Einwohner gehört auch ein entsprechender Zugang zu Grün- und Freizeitflächen. Eine klimaneutrale Energieversorgung, die Nutzung erneuerbarer Ressourcen, die Umsetzung von Energieeffizienzmaßnahmen sowie klimabeständige und CO_2-neutrale Gebäude tragen zu einer wesentlichen Senkung der Treibhausgasemissionen bei. Sie unterstützen europäische Städte bei der Anpassung an die Folgen des Klimawandels. [...]
Die produktive Stadt
Die transformative Kraft der Städte beruht auf einer breit aufgestellten Wirtschaft, die Arbeitsplätze und eine solide finanzielle Grundlage für die nachhaltige Stadtentwicklung schafft.

Quelle: BBSR: Neue Leipzig Charta. 30.11.2020

M4 Quellentext zur Leipzig Charta (2020)

M5 CopenHill – Müllheizkraftwerk mit Skipiste auf dem Dach

Ziele wie das CO_2-Reduktionsziel bis 2025 schlagen sich in Gesetzgebung, Planung und entsprechenden Instrumenten nieder und werden, z. B. über Informationsbroschüren und Onlineauftritte, nach außen transportiert und damit zu einem Markenzeichen für die Stadt. [...] Neben die ambitionierten Zielsetzungen tritt eine Vorgehensweise, die auf Alltagstauglichkeit für die Kopenhagener Bürger ausgerichtet ist und sich um Akzeptanz bemüht. Pläne, wie der Klimaanpassungsplan, werden unter öffentlicher Konsultation aufgestellt und sind öffentlich in dänischer und zusammengefasst in englischer Sprache zugänglich. Jeder Bürger oder anderweitig Interessierte hat also jederzeit die Möglichkeit, sich über die Maßnahmen der Stadt, die entsprechenden Ziele oder auch positive Nebeneffekte zu informieren. So wird eine weitreichende Transparenz ermöglicht und den Kopenhagener Bürgern eine Bewusstseinsbildung für die entsprechenden Probleme und mögliche Lösungen eröffnet. Die Stadt versucht sich – neben erprobten Formen der Bürgerbeteiligung – zudem an innovativen Formen öffentlicher Konsultation, indem sie beispielsweise Befragungen in Privathaushalten zur Praktikabilität bestimmter umweltschützender Maßnahmen im Alltag durchführt.

Quelle: WBGU: Der Umzug der Menschheit: Die transformative Kraft der Städte. Berlin: WBGU 2016, S. 263

M6 Quellentext zur Einbindung der Kopenhagener Bürger

Kopenhagen ist bekannt dafür, eine Stadt der Radfahrer zu sein. [...] In den 1970er-Jahren demonstrierten Kopenhagener Bürger vor dem Rathaus in Kopenhagen und forderten, dass auch dem Fahrrad Vorrang eingeräumt werden sollte, nachdem das Auto in den 1950er- und 1960er-Jahren immer mehr an Bedeutung gewonnen hatte. Die Behörden und Planer hörten zu, und das Fahrrad wurde zu einem wichtigen Bestandteil der Verkehrsplanung in der Stadt. Dies hat in den folgenden Jahrzehnten zu einer stetigen Zunahme des Radverkehrs geführt. Bis 2025 sollen 50 Prozent aller Fahrten zur Arbeit und zur Ausbildung in Kopenhagen mit dem Fahrrad zurückgelegt werden. [...]

Das Rückgrat einer fahrradfreundlichen Stadt ist ein Netz aus geschützten Radwegen. In Dänemark sind einseitige Radwege durch einen Bordstein sowohl von den Gehwegen als auch von der Straße getrennt. [...] Überall in der Stadt sind Fahrradparkplätze vorhanden. [...] Kleine Gestaltungsmaßnahmen wie Fußstützen an Kreuzungen, geneigte Mülleimer, Fahrradzähler und Fahrradluftpumpen sorgen dafür, dass sich Radfahrer im Stadtraum wohlfühlen. Wellen von aufeinanderfolgenden grünen Ampeln und andere intelligente Verkehrssysteme sorgen für reibungslosere, schnellere und angenehmere Fahrt durch eine Stadt.

Quelle: Marianne Weinreich: Cycling Copenhagen: The Making of a Bike-Friendly City. European Mobility Atlas 2021, S. 30–31 (Übersetzung: Thilo Girndt)

M7 Quellentext zur Fahrradstadt Kopenhagen

M8 Portland Towers im neuen Stadtviertel Nordhavn

Nordhavn ist der nördlichste Teil Kopenhagens und befindet sich, wie der Name bereits vermuten lässt, am Meer. Gleichzeitig ist dieses Gebiet zentrumsnah gelegen und keine 20 km vom Flughafen Kopenhagen-Kastrup entfernt. In der Vergangenheit war der nördliche Hafen ein hoch frequentierter Handelshafen, der regelmäßige industrielle Erweiterungen erfuhr. Dieses Gebiet soll über die nächsten 50 Jahre anhand der Kopenhagener Prinzipien für Stadtentwicklung zu einem neuen lebendigen Stadtteil Kopenhagens werden. [...] Dabei soll das neue Viertel Meer und Land, Wohnen und Arbeiten vereinen und zu einem lebenswerteren Kopenhagen beitragen. So sieht die Transformation des Hafenviertels nicht nur Wohnhäuser und Arbeitsplätze vor, sondern auch den Bau von Kindergärten, Schulen und Sportstätten. [...] Verkehrsinfrastrukturell wird das Viertel bis 2020 mit zwei neuen Metrostationen versorgt, die durch eine neue Metrolinie angefahren werden. Ziel ist es, bei der Neugestaltung des Nordhavn-Distrikts die historische Hafenatmosphäre mit dem modernen Flair des neuen Hafenviertels zusammenzubringen. Nach seiner Fertigstellung soll Nordhavn Wohnraum und Arbeitsplätze für jeweils 40 000 Menschen bieten.

Quelle: Vanessa Faletta: Das Venedig des Nordens: Kopenhagens Stadtentwicklung ein Leuchtturm? Polis 28.1.2020

M9 Quellentext zum neuen Stadtteil Nordhavn

M10 Fahrrad- und Fußgängerbrücke in der Innenstadt

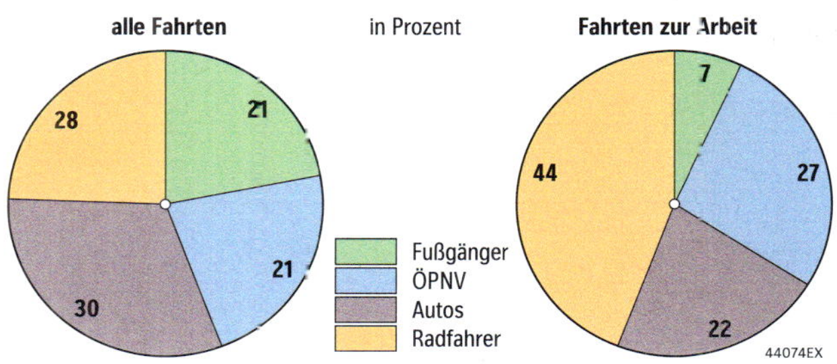

M11 Modal Split in Kopenhagen (2019)

5.9 Übungsklausur

Hitze in der City – Städte im Klimawandel

1. Beschreiben Sie die Auswirkungen des Wärmeinseleffekts.
2. Erklären Sie den Wärmeinseleffekt.
3. Charakterisieren Sie die Auswirkungen des Klimawandels auf das Auftreten thermischer Extremereignisse (Hitze).
4. Entwickeln Sie Handlungsempfehlungen: a) für kurzfristige, individuelle Maßnahmen b) für mittelfristige, stadtplanerische Maßnahmen bei/gegen Hitzewellen in der Stadt.

M1 Atlaskarten nach Wahl

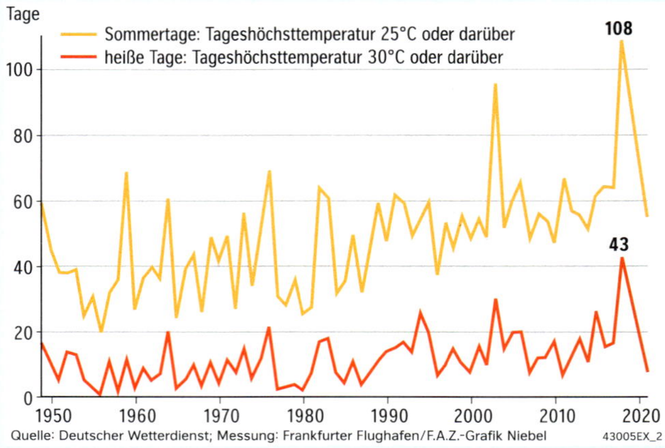

M5 Sommer- und Hitzetage in Frankfurt/Main

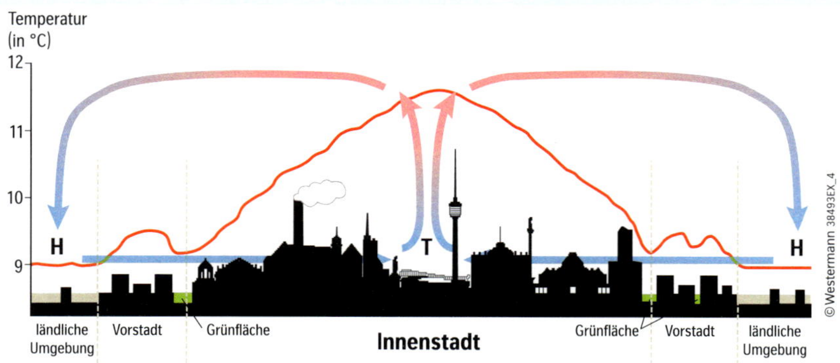

M2 Schema des Wärmeinseleffekts und lokale Zirkulation (Flurwind)

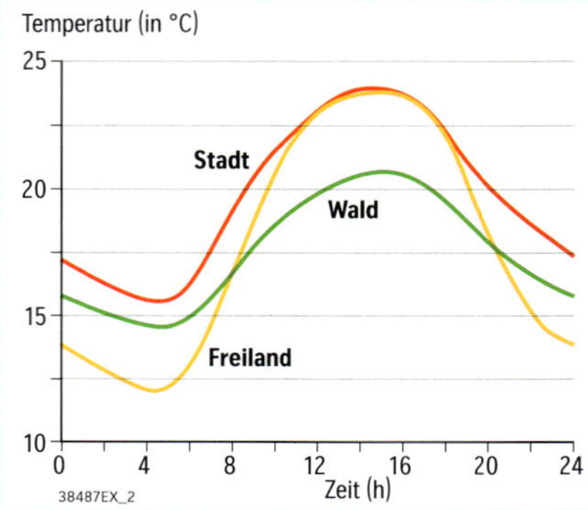

M6 Temperaturverlauf eines Sommertages bei verschiedenen Landnutzungen

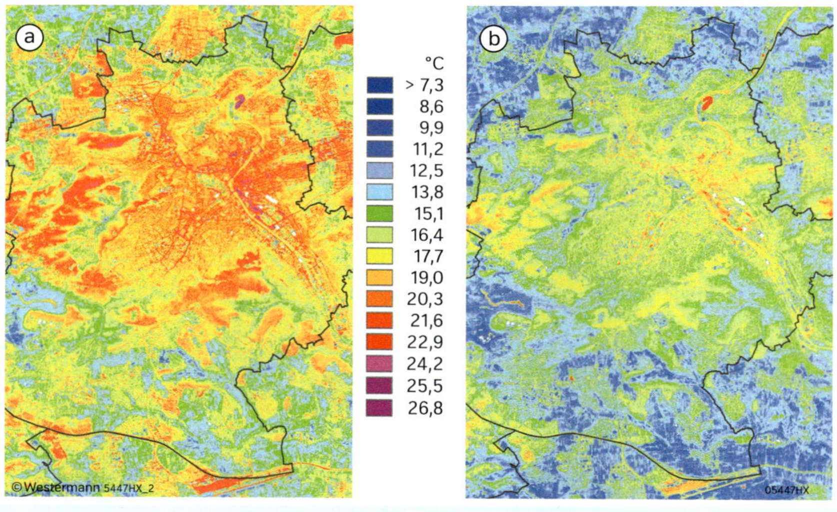

M3 Sommertag (a) und Sommernacht (b) (Ende August in Stuttgart)

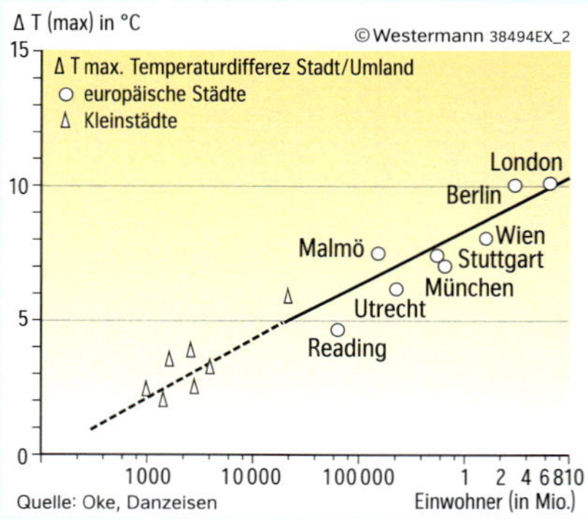

M7 Wärmeinseleffekt in Abhängigkeit von der Stadtgröße

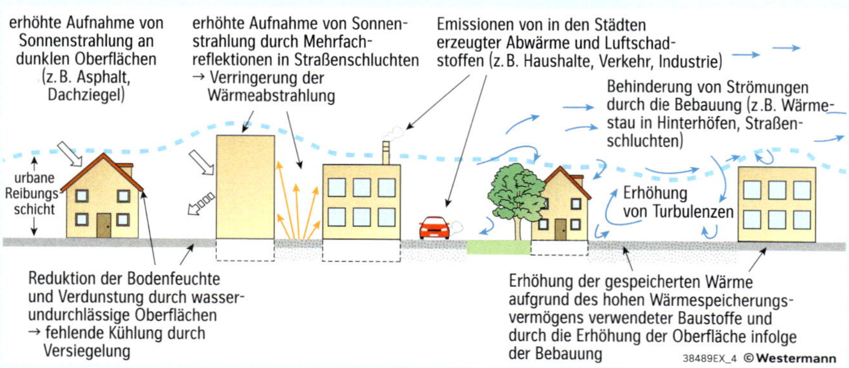

M4 Prozesse, die zur Ausprägung städtischer Wärmeinseln beitragen

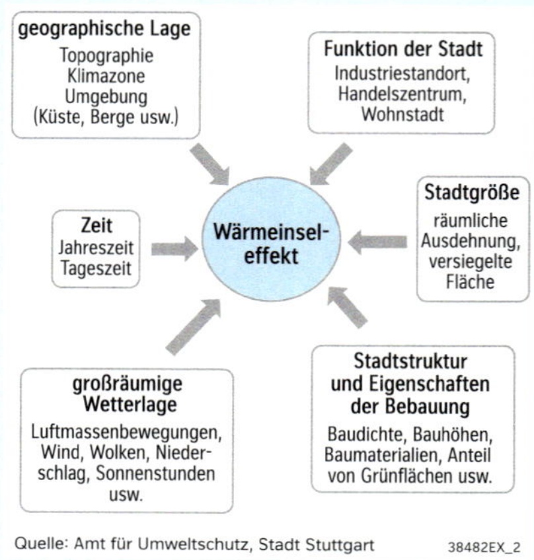

M8 Faktoren, die den Wärmeinseleffekt beeinflussen

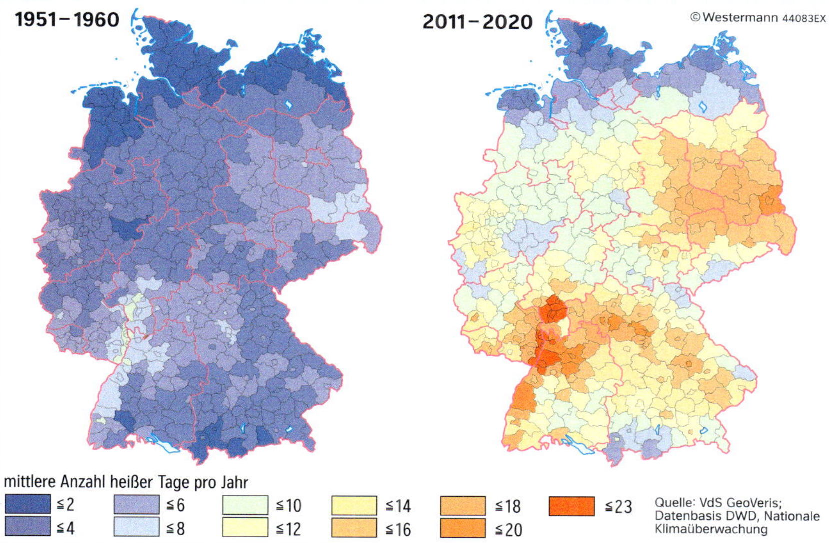

M 9 Durchschnittliche Hitzetage im Jahr in Deutschland

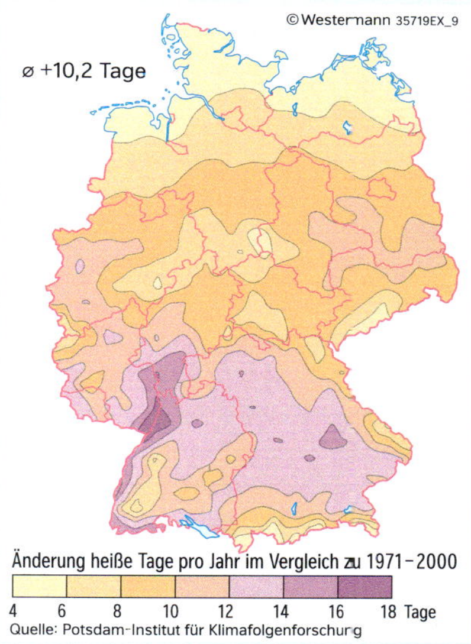

M 12 Prognose: Heiße Tage (2041–2071)

Die Anzahl der heißen Tage im Sommer wird zum Ende des Jahrhunderts bundesweit weiter zunehmen. Im oberrheinischen Tiefland zeigen die Projektionen dabei weiterhin einen Hotspot mit 30 bis 40 heißen Tagen im optimistischen und 40 bis 48 heißen Tagen im pessimistischen Fall. In vielen weiteren Regionen wird ebenfalls eine hohe Anzahl zusätzlicher heißer Tage projiziert, die geringsten Zunahmen werden in Norddeutschland erwartet (insbesondere an der Küste). [...]
Die zunehmende Urbanisierung führt zu einer flächenmäßigen Ausdehnung städtischer Wärmeinseln, wodurch mit einer Verstärkung der Hitzebelastung für Menschen in städtischen Verdichtungsräumen zu rechnen ist. Die Veränderung der Wärmeinselintensität aufgrund des Klimawandels hängt von regional unterschiedlich ausgeprägten Faktoren wie der Windgeschwindigkeit und dem Bewölkungsgrad ab, welche derzeit noch nicht klar projiziert werden können. Eine Kombination aus baulicher Verdichtung und höheren Bevölkerungskonzentrationen in Städten wird das Niveau der Wärmeinselintensität in Zukunft voraussichtlich anheben, insbesondere wenn Begrünungspotenziale in der Stadtentwicklung nicht genutzt werden. [...]
Der Klimawandel wird durch die zunehmende Anzahl und Dauer von Hitzeperioden ohne bauliche Anpassungsmaßnahmen vermehrt zu hohen Innenraumtemperaturen führen. [...] Neben zunehmender Hitzebelastung könnten sich steigende Innenraumtemperaturen auch negativ auf die Luftqualität und die Innenraumhygiene auswirken, indem sie die Freisetzung von Gefahrstoffen und den Schimmelbefall begünstigen.

Quelle: Umweltbundesamt: Klimawirkungs- und Risikoanalyse 2021 für Deutschland. Teilbericht 4: Risiken und Anpassung im Cluster Infrastruktur Dessau-Roßlau 2021, S. 56, 69, 79

M 10 Quellentext zu den zukünftigen Auswirkungen des Klimawandels

Hitze und Hitzewellen belasten das Wohlbefinden, erhöhen den Hitzestress bei Menschen und sind auch für eine Erhöhung der Morbiditäts- und Mortalitätsraten, insbesondere von älteren Menschen über 75 Jahren mit Vorerkrankungen und Pflegebedürftigkeit, verantwortlich. [...] Während der bekannten Hitzewelle im Sommer 2003, die Anfang August große Teile West- und Mitteleuropas getroffen hat, ergaben Schätzungen in Deutschland rund 7600 zusätzliche Todesfälle und für Europa über 60 000. Zusätzlich zu den Mortalitätsdaten ist der negative Einfluss von Hitzewellen auch aus anderen Daten des Gesundheitssystems (Krankenhauseinweisungen, Notarzteinsätze etc.) gut ersichtlich. [...] Von der Weltgesundheitsorganisation (WHO) wurden Empfehlungen zu „Hitzeaktionsplänen" herausgegeben, die hitzebedingte Gesundheitsschäden durch umfassende Aktivitäten auf verschiedenen Ebenen vermeiden sollen. [...] Das Hitzewarnsystem des Deutschen Wetterdienstes (DWD) [...] bietet durch Hitzewarnungen und Vorabinformationen u. a. Pflegeeinrichtungen und Krankenhäusern, aber auch der allgemeinen Bevölkerung die Möglichkeit, präventive Maßnahmen einzuleiten. Die Hitzewarnungen und Vorabinformationen sind über die Warnkarte auf der Webseite des DWD (www.dwd.de), über die Warnwetter-App, die Gesundheitswetter-App oder per E-Mail-Newsletter abrufbar. [....]
Hitzewellen sind Zeiträume mit ungewöhnlich hohen Temperaturen und fehlender nächtlicher Abkühlung, die mehrere Tage andauern können.
Bei der Betrachtung der Auswirkung von Hitze auf Menschen besitzen Städte eine Sonderstellung. Da Städte insgesamt wärmer als das Umland sind (urbane Wärmeinsel), kann man behaupten, dass Menschen in Städten schon jetzt den anthropogenen Klimawandel erleben. Durch die hohe Dichte an Menschen in Städten und durch das Stadtklima sind Bewohner von Städten [...] einer erhöhten Wärmebelastung ausgesetzt. Hitzewellen sind folglich für Stadtbewohner belastender als für Bewohner auf dem Land.
Nächtliche Erholungsphasen dienen dem Körper außerdem zur Regeneration. Fehlen diese durch hohe nächtliche Temperaturen, die den Schlaf stören oder verkürzen können, sind hohe Temperaturen auch am Tag weniger gut zu ertragen. [...] Für eine quantitative Beschreibung und Bewertung des Einflusses von Hitze auf Menschen sind neben der Lufttemperatur auch die weiteren meteorologischen Parameter Windgeschwindigkeit, Luftfeuchte und kurz- sowie langwellige Strahlungsflüsse zur Berechnung der gefühlten Temperatur verwendet worden. [...] Eine Gegenüberstellung der Lufttemperatur und der gefühlten Temperatur zeigt, dass während Hitzewellen die gefühlte Temperatur die Lufttemperatur in diesem Beispiel um bis zu 10 °C übersteigt.

Quelle: Andreas Matzarakis, Stefan Muthers, Kathrin Graw: Thermische Belastung von Bewohnern in Städten bei Hitzewellen am Beispiel von Freiburg (Breisgau). Bundesgesundheitsblatt 63/2020, S. 1004–1012

M 11 Quellentext zu Gesundheitsgefahren von Hitze und Hitzewellen

5.10 Klimawandel: Anpassungskonzepte von Städten

Städte tragen erheblich zum globalen Klimawandel bei. Zugleich sind sie auch besonders betroffen, etwa von der Zunahme von Extremwetterereignissen wie Hitzeperioden und Starkregen. Diese mindern nicht nur die Lebensqualität der Menschen, sondern bergen gesundheitliche und wirtschaftliche Risiken. Mittlerweile haben fast alle Städte in Deutschland begonnen, Anpassungsstrategien zu planen und konkrete Maßnahmen umzusetzen.

1. Charakterisieren Sie die sozioökonomischen Folgen des Klimawandels durch Extremwetterereignisse (M 2).
2. Vergleichen Sie die in M 3 genannten Strategien.
3. Erklären Sie zwei der in M 1 vorgestellten Maßnahmen.
4. Klimawandelanpassung in der Stadt ist eine langfristige Aufgabe der Stadtplanung. Nehmen Sie Stellung (M 4).
5. Das hydrologische System einer Stadt wird geprägt durch den Input aus Niederschlag und Zufluss sowie dem Output aus Abfluss, Verdunstung und Wasserverbrauch. Erklären Sie die Störanfälligkeit dieses Systems (M 6, M 7, M 11).
6. Erläutern Sie die Funktionsweise der „Schwammstadt“ (M 10).
7. Erläutern Sie die stadtklimatischen Auswirkungen von Entsiegelungsmaßnahmen (M 9, M 11).
8. Ⓩ Analysieren Sie die Versiegelung Ihrer Stadt/ihres Stadtteils/einer Stadt ihrer Wahl (M8, Internet: Versiegelungskarte, z. B. https://nibis.lbeg.de/cardomap3; Stichwort: Versiegelung).
9. Ⓩ a) Führen Sie in Kleingruppen eine Kartierung Ihres Schulgeländes in Bezug auf Versiegelungsflächen durch.
   b) Entwickeln Sie Vorschläge zur Entsiegelung des Geländes.

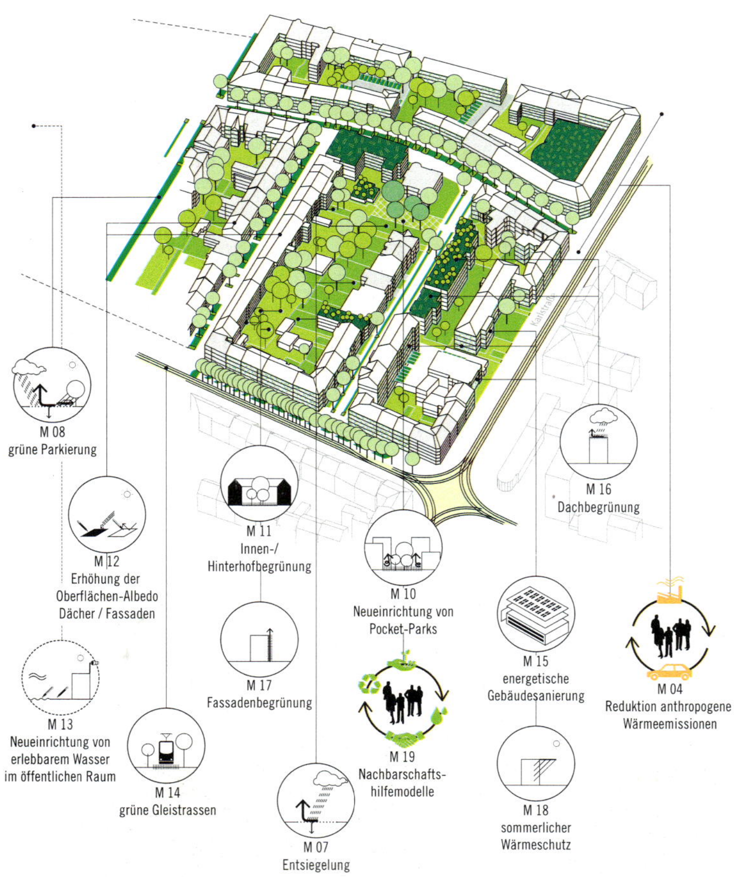

M 1 Geplante Maßnahmen in einem Hot-Spot „Geschlossener Blockrand“ des Rahmenplans Klimaanpassung in Karlsruhe

Risiken durch Hitze und längere Trockenperioden in Städten

- **Stadtbewohner**: Gesundheitsgefährdung bei älteren Menschen und Kindern: Hitzeerschöpfung, Kreislaufprobleme, Dehydrierung
- **Städtische Infrastruktur**: Trinkwasser: mögliche Probleme bei der Wasserbeschaffung durch geringere Grundwasserneubildung; mögliche Verkeimung der Leitungen durch erhöhte Bodentemperaturen und Temperaturanstieg in den Leitungen
- **Abwasser**: mögliche Ablagerungen, Geruchsbelästigung, Schädlingsbefall durch eingeschränkte Durchspülung des Netzes
- **Stadtgrün**: vertrocknende Vegetation mit eingeschränkter Sauerstoffproduktion, Staubfilterung, Transpirationskühlung, Schallschutzwirkung
- **Gebäude**: verlängerte Abgabe der gespeicherten Wärme und dadurch Verlängerung der Wärmebelastung

Risiken durch Extremregenereignisse in Städten

- Erosionsschäden an Gebäuden, Infrastruktur, offener Stadtfläche
- Verunreinigung des Grundwassers und der Stadtfläche durch überlaufende Kanalsysteme
- Gebäudeschäden durch Vernässung und vollgelaufene Keller und Tiefgaragen
- Gefährdung von Menschen

M 2 Risiken durch den Klimwawandel für Städte

Anpassungsstrategien	Milderungsstrategien	Vermeidungsstrategien
• Einrichtung von Klimaanlagen • aufwendigere ärztliche Versorgung • Umzug aufs Land	• mehr Bäume/Grünanlagen • mehr Wasserflächen • Dämmung von Gebäuden • Fassaden- und Dachbegrünung	• Erhöhung der Albedo im Sommer (weiße Dächer) • Solaranlagen auf Dächern • Schaffung von Luftleitbahnen

M 3 Strategien gegen die Überwärmung von Städten

Die badische Großstadt ist Vorreiter. Bereits seit 2013 folgt sie einem Klima-Masterplan. Dafür wurde das Stadtgebiet analysiert und auf seine Problemzonen hin untersucht. Aus gutem Grund. Für die Region lautet die Prognose: Es wird so heiß wie in Nordafrika. Die Tigermücke, die das Zika- oder Dengue-Virus überträgt, ist schon da. Hitze und Dürre sind daher zwei Phänomene, auf die Karlsruhe besonders reagiert. Mehr als 80 Maßnahmen hat die Stadt definiert, dazu zählen Gründächer im Neubau, neue Wasserflächen und zusätzliche Trinkwasserbrunnen. Neuerdings gibt es zudem einen interaktiven Stadtplan für heiße Tage, der Orte zeigt, die weniger aufgeheizt sind. Klingt nicht spektakulär, soll es auch nicht. Karlsruhe setzt auf viele Stellschrauben. Auch weil der große klimagerechte Umbau der bestehenden Stadt kaum möglich ist. Neben den Gewerbegebieten sind Altbauviertel echte Hotspots. Dort in den Straßen Bäume zu pflanzen wäre effektiv. Doch aus der Erfahrung weiß man in Karlsruhe, das geht auf dem Papier einfacher als in der Realität. Unterm Pflaster liegen Rohre und Kabel, den Untergrund umzurüsten ist teuer. Eine Erkenntnis lautet daher: Synergien schaffen. Wenn die Straße im Zuge von Baumaßnahmen ohnehin aufgerissen wird, dann denkt man das Thema Stadtgrün am besten mit. Oder das Beispiel Rasengleise: Liegen die Gleise der Stadtbahn nicht mehr im Asphalt oder Schotterbett, ist das nicht nur gut fürs Stadtklima, sondern reduziert auch Lärm und steigert die Lebensqualität.

Quelle: Birgit Ochs: Städte gegen den Klimwandel. Frankfurter Allgemeine Sonntagszeitung 17.10.2021

M 4 Quellentext zu Klimanpassungsmaßnahmen in Karlsruhe

M5 Überschwemmte Straße nach Starkregenfall

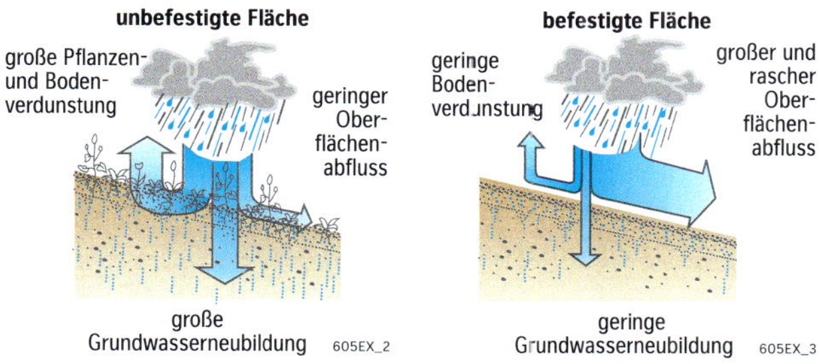

M6 Auswirkungen der Bodenversiegelung auf den Wasserhaushalt

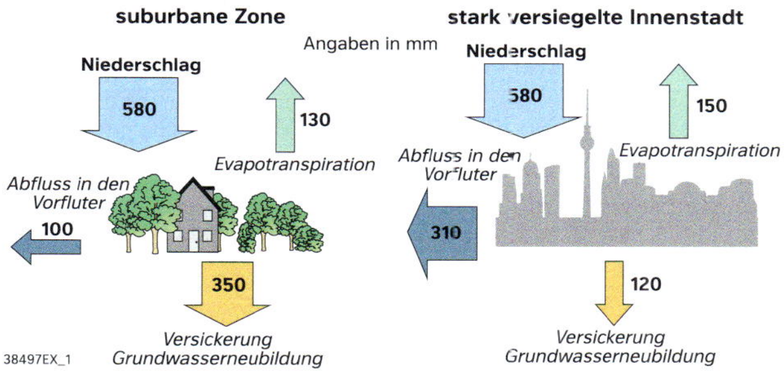

M7 Modell des städtischen Wasserhaushalts (Berlin)

Stadt	VG[1]	Stadt	VG[1]	Stadt	VG[1]
München	46,6 %	Oldenburg	36,6 %	Braunschw.	26,9 %
Oberhausen	44,2 %	Hamburg	36,2 %	Karlsruhe	27,1%
Hannover	42,6 %	Bremen	34,5 %	Osnabrück	25,2 %
Berlin	39,0 %	Köln	34,3 %	Potsdam	12,7 %

[1] mittlerer Versiegelungsgrad Quelle:VGS Schadensverhütung / GDV

M8 Versiegelungsgrad deutscher Großstädte (Auswahl)

Boden	• geringe Infiltration • geringe Grundwasserneubildung • geringe Schadstofffilterung/-pufferung durch verringerte Infiltration
Wasser	• Absenken des städtischen Grundwasserspiegels • Verschlechterung der Grundwasserqualität durch fehlende Bodenfilterung • schneller oberirdischer Abfluss • Überlastung von Kanalisation/Kläranlagen • Verschmutzungsgefahr von Vorflutern • Überschwemmungsgefahr, Hochwassergefahr
Klima	• Aufheizung in Abhängigkeit von Oberflächenmaterialien/Bebauungsstruktur • verringerte Verdunstung und Verdunstungskühle (Evaporation, Transpiration)
fehlende Pflanzen	• verringerte CO_2-Produktion, Staub-/Schadstofffilterung, Lärmpufferung, Luftfeuchte • Vernichtung von Lebensräumen • fehlende Erholungs-/Freizeiträume

M9 Negative Folgen der Bodenversiegelung

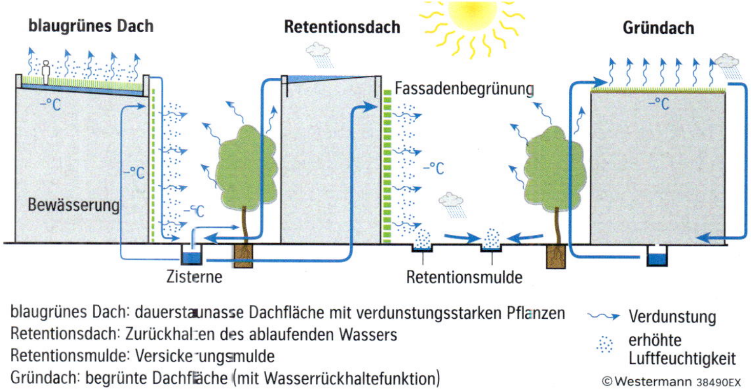

M10 Funktionsweise der „Schwammstadt"

In Folge des Klimawandels haben Städte zunehmend mit extremen Wetterverhältnissen wie Starkregen zu kämpfen. In versiegelten Städten fließen Niederschläge an der Oberfläche ab und immer geringere Mengen Wasser können versickern. Dadurch führen höhere Niederschlagsmengen immer wieder zur Überlastung des Abwassersystems und zu Überflutungen. Gleichzeitig können Städte aber unter Wassermangel leiden, weil in dicht bebauten Städten große Teile des Regenwassers nicht in die tieferen Erdschichten gelangen und so sich der Grundwasserspiegel nicht auffüllen kann.
Damit Städte mit Hitze, Trockenheit und Überschwemmungen besser fertig werden, sind Entsiegelungsmaßnahmen notwendig. Diese können aber oft nur kleinräumig durchgeführt werden. Großfugige Pflastersteine, Kies- und Sandschüttungen verlangsamen den oberirdischen Abfluss des Niederschlagswassers, helfen bei seiner Infiltration in den Boden und bei der Verdunstung aus dem Boden (Evaporation). Dach- und Fassadenbegrünungen haben ebenfalls eine Niederschlagsrückhaltefunktion, reduzieren die Hitzebelastung durch Beschattung im Sommer, tragen über die Verdunstungskühle der Pflanzen (Transpiration) zur Erhöhung der Luftfeuchtigkeit und zur Temperaturmilderung der Wärmeinsel bei. Gleichzeitig haben Pflanzen eine luftverbessernde Wirkung (CO_2-Produktion, Filterung von Schadstoffen und Stäuben) und tragen zur Lärmpufferung bei. Die Schaffung kleiner Parks, Grünflächen, Baumpflanzungen, Begrünung von Straßenbahntrassen und Kleingärten trägt zur Entsiegelung und zur mikroklimatischen Verbesserung bei.
Eine integrierte Lösung für das gesamte Versiegelungsproblem (Überschwemmungsschutz, Hitzereduzierung) bildet das Konzept der „Schwammstadt" (Sponge City). Bei dem Sponge-City-Prinzip speichert die Stadt das Niederschlagswasser wie ein Schwamm und gibt es in der niederschlagsfreien Zeit, wenn es benötigt wird, wieder ab.

Quelle: Klaus Claaßen, Thilo Girndt: Stadt und Stadtentwicklung. Braunschweig: Westermann 2019, S. 97

M11 Quellentext zu Entsiegelungsmaßnahmen

M12 Entsiegelungsmaßnahme an einer Mülheimer Schule

5.11 Raumordnung: Aufgaben und Instrumente

Die Raumordnung umfasst alle Planungsprozesse zur Ordnung und Entwicklung eines Landes. Sie soll der Gesellschaft hohe Lebensqualität und gleichwertige Lebensverhältnisse sichern. Raumordnung vollzieht sich auf verschiedenen Maßstabsebenen, etwa als Raum- und Stadtplanung der Kommunen (Bauleitplanung*) oder als Raumentwicklungsplanung der Bundesländer. Auf Bundesebene werden Leitbilder der Raumordnung entwickelt, die den unteren Planungsebenen allgemeine Grundsätze vorgeben. Die Leitbilder werden regelmäßig (zuletzt 2016) an die sich verändernden Rahmenbedingungen wie zum Beispiel den demografischen Wandel, den Klimawandel, die Energiewende oder die Forderung nach Ausbau der digitalen Infrastruktur angepasst.*

1. Fassen Sie die grundlegenden Ziele der deutschen Raumordnung aus dem Raumordnungsgesetz (§ 2) zusammen (M6, Internet).
2. a) Stellen Sie das Modell der Zentralen Orte dar (M1, M3, M4).
   b) Bestimmen Sie die Zentralitätsstufe Ihres Wohnorts.
3. Erläutern Sie die Instrumente und Konzepte der Raumordnung im Hinblick auf das Ziel, gleichwertige Lebensbedingungen zu schaffen (M3).
4. Analysieren Sie den Handlungsbedarf für das Leitbild „Daseinsvorsorge sichern", auch auf räumlicher Ebene (M5, M6).
5. Entwickeln Sie Handlungsansätze für die Raumplanung auf regionaler Ebene für das Leitbild „Daseinsvorsorge sichern" (M6).
6. Erörtern Sie die Aussage von Hans Peter Gatzweiler (M7).
7. (Z) Nehmen Sie Stellung zur Auswahl der Aufgabenfelder bei den aktuellen Leitlininen der deutschen Raumordnung (M2).

System der Zentralen Orte

Die Raumordnung in Deutschland greift auf ein theoretisches Konzept zurück, das von Walter Christaller in den 1930er-Jahren entwickelt wurde. In dem System übernimmt ein Zentraler Ort Versorgungsfunktionen für sein Umland. Die idealtypische Verteilung von Zentralen Orten mit unterschiedlicher Zentralitätsstufe ergibt ein Wabenmuster (M1). Raumplanung versucht, die zentralörtliche Ausstattung auf den verschiedenen Ebenen herzustellen.

Entwicklungsachsen

Entwicklungsachsen verbinden einzelne Verdichtungsräume, sie sind Verkehrs- und Kommunikationsbänder. Ihre Funktion ist es, Entwicklungsimpulse für die angrenzenden Räume zu geben. Aus dem System der Zentralen Orte und der Entwicklungsachsen ergibt sich das punkt-axiale Raumkonzept.

Wachstumspole

Im Gegensatz zum System der Zentralen Orte verfolgt dieses Konzept die konzentrierte Förderung einzelner Standorte durch die Ansiedlung von Wachstumsbranchen. Wachstumspole sind Zentrale Orte mit deutlichen Standortvorteilen für Unternehmen.

Metropolregionen

Damit werden Regionen mit hoher Wirtschafts- und Innovationskraft bezeichnet, die über die nationalen Grenzen hinaus bedeutsam sind. Mit der Förderung von Metropolregionen verspricht man sich gesamtgesellschaftliche Entwicklungsimpulse für das gesamte Land. In Deutschland wurden elf Metropolregionen ausgewiesen.

Vorranggebiete

Mit diesem Konzept werden Teilräume ausgewiesen, in denen eine bestimmte Nutzung überwiegt (z. B. landwirtschaftliche Räume, touristische Gebiete und Naturschutzgebiete). Es hat das Ziel, diese Räume gezielt zu fördern und zu schützen.

M3 Instrumente und Konzepte der Raumordnung

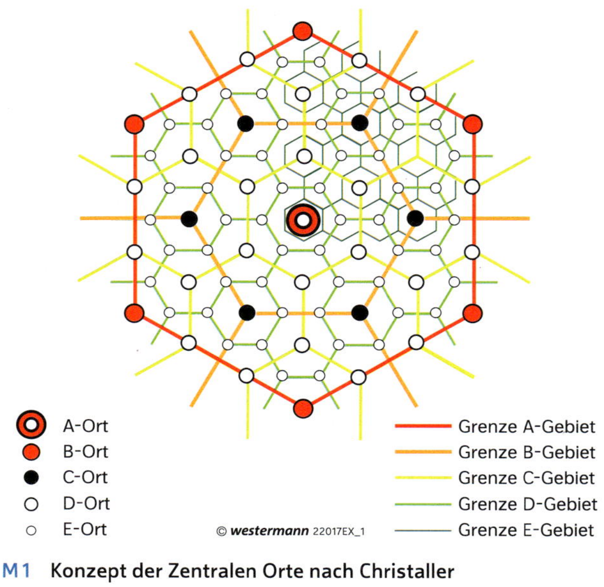

M1 Konzept der Zentralen Orte nach Christaller

zentralörtliche Grundstufe	typische Ausstattung	Versorgungsbereich (Mindesteinwohnerzahl
Oberzentrum	Fachhandel, größere Banken und Kreditinstitute, Fach-/Hochschule, Schwerpunktkrankenhaus, wissenschaftliche Bibliothek, Sportstadion, Fernbahnhof	Oberbereich (200 000 – 300 000 Einwohner)
Mittelzentrum	Warenhaus, Krankenhaus, Fachärzte, Hotel, Altenpflegeheim, Theater, Museum, Jugendeinrichtung, weiterführende Schule, Bibliothek, größere Sportanlage, Bahnhof	Mittelbereich (30 000 – 40 000 Einwohner)
Grundzentrum/ Kleinzentrum	Einzelhandel, Allgemeinarzt, Zahnarzt, Apotheke, Kindertageseinrichtung, Grundschule, Sportstätte, (Postfiliale, Bank)	Nahbereich (7 000 – 10 000 Einwohner)

M4 Grundstufen Zentraler Orte

Wettbewerbsfähigkeit stärken
- Metropolregionen weiterentwickeln
- Zusammenarbeit und Vernetzung von Räumen stärken
- Räume mit besonderem strukturellem Handlungsbedarf unterstützen
- Infrastrukturanbindung und Mobilität sichern

Daseinsvorsorge sichern
- Zentrale-Orte-Systeme konsequent anwenden
- Kooperationen ausbauen
- Versorgung dünn besiedelter ländlicher Räume sichern
- Erreichbarkeit sichern

Raumnutzungen steuern und nachhaltig entwickeln
- räumliche Nutzungskonflikte minimieren
- großräumige Freiraumverbünde schaffen
- Kulturlandschaften gestalten
- Flächenneuinanspruchnahme reduzieren
- Nutzung von Bodenschätzen und sonstige unterirdische Nutzungen nachhaltig steuern
- Küsten- und Meeresräume nachhaltig nutzen

Klimawandel und Energiewende gestalten
- räumliche Strukturen an den Klimawandel anpassen
- Ausbau der erneuerbaren Energien und der Netze steuern

M2 Leitbilder und Handlungsstrategien für die Raumentwicklung in Deutschland (2016)

100800-072-01 schueler.diercke.de
100800-030-01 schueler.diercke.de
100800-081-05 schueler.diercke.de
100800-081-06 schueler.diercke.de

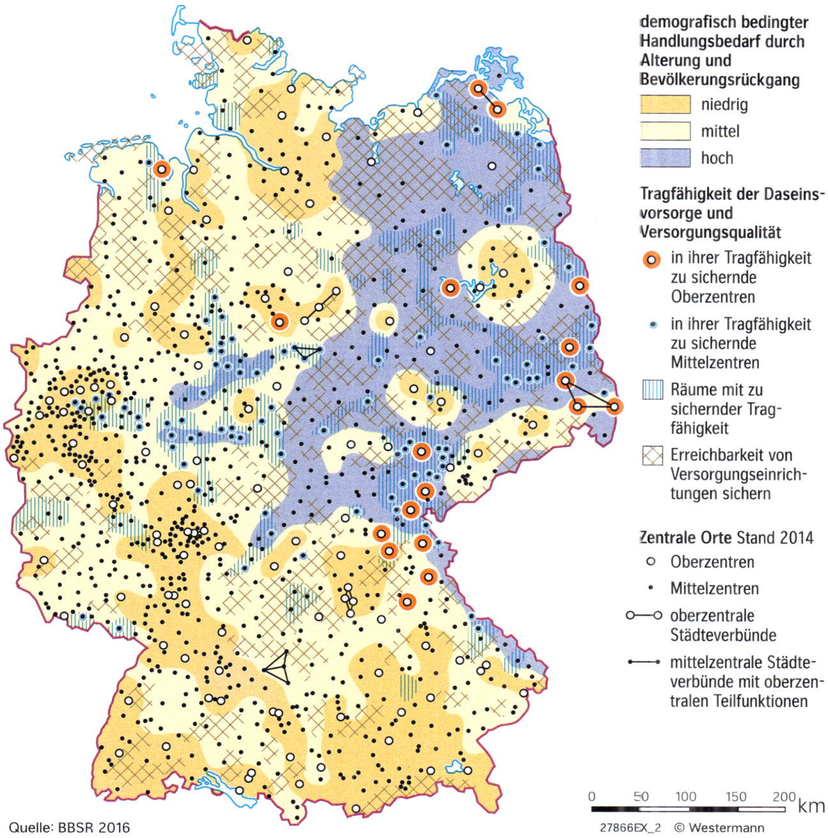

Quelle: BBSR 2016

M5 Leitbild „Daseinsvorsorge sichern“

Auch künftig [...] steht eine ausgleichsorientierte Raumentwicklungspolitik vor großen Herausforderungen: es gilt, bundesweit in allen Teilräumen hinreichende Erwerbsmöglichkeiten zu schaffen sowie eine angemessene Infrastrukturversorgung zu sichern.
Raumentwicklungspolitik kann (und will) allerdings Schrumpfungsprozesse nicht aufhalten. Vielmehr geht es darum, bestehende Strukturen und Systeme an veränderte Bedingungen anzupassen. [Ziel ist ein Minimum an wirtschaftlicher Leistungsfähigkeit und Infrastrukturausstattung], um eine sich selbst verstärkende weitere Abwärtsentwicklung zu vermeiden. Im Prinzip bedeutet dies ein Abschiednehmen vom wohlfahrtsstaatlich geprägten Leitbild der Gleichwertigkeit der Lebensverhältnisse zum europarechtlich inspirierten Leitbild des wirtschaftlichen, sozialen und territorialen Zusammenhalts. Den Realitäten ins Auge sehend sollten sich auch die Raumentwicklungspolitik, Raumordnung und Landesplanung in Deutschland dazu bekennen.

Quelle: Hans-Peter Gatzweiler: Regionale Disparitäten in Deutschland. Geographische Rundschau 7–8/2012, S. 59–60

M7 Quellentext zu einer ausgleichsorientierten Raumentwicklungspolitik

Daseinsvorsorge mit ihren unterschiedlichen Bereichen gilt in Deutschland als eine wesentliche Grundlage für gleichwertige Lebensverhältnisse: Wie ist die fußläufige Nahversorgung vor Ort? Gibt es ausreichend Ärzte und Apotheken? Wie ist die Versorgung mit Schulen und deren Erreichbarkeit? Wie weit ist es bis zum nächsten Krankenhaus, und kann ich im Notfall auf eine zeitnahe Hilfe durch den Rettungsdienst vertrauen? Das sind Fragen, die die Menschen in den Städten, Gemeinden und Regionen beschäftigen. Insbesondere dann, wenn sie in Regionen leben, in denen der Rückgang der Bevölkerung schon lange andauert und die bereits erfolgten Anpassungen spürbar sind. Die Sicherung der Daseinsvorsorge ist daher eine zentrale raumordnungspolitische Aufgabe. [...]
Die Sicherung der Daseinsvorsorge erfordert strategische Planung und entsprechende Maßnahmen unter Einsatz öffentlicher Mittel. Dabei müssen die Wechselwirkungen zwischen der wirtschaftlichen Entwicklung und dem demografischen Wandel beachtet werden. Vereinfacht gesagt: Weniger Bevölkerung, weniger Wachstum, weniger Steuern, weniger finanzielle Handlungsmöglichkeiten der öffentlichen Hand. [...] Die demografische Entwicklung [wird] keine schnelle Wendung vollziehen. Die Sicherung der Daseinsvorsorge wird daher als raumordnungspolitische Aufgabe an Bedeutung gewinnen. [...] Dort, wo die Bevölkerungsdichte schon heute gering ist und noch weiter absinkt, wird sich auch die Frage stellen, inwieweit noch eine Tragfähigkeit für die unterschiedlichen Einrichtungen der Daseinsvorsorge gewährleistet werden kann.
Eine Verbindung mit dem Ziel der Herstellung gleichwertiger Lebensbedingungen im Bundesgebiet erhält das Thema der Daseinsvorsorge durch den § 2 ROG. [...] „Die Versorgung mit Dienstleistungen und Infrastrukturen der Daseinsvorsorge, insbesondere die Erreichbarkeit von Einrichtungen und Angeboten der Grundversorgung für alle Bevölkerungsgruppen, ist zur Sicherung von Chancengerechtigkeit in den Teilräumen in angemessener Weise zu gewährleisten; dies gilt auch in dünn besiedelten Regionen. Die soziale Infrastruktur ist vorrangig in Zentralen Orten zu bündeln; die Erreichbarkeits- und Tragfähigkeitskriterien des Zentrale-Orte-Konzepts sind flexibel an regionalen Erfordernissen auszurichten. Es sind die räumlichen Voraussetzungen für die Erhaltung der Innenstädte und örtlichen Zentren als zentrale Versorgungsbereiche zu schaffen.“ Aus raumordnungspolitischer Sicht kann Daseinsvorsorge als eine Versorgung mit lebensnotwendig eingestuften Gütern und Dienstleistungen in einem Versorgungsraum zu sozial verträglichen Preisen, mit einer bestimmten Qualität und einer akzeptablen Erreichbarkeit definiert werden. [...] Während infolge abnehmender Einwohnerzahlen die kommunalen Einnahmen sinken, erhöhen sich die Kosten pro Kopf für den Erhalt der bestehenden Infrastruktur, da die Kosten bei geringer Auslastung nicht in gleichem Maße sinken. Zudem konkurrieren die einzelnen Herausforderungen untereinander.
[Es gibt] öffentliche Dienstleistungen und Einrichtungen, die sowohl in Form der kommunalen oder staatlichen Leistungsverwaltung oder alternativ auch in verschiedenen Formen des Privatrechts erbracht werden können. Für die 1990er-Jahre war ein deutlicher Trend hin zu mehr Liberalisierung und Privatisierung öffentlicher Leistungen prägend. Seit einiger Zeit ist zwar kein eindeutiger Trend, aber durchaus ein Streben zur (Re-)Kommunalisierung einzelner Leistungen erkennbar, in dem privatisierte Leistungen wieder in eine öffentlich-rechtliche Form zurückgeführt oder zum Teil erstmalig von öffentlichen Unternehmen wahrgenommen werden.

Quelle: Bundesinstitut für Bau-, Stadt- und Raumforschung: Raumordnungsbericht 2017. Bonn 2017, S. 6–7

M6 Quellentext zur Sicherung der Daseinsvorsorge als Raumordnungsziel

5.12 Regionale Raumplanung: Region Hannover

Wo sollen zukünftig vorrangig Neubau- und Gewerbegebiete entwickelt werden? Welche Flächen sollen dem Natur- und Landschaftsschutz oder der Rohstoffgewinnung vorbehalten werden? Wie viel erneuerbare Energie wollen wir in der Region produzieren und wo? Dies sind typische Fragen, die an die regionale Raumplanung gestellt werden, die eine vermittelnde Stellung zwischen der Landes- und der kommunalen Planung einnimmt. In der Region Hannover – einem Kommunalverband der kreisfreien Stadt Hannover und des ehemaligen Landkreises Hannover – wurde Ende 2016 nach einem fünfjährigen Dialog-, Planungs- und Diskussionsprozess ein neues Regionales Raumordnungsprogramm beschlossen. In ihm wird ein Rahmen dafür gesetzt, wie sich die Region Hannover in den nächsten zehn Jahren entwickeln soll.

1. Erläutern Sie die Raumstruktur der Region Hannover (M1, M4, Atlas).
2. Charakterisieren Sie die Schwerpunkte des Regionalen Raumordnungsprogramms (RROP) der Region Hannover (M3).
3. a) Erläutern Sie die grundlegenden Flächennutzungskonflikte beim Abbau von Rohstoffen (M8, M9).
   Ⓩ b) Analysieren Sie die Nutzungskonflikte am Brelinger Berg (M6, M7, Google Earth, Internet).
4. a) Vergleichen Sie die beiden Festlegungen Vorranggebiet und Vorbehaltsgebiet in Flächennutzungsplänen am Beispiel der Rohstoffnutzung (M5, M8, Internet).
   b) Erklären Sie das Planungsinstrument im RROP, das am Brelinger Berg eingesetzt wurde (M5, M8).
5. Naturschutz und Naherholung auf der einen Seite – Sicherung von für die Wirtschaft wichtigen Rohstoffen auf der anderen Seite. Nehmen Sie Stellung zu diesem Nutzungskonflikt.
6. Ⓩ Analysieren Sie in Gruppenarbeit mithilfe der zeichnerischen Darstellung des RROP die Flächennutzung Siedlungsentwicklung, Forstwirtschaft, Hochwasserschutz und Erholung (Internet).

M2 **Kiestagebau in der Wedemark**

„Das neue Raumordnungsprogramm für die Region Hannover
- *schafft die Voraussetzungen für gewünschte Entwicklungen (langfristige Sicherung von Trassen, Standorten und Flächen),*
- *gibt Orientierung und Planungssicherheit für öffentliche und private Akteure und setzt Leitplanken, beugt Fehlentwicklungen vor und sichert die Qualität des Raumes,*
- *entsteht in einem aufwendigen Prozess und wird von der demokratisch gewählten Regionsversammlung beraten und beschlossen.*

Die wichtigsten Herausforderungen der Raumentwicklung sind:
- *Klimawandel und Klimaschutz,*
- *Umsetzung der Energiewende mit einem verstärkten Ausbau der Windenergie,*
- *demografischer Wandel und Sicherung der Daseinsvorsorge für alle Generationen,*
- *Gefahr der Zersiedlung und übermäßige Inanspruchnahme der Freiflächen bei gleichzeitigem Verlust hochwertiger Flächen für die Landwirtschaft und den Naturhaushalt,*
- *steigende Nachfrage nach bezahlbarem Wohnraum,*
- *Sicherstellung einer umwelt- und klimafreundlichen Mobilität sowie*
- *wirtschaftlicher Wandel vor dem Hintergrund der Globalisierung mit steigenden Anforderungen der Unternehmen an Qualifizierung, Standortqualität und Arbeitsumfeld sowie neuen Flächenanforderungen."*

Axel Priebs, *ehem. Dezernent für Umwelt, Planung und Bauen (2017)*

M3 **Regionales Raumordnungsprogramm 2016**

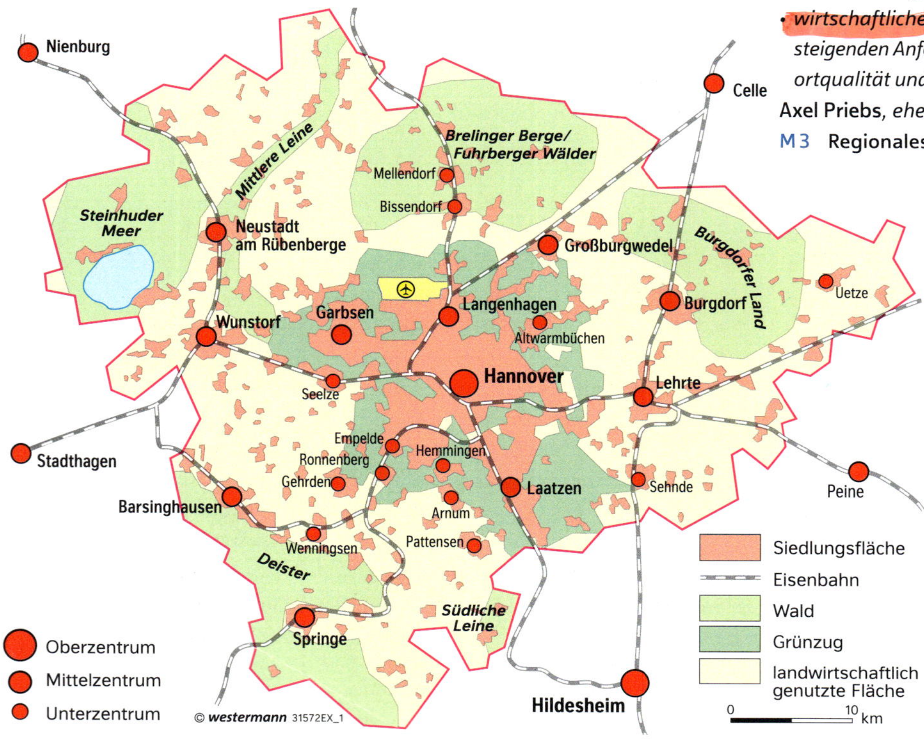

M1 **Raumstruktur der Region Hannover**

- Hannover Landeshauptstadt mit Sitz der niedersächsischen Landesregierung
- Region umfasst neben Hannover 20 Städte und Gemeinden
- Fläche: 2297 km²
- Einwohner: 1,179 Mio. (2021)
- Dichte: 512 Einwohner/km²
- Bevölkerungswachstum 2015–2021: 2,8 %
- Arbeitsplätze: 520000, Unternehmen: 50000
- größte Arbeitgeber: VW Nutzfahrzeuge, Continental, TUI, Rossmann, Talanx
- internationaler Messestandort (weltweit größtes Messegelände)
- Hochschulstandort
- Verkehrsinfrastruktur: Autobahnkreuz (A2, A7), Flughafen, ICE-Verbindungen zu allen deutschen Wirtschaftszentren, Mittellandkanal

M4 **Daten zur Region Hannover**

100800-036-03
schueler.diercke.de

„Für den Abbau oberflächennaher Rohstoffvorkommen mit volkswirtschaftlicher Bedeutung werden landesweit- und regionalbedeutsame Rohstoffvorkommen in der zeichnerischen Darstellung als „Vorranggebiet Rohstoffgewinnung" festgelegt. In diesen Gebieten müssen alle raumbedeutsamen Planungen und Maßnahmen mit der Zweckbestimmung vereinbar sein.
Zur langfristigen Sicherung der Rohstoffversorgung werden in der zeichnerischen Darstellung weitere regionalbedeutsame Rohstoffvorkommen als „Vorbehaltsgebiete Rohstoffgewinnung" festgelegt. Alle raumbedeutsamen Planungen und Maßnahmen sollen so abgestimmt werden, dass diese Gebiete in ihrer Eignung und besonderen Bedeutung möglichst nicht beeinträchtigt werden. Der Abbau von oberflächennahen Rohstoffen für die mittelfristige Bedarfsdeckung soll grundsätzlich auf die festgelegten Gebiete konzentriert werden.
In der zeichnerischen Darstellung sind in den Bereichen Brelinger Berge, Wietzetal und südliches Leinetal „Gebiete bzw. Grenzen der Ausschlusswirkung für Rohstoffgewinnung" festgelegt. In diesen Gebieten ist die Rohstoffgewinnung nur in den festgelegten „Vorranggebieten Rohstoffgewinnung" möglich."

M5 Auszug aus dem Regionalem Raumordnungsprogramm Region Hannover 2016

Die „Brelinger Berge" gehören naturräumlich zur „Hannoverschen Moorgeest". Sie schließen halbkreisförmig an die südlich gelegenen Nordhannoverschen Moore an. Die höchsten Erhebungen werden aus in westöstlicher Richtung hintereinander gestaffelten Endmoränenzügen gebildet, an die sich stellenweise ein schmaler Grundmoränensaum anschließt. Das Vorkommen von Kies- und Sandlagerstätten führte zur Anlage mehrerer großer Abbaugruben, deren räumliche Ausdehnung auf Grundlage vorhandener Genehmigungen auch heute noch nicht abgeschlossen ist. [...] Die besondere Bedeutung für den Natur- und Landschaftsschutz ergibt sich aus der Einmaligkeit und Schönheit der noch vorhandenen und erlebbaren eiszeitlich geformten Landschaft mit ihren vielfältigen Lebensräumen. Das Gebiet ist heute geprägt von Wald in den hügeligen und stark geböschten Bereichen und von Ackerflächen auf den randlichen, flachen Ausläufern. Kleine Wälder, Feldgehölze, Baumreihen und Hecken lockern diese Kulturlandschaft auf. Der überwiegende Teil der „Brelinger Berge" ist mit Nadelholz bestockt. Neben trockenen Kiefernwäldern mit Blaubeere oder Heide kommen gelegentlich Stieleichen-Birkenwälder vor.

Quelle: Gemeinsames Amtsblatt der Region Hannover und der Landeshauptstadt Hannover Nr. 44/2008

M6 Landschaftsschutzgebiet Brelinger Berge

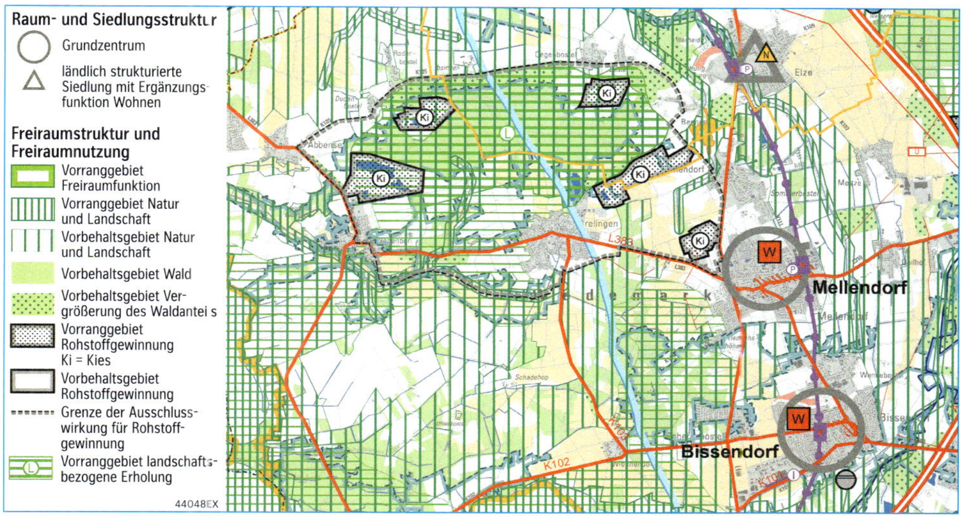

M7 Auszug aus der zeichnerischen Darstellung des Regionalen Raumordnungsprogramms

Die Sicherung kurz- bis mittelfristig benötigter Vorkommen erfolgt [in Regionalplänen] über Vorranggebiete. Flächen für die langfristige Sicherung können als Vorsorgegebiete festgelegt werden, wodurch sie bei konkurrierenden Planungen für die jeweiligen Flächen stets in die Abwägung einzubeziehen sind. Die Raumordnung wird durch den Auftrag zur Sicherung der Rohstoffvorkommen vor erhebliche Herausforderungen gestellt. So ist der Bodenabbau in der Öffentlichkeit besonders konfliktreich, weil sich dieser in der Regel über mehrere Jahrzehnte hinzieht. Die mit dem Abbau verbundenen Beeinträchtigungen und Belästigungen im Umfeld stören auch dauerhaft (Lärm, Schmutz und Gefahren durch den Lkw-Verkehr, Unzugänglichkeit des Geländes, Unansehnlichkeit durch alte Abbaugeräte und Maschinen). [...] Der Abbau oberflächennaher Rohstoffe stellt einen sehr tief reichenden Eingriff in den Naturhaushalt und das Landschaftsbild dar und verursacht durch Betriebsgebäude, Förder- und Verladeeinrichtungen sowie den Abtransport zahlreiche Konflikte. Wenn in der Regionalplanung zur Sicherung der Rohstoffvorkommen gegen konkurrierende Nutzungen Vorranggebiete zur Rohstoffsicherung oder zum Bodenabbau festgelegt werden, hat der Bodenabbau auf den betreffenden Flächen einen Vorrang gegenüber anderen Nutzungen. Die Regionalplanung kann damit jedoch nicht generell den Bodenabbau auf diese Flächen konzentrieren, [da in jedem Einzelfall auch andere Behörden beteiligt sind]. Um diese Schwäche auszugleichen, hat die Regionalplanung teilweise, so in Niedersachsen, die Möglichkeit erhalten, den Abbau konkreter zu steuern [und] nicht nur Vorrang- und Vorsorgeflächen für den Rohstoffabbau [auszuzuweisen]. Innerhalb eines in der Planungskarte gekennzeichneten Bereiches darf Rohstoffabbau nur in den dafür gekennzeichneten Vorranggebieten stattfinden; in allen anderen Bereichen des abgegrenzten Raumes gilt ein Ausschluss für Rohstoffabbau.

Quelle: Axel Priebs: Raumordnung in Deutschland. Braunschweig: Westermann 2013, S. 240-241

M8 Quellentext zur Möglichkeiten der Regionalplanung im Bereich Rohstoffgewinnung

Kies und Sand sind wertvolle Rohstoffe für viele Industriezweige. Vor allem die Bauindustrie ist auf eine ausreichende Versorgung mit diesen Rohstoffen angewiesen. [...] Rund 40 Millionen Tonnen pro Jahr werden davon allein in Niedersachsen und Bremen benötigt. Aufgrund geologischer Gegebenheiten sind Kies und Sand in Niedersachsen ungleichmäßig verteilt. [...]
Die Bauindustrie ist wesentlich von der Verfügbarkeit von Sand und Kies aus verbrauchernahen Lagerstätten abhängig, denn die Transportkosten dieser Massenrohstoffe übersteigen die Kosten für Gewinnung und Aufbereitung bei größeren Entfernungen häufig um ein Mehrfaches. Darüber hinaus führen Schwerlasttransporte über lange Strecken zu einer erheblichen Belastung der Umwelt und der Verkehrswege. Besonders problematisch ist, dass die vorhandenen Lagerstättenflächen aufgrund von anderen Nutzungsansprüchen wie zum Beispiel der Grundwassergewinnung, dem Naturschutz oder der Bauleitplanung, nur zu etwa einem Drittel für die Rohstoffgewinnung genutzt werden können. In einigen Regionen muss der Kiesverbrauch schon durch Zulieferungen aus anderen Bundesländern und dem Ausland gedeckt werden.

Quelle: Kies und Sand Landesamt für Bergbau, Energie und Geologie. Hannover www.lbeg.niedersachsen.de

M9 Quellentext zur Versorgungslage mit Sand und Kies

5.13 Grenzüberschreitende Zusammenarbeit: EUREGIO

Innerhalb der Europäischen Union sind Landesgrenzen oft kaum noch spürbar – dies gilt besonders innerhalb der Eurozone. Die EU hat Freizügigkeit, Wegfall von Grenzkontrollen innerhalb des Schengen-Raumes und Arbeitsmobilität gebracht. Dennoch sind die Grenzen noch nicht verschwunden und beeinflussen das Leben der Menschen in grenznahen Regionen. Europaregionen oder kurz Euregios sind grenzübergreifende Zusammenschlüsse innerhalb der EU, deren Ziel es ist, die Regionen in wirtschaftlicher, gesellschaftlicher und kultureller Hinsicht zu vernetzen. Dazu gehören auch Projekte aus dem Bereich Infrastruktur, Wasserwirtschaft oder Gesundheitsversorgung. Diese Art der interregionalen Zusammenarbeit über europäische Binnengrenzen hinweg wird von der EU über die Gemeinschaftsinitiative INTERREG finanziert. Die älteste Europaregion „EUREGIO“ liegt in der niederländisch-deutschen Grenzregion Enschede – Gronau. Anhand dieses Beispiels sollen hier Aspekte der regionalen, grenzüberschreitenden Zusammenarbeit vorgestellt werden.*

1. Nennen Sie Beispiele für Hindernisse, die durch die Landesgrenzen in den in M1 genannten Bereichen bestehen.
2. Erläutern Sie, inwieweit die auf dieser Doppelseite vorgestellten Projekte diese Hindernisse überwinden (M6, M7, M8, M11).
3. Erläutern Sie den regionalen und überregionalen Nutzen der Bahnstrecke Zwolle – Münster (M3, M6, M10, Atlas).
4. Die EUREGIO bemüht sich, auch junge Menschen in die Arbeit einzubeziehen. Beurteilen Sie diesen Ansatz (M2).
5. Erörtern Sie, ob Sie sich eine Ausbildung oder ein Studium in einem Nachbarland vorstellen könnten.
6. Recherchieren Sie aktuelle Maßnahmen zur grenzüberschreitenden Zusammenarbeit (EUREGIO, andere Euregios, S. 9: M9).

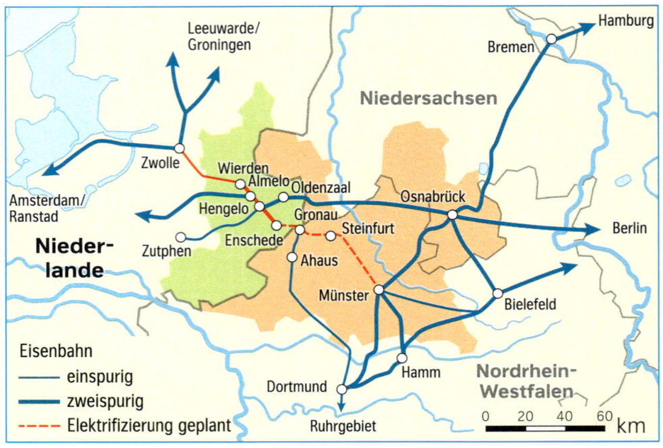

M3 EUREGIO und ausgewählte Eisenbahnverbindungen

M4 EUREGIO Youth Battle

Euregios sollen ein „Europa im Kleinen“ sein, in denen der Mehrwert der europäischen Zusammenarbeit für die Bewohnerinnen und Bewohner der jeweiligen Grenzregionen konkret spürbar wird. Denn „*trotz offener europäischer Binnengrenzen sind es häufig ‚die Grenzen in den Köpfen‘ der Menschen, die den Blick über die Grenze erschweren. Vor diesem Hintergrund macht sich die EUREGIO für ein einfacheres Miteinander im Grenzgebiet zwischen den Niederlanden und Deutschland stark.*“

www.euregio.eu/de/wer-wir-sind

2020 wurden zwölf Bereiche festgelegt, in denen im Rahmen des Konzepts „Strategie EUREGIO 2030“ konkrete Arbeitspläne entwickelt und Verbesserungen erreicht werden sollen:
- Aus- und Weiterbildung
- Arbeitsmarkt
- Freizeitwirtschaft
- Raumordnung
- Sozial-kulturelle Begegnungen
- Gesundheit
- Sicherheit
- Unternehmertum
- Regionales Innovationsmanagement
- Infrastruktur und Verkehr
- Energie
- Wasser und Umwelt.

M1 Bereiche der Zusammenarbeit

Interview mit **Celina Bomers**, Studentin und Mitglied des EUREGIO Youth Council

Was macht das Leben in einer Grenzregion besonders?

Das Leben in einer Grenzregion zeichnet sich insbesondere dadurch aus, dass die Menschen, die dort leben, von einer größeren Vielfalt in diversen Lebensbereichen profitieren können. Ihr Horizont erweitert sich maßgeblich durch die Grenzregion. Bereits als Kind gehörte für mich ein regelmäßiger Ausflug in die Niederlande dazu, sei es um dort die Natur zu erleben, kulturelle Veranstaltungen zu besuchen oder auch um einen Einkauf zu tätigen. Dabei habe ich den Besuch im Nachbarland nie als einen „Grenzübertritt“ empfunden. Die Niederlande gehört zu meinem Verständnis von Heimat dazu.

Ich empfinde die Grenzregion insgesamt als sehr inspirierend. Gerade in meiner Zusammenarbeit mit jungen Erwachsenen aus den Niederlanden und Deutschland bei EUREGIO Youth lerne ich immer wieder neue Sachen dazu und erweitere meinen Blickwinkel. Unsere Region sehe ich in jeder Hinsicht als Chance.

Welche Veränderungen wünschen Sie – als junger Mensch – sich in näherer Zukunft für die EUREGIO?

Eine Region lebt vom Austausch. Damit allerdings ein Austausch erst einmal stattfinden kann, müssen sich Menschen begegnen können. Das kann jedoch insbesondere für junge Menschen in Grenzregionen ein Problem darstellen. Grund dafür ist, dass sie häufig auf öffentliche Verkehrsmittel angewiesen sind, um sich frei bewegen zu können. Aktuell gibt es in der EUREGIO-Region allerdings nur eingeschränkte Möglichkeiten, die „Grenze“ mit öffentlichen Verkehrsmitteln zu übertreten. Daher wünsche ich mir, dass diese Infrastruktur in der näheren Zukunft verbessert wird.

Ist der Wettbewerb für Sie ein Schritt in diese Richtung?

Der EUREGIO Youth Battle ist eine tolle Möglichkeit, den Ideen junger Menschen aus der Grenzregion eine Stimme zu geben. Hier können Jugendliche ihre Visionen und konkrete Projekte für die Zukunft unserer Region präsentieren und haben die Möglichkeit, diese aktiv mitzugestalten.

M2 Interview

- 1958 als erste Europaregion gegründet
- öffentlich-rechtlicher binationaler Zweckverband
- Deutschland: Niedersachsen: Landkreis Grafschaft Bentheim, Stadt und Landkreis Osnabrück, Gemeinden Emsbüren, Salzbergen, Spelle (Landkreis Emsland); Nordrhein-Westfalen: Stadt Münster, Kreise Borken, Coesfeld, Steinfurt, Warendorf
- Niederlande: Regio Achterhoek (Provinz Gelderland) sowie die Regio Twente, die Gemeinden Hardenberg und Ommen (Provinz Overijssel) und die Gemeinde Coevorden (Provinz Drenthe)
- Fläche: 13000 km²
- 3,4 Millionen Einwohner (2/3 in Deutschland)
- 1,7 Millionen Beschäftigte
- 200000 Studierende in Zwolle, Twente, Münsterland, Dortmund
- Mitglieder: 129 Gemeinden, Kreise und Wasserverbände (in der einmal jährlich tagenden Verbandsversammlung vertreten)
- oberstes Gremium EUREGIO-Rat sowie Vorstand
- Geschäftsstelle in Gronau – am Grenzübergang Gronau/Enschede
- 45 Mitarbeiterinnen und Mitarbeiter
- Ausgaben: 4,9 Mio. Euro (2021)

M5 **Steckbrief EUREGIO**

Regionale und internationale Mobilität spielen eine Schlüsselrolle für das Funktionieren der EUREGIO, für die Lebensqualität der Menschen und für die wirtschaftliche Entwicklung der Region. Das Projekt EuregioRail hat eine Verbesserung der Bahnverbindungen zum Ziel.

Das EuregioRail-Projekt bringt Planungen voran und sichert finanzielle Unterstützung durch die niederländische und die deutsche Regierung sowie die Europäische Kommission. Zudem soll das Projekt in nationale und europäische verkehrspolitische Planungen aufgenommen werden. Die ersten Schritte sind schon getan: Im Jahr 2000 wurde die stillgelegte Bahnstrecke Münster–Enschede reaktiviert. Die Zahl der Fahrgäste stieg innerhalb der ersten Jahre von 4000 auf 10000 pro Tag – viele Fahrgäste sind Studierende. Die Bahnstrecke ist so zum Bindeglied zwischen zwei Universitätsstädten geworden.

Will man von Münster aus weiter Richtung Zwolle fahren, muss man jedoch umsteigen und den Bahnsteig wechseln, denn aufgrund der fehlenden Elektrifizierung der Strecke Münster–Enschede können die Züge nicht durchfahren. Bis heute nutzen 92 Prozent der Menschen, die grenzüberschreitend pendeln, das Auto. Die Verbesserung der Bahninfrastruktur soll hier eine nachhaltige Alternative zum Auto bringen.

M6 **EuregioRail-Projekt**

M9 **Bahnhof Gronau**

Strecke / Bahnhof	Projekt (bis 2030)
Münster-Enschede	Elektrifizierung der Strecke
Bahnhof Enschede	Herstellung zweier Durchgangsgleise
Zwolle-Münster	direkter RB-Zug
Hengelo-Dortmund	direkter RE-Zug
Hengelo-Dortmund	mehr Nachhaltigkeit durch die Einführung von Batteriezügen
Hengelo	Bau einer Wendeanlage für den RE Dortmund-Hengelo
Dortmund-Hengelo	Einführung einer zusätzlichen RB Dortmund-Coesfeld
Zwolle-Münster	zusätzlicher direkter RE-Zug (bis 2040)

- 14 Prozent Gewinn an Reisezeit
- 85 Prozent mehr Passagiere
- drei Direktverbindungen
- Kosten: 44 Mio. Euro

Weitere Ziele

- Aufnahme in das transeuropäische Verkehrsnetz im Rahmen des North Sea-Baltic Corridor
- Eingliederung in nationale Eisenbahnleitbilder (Toekomstbeeld OV 2040 und Deutschlandtakt)
- Anschluss an Europa – Verbindung der Regionen Amsterdam, Münsterland, Twente und Zwolle mit dem North Sea-Baltic Corridor der Transeuropäischen Netze[1]

RB = Regionalbahn RE = Regionalexpress IC = Intercity
[1] Von der EU ausgewiesenes Netz von Eisenbahn-Schnellfahrstrecken (z. T. noch in Planung)

M10 **EuregioRail-Projekt**

EU REGIO YOUTH
WE CONNECT

M7 **Youth Battle**

Seit 2018 werden jährlich Jugendliche und junge Erwachsene aus dem Gebiet der EUREGIO eingeladen, ihre Wünsche und Visionen einer „grenzenlosen" Region einzubringen. In Kleingruppen entwickeln sie Ideen, die einer deutsch-niederländischen Jury vorgestellt werden. Die Gewinnergruppe darf ihre Ideen mithilfe der professionellen Unterstützung der EUREGIO weiterentwickeln und umsetzen. 2020 und 2021 fand eine Onlinevariante des Wettbewerbs statt.

M8 **GrenzInfoPunkte**

Europas Grenzen werden immer durchlässiger – auch für Studierende. Für diese gibt es viele Möglichkeiten, auch im Nachbarland ihr Studium oder Teile ihres Studiums zu absolvieren. GrenzInfoPunkte informieren über Voraussetzungen und Möglichkeiten und beraten Studierende zum Studium. Dies geschieht über Informationen auf der Webseite, aber auch über persönliche Beratung. Daneben gibt es in der Beratungsstellen Informationen zum Thema Arbeiten und Wohnen im Nachbarland.

M11 **A-Z Euregio App**

Für Krankenwagen in der Grenzregion liegt das nächste Krankenhaus oft nicht im eigenen Land. Was logisch klingt, ist in der Realität nicht ganz einfach. Die Rettungsleitstellen sind national organisiert. Um das jeweils andere System von Notfallversorgung kennenzulernen, wurden gemeinsame Schulungen durchgeführt. Zudem arbeiten die Besatzungen von Rettungs- und Notarztwagen mit einer App, die sie in das nächste bzw. bezogen auf Verletzung oder Erkrankung bestgeeignete Krankenhaus lotst.

Zusammenfassung

Die Stadtgeographie analysiert die räumlichen Strukturen und Funktionen einer Stadt vor dem Hintergrund des gesellschaftlichen, politischen und wirtschaftlichen Wandels. Sie beschreibt aber nicht nur gegenwärtige und vergangene Veränderungsprozesse und damit zusammenhängende Probleme, sondern trägt im Bereich der Stadtplanung auch mit eigenen Vorstellungen zur Entwicklung der Stadt bei.

Gliederung der Stadt

In vielen Städten haben verschiedene Epochen über viele Hundert Jahre seit der Stadtgründung deutliche Spuren im heutigen Stadtbild hinterlassen. Städte lassen sich aber nicht nur nach historischen, sondern auch nach funktionalen und sozioökonomischen Merkmalen gliedern. In städtischen Teilräumen konzentrieren sich geplant oder ungeplant städtische Funktionen. Wohnen, Arbeiten, Einkaufen, Bildung und Freizeit – die Ansprüche des Menschen an seinen Lebensraum (Daseinsgrundfunktionen) – spiegeln sich so im Stadtbild wieder. Als Funktionsräume gliedern sie die Stadt und sind häufig räumlich klar voneinander abgegrenzt. In der zweiten Hälfte des 20. Jahrhunderts war die Stadtentwicklung in Mitteleuropa geprägt von einer ausgeprägten Suburbanisierung, die häufig in einer Trennung der Daseinsgrundfunktionen Arbeiten und Wohnen mündete. Die Siedlungen im Umland haben sich im Laufe der Zeit immer stärker von der Kernstadt emanzipiert (Postsuburbanisierung).
Das Wohnen ist aber auch abhängig von Faktoren wie dem Alter, der Herkunft und den finanziellen Möglichkeiten einzelner Bevölkerungsgruppen. Dies führt zu einer räumlichen Trennung demografischer, sozialer, aber auch ethnischer Gruppen (Segregation). Wohnviertel sind jedoch nicht statisch, sondern verändern sich im Laufe der Zeit durch Auf- und Abwertungsvorgänge. Gerade Viertel der Gründerzeit unterliegen in letzter Zeit häufig einer Aufwertung, was mit einem Austausch der Wohnbevölkerung verbunden ist (Gentrifizierung).

Leitbilder der Stadtentwicklung

Um das Zusammenleben in Städten besser zu organisieren und um auf räumliche, soziale, ökonomische und später auch ökologische Entwicklungen Einfluss zu nehmen, wurden verschiedene Leitbilder erdacht, die sich immer an den Ideen der Zeit orientierten. Während diese in der Vergangenheit Utopien und Visionen zu verwirklichen suchten, beschäftigen sich heutige Stadtplaner mit den bestehenden Strukturen der Stadt. Mit der Charta von Athen beschritt die Stadtplanung in der ersten Hälfte des 20. Jahrhunderts neue, auf einer Funktionstrennung basierende Wege zur Verbesserung der Lebensqualität. Die städtebaulichen Leitbilder der Nachkriegszeit knüpften hieran an. Mit dem gesteigerten Umweltbewusstsein in den letzten Jahrzehnten des 20. Jahrhunderts gerieten dann Gedanken der Nachhaltigkeit in den Fokus der Planungen. Das heute vorherrschende Leitbild der nachhaltigen Stadtentwicklung versucht eine Vielfalt von Aspekten wie Klimawandelschutz und -anpassung, neue Mobilitätskonzepte, Partizipation und Digitalisierung miteinander zu vereinen.

Raumplanung und Raumordnung

Raumplanung beschäftigt sich mit räumlichen Entwicklungen der Lebens-, Arbeits- und Umweltbedingungen auf lokaler, regionaler, nationaler und auch europäischer Ebene. In Deutschland ist es das oberste Ziel der Raumordnung, räumliche Disparitäten zu überwinden und gleichwertige Lebensbedingungen zu schaffen. Hierfür stehen verschiedene Planungsinstrumente zur Verfügung (System der Zentralen Orte, Entwicklungsachsen, Vorranggebiete etc.). Aktuelle Leitbilder zur Raumentwicklung versuchen daneben, auch andere Ziele und Handlungsfelder zu formulieren, etwa die Gestaltung des Klimawandels und der Energiewende. In verschiedenen Europaregionen (Euregios) gelingt es, Raumplanung auch grenzüberschreitend in oft benachteiligten Grenzregionen zu gestalten.

Weiterführende Literatur und Internetlinks

Stadt

Geographische Rundschau
- Klimawandel und Gesundheit in Europa 3/2021
- Stadt und Verkehr 3/2020
- Wohnen in deutschen Städten 10/2019
- Zukunft der Städte 6/2018
- Smart Cities 7-8/2017
- Natur in der Stadt 5/2017
- Berlin Februar 2/2013

Klaus Claaßen, Thilo Girndt: Stadt und Stadtentwicklung. Diercke Spezial
Braunschweig: Westermann 2019

Heinz Heinberg: Stadtgeographie
Paderborn: Schöningh 2017

Jürgen Bähr, Ulrich Jürgens: Stadtgeographie II. Das Geographische Seminar
Braunschweig: Westermann 2009

Heinz Fassmann: Stadtgeographie I. Das Geographische Seminar
Braunschweig: Westermann 2009

Bundeszentrale für Politische Bildung Dossier „Stadt und Gesellschaft“
- www.bpb.de/themen/stadt-land/stadt-und-gesellschaft/

Deutsches Institut für Urbanistik
- www.difu.de

Stadtgeschichte Braunschweigs
- www.braunschweig.de/leben/stadtportraet/geschichte

Flächennutzungsplan der Stadt Bremen
- www.bauleitplan.bremen.de/fnp_index.php

Stadt München Wanderungsstatistik
- stadt.muenchen.de/infos/statistik-bevoelkerung.html

Senatsverwaltung für Stadtentwicklung Berlin
- www.stadtentwicklung.berlin.de

Monitoring soziale Stadtentwicklung Berlin
- www.stadtentwicklung.berlin.de/planen/basisdaten_stadtentwicklung/monitoring

Nationale Stadtentwicklungspolitik
(-> Leipzig Charta)
- www.nationale-stadtentwicklungspolitik.de

Kopenhagen
- www.visitcopenhagen.com/copenhagen/activities/green-sustainability-guide

Umweltbundesamt
-> Klimafolgen und Anpassung
- www.umweltbundesamt.de

Karlsruhe: Städtebaulicher Rahmenplan Klimaanpassung
- www.karlsruhe.de/b3/bauen/projekte/klimaanpassung.de

Raumplanung

Geographische Rundschau
- Europäische Metropolregionen und Raumordnung 11/2010

Axel Priebs: Raumordnung in Deutschland. Das Geographische Seminar
Braunschweig: Westermann 2013

Leitbilder und Handlungsstrategien für die Raumentwicklung in Deutschland
(downloadbar beim BMI und BBSR)

Bundesinstitut für Bau-, Stadt- und Raumforschung (BBSR)
- www.bbsr.bund.de

Handwörterbuch der Raumordnung
- shop.arl-net.de/handwoerterbuch-stadt-raumentwicklung.html

Regionales Raumordnungsprogramm 2016 der Region Hannover
- www.hannover.de/Leben-in-der-Region-Hannover/Planen,-Bauen,-Wohnen/Raumordnung-Regionalentwicklung/Regionalplanung/RROP-2016

Euregio
- www.euregio.eu

Interreg (Europäische territoriale Zusammenarbeit)
- www.interreg.de

Verbindliche Operatoren

Anforderungsbereich I	Anforderungsbereich II	Anforderungsbereich III
beschreiben strukturiert und fachsprachlich angemessen Materialien vorstellen und/oder Sachverhalte darlegen **darstellen** Sachverhalte detailliert und fachsprachlich angemessen aufzeigen **gliedern** einen Raum, eine Zeit oder einen Sachverhalt nach selbst gewählten oder vorgegebenen Kriterien systematisierend ordnen **wiedergeben** Kenntnisse (Sachverhalte, Fachbegriffe, Daten, Fakten, Modelle) und/oder (Teil-)Aussagen mit eigenen Worten sprachlich distanziert, unkommentiert und strukturiert darstellen **zusammenfassen** Sachverhalte auf wesentliche Aspekte reduzieren und sprachlich distanziert, unkommentiert und strukturiert wiedergeben	**analysieren** Materialien, Sachverhalte oder Räume beschreiben, kriterienorientiert oder aspektgeleitet erschließen und strukturiert darstellen **charakterisieren** Sachverhalte in ihren Eigenarten beschreiben, typische Merkmale kennzeichnen und diese dann gegebenenfalls unter einem oder mehreren bestimmten Gesichtspunkten zusammenführen **einordnen** begründet eine Position/Material zuordnen oder einen Sachverhalt begründet in einen Zusammenhang stellen **erklären** Sachverhalte so darstellen – gegebenenfalls mit Theorien und Modellen –, dass Bedingungen, Ursachen, Gesetzmäßigkeiten und/oder Funktionszusammenhänge verständlich werden **erläutern** Sachverhalte erklären und in ihren komplexen Beziehungen an Beispielen und/oder Theorien verdeutlichen (auf Grundlage von Kenntnissen bzw. Materialanalyse) **vergleichen** Gemeinsamkeiten, Ähnlichkeiten und Unterschiede von Sachverhalten kriterienorientiert darlegen	**begründen** komplexe Grundgedanken durch Argumente stützen und nachvollziehbare Zusammenhänge herstellen **beurteilen** den Stellenwert von Sachverhalten oder Prozessen in einem Zusammenhang bestimmen, um kriterienorientiert zu einem begründeten Sachurteil zu gelangen **entwickeln** zu einem Sachverhalt oder zu einer Problemstellung eine Einschätzung, ein Lösungsmodell, eine Gegenposition oder ein begründetes Lösungskonzept darlegen **erörtern** zu einer vorgegebenen Problemstellung eine reflektierte, abwägende Auseinandersetzung führen und zu einem begründeten Sach- und/oder Werturteil kommen **Stellung nehmen** Beurteilung mit zusätzlicher Reflexion individueller, sachbezogener und/oder politischer Wertmaßstäbe, die Pluralität gewährleistet und zu einem begründeten eigenen Werturteil führt **überprüfen** Inhalte, Sachverhalte, Vermutungen oder Hypothesen auf der Grundlage eigener Kenntnisse oder mithilfe zusätzlicher Materialien auf ihre sachliche Richtigkeit bzw. auf ihre innere Logik hin untersuchen

Glossar

ADI/Ausländische Direktinvestitionen
Kapitalanlagen im Ausland durch Erwerb von Immobilien, Gründung von Auslandsniederlassungen und Tochterunternehmen, Übernahme von ausländischen Geschäftsanteilen bzw. von Unternehmen sowie gezielte Reinvestitionen und Direktinvestitionen in Unternehmen.

Agglomeration
Ballungsraum, städtischer Verdichtungsraum mit hoher Wirtschaftskraft und gut ausgebauter Infrastruktur.

agrarindustrielles Unternehmen
agrarisches Großunternehmen, bei dem industrielle Produktionsweisen zum Einsatz kommen (z. B. hoher Spezialisierungsgrad, standardisierte Massenproduktion, Einsatz moderner Agrartechnik und agrarwissenschaftlicher Erkenntnisse, hoher Kapital- und Energieeinsatz, hohe Produktivität, Einsatz betriebsfremder Arbeitskräfte) und das häufig eine hohe vertikale Integration aufweist.

Angebotsmiete
Nettokaltmiete für Neubau- und Bestandsmietwohnungen (wiedervermietet), ermittelt aus Wohnungsanzeigen. Merkmale wie Ausstattung, Baualter und Modernisierungszustand werden nicht berücksichtigt.

Bauleitplanung
Planung zur städtebaulichen Entwicklung einer Gemeinde (Orientierung an Zielen der Landes- und Regionalplanung). Dazu gehören der Flächennutzungsplan mit Festsetzung der Art der baulichen Nutzung für Bauflächen und der für einzelne Teile des Gemeindesgebiets aufgestellte Bebauungsplan, der die Aussagen des Flächennutzungsplans detailliert konkretisiert.

Biodiversität
Vielfalt der Ökosysteme, genetische Vielfalt und Reichtum an Arten bei Tieren, Pflanzen, Pilzen und Mikroorganismen.

Bruttoinlandsprodukt (BIP)
Maß für die wirtschaftliche Leistung einer Volkswirtschaft, definiert als Gesamtwert aller Waren und Dienstleistungen, die innerhalb eines Jahres in den Landesgrenzen einer Volkswirtschaft hergestellt wurden, nach Abzug aller Vorleistungen.

City
Stadtkern größerer Städte, der durch Kaufhäuser, Fachgeschäfte, Dienstleistungsbetriebe wie Banken, Fachärzte und Behörden sowie kulturelle Einrichtungen geprägt ist.

Cluster
geographische Nachbarschaft kooperierender und komplementärer Unternehmen einer/verwandter Branche/-n, die gemeinsame Infrastrukturen und Ressourcen (z. B. spezialisierten Arbeitsmarkt) nutzen und mit einschlägigen Verbänden, Forschungseinrichtungen Ausbildungsstätten etc. in Beziehung stehen

Daseinsgrundfunktionen S. 102

Dauerkultur
Pflanzenbestand außerhalb der Fruchtfolge, der über mehrere Jahre hinweg genutzt wird und der wiederkehrende Erträge erbringt.

Dekarbonisierung
Abkehr der Energiewirtschaft von der Nutzung kohlenstoffhaltiger, fossiler Energieträger.

Demografischer Übergang S. 22

Demografische Grundgleichung S. 20

Dienstleistungen S. 20

Diversifizierung/Diversifikation
Maßnahmen zum Abbau einseitiger Wirtschaftsstrukturen.

Dürremagnitude
jährliche Dürrestärke im Gesamtboden: Sie wird größer, je länger die Dürre andauert, je größer die Fläche und je trockener der Boden ist. Die Dürremagnitude ist eine dimensionslose Zahl, die den Vergleich unterschiedlicher Jahre ermöglicht.

Endenergieverbrauch
die nach Umwandlung der Energieträger und nach Leitungsverlusten verbleibende Energiemenge, die vom privaten Endverbraucher, von Gewerbe, Handel und Dienstleistungen, von der Industrie oder vom Verkehr gebraucht wird.

Energieeffizienz
möglichst geringer Energieaufwand für einen mit Energiebedarf verbundenen Vorgang.

Energieträger
Stoffe, deren Energiegehalt für Energieumwandlungsprozesse genutzt werden können.

Energiewende
Abkehr von der Nutzung der fossilen Energieträger (Kohle, Erdöl, Erdgas, Kernenergie) hin zur Nutzung erneuerbarer Energien (Sonnen-, Wind-, Wasserenergie, Erdwärme). Ziel ist die Senkung der CO_2-Emissionen durch Fördermaßnahmen zum Ausbau der erneuerbaren Energien, die Steigerung der Energieeffizienz und die Einsparung von Energie.

erneuerbare Energien
Energiequellen, die im menschlichen Zeithorizont für eine nachhaltige Energieversorgung praktisch unerschöpflich zur Verfügung stehen oder sich verhältnismäßig schnell erneuern.

Erosion
Abtragung von Boden und Gestein durch die natürlichen Kräfte Wind, Wasser und Eis.

Fertilitätsrate
Die Kennzahl gibt an, wie viele Kinder eine Frau (15 bis 45 Jahre) im Laufe ihres Lebens bekommen würde, wenn die für den gegebenen Zeitpunkt maßgeblichen Fruchtbarkeitsverhältnisse der betrachteten Population als konstant angenommen werden. Das Erhaltungsniveau beträgt 2,1 Kinder je Frau.

Filialisierung
Verdrängung inhabergeführter Geschäfte des Einzelhandels durch Filialen größerer Handelsunternehmen.

Finanzdienstleistungen
Gesamtheit aller von Kreditinstituten sowie von banknahen und bankfremden Konkurrenten (Versicherungen, Bausparkassen etc.) angebotenen Leistungen (z. B. Anlagevermittlung, -beratung, -verwaltung, Handel mit Finanzinstrumenten und Sorten).

Flüchtling
laut der 1951 verabschiedeten Genfer Flüchtlingskonvention (GFK) Personen, die wegen der begründeten Angst vor Verfolgung wegen ihrer Rasse, Religion, Nationalität, Zugehörigkeit zu einer bestimmten sozialen Gruppe oder wegen ihrer politischen Verfolgung aus dem Land geflüchtet sind, dessen Staatsangehörigkeit sie besitzen bzw. in dem sie ihren gewöhnlichen Wohnsitz haben.

Flüssigerdgas
(liquefied natural gas, LNG) durch Abkühlung auf 161 – 164 °C verflüssigtes, aufbereitetes natürliches Erdgas. Flüssigerdgas hat ein sehr viel kleineres Volumen als gasförmiges Erdgas und lässt sich mit Tankern transportieren. Allerdings wird ein beträchtlicher Teil seines Energiegehalts für seine Kühlung benötigt.

fossile Energieträger
Steinkohle, Braunkohle, Erdgas und Erdöl, in geologischer Vorzeit aus Abbauprodukten von toten Pflanzen und Tieren entstanden.

Fracking
hydraulische Frakturierung, Technik zur Förderung von Rohöl- und Erdgasvorkommen aus tiefem Untergrundgestein.

Frontex
Europäische Agentur für die Grenz- und Küstenwache (vor 2016: Europäische Agentur für die operative Zusammenarbeit an den Außengrenzen der Mitgliedstaaten der Europäischen Union; Sitz in Warschau). Hauptaufgaben sind die Risiko- und Gefahrenanalyse an den EU-Außengrenzen, die Koordination der operativen Zusammenarbeit zwischen Mitgliedstaaten in der Überwachung der EU-Außengrenzen und die Unterstützung von Mitgliedstaaten bei der Ausbildung von Grenzschutzbeamten an den nationalen Grenzen sowie die Einführung einheitlicher Ausbildungsstandards.

Fühlungsvorteile
Standortvorteile für Unternehmen derselben Branche, die sich am gleichen Standort ansiedeln.

Geburtenrate
Geburten pro 1000 Einwohner, bezogen auf ein Jahr.

Gentrifizierung
Aufwertungsprozess von innerstädtischen Vierteln mit architektonisch attraktiver Gebäudestruktur nach einem bestimmten Muster. Damit verbunden sind verschiedene bauliche (Sanierung, Modernisierung) und funktionale Aufwertungsprozesse („Szeneviertel") sowie in Konsequenz eine Veränderung der sozialen Zusammensetzung der Bewohnerschaft (Segregation).

Gesamtquotient
(auch Gesamtabhängigenquotient) Verhältnis der Bevölkerungsanteile, die üblicherweise nicht im Erwerbsleben stehen, zu den Bevölkerungsanteilen im Erwerbsalter. Er ergibt sich als Summe aus dem Jugend- und dem Altenquotienten. Die Zahl der Personen unter 15 bzw. 20 Jahren wird addiert zur Bevölkerungszahl ab 60 bzw. 65 Jahre, die Summe wird dividiert durch die Bevölkerungszahl zwischen 15 / 20 und 60/65 Jahren.

glazial
eiszeitlich

Global Player
Unternehmen, das sich im Rahmen der Globalisierung der Weltwirtschaft an internationalen Produktions- und Absatzmärkten orientiert und in seiner Branche eine Vormachtstellung besitzt.

Globalisierung
Bezeichnung für die globale Durchdringung der Märkte. Sie wird vor allem bewirkt durch die zunehmende Bedeutung der internationalen Finanzmärkte, den Welthandel sowie die internationale Ausrichtung von Unternehmen und wird begünstigt durch neue Kommunikationstechniken.

Green Deal
von der Europäischen Kommission 2019 vorgestelltes Konzept mit dem Ziel, bis 2050 in der Europäischen Union die Nettoemissionen von Treibhausgasen auf null zu reduzieren und somit als erster Kontinent klimaneutral zu werden.

Grundlastkraftwerk
Kraftwerke zur Deckung des Sockelstrombedarfs von Tag und Nacht. Es handelte sich in der Vergangenheit vor allem um Atomkraft- und Braunkohlekraftwerke, die rund um die Uhr liefen.

Handelsbilanz
(auch Außenhandelsbilanz, Warenbilanz oder Warenhandelsbilanz) rechnerische Gegenüberstellung aller Warenimporte (Einfuhren) und Warenexporte (Ausfuhren) einer Volkswirtschaft innerhalb eines bestimmten Zeitraums.

Haushaltseinkommen
Summe der Einkommen eines privaten Haushalts. Statistisch lässt es sich auf zweierlei Weise angeben: als mittleres Einkommen oder Medianeinkommen, d. h die Einkommenshöhe, bei der gleich viele Personen/ Haushalte höhere und niedrigere Einkommen aufweisen oder als Durchschnittseinkommen, d. h. als arithmetisches Mittel aller Einkommen, bezogen auf die Anzahl aller Einkommen bzw. der Anzahl aller Haushalte.

Hightechbranche
Wirtschaftszweig, der forschungs- und entwicklungsintensiv ist und auf modernster Technologie basiert.

HGÜ
Hochspannungs-Gleichstromübertragung, Verfahren zur Übertragung von Strom hoher Gleichspannung mit wenig Übertragungsverlusten über weite Strecken.

Infrastruktur
Ausstattung eines Raumes mit materiellen Einrichtungen, die die Grundlage für die Ausübung der Daseinsgrundfunktionen von Mensch und Gesellschaft bilden und wirtschaftliche und soziale Entwicklung ermöglichen (Ver- und Entsorgung, Verkehrsmittel und -wege, Kommunikationsnetze, Einrichtungen des Gesundheits- und Bildungswesens).

Innovation
Erfindungen, technologische Verbesserungen für Produkte, Dienstleistungen oder Verfahren.

Just-in-time-Zulieferung
Nach diesem Prinzip wird versucht, eine flexible, schnelle und rechtzeitige Anlieferung zwischen den Betriebsstätten ohne Lagerhaltung zu gewährleisten.

Kalisalz
fossile Ablagerung verschiedener Salzminerale mit einem hohen Gehalt an Kaliumverbindungen.

Kaufkraftparität
Maßeinheit zum Vergleich verschiedener Währungen. Dies geschieht nicht über den Wechselkurs, sondern über die Kaufkraft. Diese wird über einen repräsentativen Warenkorb ermittelt.

Klimamodell
Computerprogramm, das dazu verwendet wird, die künftige Entwicklung des Klimas auf Basis bestimmter Annahmen zu berechnen. Es benutzt ein System von physikalisch-mathematischen Formeln, die die realen Verhältnisse vereinfacht abbilden.

Klimaneutralität
Eine Technologie oder Methode wird als klimaneutral bezeichnet, wenn sie keinen Einfluss auf die globale Klimaerwärmung hat.

Klimawandel/Klimawandelfolgen
Begriff, der die Veränderungen des globalen Klimas zusammenfasst, im Speziellen meint der Begriff die von Menschen verursachte globale Erwärmung seit Beginn der Industrialisierung durch Anreicherung von Treibhausgasen in der Atmosphäre. Die globale Erwärmung hat eine Reihe direkter (physischer) Folgen: z. B. höhere Meerestemperaturen, Zunahme von Trockenheit und Dürre, Zunahme von Extremwetterereignissen, Gletscherrückgang, tauender Permafrost. Zu den indirekten Folgen des Klimawandels (ökologisch, wirtschaftlich, gesundheitlich usw.) gehören: z. B. Waldbrände, Verlust an Biodiversität, Hunger- und Wasserkrisen, Schäden durch Überschwemmungen und Stürme, Gesundheitsrisiken durch Hitze.

Kondratjew-Wellen
Theorie zur Erklärung der langfristigen wirtschaftlichen Entwicklung des russischen Statistikers W. Kondratjew. Die zentrale Aussage der Theorie lautet, dass grundlegende technische Neuerungen in zyklischen Abständen gehäuft auftreten und lange Wachstumsschübe auszulösen vermögen.

Logistik
Wirtschaftsbereich, der sich mit dem Transport und der Lagerung von Gütern und den dazu notwendigen Planungs-, Steuerungs-, Kontroll- und Optimierungsvorgängen beschäftigt.

Lohnstückkosten
Anteil der Arbeitskosten, die auf eine Produkteinheit entfallen.

Maschinenring
Vereinigung, in der sich landwirtschaftliche Betriebe zusammenschließen, um Land- und Forstmaschinen gemeinsam zu nutzen, sowie landwirtschaftliche Arbeitskräfte bei Überkapazitäten zu vermitteln.

Massengut
Güter, die ohne zusätzliche Verpackung in großen Mengen auf ein Schiff geschüttet oder gepumpt werden: z. B. Erdöl, Flüssiggas, Sand, Kohle, Erze, Zement, Getreide.

Migration
Wanderung von Individuen oder Gruppen mit dem Ergebnis eines nicht nur kurzzeitigen Wohnortwechsels.

Migrationshintergrund
Eine Person hat einen Migrationshintergrund, wenn sie selbst oder mindestens ein Elternteil nicht mit deutscher Staatsangehörigkeit geboren wurde.

MKRO
Ministerkonferenz für Raumordnung; Gremium, in dem die deutschen Bundesländer in den Bereichen Raumordnung und Landesplanung zusammenarbeiten.

Modal Split
Verteilung des Transportaufkommens auf verschiedene Verkehrsträger oder Verkehrsmittel.

Montanindustrie
die auf Abbau von Steinkohle als Energieträger sowie von Eisenerz als Rohstoff beruhende Eisen- und Stahlindustrie.

Moräne
eiszeitliche Ablagerungen unterhalb bzw. vor Gletschern.

Nachhaltigkeit
Leitgedanke für eine zukunftsfähige Entwicklung in allen Lebensbereichen. Dabei sollte so gehandelt werden, dass künftigen Generationen ein intaktes ökologisches, soziales und wirtschaftliches Gefüge bleibt.

NUTS
Verwaltungseinheiten in der EU-Statistik.

offshore
vor der Küste (im Meer).

Offshoring
Verlagerung der eigenen Produktion von Unternehmen ins Ausland.

Ökolandbau/ökologischer Landbau
(auch biologische Landwirtschaft) eine an Naturfunktionen orientierte Landwirtschaft. Die verschiedenen Produktionsverfahren zielen auf die Erzeugung gesundheitlich unbedenklicher und zugleich biologisch hochwertiger Agrarprodukte bei gleichzeitiger Ressourcenschonung.

Ökozone
Großregion der Erde, die nach Zusammenfassung mehrerer naturräumlicher Kriterien (Klima, Boden etc.) in sich relativ einheitliche Lebensbedingungen für Flora und Fauna bietet.

onshore
auf dem Festland.

Original Equipment Manufacturer (OEM)
Hersteller von Komponenten oder Produkten, der diese in seinen eigenen Fabriken produziert, sie aber nicht selbst in den Einzelhandel bringt.

Outsourcing
Auslagerung von bisher in einem Unternehmen selbst erbrachten Leistungen an externe selbstständige Auftragnehmer. Diese sind an das Unternehmen vertraglich gebunden, aber nicht Teil des Unternehmens.

peripherer Raum
Region in Randlage (schlechte Erreichbarkeit, wirtschaftlicher Entwicklungsrückstand).

Phänologie
im Jahresablauf periodisch wiederkehrende Entwicklungserscheinungen in der Natur.

Plattentektonik
Modellvorstellung, nach der die Erdkruste zusammen mit der oberen Schicht des Erdmantels in unterschiedlich große und unterschiedlich mächtige Platten gegliedert ist, die durch Energie aus dem Erdinneren angetrieben werden und auseinanderdriften, zusammenprallen und aneinander vorbeischrammen können.

Primärenergie
Energieträger, die in der Natur vorkommen und noch nicht durch technische Prozesse umgewandelt oder veredelt worden sind (z. B. Erdöl, Erdgas, Kohle, Wind).

Produktivität
volkswirtschaftliche Kennzahl für Leistungsfähigkeit. Sie bezeichnet das Verhältnis zwischen produzierten Gütern und den dafür benötigten Produktionsfaktoren.

Produzierendes Gewerbe
nach der Abgrenzung der amtlichen Statistik die Wirtschaftsbereiche Bergbau, Verarbeitendes Gewerbe, Energie- und Wasserversorgung, Baugewerbe sowie die Betriebe des produzierenden Handwerks. Das Produzierende Gewerbe kann gleichbedeutend mit der Industrie bzw. dem industriellen Sektor gesehen werden.

Pumpspeicherkraftwerk
Wasserkraftanlage, die über zwei durch Rohre verbundene Speicherseen auf unterschiedlicher Höhe verfügt. Überschüssiger (Nacht-)Strom wird verwendet, um Wasser in den höher gelegenen Speichersee zu pumpen. In Spitzenlastzeiten wird das Wasser vom oberen in den unteren Speichersee geleitet. Dabei werden Turbinen angetrieben, die mittels Generatoren Strom erzeugen.

punkt-axiales System
Grundgerüst von Städtesystemen und Instrument der Raumplanung – umfasst die wichtigsten städtischen Zentren und die sie verbindenden Verkehrsachsen in einem Staat.

Quartärer Sektor
wissensintensive Dienstleistungen auf der Basis hoher Qualifikation und mit hohem Einkommen, die von einfachen Dienstleistungen unterschieden und aus dem Tertiären Sektor ausgegliedert werden.

Räumliche Disparitäten S. 18

Raumordnung/Raumplanung/Regionalplanung
die in einem Staatsgebiet angestrebte räumliche Ordnung von Wohnstätten, Wirtschaftseinrichtungen, Infrastruktur usw. Zur Durchsetzung der Raumordnungsgesetzgebung und raumordnerischer Leitbilder wird Raumordnungspolitik (auf regionaler, lokaler Ebene: Raumplanung, auch Regionalplanung) betrieben. Hierzu werden raumordnerische Instrumente eingesetzt.

Reserven
nachgewiesene, zu heutigen Preisen und mit heutiger Technik wirtschaftlich gewinnbare Rohstoffe.

Resilienz
Widerstandsfähigkeit, Anpassungsfähigkeit.

Schengener Abkommen der EU
Das Schengener Abkommen schafft zwischen seinen Mitgliedstaaten die Grenzkontrollen ab und harmonisiert die polizeiliche und justizielle Zusammenarbeit.

Segregation S. 106

Sediment
Ablagerung.

Sektorenkopplung
Verbindung der Strom-, Wärme- und Gasnetze sowie des Mobilitätssektors bzw. Verbindung der Energiesektoren (Strom, Wärme, Gas) mit den Verbrauchssektoren (Haushalt, Gewerbe, Industrie, Verkehr), um Synergieeffekte zu nutzen.

Sekundärenergie
Primärenergie, die einem oder mehreren Umwandlungsprozessen unterworfen worden ist. Sekundärenergieprodukte sind Steinkohlenkoks, Briketts, Mineralölerzeugnisse, Kokereigas, in Wärmekraftwerken erzeugter Strom usw.

Skalenvorteile
Kostenvorteile, die einem Unternehmen durch entsprechend niedrige bzw. sinkende Kosten pro hergestelltem Produkt entstehen (z. B. durch Massenproduktion).

Smart Grid
intelligentes Stromnetz, kommunikative Vernetzung und Steuerung von Stromerzeugern, Speichern, elektrischen Verbrauchern und Netzbetriebsmitteln in Energienetzen der Elektrizitätsversorgung zur Optimierung und Überwachung der miteinander verbundenen Bestandteile.

Standort/Standortfaktor S. 38

Start-up
kürzlich gegründetes Unternehmen mit innovativer Geschäftsidee.

Sterberate
Zahl der Todesfälle pro 1000 Einwohner, bezogen auf ein Jahr.

Stückgut
Güter, die als einzelne Stücke, in Verpackungen oder Ladeeinheiten (z. B. Kisten,

Paletten, Fässern, Containern) transportiert werden: z. B. Maschinen oder Anlagenteile, Kabel-, Papier- oder Blechrollen, Stahl, lebende Tiere, Früchte, Baumstämme, Autos.

Suburbanisierung
Verlagerung von Nutzungen (Industrie, Handel, Dienstleistungen) und Bevölkerung aus der Kernstadt oder dem ländlichen Raum in das städtische Umland.

Tagebau
Methode des Bergbaus zum Abbau von dicht unter der Erdoberfläche lagernden Rohstoffen (z. B. Kohle, Kies, Sand), ohne dass Schächte und Stollen gebaut werden müssen. Der Tagebau ist deutlich kostengünstiger als der Untertagebau.

Terminal
Anlage, an der z. B. Container oder Flüssigerdgas umgeladen/umgepumpt werden.

Tertiärer Sektor
Bereich der Wirtschaft, der im Gegensatz zu den Bereichen Land- und Forstwirtschaft (primärer Sektor) und Produzierendes Gewerbe (Sekundärer Sektor) keine Sachgüter produziert, sondern Dienstleistungen (immaterielle Güter) bereitstellt.

Tertiärisierung
Bedeutungszunahme des Tertiären Sektors.

Transformation
Umwandlung, z. B. Wechsel der politischen Grundordnung.

Treibhausgas
Gase wie Kohlendioxid und Methan, die in der Atmosphäre zum Treibhauseffekt beitragen, der zu einer zusätzlichen Erwärmung der Erdoberfläche führt.

Venture Capital
Wagniskapital, Beteiligungskapital für die Existenzgründung.

Verarbeitendes Gewerbe
Bezeichnung für alle Industriebetriebe, die Rohstoffe und Zwischenprodukte weiterverarbeiten und dabei auch Endprodukte erzeugen.

vertikale Integration
Zusammenarbeit/Zusammenschluss von Betrieben aufeinanderfolgender Produktionsstufen mit gemeinsamer Organisation.

Verwitterung
Zerkleinerung bzw. Zersetzung von Gesteinen durch physikalische, chemische und biologische Prozesse.

Wertschöpfung
Gesamtheit der in einem Wirtschaftszweig oder der gesamten Volkswirtschaft geschaffenen Werte. Die Bruttowertschöpfung wird bei Marktproduzenten als Differenz zwischen dem Produktionswert (zu Herstellpreisen) und den Vorleistungen berechnet.

Zentrale Orte S. 116

Quellenverzeichnis

(Texte ohne Quellenangabe)
S. 8 (Zitat Hans-Dietrich Schultz) Stefan Reinecke: „Europa ist eine wirkmächtige Fiktion“ taz 7.5.2014

S.99 M5 Ludger Basten, Ulrike Gerhard: Stadt und Urbanität. In Tim Freytag, Hans Gebhardt, Ulrike Gerhard, Doris Wastl-Walter: Humangeographie kompakt. Berlin: Springer 2016, S. 116

Hartmut Häußermann, Walter Siebel: Neue Urbanität. Frankfurt am Main: Suhrkamp 1987, S. 7

Christoph Mager: Stadtkulur. In Lexikon der Geographie. Heidelberg: Spektrum Akademischer Verlag 2001

S.107 M 11 Felicitas Hillmann, Matthias Bernt, Laura Calbet i Elias: Von den Rändern der Stadt her denken. Das Beispiel Berlin. Aus Politik und Zeitgeschichte 48/2017 Bonn: bpb

Musikquelle

99 M 5 Mein Rostock: Text: Dirk Berger, David Conen, DJ Illvibe, Marteria, Jose Antonio Garcia Soler, Julian Williams. Copyright: Hanseatic Musikverlag GmbH & Co. KG, Hamburg, BMG Rights Management GmbH, Berlin, Budde Music Publishing GmbH

Bildnachweis

|akg-images GmbH, Berlin: 40.1; Schlegelmilch, Cordia 60.2. |Alamy Stock Photo, Abingdon/Oxfordshire: Forstner, Oliver 113.2. |Alamy Stock Photo (RMB), Abingdon/Oxfordshire: Alan Keith Beastall 87.2; Freeman Keats 65.1; Onkel66 61.6; sandy young 62.1. |berchtoldkrass, Karlsruhe: Umsetzung des Maßnahmenportfolios im Stadtstrukturtyp „geschlossener Blockrand“, Städtebaulicher Rahmenplan Klimaanpassung Karlsruhe - Wirkungskomplex Hitze. Stadt Karlsruhe, 2015 116.1. |Biolandhof Backensholz, Oster-Ohrstedt: 73.2. |bremenports, Bremen: Scheer, Wolfgang 83.1. |Demeter e.V., Darmstadt: Yool für Demeter e.V. 69.1. |Deutsches Erdölmuseum Wietze, Wietze: Dr. Stephan A. Lütgert 11.3. |EUREGIO Zweckverband, Gronau, Gronau: © EUREGIO Youth 122.1; © GrenzInfoPunkt EUREGIO 123.3; ©Acute Zorg Euregio 123.4; ©EUREGIO 123.2. |Fotoarchiv Ruhr Museum, Essen: Fotograf unbekannt 32.1. |fotolia.com, New York: 13.1; erwinova 84.4; Fexel 13.2; industrieblick 85.6; Radnatt 85.4; wabeno 75.2. |Frey, Anja, Oberrot-Scheuerhalden: Copyright Anja Frey 72.2. |Getty Images, München: Ramos, David 27.3. |Girndt, Thilo, Hannover: 80.2. |Goldmedia GmbH, Berlin: Quelle: Goldmedia Standortmonitor.net (2022), nach: Bundesagentur für Arbeit (2021, Stichtag der Erfassung: 30.06.) 91.3. |Güttler, Peter - Freier Redaktions-Dienst (GEO), Berlin: 43.1. |Helmholtz-Zentrum für Umweltforschung GmbH - UFZ, Leipzig: 71.1. |Imago, Berlin: Rupenkamp, Fritz 61.5. |iStockphoto.com, Calgary: benedek 41.3; Bim 99.4; BraunS 38.2; Carillet, Joel 86.3; CaronB 85.5; delray77 108.1; dmbaker 79.4; dynasoar 92.3; geogif 99.2; kasto80 79.3; linephoto 13.4; Marco_Bonfanti 3.5, 97.1; monkeybusinessimages 3.4, 77.1; no_limit_pictures 99.1; ollo Titel; Schwander, Ole 113.3; sdlgzps 33.1; TT 13.3; ZU_09 99.3. |Karthaus, Fabian, Büren: 73.1. |Karto-Grafik Heidolph, Dachau: 27.1, 68.2. |Kartographie Michael Hermes, Hardegsen Hevensen: 9.1, 11.2, 14.1, 16.1, 16.2, 20.1, 21.1, 21.2, 22.1, 23.1, 25.1, 26.3, 27.2, 28.2, 34.3, 35.1, 35.2, 35.3, 37.3, 37.4, 41.1, 41.2, 44.1, 44.2, 45.1, 46.1, 47.1, 47.2, 48.2, 48.3, 49.1, 49.2, 49.3, 50.1, 54.1, 56.1, 57.1, 57.2, 60.1, 60.4, 61.1, 61.2, 61.3, 61.4, 63.2, 63.3, 63.4, 68.1, 68.3, 70.2, 71.2, 71.3, 72.1, 75.1, 75.3, 78.1, 78.2, 80.1, 80.3, 81.2, 81.3, 82.1, 83.2, 83.4, 83.6, 83.7, 83.8, 84.1, 85.1, 85.2, 85.3, 86.2, 87.1, 87.3, 87.4, 88.1, 88.2, 88.3, 88.4, 91.1, 91.2, 92.1, 92.2, 93.2, 93.3, 93.4, 93.5, 93.6, 94.1, 94.2, 95.1, 105.1, 105.2, 109.2, 112.1, 113.4, 114.1. |Kühn, Reinhard, Marl: 1917 Copyright © Reinhard Kühn – Alle Rechte vorbehalten 123.1. |laif, Köln: Rötting, Thomas 3.1, 5.1. |mauritius images GmbH, Mittenwald: imageBROKER 81.1. |Middeldorf, Mira, Detmold: 98.1. |Mithoff, Stephanie, Ahorn: 74.1, 81.4. |NLWKN Niedersächsischer Landesbetrieb für Wasserwirtschaft, Küsten- und Naturschutz, Norden: 16.3. |Picture-Alliance GmbH, Frankfurt a.M.: blickwinkel/Blossey, H. 28.1; dieKLEINERT.de/Grolik, Markus 22.2; dpa-ZB/euroluftbild.de/Oliver Betz 104.1; dpa/Carstensen, Jörg 99.5; dpa/dpa-Zentralbild/Schmidt, Hendrik 3.2, 31.1; dpa/Schuldt, Sina 103.3; dpa/Spata, Ole 111.2; dpa/Stratenschulte, Julian 63.1; dpa/Weihs, Wolfgang 111.1; dpa/Wüstneck, Bernd 99.6; euroluftbild.de/Blossey, Hans 52.1; euroluftbild.de/Grahn, Robert 83.3; Geisler-Fotopress/Stamm, Ulrich 11.1; Goldmann, R. 48.1; Mangione, Jeff/picture-desk.com 89.2; NurPhoto/Masiello, Antonio 26.1; NurPhoto/Siamidis, Grigoris 26.2; Oberhäuser, Rupert 117.2; ZB/euroluftbild.de/Grahn, Robert 89.1, 106.1, 106.2, 120.1. |Region Hannover, Hannover: Auszug aus dem Regionalen Raumordnungsprogramm 2016 121.1. |Shutterstock.com, New York: A_Lesik 117.1; Almeland, Morten Normann 12.1; Bercan, Radu 86.1; Foerstner, Oliver 113.1; GagliardiImages 38.1; Kruklitis, Ingus 93.1; pan demin 34.2; Pisarenko, Vladimir 79.2. |Starke, Rainer, Springe: 17.1. |stock.adobe.com, Dublin: Alice_D 55.2; ArTo 109.1; Countrypixel 60.3; countrypixel 66.1; detailfoto 103.2; everettovrk 37.1; Herr Loeffler 3.3, 59.1; Maniquet, Joseph 55.1; Meloni, Cesar 84.3; mojolo 101.1; Robert Kneschke 84.2; Tiberius Gracchus 109.3; vom 70.1; Wolf, Eckehard 13.5; Wylezich, Björn 103.1; Znamenskiy, Oleg 13.6. |Süddeutsche Zeitung - Photo, München: 34.1. |TechnologieZentrumDortmund GmbH, Dortmund: Foto: TZDO / Roland Kentrup 33.2. |Thomas Hatzenbichler Agro-Technik GmbH, St. Andrä: 69.2. |ÜSTRA Hannoversche Verkehrsbetriebe Aktiengesellschaft, Hannover: Bargiel, Martin 79.1. |Volkswagen Media Services, Wolfsburg: Volkswagen AG 37.2. |Wirtschaftsförderung und Stadtmarketing der Stadt Emden GmbH, Emden: Krämer, Karl-Heinz 83.5.